U0338236

高等教育"十三五"规划教材

普通化学

第二版

主　编　申少华　蔡冬梅
副主编　岳　明　白　珊　汪朝旭
主　审　陈希军

Putong Huaxue

China University of Mining and Technology Press

中国矿业大学出版社

内 容 简 介

本书是高等教育"十三五"规划教材,为煤炭(矿业)系统高等学校非化学化工类工科专业编写。

本书取材精炼,重视化学基本理论和知识,注重化学理论与工程实践的有机结合,注重素质教育,关注材料、环境保护、能源等社会和生活热点,反映学科发展趋势和最新成果。全书共分为8章;第1章介绍化学反应中的能量转化;第2章介绍化学反应的基本原理;第3章介绍水化学;第4章介绍电化学;第5章介绍物质结构基础;第6章介绍化学与材料;第7章介绍化学与环境保护;第8章介绍化学与能源。

本书可作为高等学校非化学化工类工科各专业教材,也可供相关专业工程技术人员参考。

图书在版编目(C I P)数据

普通化学/申少华,蔡冬梅主编. —2 版. —徐州:中国矿业大学出版社,2019.7(2024.6重印)

ISBN 978 - 7 - 5646 - 4441 - 3

Ⅰ. ①普… Ⅱ. ①申… ②蔡… Ⅲ. ①普通化学—高等学校—教材 Ⅳ. ①O6

中国版本图书馆 CIP 数据核字(2019)第 090521 号

书 名	普通化学
主 编	申少华　蔡冬梅
责任编辑	周　红
出版发行	中国矿业大学出版社有限责任公司
	(江苏省徐州市解放南路　邮编 221008)
营销热线	(0516)83884103　83885105
出版服务	(0516)83995789　83884920
网 址	http://www.cumtp.com　E-mail:cumtpvip@cumtp.com
印 刷	江苏淮阴新华印务有限公司
开 本	787×1092　1/16　**印张** 19　**彩插** 1　**字数** 474 千字
版次印次	2019 年 7 月第 2 版　2024 年 6 月第 4 次印刷
定 价	38.00 元

(图书出现印装质量问题,本社负责调换)

第二版前言

本教材是在高等教育"十二五"规划教材《普通化学》(第一版)的基础上修订而成的。自2012年第一版教材出版以来,一直被全国部分高等工程院校采用,持续满足高等工程院校非化学化工类工科专业对于学生的普通化学教学的需求。

近年来,随着我国工程教育人才与国际标准的接轨,工程教育认证的实施,科学素质培养的深化,普通化学的知识体系已成为高等工程院校非化学化工类工科专业培养方案的必备内容,也是目前我国大部分非化学化工类工科专业的教学质量国家标准中要求学生学习的知识内容。

在分析了国内外非化学化工类工科专业高等教育的现状、问题和发展趋势,以及现有普通化学类教材的基础上,对本教材第一版原有章节和内容进行适当调整和修订,以期更好地满足我国高等工程院校非化学化工类工科人才培养发展的要求。教材的编写以培养学生的素质、知识与能力为目标,力求从认识规律出发,在内容上体现创新精神,注重拓宽基础,强调能力培养。

《普通化学》(第二版)由申少华、蔡冬梅担任主编,岳明、白珊和汪朝旭担任副主编,此外还有申泽宇、张少伟、汪靖伦、李晓湘、汤建庭、成奋民等参加了本书的编写和修订。在本次修订编写工作中,听取并采纳了一些读者和教师的意见和建议,对此表示感谢。

希望本书能为读者学习普通化学知识提供更好的参考和帮助,但由于编者水平有限,书中难免有疏漏之处,热忱希望读者指正。

《普通化学》编写组

2019 年 4 月

第一版前言

化学作为素质教育的重要基础课程,对于培养学生具备全面科学素质具有重要作用。当前人类最为关心的重大课题——资源的利用、能源的开发、环境的保护等都与化学密切相关。未来工程师不仅要关注某项工程的设计、施工和生产,还必须关注由此带来的能源与环境问题,关注材料的选择与使用以及材料在使用过程中与周围介质的相互作用及改变这些作用的手段。对于能源的利用和节能措施以及环境污染的治理来说,没有化学知识是不行的。各类材料的选择与使用需要了解物质的组成、结构和化学变化,材料的维护需要化学处理和防腐。

《普通化学》是高等工程院校非化学化工类工科专业学生的一门重要基础课,通过它的学习不仅可掌握高等教育必需的基础化学知识,还可了解科学研究的方法,提高科学素质,增强分析社会实际问题、进行全面思考和决策判断的能力。它的教学内容和要求,实际上决定了大部分工科毕业生所具备的化学科学素质。通过对国内外工科化学教学现状的系统分析研究,特别是对教学内容和课程体系的深入探讨和不断实践,结合教育部工科化学课程教学指导委员会对工科化学的基本要求,将化学理论与工程实践有机结合,以提高人才素质为目的,本书以化学平衡和物质结构理论为主线,并与叙述性部分相呼应,强调理论的意义和实际应用,并结合相关学科,对当前社会热点问题(材料、环境保护、能源等)展开讨论,加深对基本理论的理解和运用,并尽可能把最新、最准确的信息传达给学生。

本书是高等教育"十二五"规划教材。编写时,努力贯彻理论联系实际的原则,教材内容力求精简,由浅入深,通俗易懂,便于自学。内容安排上,前4章以化学反应基本原理及化学反应为主线介绍热化学、化学动力学、化学热力学、水化学和电化学,后4章则以物质结构理论及物质性质为主线,介绍化学与材料、化学与环境保护、化学与能源,以加深对基本理论的理解和运用。由于工科各类专业对化学知识要求不同,学生的学习程度亦有差异,因此使用本书时,务必结合学生实际与专业要求,加以适当增减。

本书具体编写分工如下:绪论由申少华编写;第 1 章由陈希军编写;第 2 章由岳明编写;第 3 章由袁华编写;第 4 章由徐国荣编写;第 5 章由李桂芬编写;第 6 章(第 1、4、5、6 节)由申少华编写,第 6 章(第 2、3 节)由李爱玲编写;第 7 章由蔡冬梅编写;第 8 章由刘红缨编写;附录由肖秋国编写;习题参考答案由成奋民编写。

由于编者水平所限,加之时间仓促,缺点错误及不当之处在所难免,希望读者批评指正!

《普通化学》编写组

2011 年 11 月

目　　录

→ **Introduction**

绪　　论

0.1　化学的基本概念

　　"化学(Chemistry)"一词,若单从字面解释就是"变化的科学"。只要仔细观察一下周围的世界,你就会发现万物都处在变化之中。例如岩石风化、铁器生锈、大气污染等都是大家熟悉的物质变化;农作物的开花结果,人的生老病死更是复杂的生命变化。变化是世界无所不在的现象。按物质变化的特点,大致可分为两类:其中一类变化只改变物质的状态,而不产生新物质,这类变化称为物理变化;另一类变化则表现为一些物质转变成性质不同的另一些物质,这类变化称为化学变化。在化学变化过程中,物质的组成和结合方式都发生了改变,生成了新的物质,表现出与原物质完全不同的物理性质和化学性质。化学就是研究物质的组成、结构、性质及其变化规律的科学。分子的破裂和原子的重新组合则是化学变化的基础。

　　化学与数学、物理一样皆为自然科学之基础科学,对人类认识和利用物质具有重要的作用。世界是由物质组成的,化学则是人类用以认识和改造物质世界的主要方法和手段之一。化学是一门历史悠久而富有活力的学科,从开始用火的原始社会,到使用各种人造物质的现代社会,人类都在享用化学成果。人类的进步、社会的发展、生活水平的不断提高和改善,化学均起了举足轻重的作用,它的成就亦是社会文明的重要标志。正是由于它与工农业生产、国防现代化、人民生活和人类社会等都有着非常密切的关系,化学是一门中心性、实用性和创造性的科学。同时,化学也是一门以实验为基础的自然科学。

　　化学是重要的基础科学之一,在与数学、物理学、计算与信息科学、地理学、天文学、工程科学、生命科学、材料科学等学科的相互渗透中,得到了迅速的发展,也推动了其他学科和技术的发展。例如,核酸化学的研究成果使今天的生物学从细胞水平提高到分子水平,建立了分子生物学;对各种星体的化学成分的分析,得出了元素分布的规律,发现星际空间有简单化合物的存在,为天体演化和现代宇宙学提供了实验数据。

0.2 化学的发展

化学是一门古老而又年轻的科学。

古时候,原始人类为了生存,在与自然界种种灾难的抗争中,发现和利用了火。原始人类从用火之时开始,由野蛮进入文明,同时也就开始了用化学方法认识和改造天然物质。燃烧就是一种化学现象。掌握了火以后,人类开始食用熟食,继而人类又陆续发现了一些物质的变化。这样,人类在逐步了解和利用这些物质的变化的过程中,制取了对人类具有使用价值的产品。人类逐步学会了制陶、冶炼,以后又懂得了酿造、染色等。这些由天然物质加工改造而成的制品,成为古代文明的标志。在这些生产实践的基础上,萌发了古代化学知识。

古人曾根据物质的某些性质对物质进行分类,并企图追溯其本质及其变化规律。公元前4世纪或更早,中国提出了阴阳五行学说,认为万物是由金、木、水、火、土五种基本物质组成的,而五行则是由阴阳二气相互作用而成的。此说是中国炼丹术的理论基础之一。与此同时,希腊也提出了与五行学说类似的火、风、土、水四元素说和古代原子论。这些朴素的元素思想,即为物质结构及其变化理论的萌芽。后来在中国出现了炼丹术,到了公元前2世纪的秦汉时代,炼丹术已颇为盛行,大致在公元7世纪传到阿拉伯国家,与古希腊哲学相融合而形成阿拉伯炼丹术,阿拉伯炼丹术于中世纪传入欧洲,形成欧洲炼金术,后逐步演变发展为近代的化学。

炼丹术的指导思想是深信物质能转化,试图在炼丹炉中人工合成金银或炼成长生不老之药。他们有目的地将各类物质搭配烧炼,进行实验。为此,涉及了研究物质变化用的各类器皿,如升华器、蒸馏器、研钵等,也创造了各种实验方法,如研磨、混合、溶解、洁净、灼烧、熔融、升华、密封等。与此同时,进一步分类研究了各种物质的性质,特别是相互反应的性能。这些都为近代化学的产生奠定了基础。许多器具和方法经过改进后,仍然在今天的化学实验中沿用。炼丹家在实验过程中发明了火药,发现了若干元素,制成了某些合金,还制取和提纯了许多化合物,这些成果至今仍在利用。

化学的飞跃与化学学科的形成始于16世纪。

16世纪开始,欧洲工业生产蓬勃兴起,推动了医药化学和冶金化学的创立和发展,使炼金术转向生活和实际应用,继而更加注意对物质、化学变化本身的研究。在元素的科学概念建立后,通过对燃烧现象的精密实验研究,建立了科学的氧化理论和质量守恒定律,随后又建立了定比定律、倍比定律和化合量定律,为化学科学的进一步发展奠定了基础。

1775年前后,法国化学家拉瓦锡(A. L. Lavoisier)用定量化学实验阐述了燃烧的氧化学说,开创了定量化学时期,使化学沿着正确的轨道发展。19世纪初,英国化学家道尔顿(J. Dalton)提出近代原子学说,特别强调了各种元素的原子质量为其最基本特征,其中"量"的概念的引入,是与古代原子论的一个主要区别。近代原子论使当时的化学知识和理论得到了合理的解释,成为说明化学现象的统一理论。接着意大利科学家阿伏伽德罗(A. Avogadro)提出了分子概念。自从用原子-分子来研究化学,化学才真正被确立为一门科学。这一时期,建立了不少化学基本定律。俄国化学家门捷列夫(Д. И. Менделеев)发现了元素周期律,德国化学家李比希(J. V. Liebig)和维勒(F. Wöhler)发展了有机结构理论,这些都使化学成为一门系统的科学,也为现代化学的发展奠定了基础。

通过对矿物的分析,发现了许多新元素,加上对原子-分子学说的实验验证,经典性的化学分析方法也有了自己的体系。草酸和尿素的合成,原子价概念的产生,苯的六环结构和碳价键四面体等学说的创立,酒石酸拆分成旋光异构体,以及分子的不对称性等的发现,导致有机化学结构理论的建立,使人们对分子本质的认识更加深入,并奠定了有机化学的基础。

19世纪下半叶,热力学等物理学理论引入化学后,不仅澄清了化学平衡和反应速率的概念,而且可以定量地判断化学反应中物质转化的方向和条件,相继建立了溶液理论、电离理论、电化学和化学动力学的理论基础。物理化学的诞生,把化学从理论上提高到一个新的水平。

20世纪的化学是一门建立在实验基础上的科学,实验与理论一直是化学研究中相互依赖、彼此促进的两个方面。进入20世纪以后,由于受到自然科学其他学科发展的影响,加之当代科学的理论、技术和方法的广泛应用,化学在认识物质的组成、结构、合成和测试等方面都有了长足的进展,而且在理论方面取得了许多重要成果,在无机化学、分析化学、有机化学和物理化学四大分支学科的基础上产生了新的化学分支学科。

近代物理的理论和技术、数学方法及计算机技术在化学中的应用,对现代化学的发展起了很大的推动作用。19世纪末,电子、X射线和放射性的发现为化学在20世纪的重大进展创造了条件。

在结构化学方面,基于电子的发现而确立的现代有核原子模型,不仅丰富和深化了对元素周期表的认识,而且发展了分子理论。应用量子力学研究分子结构,产生了量子化学。从氢分子结构的研究开始,逐步揭示了化学键的本质,先后创立了价键理论、分子轨道理论和配位场理论。化学反应理论也随之深入到微观世界。应用X射线作为研究物质结构的新分析手段,可以洞察物质的晶体化学结构。测定化学立体结构的衍射方法有X射线衍射、电子衍射和中子衍射等。其中以X射线衍射的应用所积累的精密分子立体结构信息最多。研究物质结构的谱学方法也由可见光谱、紫外光谱、红外光谱扩展到核磁共振谱、电子自旋共振谱、光电子能谱、射线共振光谱、穆斯堡尔谱等,与计算机联用后,积累了大量物质结构与性能相关的资料,正由经验向理论发展。电子显微镜放大倍数不断提高,人们可以直接观察分子的结构。

经典的元素学说由于放射性的发现而产生深刻的变革。从放射性衰变理论的创立、同位素的发现到人工核反应和核裂变的实现,氚的发现,中子和正电子及其他基本粒子的发现,不仅使人类的认识深入到亚原子层次,而且创立了相应的实验方法和理论;不仅实现了古代炼丹家转变元素的思想,而且改变了人的宇宙观。

作为20世纪的时代标志,人类开始掌握和使用核能。放射化学和核化学等分支学科相继产生,并迅速发展;同位素地质学、同位素宇宙化学等交叉学科接踵诞生。元素周期表扩充了,已有112种元素,并且正在探索超重元素以验证元素"稳定岛假说"。与现代宇宙学相依存的元素起源学说和与演化学说密切相关的核素年龄测定等工作,都在不断补充和更新元素的观念。

在化学反应理论方面,由于对分子结构和化学键的认识的提高,经典的、统计的反应理论已得到进一步深化。在过渡态理论建立后,反应理论逐渐向微观发展,用分子轨道理论研究微观的反应机理,并逐渐建立了分子轨道对称守恒定律和前线轨道理论。分子束、激光和等离子技术的应用,使得对不稳定化学物种的检测和研究成为现实,从而化学动力学已有可能从经典的、统计的宏观动力学深入到单个分子或原子水平的微观反应动力学。

计算机技术的发展,使得分子、电子结构,化学反应的量子化学计算、化学统计、化学模式识别,以及大规模技术的处理和综合等方面,都有了较大的进展,有的已经逐步进入化学教育之中。关于催化作用的研究,已提出了各种模型和理论,从无机催化进入有机催化和生物催化,开始从分子微观结构和尺寸的角度以及生物物理有机化学的角度,来研究酶类的作用和酶类的结构与其功能的关系。

分析测试技术是化学研究的基本方法和手段。一方面,经典的成分和组成分析技术仍在不断改进,分析灵敏度从常量发展到微量、超微量、痕量;另一方面,发展了许多新的分析技术,可深入进行结构分析,构象测定,同位素测定,各种活泼中间体如自由基、离子基、卡宾(碳烯)、氮宾、卡拜等的直接测定,以及对短寿命亚稳态分子的检测等。分离技术也在不断革新,离子交换技术、膜技术、色谱技术等正在迅速发展。

合成各种物质,是化学研究的目的之一。在无机合成方面,首先合成的是氨。氨的合成不仅开创了无机合成工业,而且带动了催化化学,发展了化学热力学和反应动力学。后来相继合成了红宝石、人造水晶、硼氢化合物、金刚石、半导体、超导材料、二茂铁等。在电子技术、核工业技术、航天技术等现代工业技术的推动下,各种超纯物质、新型化合物和特殊需要的材料的生产技术都得到了较大发展。稀有气体化合物的成功合成向化学家提出了新的挑战,需要对零族元素的化学性质重新加以研究。无机化学在与有机化学、生物化学、物理化学等分支学科的相互渗透中产生了有机金属化学、生物无机化学、无机固体化学等新兴分支学科。

酚醛树脂的合成,开辟了高分子科学领域。20 世纪 30 年代聚酰胺纤维的合成,使高分子的概念得到广泛的确认。后来,高分子的合成、结构和性能研究、应用三方面相互配合和促进,使高分子化学得以迅速发展。各种高分子材料的合成和应用,为现代工农业、交通运输、医疗卫生、军事技术,以及人们衣食住行各方面,提供了多种性能优异而成本较低的重要材料,成为现代物质文明的重要标志。高分子工业发展为化学工业的重要支柱。

20 世纪是有机合成的黄金时代。化学的分离手段和结构分析技术已经有了很大发展,许多天然有机化合物的结构问题纷纷获得圆满解决,还发现了许多新的重要的有机反应和专一性有机试剂,在此基础上,精细有机合成,特别是在不对称合成方面取得了很大进展。一方面,合成了各种具有特种结构和特种性能的有机化合物;另一方面,合成了从不稳定的自由基到具有生物活性的蛋白质、核酸等生命基础物质。有机化学家还合成了具有复杂结构的天然有机化合物和有特效的药物。

20 世纪以来,化学发展的趋势可以归纳为:由宏观向微观、由定性向定量、由稳定态向亚稳态发展,由经验逐渐上升到理论,再用于指导设计和开创新的研究。一方面,为生产和技术部门提供尽可能多的新物质、新材料;另一方面,在与其他自然科学相互渗透的进程中不断产生新学科,并向探索生命科学和宇宙起源的方向发展。

0.3　化学的分支

化学在其发展过程中,依照所研究的分子类别和研究手段、目的、任务的不同,派生出不同层次的许多分支学科。按其研究对象或研究目的的不同,可将化学分为无机化学、有机化学、高分子化学、分析化学和物理化学等五大分支学科。

0.3.1　无机化学

无机化学(Inorganic Chemistry)是研究无机物质的组成、结构、性质和无机化学反应与过程的化学。无机物种类繁多,除有机化合物以外,包括在元素周期表中所有元素的单质及其化合物,因此,无机化学又进一步分为元素化学、无机合成化学、无机高分子化学、无机固体化学、配位化学、同位素化学、生物无机化学、金属有机化学、金属酶化学等。随着原子能工业、半导体工业和航天工业等的发展,无机化学在实践和理论方面都有许多新的突破。从现代科学发展史看,一种新化合物的制得及其特性的发现往往导致一个新的科技领域的产生或一个崭新工业的兴起。例如,在无机固体化学中 InP 的合成开始了 III～V 族化合物半导体的应用; $LiNO_3$ 晶体的制得促进了现代非线性光学的发展等。

0.3.2　有机化学

有机化学(Organic Chemistry)是研究碳氢化合物及其衍生物的化学,也有人称之为"碳的化学"。有机化学又分为普通有机化学、有机合成化学、金属和非金属有机化学、物理有机化学、生物有机化学、有机分析化学等。有机合成方面主要研究较简单的化合物或元素经化学反应合成有机化合物。19 世纪 30 年代合成了尿素;40 年代合成了乙酸。随后陆续合成了葡萄糖酸、柠檬酸、琥珀酸、苹果酸等一系列有机酸;19 世纪后半叶合成了多种染料;20 世纪 40 年代合成了 DDT 和有机磷杀虫剂、有机硫杀菌剂、除草剂等农药;20 世纪初,合成了 606 药剂,30～40 年代,合成了 1 000 多种磺胺类化合物。目前,世界上每年合成的新化合物中的 70% 以上是有机化合物,直接或间接地为人类提供大量的必需品。

0.3.3　高分子化学

高分子化学(Polymer Chemistry)是研究高分子化合物的结构、性能与反应、合成方法、加工成型及应用的化学。主要包括天然高分子化学、高分子合成化学、高分子物理化学、高聚物合成工艺学、高分子物理。在 20 世纪,高分子材料是人类物质文明的标志之一。塑料、纤维、橡胶这三大合成材料以及形形色色的功能高分子材料,对提高人类生活质量、促进国民经济发展和科技进步做出了巨大贡献。

0.3.4　分析化学

分析化学(Analytical Chemistry)是测量和表征物质的组成和结构的学科。主要包括化学分析、仪器分析和现代分析测试技术。随着生命科学、信息科学和计算机技术的发展,使分析化学进入一个崭新的阶段。它不只限于测定物质的结构和含量,而要对物质的状态、结构、微区、薄层和表面的组成与结构以及化学行为和生物活性等做出瞬时追踪,无损和在线监测等分析及过程控制,甚至要求直接观察到原子和分子的形态和排列;且有望把分析化学实验室搬到芯片上,化学家只要把 1 μL 或 1 nL 的样品注入化学芯片,几分钟后计算机就会打印出分析结果。

0.3.5 物理化学

物理化学(Physical Chemistry)是研究所有物质系统的化学行为的原理、规律和方法的学科。它是化学学科以及在分子层次上研究物质变化的其他学科的理论基础。主要包括结构化学、热化学、化学热力学、化学动力学、电化学、溶液理论、界面化学、量子化学、催化作用及其理论等。化学热力学的基本原理是化学学科的普遍基础,根据热力学函数来判断系统的稳定性、变化的方向和程度。热化学、电化学、溶液与胶体化学都是其组成部分。化学动力学研究化学反应的速率和机理。分子束和激光技术的应用,使其研究由宏观转入微观超快过程和过渡态。量子化学和结构化学是从微观角度研究化学的左右手,借助于现代波谱技术等先进测试手段和超高速计算机技术,使整个化学正在经历着一场革命性的变化,使化学走向实验和理论并重的时代。量子化学正在从"象牙之塔"走向"十字街头"。根据量子化学计算可以进行分子的合理设计,如药物设计、材料设计等。

0.4 化学的作用

化学是一门中心性、实用性和创造性的科学,它与数学、物理等学科共同成为自然科学迅猛发展的基础。化学的核心知识已经应用于自然科学的各个区域,化学是改造自然的强大力量的重要支柱。目前,化学家们运用化学的观点来观察和思考社会问题,用化学的知识来分析和解决社会问题,例如能源问题、粮食问题、环境问题、健康问题、资源与可持续发展等问题。

0.4.1 化学对国民经济的支撑作用

化学将会在解决能源这一人类面临的重大问题方面做出贡献。目前我国的经济持续稳定增长,使能源开发利用面临需求增大和环境污染的双重压力。我国化学家可望在未来几年里创新和开发出多种新型催化剂,使煤、天然气和煤气的综合利用取得优异成绩,从而减缓我国的能源紧张和减轻环境污染的压力。21 世纪我国核能利用将取得进一步发展,而化学研究涉及核能生产的各个方面,化学工作者必将为核能的安全利用做出应有的贡献。此外,化学家在大规模、大功率的光电转换材料方面的探索研究将会促进太阳能的开发利用。化学家从事的新燃料电池的催化剂、新电池的研究可能在 21 世纪初出现突破,电动汽车将向实用化迈出一大步,这将改变人类能源消费方式,提高人类生态环境的质量。

展望 21 世纪我国的材料科学的发展,化学必将发挥关键作用。首先,化学将不断提高钢铁、水泥等基础材料的质量与性能;其次,化学工作者将创造电子信息材料、生态环境材料、新型能源材料等各类新材料,并利用各种先进技术,在原子、分子及分子链尺度上对材料组织结构进行设计、控制及制造。化学研究的深入,还将带动我国仪器仪表工业发展。我国过去曾忽视对仪器的研制,导致了分析仪器依赖进口的局面。经过我国科学界和工业界的共同努力,我国的仪器仪表工业将进入一个蓬勃发展的时期。此外,化学也是国防现代化的重大支撑。化学不但可以提供耐高温材料、形状记忆合金及隐身材料等高科技材料,火箭燃料也从液态发展到固态,这有利于火箭摆脱地球甚至太阳引力场的束缚,飞入茫茫的宇宙,并使战略火箭由井下发射转到地上在运动中发射,既大大加快了发射速度,又可增加其隐蔽性和灵活性。

0.4.2　化学对提高国民生活质量的作用

我国人口在 21 世纪上半叶将达到 15 亿,保持农业的持续发展是我国面临的艰巨任务。农业发展的首要问题是保证全民族的食物安全和提高食物品质;其次是保护并改善农业生态环境,为农业持续发展奠定基础。化学将在制造高效肥料和高效农药,特别是与环境友好的生物肥料和生物农药,以及开发新型农业生产资料诸方面发挥巨大作用。我国化学家还将在克服和治理土地荒漠化、干旱及盐碱地等农业生态系统问题方面做出应有的贡献。科学家利用各种最先进的手段,有望揭示光合系统的分子机理从而达到高效利用光能为农业增产服务的目的。

21 世纪,化学将在控制人口数量、克服疾病和提高人的生存质量等人口与健康诸方面进一步发挥重大作用。未来的十年中,化学工作者将会发现和创造更安全和高效的避孕药具。在攻克高死亡率和高致残的心脑血管病、肿瘤、艾滋病等疾病的进展中,化学工作者将不断创造包括基因疗法在内的新药物和新方法。此外,由于人口高速老龄化,老年病在 21 世纪初会成为影响我国人口生存质量的主要问题之一。化学将会在揭示老年病机理、开发与创造诊断和治疗老年性疾病药物以及提高老年人的生活质量方面做出贡献。中医药是我国的宝贵遗产,化学研究将在揭示中医药的有效成分、揭示多组分药物的协同作用机理方面发挥巨大作用,从而加速中医药走向世界,实现产业化,成为我国经济的新的增长点。

0.4.3　化学与其他学科的交叉与渗透作用

化学的发展已经并将会进一步带动和促进其他相关学科的发展,同时其他学科的发展和技术的进步会反过来推动化学本身的不断前进。化学向其他学科的交叉与渗透作用在 21 世纪将更加明显。更多的化学工作者会不断地汲取数学、物理学和其他学科中发展的新理论和新方法,投身于研究材料、环境、能源、生命的队伍中去,并在化学与材料、化学与环境、化学与能源、化学与生命的交叉领域大有作为。化学必将为解决能源问题、粮食问题、环境问题、健康问题、资源与可持续发展问题等做出巨大贡献。

0.4.3.1　化学与材料

材料是人类一切生产和生活水平提高的物质基础,是人类进步的里程碑。材料科学在近几十年来发展十分迅速,而化学对材料科学的发展起着十分重要的作用。一种新材料的问世,往往带来科技的飞速发展,具有划时代的意义。而新材料的制备离不开化学,新材料的选用也离不开化学知识,化学是材料发展的源泉。例如,由于高纯硅、锗等半导体材料的出现,产生了晶体管、集成电路、大规模集成电路以及超大规模集成电路等,从而带来了计算机的革命。正是由于化学家与其他科学家一道研究开发出各种各样的电子功能材料,才使得电子工业和计算机工业具有今天如此繁荣的景象。

合成塑料、橡胶和纤维是当今三大聚合材料。早在 20 世纪初,美国化学家贝克兰(L. H. Beakeland)就在前人工作的基础上进行研究,建立了酚醛树脂生产厂。经过化学家几十年努力,人们不仅能合成品种繁多的塑料、橡胶和纤维制品,而且对它们性质的认识也在不断深入,使高分子化学日益成熟并成为指导高分子材料开发的理论基础。

纳米材料是指在三维空间中至少有一维处于纳米尺度范围(1~100 nm)或由它们作为基本单元构成的材料。这是一种完全不同于晶态、非晶态的新的结构形态,当材料尺寸小到纳米级时,材料的性质通常会发生巨大的变化。如 Ag 的熔点是 670 ℃,但 Ag 纳米粉的熔点可低于 100 ℃。又如,近年来研发的一种新型纳米多孔碳素材料,其颗粒尺寸为 3~20 nm,孔隙长约 50 nm,比表面积可达 600~1 000 $m^2 \cdot g^{-1}$,具有许多优异性能,既可用做催化剂的载体,也是高效高能电池的理想电极材料之一,还可用于气体的分离和净化等。纳米材料许多新的优异性质,显示了诱人的应用前景,已经引起各国化学和材料学者的普遍关注,它已是 21 世纪材料科学研究的热点之一。化学在纳米材料的研究开发中具有十分重要的地位,化学制备法是纳米材料最重要的制备方法之一。

超导材料是指具有在一定的低温条件下呈现出电阻等于零以及排斥磁力线性质的材料。超导现象在 20 世纪初就已经发现,但由于使用温度太低,一直没有实用价值。20 世纪 80 年代 Y-Ba-Cu-O 体系的出现,带来了高温超导热,并已开始实用,这也将带来一场革命。如将超导体用于长距离输电,节省的电能将是非常可观的。因为现在发电厂输送电能时,由于电流克服电阻要白白损失掉总电能的 15%。现在大规模集成电路的芯片面积 2/3 为配线占有,随着微细化技术的发展,配线电阻将进一步提高,这将促进计算机的小型化和高速化。如果用超导导线,配线电阻为 0,可望实现"一片一机"的理想。

由此可见,材料的研发生产都离不开化学,可以说,化学是材料科学发展的基础,反过来,材料科学的发展又推动了化学的进步。

0.4.3.2 化学与能源

无论是寻找新能源还是节能,都离不开化学。如氢能是重要的二次能源,氢作为能源可以发电、供热、提供动力(汽车、飞机、轮船、火车等)。它可以取代现有的几乎所有能源,而且具有这些能源所没有的高效、清洁等优势。解决了氢气的储存问题,就为理想的无污染的氢能源的应用奠定了基础。储氢合金可以和 H_2 形成金属氢化物,从而固定 H_2,加热后又可以把 H_2 放出来,其储氢的密度可以大于液态氢的密度,$LaNi_5$ 是其典型代表。如以 $kg \cdot m^{-3}$ 来表示储氢量,则液态 H_2:71;$LaNi_5$:104.3;$TiFe$:102.2。合金的组成和结构是决定其吸氢量的主要因素。

在节能方面,化学也将起到重要作用。如燃油乳化,煤的合理使用(气化、液化、节煤添加剂)等。

0.4.3.3 化学与信息

21 世纪是信息时代。由于信息离不开载体和介质,而载体和介质的组成和化学状态对信息有很大影响。通过各种化学合成手段,可以制造出许多性能各异的信息材料,主要包括电子材料和光电子材料。这些材料种类繁多,有金属、非金属或单质、化合物,而化合物又包含无机、有机、高分子化合物等,它们包括了元素周期表中的大部分元素。如将超导材料用于雷达,可以使其灵敏度大大提高,有效作用距离增加 3~4 倍。光导通讯使信息通讯达到一个新的水平,而光导通讯则离不开光导纤维。有些材料在信息技术中的作用是多方面的,如半导体材料,它既是组成大规模集成电路的基本元器件,又在信息发送与接收、信息加工、信息储存和信息显示等信息技术中起关键作用。

0.4.3.4　化学与生命

生命科学(Life Science)是 20 世纪末期自然科学的亮点,"基因工程"、"克隆技术"等名词一再成为公众关注的热门话题。其实生命科学的发展离不开化学,基因工程技术中就包括了许多生物化学过程,比如从复杂的生物有机体基因组中,经过酶切消化或聚合酶链式反应等方法分离出带有目的基因的 DNA 片段;在体外将带有目的基因的 DNA 片段连接到能够自我复制并具有选择记号的载体分子上,形成重组 DNA 分子等过程都包含了一系列复杂的生物化学反应。

化学对人类健康的贡献主要表现在制药工业和疾病防治中,在现代的医药公司中,大约一半的科学研究人员是化学工作者。他们的主要工作是合成新的药物分子或者为已知的药物设计更好的生产路线。量子化学、分子设计理论的发展为药物设计提供了强有力的支持。此外,新型杀菌剂、杀虫剂的设计和生产为人类预防和控制疾病提供了有力的保障。

0.4.3.5　化学与环境

化学家创造的化学物质和化学工业与物理因子(如 X 射线)和生物因子(如细菌和病毒)一样具有两面性,在为人类进步和生活质量的提高起了巨大作用的同时污染了环境。现在发展很快的绿色化学就是要利用化学原理从源头消除污染。氟利昂 70 年来的兴衰史充分体现了人们对事物的认识过程和化学在环境保护中的作用。

环境化学(Environmental Chemistry)是环境科学的重要分支。自从工业革命后,人类使用越来越多的煤、石油等化石燃烧作为能源,化工产品日益增多,工业废弃物不断增加,由此引起的环境问题越来越引起人们的重视。那么这些废弃物排入大气、水体或土壤等与人类生活密切相关的环境后会发生怎样的变化? 最终会对人类和生态环境构成什么样的危害? 回答这些问题正是环境化学研究的中心课题。环境监测的重点之一就是检测在大气、水体和土壤等环境中各种有害物质的含量,这些正好是分析化学的用武之地。事实上,由于环境中有害物在多数情况下含量很低而环境监测中要求能检测出的限量也很低(通常可达 $10^{-6} \sim 10^{-9}$ 甚至更低),从而刺激了分析仪器的快速发展。在工业三废治理、环境净化工程中化学法是最重要的治理方法之一,像无机重金属废水、有机废水和工业废气等,当前多数都用化学法治理。

0.4.3.6　化学与现代分析测试技术

随着物理和化学的相互渗透,人们发明了一些先进的测试仪器,这些仪器已成了化学家认识微观世界的有力工具。例如质谱仪可以测定一个分子的质量,精确的分子量能帮助人们确定分子的化学组成。核磁共振能够测试分子的结构,乙醇和二甲醚这样的同分异构体,核磁共振能区分不同分子中的氧原子、氢原子以及碳原子因与其相连的周围原子的不同而产生的差异,从而区分两个分子。X 射线衍射仪能够测定晶体的结构,包括晶体类型、晶胞参数等。

分子的转动、振动以及电子跃迁等会在红外、紫外或可见光区域产生发射光谱或吸收光谱。因此,利用红外、紫外或可见光谱仪可以进行化合物的化学分析,还可用来研究分子结构。现代激光技术用激光脉冲来触发一个化学反应,然后在 1 飞秒(fs)左右的时间内(1 fs $= 1 \times 10^{-15}$ s)再发出一束激光来得到反应中间的图谱。用这种技术已经可以"看见"简单的反应过程,随着这一技术的成熟和发展,将能够跟踪"观察"微观世界的变化"历程"。

0.4.4 化学的创造作用

化学是一门创造性科学,最重要的作用就是培养不断进取、发现、探索、好奇的心理,激发人类去认识和改造物质世界。尽管化学已取得了丰硕的成就,发现了元素周期律,发现和创造了1 200多万种新分子和化合物。但化学今后仍然是发挥创造性作用,整理天然产物和完善周期系,不断发现和合成新的化合物,并弄清它们的结构和性质的关系,深入研究化学反应理论和寻找反应的最佳过程。同时,化学要积极向一些与国民经济和人民生活关系密切的学科渗透,最突出的是与能源科学、环境科学、生命科学和材料科学的相互渗透。化学面临着新的需求和挑战,随着结构理论和化学反应理论以及计算机、激光、核磁共振和重组DNA技术等新技术的发展,化学对分子水平的掌握日益得心应手,剪裁分子之说应运而生,即按照某种特定需要,在分子水平上设计结构和进行制备。化学的研究对象也不再局限于单个化合物,而把重点放在复杂一些的体系上,这样必然会促使化学更重视贯通性能、结构和制备三者之间关系的理论,增强功能意识,形成化学学科发展的新方向——分子工程学。

0.5 绿色化学

绿色化学(Green Chemistry)是20世纪90年代出现的具有明确的社会需求和科学目标的新兴交叉学科,已成为当今国际化学科学研究的前沿,是21世纪化学化工发展的重要方向之一。绿色化学的核心就是要利用化学原理和新化工技术,以"原子经济性"为基本原则,从源头上减少或消除污染,最大限度地从资源合理利用、生态平衡和环境保护等方面满足人类可持续发展的需求,实现人和自然的协调与和谐。因此,绿色化学及其应用技术已成为各国政府、学术界及企业界关注的热点。

0.5.1 绿色化学的含义

绿色化学又称环境友好化学、清洁化学或可持续发展化学,是运用化学原理和新化工技术来减少或消除化学产品的设计、生产和应用中有害物质的使用与产生,使所研究开发的化学品和工艺过程更加安全和环境友好。

在绿色化学基础上发展的技术称为绿色技术或清洁生产技术。理想的绿色技术是采用具有一定转化率的高选择性化学反应来生产目标产物,不生成或很少生成副产物,实现或接近废物的"零排放";工艺过程使用无害的原料、溶剂和催化剂;生产环境友好的产品。

0.5.2 绿色化学的研究内容

绿色化学是研究和开发能减少或消除有害物质的使用与产生的环境友好化学产品及其工艺过程,从源头防止污染。因此,绿色化学的研究内容主要包括以下几个方面。

① 清洁合成工艺和技术,减少废物排放,目标是"零排放"。
② 改革现有工艺过程,实施清洁生产。
③ 安全化学品和绿色新材料的设计和开发。

④ 提高原材料和能源的利用率,大量使用可再生资源。

⑤ 生物技术和生物质的利用。

⑥ 新的分离技术。

⑦ 绿色技术和工艺过程的评价。

⑧ 绿色化学的教育,用绿色化学变革社会生活,促进社会经济和环境的协调发展。

绿色化学的核心是要利用化学原理和新化工技术,以"原子经济性"为基本原则,研究高效、高选择性的新反应系统(包括新的合成工艺和方法),寻求新的化学原料(包括生物质资源),探索新的反应条件(如环境无害的反应介质),设计和开发对社会安全、对环境友好、对人体健康有益的绿色产品。

0.5.3　绿色化学的特点

绿色化学是近十年才产生和发展起来的,是一个"新化学婴儿"。它涉及有机合成、催化、生物化学、分析化学等学科,内容广泛。绿色化学与传统化学的不同之处在于前者更多地考虑社会的可持续发展,促进人和自然关系的协调,是人类用环境危机的巨大代价换来的新认识、新思维和新科学,是更高层次上的化学。

绿色化学与环境化学的不同之处在于前者研究环境友好的化学反应和技术,特别是新的催化技术、生物工程技术、清洁合成技术等,而环境化学则是研究影响环境的化学问题。绿色化学与环境治理的不同之处在于前者是从源头防止污染物的产生,即污染预防,而环境治理是对已被污染的环境进行治理,即末端治理。实践表明,末端治理的粗放经营模式,往往治标不治本,只注重污染物的净化和处理,不注重从源头和生产全过程中预防和杜绝废物的产生和排放,既浪费资源和能源,又增加了治理费用,综合效益差。

总之,从科学观点来看,绿色化学是化学和化工科学基础内容的创新,是基于环境友好条件下化学和化工的融合和拓展;从环境观点看,它是保护生态环境的新科学和新技术,从根本上解决生态环境日益恶化的问题;从经济观点看,它是合理利用资源和能源,降低生产成本,符合经济可持续发展的要求。正因为如此,科学家们认为,绿色化学是 21 世纪科学发展的最重要领域之一。

0.5.4　绿色化学的兴起与发展

随着世界人口的急剧增加、各国工业化进程的加快、资源和能源的大量消耗与日渐枯竭、工农业污染物和生活废弃物等的大量排放,人类生存的生态环境迅速恶化,主要表现为大气被污染、酸雨成灾、全球气候变暖、臭氧层被破坏、淡水资源紧张和被污染、海洋被污染、土地资源退化和沙漠化、森林锐减、生物多样性减少、固体废弃物造成污染等。目前,人类赖以生存的自然环境遭到破坏,人与自然的矛盾激化。绿色象征着生命,象征着人与自然的和谐,绿色化学是人类生存和社会可持续发展的必然选择!

人类只有一个地球。"保护我们的家园,加强污染治理,保护生态环境"已成为世界各国人民的共同心声和关注的大事,环保法规的颁布推动了绿色化学的兴起和发展。

化学作为一门创造性的学科,从诞生至今已取得了辉煌的成就。化学工业给人类提供了极为丰富的化工产品,迄今为止,人类合成了 600 多万种化合物,工业生产的化学产品已经超过 5 万种,目前全世界化工产品年产值已超过 15 000 亿美元。这些化工产品为人类创造了巨大的物质财富,极大地丰富了人类的物质生活,促进了社会的文明和进步。因此,化学工业在国民经济中占有极为重要的地位,成为国民经济的基础工业和支柱产业。但是也应该看到,大量化学品的生产和使用造成了有害物质对生态环境的污染,当代全球生态环境问题的严峻挑战都直接或间接与化学物质污染有关。同时,西方国家工业化发展的经验、教训值得我们注意和吸取。那种"先污染,后治理"的粗放经营模式,不仅浪费了自然资源和能源,而且投资大、治标不治本,甚至有可能造成二次污染。因此,传统化学工业的发展,迫切寻求减少或消除化学工业对环境污染问题的措施和良策,而绿色化学及技术正是解决此问题行之有效的办法。从源头上防止污染,实施清洁生产技术,实现废物的"零排放",这是绿色化学的核心和目标。

可持续发展是自20世纪80年代以来国际上形成的一种全新发展观念,是新的科学发展观。随着科学技术的发展和社会生产力的极大提高,人类创造了前所未有的物质财富,加速了社会文明发展进程。与此同时,生态环境恶化不仅严重地阻碍国民经济的发展和人民生活质量的提高,而且已威胁到人类的基本生存。面对这种严峻形势的挑战,人类不得不重新审视自己的社会经济行为和工业化发展历程,认识到那种以消耗大量资源和能源追求经济数量增长的"高投入、高消耗、高污染"为特征的传统发展模式已不能适应当今和未来发展的要求,必须寻求一条"资源—经济—环境—社会"相互协调的、既能满足当代人的需求又不影响后代人发展的模式。正是在这样的历史背景下,可持续发展理论应运而生。

可持续发展战略包含经济、生态和社会的可持续发展。经济可持续发展是基础,生态可持续发展是条件,社会可持续发展是目的。可持续发展战略是以全球意义为指导的,适应当代和平与发展的时代主题的发展观,是以人与自然和谐为前提的发展观,是以社会全面进步和经济协调发展为目标的发展观。而绿色化学是21世纪的中心科学,是能从源头上预防和消除污染,最大限度地从资源合理利用、环境保护和生态平衡等方面满足人类可持续发展的科学,是实现经济、生态和社会可持续发展的科技支撑,是可持续发展理论的重要组成部分。

➡第 1 章

化学反应中的能量转化

化学反应的实质是原子、分子、离子和电子等原子结合态单元中的原子,进行了重排组合生成新的分子等原子结合态单元。尽管反应过程中参加反应的各原子核没有变化,但核外电子的运动状态发生了变化,并伴随有能量的变化。

热力学是专门研究能量相互转换的一门科学。利用热力学的基本原理研究化学反应的学科称为化学热力学。化学热力学重点解决两个问题,一是本章将要讨论的化学反应中的能量转化问题,即化学反应热效应的计算;二是第二章要解决的化学反应进行的方向与限度的问题。化学热力学研究的是大量物质质点构成的宏观物系,不追究系统变化的具体途径,也不涉及化学反应速率等问题。

1.1　基本概念

1.1.1　系统与环境

自然科学所研究的对象是千变万化、丰富多彩的自然界。其中各种事物、各个部分是始终不断相互影响并相互联系的。但为研究问题的方便,需先确定研究对象的范围和界限,人为地将某一部分物体或空间和自然界的其余部分分开,来作为研究的重点。被划出来作为研究对象的这部分物体或空间称为系统。与系统密切相关的部分,则称为环境。实际上,环境通常是指与系统有相互影响的有限部分。系统与环境的边界可以是实际的,也可以是假想的。

系统与环境间往往要通过物质和能量的交换而发生联系。按交换情况的不同,系统可分为三种类型。

敞开系统——系统与环境之间既有物质交换,又有能量交换。

封闭系统——系统与环境之间没有物质交换,只有能量交换。

孤立系统——系统与环境之间既没有物质交换,也没有能量交换。

例如,当关心一个烧杯中装有的一定量去离子水时,则这一定量的去离子水就是系统,烧杯壁和水面上方的空气就是环境,显然这个盛有水的烧杯是一个敞开系统,因为这时烧杯与四周除有热量的交换,同时通过水面还有水的蒸发和气体的溶解。如果给烧杯加上盖子(在烧杯上盖上一块表玻璃),使之没有水的散发和气体的流通,就是一个封闭系统。若在烧杯四周再用保温材料包裹,则系统与环境之间既没有物质交换,也没有能量交换,就变成了孤立系统。

系统的选择根据研究需要而定,不同的方法和不同角度对系统的划分也不同。在讨论工程实际问题时更要注意具体情况具体分析,比如烧结炉是常用的工业设备(图 1.1),在其中放置两块难熔金属片(如铁片和银片),其间放有低熔点合金(如含锡和铋的合金),在可控还原气氛(如氢、氮和氨的混合气体)保护下加热,使之烧结在一起。在这个例子中,如果要讨论烧结工艺的有关问题就可把整个烧结炉作为系统,它包括难熔金属片、低熔点合金和气体介质。如果想研究烧结炉内可控保护气体间发生的反应,那么可把合成氨反应:$N_2 + 3H_2 \Longrightarrow 2NH_3$ 当做一个系统加以讨论。而炉膛内的支架、难熔金属片、低熔点合金等物质及绝热层均为环境。

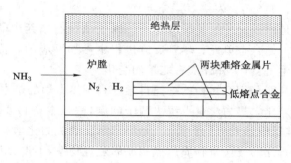

图 1.1　反应烧结炉示意图

系统还有一种分类法:单相系统或均匀系、多相系统或不均匀系。一个系统中,任何具有相同物理、化学性质的均匀部分,叫做系统的相。在不同的相间,有明显的界面,一般可用机械方法将它们分开。只有一个相的系统,称单相系统或均匀系,具有两个或两个以上相的系统,叫多相系统或不均匀系。气体物质及其混合物,一般为均匀的单相,如空气。液体物质按其溶解度的不同,可以分为完全互溶和部分互溶,前者如酒精与水,形成一个相;后者则形成有明显界面分开的多个相,如四氯化碳和水的情况。没有绝对互不相溶的,只是溶解度极其微小罢了。固态物质较为复杂,它有晶态和非晶态之分,晶态中又有多种结构,分属不同的相。

1.1.2　状态与状态函数

描述一个系统,必须确定它的一系列物理、化学性质,例如温度、压力、体积、组成、能量和聚集态等,这些性质的综合表现称为系统的状态,而用来表征系统宏观性质的这些可测物理量称之为状态函数。

当系统的所有性质都有确定值时,就说系统处于一定的热力学状态;反之,当系统状态一定,系统的所有性质也都有确定值,即状态函数就有一个相应的确定值。若其中任一性质有了改变,系统的状态就会发生变化。例如,理想气体的状态,通常可用 p(压力)、V(体积）、T（温度）、n_B［物质 B 的量，通常写作 n_B 或 $n(B)$］四个物理量来描述，其函数之间的关系就是理想气体状态方程式 $pV = n_B RT$（式中 R 为摩尔气体常数）。变化前的状态，常称为起始状态（始态）；变化后的状态，则称为最终状态（终态）。如果状态发生变化，只要终态（X_2）和始态（X_1）一定，那么状态函数的变化值（ΔX）就只有唯一的数值（$\Delta X = X_2 - X_1$），不会因始态至终态这一过程所经历的具体途径不同而改变。

状态函数的特点是：

① 单值性。系统的状态一确定，就有一套相互关联的状态函数与之一一对应。

② 殊途同归变化量等。系统状态发生变化时，状态函数的改变量，只与始态和终态有关，与变化的具体途径无关。诸如描述系统的宏观性质的 p、V、H（焓）、T、S（熵）等状态函数只是它所处状态的单值函数。例如，将 1 mol（H_2O）由始态（300 K，100 kPa）变化到终态（373 K，100 kPa），无论是系统直接升温一步完成，还是先冷却到 298 K，然后再升温到终态 373 K，状态函数的变化量 ΔT 只与系统变化的始态和终态有关，即

$$\Delta T = T_2 - T_1 = 373 \text{ K} - 300 \text{ K} = 73 \text{ K}$$

③ 周而复始变化零。系统状态发生一系列变化后，又回到初始状态，系统状态函数的改变量为零。

1.1.3　过程与途径

系统状态由于外界条件的改变发生的变化称为过程。而完成这个过程的具体步骤或路线称为途径。一个过程可以由多种不同的途径来实现，而每一途径常由几个步骤组成。像系统温度的升高、液体的蒸发以及化学反应等，均称为进行了一个热力学过程。热力学的基本过程有恒温过程（$T_1 = T_2$）、恒压过程（$p_1 = p_2$）、恒容过程（$V_1 = V_2$）和绝热过程（$q = 0$）等。

状态函数的计算在热力学过程中非常重要，而状态函数的变化值只取决于过程的始态与终态，而与途径无关。因此在计算（过程）状态函数的变化值时，常常需要假设实现该过程的某一途径，这也正是化学热力学处理问题的优势，不追究过程变化的微观细节（具体途径）。如图 1.2 所示，要完成从始态到终态的变化过程，可通过图示的三种途径或其他多种途径来实现。其中途径①仅含一个过程，途径②包含两个过程，而途径③则由四个过程组成。

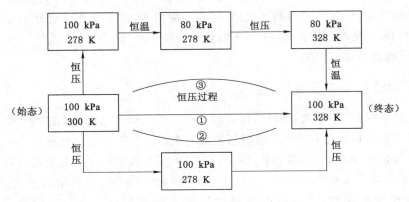

图 1.2　过程与途径示意图

1.1.4 热和功

能量传递的基本形式有热和功。在热力学中,把由于系统与环境之间存在的温度差而引起系统与环境交换或传递的能量称为热,用符号 q 表示,并规定系统吸热为正,放热为负。功则是因系统与环境之间除热以外的以其他形式交换或传递的能量,用符号 w 表示,规定系统做功为负,系统得功为正。在热力学中又把功分为体积功和非体积功两大类,在讨论化学反应时,为了处理问题的方便,通常不涉及非体积功,即系统不做非体积功($w' = 0$),而体积功又称为无用功,即为了维持系统的恒压,系统膨胀或压缩而做功($p \cdot \Delta V$),敞开系统下的化学反应,就认为是一个恒压过程。

热和功有两点是相同的:第一,热和功都是能量传递的基本形式,具有能量的单位(kJ),在系统获得能量后,便不再区分为热或功;第二,热和功都不是系统的状态函数,它们都是与过程的具体途径相联系的物理量,不能说某系统内含有多少热或多少功,但却可以说系统在某过程吸收(或放出)了多少热或做了多少功。例如,CH_4 的燃烧,可以在内燃机中进行,也可以设计成燃料电池,显然后者获得的有用功更大。能量不仅有量的多少,还有质的高低。例如 500 ℃时 1 J 能量与 50 ℃时的 1 J 能量可利用的程度是不同的,所以能量从“量”的角度看,只有是否已利用或利用了多少的问题;而从质的角度看,还有个是否按质用能的问题,即低碳经济所倡导的是质量对口、梯级利用,这是作为一名工程技术人员在设计、施工和生产生活中必须具备的潜在意识。

热力学将热和功分开,从本质上反映出两种交换形式的不同,功是有序运动的结果,而热是无序运动的产物。功能够完全转化为热,而热却不能完全转换为功。

1.1.5 热力学能

能量是系统做功和放热的潜在本领。它可以表现为各种具体形式,常见的有机械能、电能、光能、化学能和核能,等等。每种能量之间可按精确的关系相互转化或传递,但不能消灭也不能再生,即遵循能量守恒定律。热力学能是指系统内分子的平动能、转动能、振动能、分子间势能、原子间键能、电子运动能和核内基本粒子间核能等能量的总和,是系统自身的属性之一,用符号 U 表示,单位为 kJ。每种运动状态对应着一个确定的能量值,不过其绝对值目前还无法确定,但这并不影响其使用,在实际应用中,所关心的仅是热力学能的改变量 ΔU。热力学能 U 是状态函数,即热力学能的变化值(ΔU)只取决于系统变化的终态和始态,而与变化的具体途径无关。

1.1.6 化学计量数与反应进度

无论是质量守恒,还是能量变化,都需要选择一个化学的基本量来进行化学计量。1971年,第 14 届国际计量大会(CGPM)选择了物质的量作为 7 个基本的物理量之一。物质的量是用于计量指定的基本单元,如分子、原子、离子、电子等微观粒子或其特定组合的一个物理量(符号为 n),单位为摩尔(mol)。可见在使用摩尔作为单位时,必须指明基本单元,基本单元可以是客观存在的,也可以是为讨论问题方便而假想的。一般用化学式表示,如 $n(H_2)$、$n(OH^-)$、$n\left(H_2 + \dfrac{1}{2}O_2 \Longrightarrow H_2O\right)$ 等。

任何一个化学反应,可用一般的化学反应方程式表示为:

$$aA + bB = dD + eE$$

或

$$0 = dD + eE - aA - bB$$

令

$$\nu_A = -a, \nu_B = -b, \nu_D = d, \nu_E = e$$

代入上式得

$$0 = \nu_D D + \nu_E E + \nu_A A + \nu_B B$$

或

$$0 = \sum \nu_B B \tag{1.1}$$

式中,B 表示化学反应中的各种物质,包括所有的反应物和产物;ν_B〔通常写作 $\nu(B)$〕是 B 物质的化学计量数,是量纲为 1 的量,可以是整数,也可以是简单的分数。显然,对反应物的化学计量数为负,而产物的化学计量数为正,这和在化学反应中反应物的减少以及产物的增加是一致的。

化学计量数仅表示反应过程中各物质转化的比例关系,并不是反应过程中各相应物质所转化的实际物质的量,且与反应方程式的写法有关。例如氢气和氧气的燃烧反应可以写成:

$$H_2(g) + \frac{1}{2}O_2(g) = H_2O(g)$$

则

$$\nu(H_2) = -1, \nu(O_2) = -\frac{1}{2}, \nu(H_2O) = 1$$

亦可写成

$$2H_2(g) + O_2(g) = 2H_2O(g)$$

则

$$\nu(H_2) = -2, \nu(O_2) = -1, \nu(H_2O) = 2$$

为了描述化学反应进行的程度,尚需要引入另一个重要的物理量——反应进度 ξ。

对于一般反应 $0 = \sum\limits_B \nu_B B$ 来说,定义:

$$d\xi = \nu_B^{-1} dn_B \tag{1.2}$$

式中,ξ 即为反应进度,单位为 mol。

如用数学语言来表述:$\Delta n_B = \nu_B \int_1^2 d\xi = \nu_B(\xi_2 - \xi_1)$,若从反应开始时 $\xi_1 = 0$ 积分到 $\xi_2 = \xi$ 的 n_B,可得:

$$\Delta n_B = \nu_B(\xi_2 - \xi_1) = \nu_B(\xi - 0) = \nu_B \xi \tag{1.3}$$

引入反应进度这一物理量最大的优点就是在反应进行到任意时刻时,可用任一反应物或产物来表示反应进行的程度,所得的值总是相等的,而与使用何种组分无关。但需注意:此时的基本单元为给定的化学反应方程式。例如给定的合成氨反应方程为:

$$N_2(g) + 3H_2(g) \rightleftharpoons 2NH_3(g)$$

反应前物质的量 n_1 /mol	8	24	0
反应某时刻物质的量 n_2 /mol	6	18	4

则反应进度为

$$\xi = [n_2(N_2) - n_1(N_2)]/\nu(N_2) = (6-8)\text{mol}/(-1) = 2 \text{ mol}$$

或　　　　$$\xi = [n_2(H_2) - n_1(H_2)]/\nu(H_2) = (18-24)\text{ mol}/(-3) = 2 \text{ mol}$$

或　　　　$$\xi = [n_2(NH_3) - n_1(NH_3)]/\nu(NH_3) = (4-0)\text{mol}/2 = 2 \text{ mol}$$

若将合成氨反应方程式写为：

$$\frac{1}{2}N_2(g) + \frac{3}{2}H_2(g) \rightleftharpoons NH_3(g)$$

则求得的反应进度 $\xi = 4$ mol。

　　显然反应进度 ξ 与反应式的书写有关，反应进度 ξ 是表示反应进行程度的参数，它可以是正整数、正分数或零。对于反应 $a\text{A} + b\text{B} \rightleftharpoons d\text{D} + e\text{E}$，$\xi = 1$ mol 表示从 $\xi = 0$ mol 开始到有 a mol A 和 b mol B 消耗掉，有 d mol D 和 e mol E 生成时的反应进度。反应进度为 1 的反应也称为摩尔反应。

　　反应进度是计算化学反应中质量和能量变化以及反应速率时常用的物理量。

1.2　热力学第一定律与反应热

1.2.1　热力学第一定律

　　将能量守恒定律应用于热力学中即称为热力学第一定律。对封闭系统由始态（热力学能为 U_1）变化到终态（热力学能为 U_2），同时系统从环境吸热 q、得功 w，则系统热力学能的变化为：

$$\Delta U = U_2 - U_1 = q + w \tag{1.4}$$

这就是热力学第一定律的数学表达式。

　　应当指出，对热和功正、负号的规定，必须同第一定律的数学表达式相一致。当 $q > -w$ 时，说明系统从环境中吸收的热大于对环境所做的功，$\Delta U > 0$，系统的热力学能增加；当 $q < -w$，说明系统从环境吸收的热小于系统对环境所做的功，此时必然消耗系统的热力学能，故系统的热力学能减少，$\Delta U < 0$。

　　例 1.1　某一热力学能为 U_1 的封闭系统，从环境吸热 50 kJ，对环境做功 30 kJ。试问(1)系统的热力学能变和终态的热力学能 U_2 为多少？(2)此过程中环境能量发生了什么变化？

　　解　(1)由题意可知：$q = +50$ kJ，$w = -30$ kJ

则　　　　　　　　$\Delta U = U_2 - U_1 = q + w = 50 \text{ kJ} + (-30) \text{ kJ} = 20 \text{ kJ}$

又　　　　　　　　　　　　$U_2 = \Delta U + U_1 = U_1 + 20 \text{ kJ}$

　　(2)当系统吸收 50 kJ 时，环境必然放热 50 kJ，对环境来讲 $q = -50$ kJ。另外系统对环境做功 30 kJ，对环境来讲 $w = +30$ kJ，于是环境的能量改变为：

$$\Delta U = q + w = -50 \text{ kJ} + 30 \text{ kJ} = -20 \text{ kJ}$$

计算表明，系统热力学能变化和环境的能量变化，数值大小相等而符号相反。即系统与

环境构成一孤立系统,能量的净变化为零。即

$$\Delta U_{系统} + \Delta U_{环境} = 0$$

体积功是系统反抗外压力而改变体积时,系统对环境做的功。若系统被压缩,则环境对系统做功,但无论是压缩还是膨胀,如果外压 p 不变,对系统而言,体积功可用下式求出,即

$$w = -p\Delta V = -p(V_2 - V_1) \tag{1.5}$$

例 1.2 某一定量的理想气体,始态体积为 10 dm³、压力为 1 000 kPa,在恒定温度 298 K 时,经下列途径膨胀到终态的体积为 100 dm³,压力 100 kPa。计算各途径的体积功:(1) 外压始终保持 100 kPa,由始态膨胀到终态;(2) 首先系统在 500 kPa 的外压下膨胀到 20 dm³,然后在外压力为 100 kPa 条件下继续膨胀到终态。

解 为解题方便,依据题意可绘出下列过程示意图(图 1.3)。

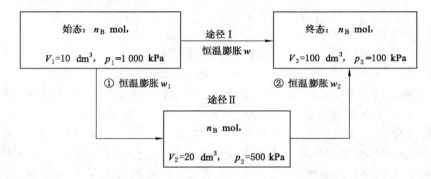

图 1.3 例 1.2 题的热力学变化过程示意图

(1) $w = -p \cdot \Delta V = -p(V_3 - V_1) = -100 \text{ kPa} \times (100 - 10)\text{dm}^3 = -9 \text{ kJ}$

(2) 根据题意,途径 Ⅱ 分两步完成,即

$$w = w_1 + w_2$$

所以
$$w = -p_2(V_2 - V_1) - p_3(V_3 - V_2)$$
$$= -500 \text{ kPa} \times (20 - 10)\text{dm}^3 - 100 \text{ kPa} \times (100 - 20)\text{dm}^3$$
$$= -13 \text{ kJ}$$

计算结果表明,系统在相同的始态和终态条件下,由于途径不同,系统做的功也不同,所以功不是状态函数。负号表示系统对环境做功,系统热力学能减少。

1.2.2 化学反应热与焓

化学反应时所吸收或放出的热叫做反应的热效应,简称反应热。化学反应热是指等温过程,即系统发生变化后,使生成物的温度(终态 T_2)回到反应前(始态 T_1)的温度,系统放出或吸收的热量。为了讨论问题的方便,在研究化学反应热效应时系统通常不做非体积功(如电功、机械功),只做体积功,并把反应热分为恒容反应热和恒压反应热两种。

如果化学反应是在恒容条件下进行,且系统不做非体积功,此过程的反应热称为恒容反应热。例如在弹式量热器中进行的反应,即恒容过程,测得的反应热即为恒容热,用符号 q_V 表示。对于有气体参加或产生的反应,此时,$\Delta V = 0$,$w' = 0$,所以体积功 $-p \cdot \Delta V$ 必为零。

根据热力学第一定律:

$$\Delta U = q_V + w = q_V \qquad (1.6)$$

该式说明在恒容过程中,化学反应热全部用于改变系统的热力学能。虽说热是过程的函数,但在恒容条件下,恒容反应热 q_V 也只取决于始态和终态,这是恒容反应热的特点。在计算上,利用 ΔU 具有状态函数的特征,其值只取决于过程的始终态,而与变化的具体途径无关。

通常化学反应是在恒压条件下进行,且不做非体积功。如敞口容器中进行的化学反应,即为恒压过程,该过程的反应热即为恒压反应热,用符号 q_p 表示。

此时, $$\Delta V = V_2 - V_1, w' = 0$$
所以, $$w = -p(V_2 - V_1) + w' = -p(V_2 - V_1)$$
根据热力学第一定律:
$$\Delta U = q_p + w = q_p - p(V_2 - V_1)$$
$$q_p = \Delta U + p(V_2 - V_1) = (U_2 - U_1) + (pV_2 - pV_1) = (U_2 + pV_2) - (U_1 + pV_1)$$
令 $$H = U + pV$$
则 $$q_p = H_2 - H_1 = \Delta H \qquad (1.7)$$

H 称为焓。因为 U、p、V 均为状态函数,所以焓也是热力学的状态函数,即焓的变化值(ΔH)只取决于系统变化的终态和始态,而与变化的具体途径无关。焓和热力学能一样,具有能量单位(kJ),其绝对值也无法测定,而人们所关心的是状态变化时的焓变(ΔH)。另外,焓不像热力学能 U 具有明确的物理意义,但恒温恒压,且不做非体积功过程的焓变 ΔH 代表化学反应的热效应。$\Delta H > 0$,表示系统吸热,$\Delta H < 0$,表示系统放热。一般化学反应都是在大气压下敞口进行的,故可以认为在恒压条件下进行,即无特别指明,通常计算反应热就是计算 ΔH。

虽说热是过程的函数,但式(1.7)说明在恒压条件下,恒压反应热 q_p 与焓这一状态函数的增量相等,故恒压反应热 q_p 也只取决于始态和终态,这是恒压反应热的特点。

综上所述,在恒容或恒压条件下,化学反应的反应热只与反应的始态和终态有关,而与变化的途径无关,如图 1.4 所示。

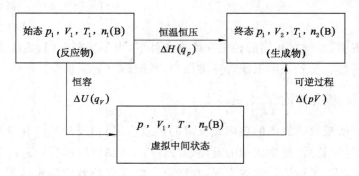

图 1.4 恒压(p_1)过程中的热力学变化途径示意图

对于一个恒压(p_1)过程中的化学反应热 q_p(ΔH)的产生,可以设计成分下述两步来实现,如图 1.4 所示。

$$q_p = \Delta U + p\Delta V = q_V + p\Delta V = \Delta H$$

即恒压热 q_p 与恒容热 q_V 的差别就是反应恒压过程进行时所做的体积功。在溶液中进行的大多数化学反应,体积变化很小,$p\Delta V$ 可忽略为零,此时 $\Delta U \approx \Delta H$,$q_p \approx q_V$。对于有气体参加或生成的化学反应,如果反应前后任一气体的物质的量变化 Δn_{Bg}(任一气体的物质的量变化)均为零,根据理想气体状态方程:

$$pV = n_B RT$$

仍有 $\Delta(pV) = \Delta n_{Bg} RT = 0$,$\Delta U = \Delta H$;若 Δn_{Bg} 不为零,则由于各种气体的物质的量的变化而引起系统的体积变化:$\Delta V = \sum \Delta n_{Bg} \cdot RT / p$

则有:
$$q_p - q_V = \Delta(pV) = \sum \Delta n_{Bg} \cdot RT$$

$$\Delta H = \Delta U + \sum \Delta n_{Bg} \cdot RT$$

又 $\Delta n_B = \xi \nu_B$,代入上式得:

$$\Delta H = \Delta U + \xi \sum \nu_{Bg} \cdot RT$$

两边同除以反应进度 ξ,即得摩尔反应焓变:

$$\Delta_r H_m = \Delta_r U_m + \sum \nu_{Bg} \cdot RT \tag{1.8}$$

式中 R 是摩尔气体常数($8.314 \text{ J} \cdot \text{mol}^{-1} \cdot \text{K}^{-1}$),$\sum \nu_{Bg}$ 为反应前后气态物质化学计量数的变化。

化学反应热效应数值的来源通常有三种方法:

① 通过用量热计实际测量得出;

② 通过查表得到参与反应的各物质的标准摩尔生成焓计算得到;

③ 已知相关的化学反应的热效应,通过热化学定律(Hess 定律)计算得出。

1.2.3　热化学方程式

表示化学反应与热效应关系的方程式称为热化学方程式。书写热化学方程式时,先写出反应的化学方程式,然后在方程式下方(或右边)写出相应的焓变。由于化学反应热与反应时的条件(温度、压力等)、物质的聚集状态及物质的量有关,因此在书写热化学反应方程式时,必须注意以下几点:

① 要注明反应的温度、压力等条件。如果温度是 298.15 K,压力是 100.00 kPa 时,习惯上可不加注明。

② 必须在化学式后标注物质的物态和浓度。如 s、l、g、aq 分别表示固态、液态、气态和稀的水溶液。如果涉及的固态物质有几种晶型还应注明确定的晶型。

③ 同一化学反应,化学计量数不同,反应热 ΔH 不同。并且反应热 ΔH 的数值表示一个已经完成的反应所吸收或放出的热量。例如:

$$H_2(g) + \frac{1}{2}O_2(g) = H_2O(g)$$

$$\Delta_r H_m^{\ominus}(298.15 \text{ K}) = -241.82 \text{ kJ} \cdot \text{mol}^{-1}$$

上式表明,在温度为 298.15 K,各种气体的分压均为 100 kPa 时进行等温等压反应,由 1 mol $H_2(g)$ 与 $\frac{1}{2}$ mol $O_2(g)$ 反应生成 1 mol $H_2O(g)$ 时,反应放出的热量为 241.8 kJ · mol^{-1},故其标准摩尔反应焓变为 -241.8 kJ · mol^{-1}。

例 1.3　用热化学方程式表示下列内容:在 25 ℃及标准状态下,每氧化 1 mol $NH_3(g)$ 生成 $NO(g)$ 和 $H_2O(g)$ 并将放出热量 226.2 kJ。

解　根据题意恒压下放出的热量即标准摩尔反应热,其反应方程式为:

$$NH_3(g) + \frac{5}{4}O_2(g) = NO(g) + \frac{3}{2}H_2O(g)$$

$$\Delta_r H_m^{\ominus}(298.15 \text{ K}) = -226.2 \text{ kJ} \cdot \text{mol}^{-1}$$

例 1.4　在一敞口试管内加热氯酸钾晶体,发生下列反应:$2KClO_3(s) = 2KCl(s) + 3O_2(g)$,并放出 89.5 kJ 热量(298.15 K)。试求 298.15 K 下该反应的 $\Delta_r H_m$ 和 $\Delta_r U_m$。

解　根据题意,反应放出的热量即为恒压发热 $\Delta_r H_m$,其热化学方程式为:

$$2KClO_3(s) = 2KCl(s) + 3O_2(g), \Delta_r H_m(298.15 \text{ K}) = -89.5 \text{ kJ} \cdot \text{mol}^{-1}$$

由式 1.8,可求出:

$$\Delta_r U_m = \Delta_r H_m - \sum \nu_{Bg} RT$$
$$= -89.5 \text{ kJ} \cdot \text{mol}^{-1} - (3 + 2 - 2) \times 8.314 \times 10^{-3} \text{ J} \cdot \text{mol} \cdot \text{K}^{-1} \times 298.15 \text{ K}$$
$$= -96.94 \text{ kJ} \cdot \text{mol}^{-1}$$

反应后体积膨胀,系统对外做功,热力学能减少。

1.3　化学反应摩尔焓变的计算

1.3.1　热力学标准状态与物质的标准摩尔生成焓

为了研究问题的方便,化学上规定了一个公共的参考状态——标准状态(简称标准态):在任意温度下,气体指其分压为标准压力 $p^{\ominus} = 100.00$ kPa 的理想气体;液体、固体或溶液为标准压力下的纯液体、纯固体,溶液指标准浓度 $c^{\ominus}(B) = 1.0$ mol $\cdot$ dm^{-3} 的理想溶液。热力学标准态对温度并无限定,强调物质的压力必须为标准压力 $p^{\ominus}$。在标准状态下进行的化学反应,其反应热可记为 $\Delta_r H_m^{\ominus}(T)$。

根据焓的定义:$H = U + pV$,焓也是物质本身的一种属性,系统状态一定,其焓值 H 为一定值。焓 H 像热力学能 U 一样,其绝对值无法测定,但需要关心的反应热是焓变 ΔH,有相对焓值足矣。人们规定在标准状态下由指定单质生成单位物质的量的纯物质时反应的焓变叫做该物质的标准摩尔生成焓。通常选定 298.15 K 为参考温度,符号为 $\Delta_f H_m^{\ominus}(298.15 \text{ K})$(或简写为 $\Delta_f H^{\ominus}$),单位为 kJ $\cdot$ mol^{-1},读作温度在 298.15 K 时的标准摩尔生成焓(实际上是焓变)。符号中下角标"f"表示生成反应,下角标"m"表示生成反应的产物为 1 mol(单位物质的量),上角标"$\ominus$"代表标准状态。定义中的指定单质为选定温度和标准压力下的最稳定单质,如氢是 $H_2(g)$,碳是石墨(s),汞是 $Hg(l)$,硫是 S(正交),但磷较为特殊,"指定单质"为白磷(s),即 P(s,白),而非热力学上更稳定的红磷。由标准摩尔生成焓的定义可知,指定单质的标准摩尔生成焓为零。关于水合离子的相对焓值,规定水合氢离子的标准摩尔生成焓为零,即 $\Delta_f H_m^{\ominus}(H^+, aq, 298.15 \text{ K}) = 0$ kJ $\cdot$ mol^{-1}。其数值可从各种化学、化工手册或热力学数据手册中查到,本书附录 3 列出部分常见单质和化合物的标准摩尔生成焓。从表中可粗略看出,大多数化合物的标准摩尔生成焓是负值,说明由指定单质生成该化合物的过程是放热过程,或者说在自然界中化合物较之单质更稳定,这也是绝大多数单质通常以化合物的形式存在于自然界的理由。

1.3.2　反应的标准摩尔焓变及计算

在标准条件下,反应进度 ξ 为 1 mol 的任意一个化学反应的焓变叫做反应的标准摩尔焓变,以 $\Delta_r H_m^{\ominus}$ 表示(或简写为 $\Delta H^{\ominus}$)。符号中下角标"r"表示反应,下角标"m"表示按指定反应方程式进行到 1 mol 的化学反应(即反应进度 $\xi = 1$ mol),上角标"$\ominus$"代表标准状态。

$\Delta_r H_m^{\ominus}$ 是给定化学反应方程式反应进度 $\xi = 1$ mol 时的标准摩尔焓变,同一反应,反应式系数不同,$\Delta_r H_m^{\ominus}$ 不同,例如:

$$H_2(g) + \frac{1}{2}O_2(g) = H_2O(g), \Delta_r H_m^{\ominus} = -241.82 \text{ kJ} \cdot \text{mol}^{-1}$$

$$2H_2(g) + O_2(g) = 2H_2O(g), \Delta_r H_m^{\ominus} = -483.64 \text{ kJ} \cdot \text{mol}^{-1}$$

对于正、逆反应的标准摩尔焓变 $\Delta_r H_m^{\ominus}$ 的绝对值相同,符号相反,例如:

$$HgO(s) = Hg(l) + \frac{1}{2}O_2(g), \Delta_r H_m^{\ominus} = 90.83 \text{ kJ} \cdot \text{mol}^{-1}$$

$$Hg(l) + \frac{1}{2}O_2(g) = HgO(s), \Delta_r H_m^{\ominus} = -90.83 \text{ kJ} \cdot \text{mol}^{-1}$$

习惯上如不注明温度,就是指温度为 298.15 K,同时也适用于其他热力学函数。关于焓变的计算即化学反应热的计算可总结以下几种方法。

1.3.2.1　盖斯定律

1840 年俄籍瑞士化学家盖斯(G. H. Hess),根据大量热化学实验结果总结出一条规律:一个化学反应无论分几步完成,则总反应的反应热等于各步反应的反应热之和,称为盖斯定律。它为热力学第一定律的建立起了不可磨灭的作用,而在热力学第一定律建立(1850年)后,它就成了其必然推论。盖斯定律是热化学的基本定律,它使热化学方程式可以像普通代数方程那样进行加减运算,利用已知反应的反应热数据来求算未知反应的反应热。例如已知下列反应的热化学方程式

(1) $C(s,石墨) + O_2(g) = CO_2(g), \Delta_r H_{m,1}^{\ominus} = -393.5 \text{ kJ} \cdot \text{mol}^{-1}$

(2) $CO(g) + \frac{1}{2}O_2(g) = CO_2(g), \Delta_r H_{m,2}^{\ominus} = -283.0 \text{ kJ} \cdot \text{mol}^{-1}$

求反应(3) $C(s,石墨) + \frac{1}{2}O_2(g) = CO(g)$ 的标准摩尔生成焓。

显然反应(3)等于反应(1)减去反应(2),故有

$\Delta_r H_{m,3}^{\ominus} = \Delta_r H_{m,1}^{\ominus} - \Delta_r H_{m,2}^{\ominus}$

$\quad\quad = -393.5 \text{ kJ} \cdot \text{mol}^{-1} - (-283.0 \text{ kJ} \cdot \text{mol}^{-1}) = -110.5 \text{ kJ} \cdot \text{mol}^{-1}$

例 1.5　在 298.15 K、100 kPa 下,已知

(1) $C(s,石墨) + \frac{1}{2}O_2(g) = CO(g), \Delta_r H_{m,1}^{\ominus}(298.15 \text{ K}) = -110.5 \text{ kJ} \cdot \text{mol}^{-1}$

(2) $3Fe(s) + 2O_2(g) = Fe_3O_4(s), \Delta_r H_{m,2}^{\ominus}(298.15 \text{ K}) = -1\ 118.4 \text{ kJ} \cdot \text{mol}^{-1}$

试求:(3) $Fe_3O_4 + 4C(s,石墨) = 3Fe(s) + 4CO(g), \Delta_r H_{m,3}^{\ominus}(298.15 \text{ K}) = ?$

解　根据盖斯定律可知,$4 \times (1) - (2) = (3)$

所以

$$\Delta_r H_{m,3}^{\ominus}(298.15\text{K}) = 4 \times \Delta_r H_{m,1}^{\ominus}(298.15\text{ K}) - \Delta_r H_{m,2}^{\ominus}(298.15\text{ K})$$

$$= [4 \times (-110.5) - (-1\ 118.4)]\text{ kJ} \cdot \text{mol}^{-1}$$

$$= 676.4\text{ kJ} \cdot \text{mol}^{-1}$$

应用盖斯定律通过计算不仅可以得到某些恒压反应热,从而减少大量实验测定工作,而且可以计算出难以用实验测定的某些反应的反应热。

1.3.2.2 利用物质的标准摩尔生成焓 $\Delta_f H_m^{\ominus}$ 计算化学反应的标准摩尔焓变 $\Delta_f H_m^{\ominus}$(反应热)

根据焓是系统状态函数这一性质,任一化学反应的反应热 $\Delta_r H_m^{\ominus}$ 可利用各物质的标准摩尔生成焓 $\Delta_f H_m^{\ominus}$ 进行计算。对于一般的化学反应:

$$a\text{A}(\text{l}) + b\text{B}(\text{aq}) =\!=\!= g\text{G}(\text{s}) + d\text{D}(\text{g})$$

把反应前(各反应物)看做始态,反应后(各生成物)看做终态,反应的标准摩尔焓变(反应热)的计算式可写成:

$$\Delta_r H_m^{\ominus}(T) = \sum \Delta_f H_m^{\ominus}(\text{生成物}) - \sum \Delta_f H_m^{\ominus}(\text{反应物})$$

$$= g\Delta_f H_m^{\ominus}(\text{G},\text{s}) + d\Delta_f H_m^{\ominus}(\text{D},\text{g}) - a\Delta_f H_m^{\ominus}(\text{A},\text{l}) - b\Delta_f H_m^{\ominus}(\text{B},\text{aq})$$

$$= \sum \nu_B \cdot \Delta_f H_m^{\ominus}(\text{B},\text{相态},T) \tag{1.9}$$

由于标准摩尔生成焓 $\Delta_f H_m^{\ominus}$ 的参考温度 $T = 298.15$ K,由其计算出的标准摩尔焓变 $\Delta_r H_m^{\ominus}$ 也是温度 $T = 298.15$ K 的值。温度虽然对物质的标准摩尔生成焓 $\Delta_f H_m^{\ominus}$ 有影响,但由于反应物与生成物的标准摩尔生成焓都随温度的升高而增大,故在温度变化不大,未引起反应物和生成物聚集态发生变化时,反应的焓变随温度的变化较小,即反应的焓变基本不随温度而变。因此利用 298.15 K 温度下的标准摩尔反应焓变作为任意温度下化学反应热来使用,即 $\Delta_r H_m^{\ominus}(T) \approx \Delta_r H_m^{\ominus}(298.15\text{ K})$。

例 1.6 试用标准摩尔生成焓的热力学基础数据,计算反应:

$$\text{Zn}(\text{s}) + \text{Cu}^{2+}(\text{aq}) =\!=\!= \text{Zn}^{2+}(\text{aq}) + \text{Cu}(\text{s})$$

的反应热 $\Delta_r H_m^{\ominus}$。

解 查附录 3 标准热力学函数,得如下数据:

$$\text{Zn}(\text{s}) + \text{Cu}^{2+}(\text{aq}) =\!=\!= \text{Zn}^{2+}(\text{aq}) + \text{Cu}(\text{s})$$

$\Delta_f H_m^{\ominus}(298.15\text{ K})/(\text{kJ}\cdot\text{mol}^{-1})$　　0　　　　64.77　　　　-153.89　　　0

根据式(1.9)得:

$$\Delta_r H_m^{\ominus}(298.15\text{ K}) = \Delta_f H_m^{\ominus}(\text{Zn}^{2+},\text{aq}) + \Delta_f H_m^{\ominus}(\text{Cu},\text{s}) - \Delta_f H_m^{\ominus}(\text{Zn},\text{s}) - \Delta_f H_m^{\ominus}(\text{Cu}^{2+},\text{aq})$$

$$= (-153.89 + 0 - 0 - 64.77)\text{kJ} \cdot \text{mol}^{-1}$$

$$= -218.66\text{ kJ} \cdot \text{mol}^{-1}$$

反应热为负说明该氧化还原反应是放热反应,能否合理利用这些热能一直是化学科技工作者关心的问题。

例 1.7 试计算碳酸钙的分解反应:$\text{CaCO}_3(\text{s}) =\!=\!= \text{CaO}(\text{s}) + \text{CO}_2(\text{g})$ 的标准摩尔焓变。

解 查附录 3 标准热力学函数,得如下数据:

$$\text{CaCO}_3(\text{s}) =\!=\!= \text{CaO}(\text{s}) + \text{CO}_2(\text{g})$$

$\Delta_f H_m^{\ominus}(298.15\text{ K})/(\text{kJ} \cdot \text{mol}^{-1})\ -1\ 206.92\ \ \ -635.09\ \ \ -393.51$

根据式(1.9)得：

$$\Delta_r H_m^{\ominus}(298.15\ K) = \Delta_f H_m^{\ominus}(CaO,s) + \Delta_f H_m^{\ominus}(CO_2,g) - \Delta_f H_m^{\ominus}(CaCO_3,s)$$
$$= [-635.09 + (-393.51) - (-1\ 206.92)]\ kJ \cdot mol^{-1}$$
$$= +178.32\ kJ \cdot mol^{-1}$$

反应热为正,说明该反应需要吸收热量,故烧制生石灰要在石灰窑中加热进行。

例 1.8　求用硝酸银和氯化钠溶液,沉淀 2.0 mol AgCl(s) 反应的反应热。

解　查附录 3,得各物质的基础热力学数据：

$$Ag^+(aq) + Cl^-(aq) =\!=\!= AgCl(s)$$

$$\Delta_f H_m^{\ominus}(298.15K)/(kJ \cdot mol^{-1})\quad 105.6\quad -167.2\qquad -127.07$$

根据式(1.9)得：

$$\Delta_r H_m^{\ominus}(298.15\ K) = \Delta_f H_m^{\ominus}(AgCl,s) - \Delta_f H_m^{\ominus}(Ag^+,aq) - \Delta_f H_m^{\ominus}(Cl^-,aq)$$
$$= [-127.07 - 105.6 - (-167.2)]\ kJ \cdot mol^{-1}$$
$$= -65.47\ kJ \cdot mol^{-1}$$

又该反应进度：

$$\xi = [n_2(AgNO_3) - n_1(AgNO_3)]/\nu(AgNO_3) = (2-0)\ mol/1 = 2\ mol$$

所以,沉淀 2.0 mol AgCl(s) 反应的反应热为：

$$\Delta_r H = \xi \cdot \Delta_r H_m^{\ominus} = 2\ mol \times (-65.47)kJ \cdot mol^{-1} = -130.94\ kJ$$

1.3.3　化学反应热的测量

反应热的测量通常要用到热容这个概念。热容是系统与环境交换的热量除以系统温度的改变量,即 $c = dq/dT$。不同的物质热容是不一样的,此外还有摩尔热容($c_m = c/n$)、恒压摩尔热容($c_{p,m} = c_p/n$)、恒容摩尔热容($c_{V,m} = c_V/n$)和质量摩尔热容即比热容($c_w = c/n$)之分。严格地说,热容也受温度的影响,但影响不大,温度对同一聚集状态、同一组成相的物质来说,一般情况下可以忽略。

实验室通常是在一定的绝热反应器中测定某一化学反应的反应热(溶解热或相变热),根据反应前后测量到的温度,一定组成和质量的某种介质(如溶液或水),以及量热器的热容,即可求出该反应的反应热。例如在弹式量热计(图 1.5)中测定反应热,可以认为它是一个绝热、恒容过程。它的工作原理是导热性良好的钢弹做反应器,放入充满水的密闭绝热容器中,当点火电线点燃可燃物后,反应就在钢弹中进行。反应产生的热量传递给弹液(如水)和热量计部件,使其温度升高,准确测定反应前后系统温度的变化,即可算出反应放出的热量。

图 1.6 是实验室常用的简易量热计示意图,常用此装置测量在溶液中发生的反应热。在例 1.6 的计算中,从理论上求出了该反应的标准摩尔反应热 $\Delta_r H_m^{\ominus}(298.15\ K) = -218.66\ kJ \cdot mol^{-1}$,也可以使用此简易量热计测得。

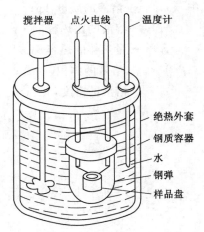

图 1.5　弹式量热计示意图

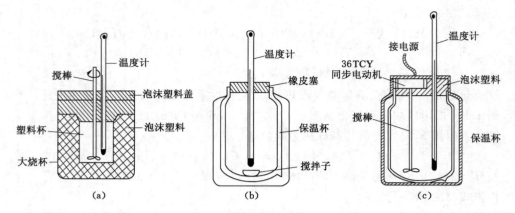

图 1.6　简易量热计示意图

在近似绝热的条件下,让化学反应($CuSO_4$ 溶液和 Zn 粉)于量热计中进行反应,这时化学反应所放出的热全部用于系统温度的升高,通过测量反应前后温度的变化和有关物质的质量、比热,就可以计算出该反应放出的热量,即化学反应的摩尔焓变。由于简易量热计并非严格绝热,在实验时间内,量热计与环境必发生少量的热交换,可采用作图外推的方法予以校正。

$$Zn(s) + Cu^{2+}(aq) \Longrightarrow Zn^{2+}(aq) + Cu(s)$$

该反应进行得很快,为了使反应尽可能地完全,实验中使用过量的 Zn 粉。以 $CuSO_4$ 的物质的量作为计算基准,$\xi = \Delta n(CuSO_4)/\nu(CuSO_4) = c(CuSO_4) \cdot V_s/\nu(CuSO_4)$。

反应放出的热量全部被溶液和量热计所吸收:

$$q_V = -m_s \cdot c_s \cdot (T_2 - T_1) - c_b \cdot (T_2 - T_1) = -V_s\rho_s c_s \Delta T - c_b \Delta T \qquad (1.10)$$

或(溶液中的化学反应热 $q_V \approx q_p$,即 $\Delta_r H_m$)

$$\Delta_r H_m = (V_s\rho_s c_s \Delta T + c_b \Delta T)/\xi$$

式中　　m_s——溶液的质量,kg;

$\quad\quad\quad c_s$——溶液的比热容,$J \cdot g^{-1} \cdot K^{-1}$;

$\quad\quad\quad c_b$——量热器的热容,$J \cdot K^{-1}$;

$\quad\quad\quad V_s$——溶液的体积,dm^3;

$\quad\quad\quad \rho_s$——溶液的密度,$g \cdot dm^{-3}$。

习　题　一

一、判断题(对的,在括号内填"√",错的填"×")

1. $H_2(g) + \frac{1}{2}O_2(g) \Longrightarrow H_2O(l)$ 和 $2H_2(g) + O_2(g) \Longrightarrow 2H_2O(l)$ 的 $\Delta_r H_m^\ominus$ 相同。

(　　)

2. 功和热是在系统和环境之间的两种能量传递方式,在系统内部不讨论功和热。

(　　)

3. 反应的 ΔH 就是反应的热效应。　　　　　　　　　　　　　　　(　　)

4. $Fe(s)$ 和 $Cl_2(l)$ 的 $\Delta_f H_m^\ominus$ 都为零。　　　　　　　　　　　　(　　)

5. 盖斯定律认为化学反应的热效应与途径无关,是因为反应处在可逆条件下进行的缘故。

(　　)

6. 同一系统不同状态可能有相同的热力学能。　　　　　　　　　　(　　)

7. 由于 $\Delta H = q_p$, H 是状态函数, ΔH 的数值只与系统的始、终态有关,而与变化的过程无关,故 q_p 也是状态函数。

(　　)

8. 由于碳酸钙分解是吸热的,所以它的标准摩尔生成焓为负值。　　(　　)

9. 当热量由系统传递给环境时,系统的内能必然减少。　　　　　　(　　)

10. 因为 q , w 不是系统所具有的性质,而与过程有关,所以热力学过程中($q + w$)的值也应由具体的过程决定。

(　　)

二、选择题(将正确的答案的标号填入空格内)

1. 对于封闭系统,系统与环境间　　　　　　　　　　　　　　　　(　　)

A. 既有物质交换,又有能量交换　　　B. 没有物质交换,只有能量交换

C. 既没物质交换,又没能量交换　　　D. 没有能量交换,只有物质交换

2. 热力学第一定律的数学表达式 $\Delta U = q + w$ 只适用于　　　　　(　　)

A. 理想气体　　　B. 孤立体系　　　C. 封闭体系　　　D. 敞开体系

3. 环境对系统做 10 kJ 的功,且系统又从环境获得 5 kJ 的热量,问系统内能变化是多少?

(　　)

A. −15 kJ　　　　B. −5 kJ　　　　C. +5 kJ　　　　D. +15 kJ

4. 已知 $2PbS(s) + 3O_2(g) \Longrightarrow 2PbO(s) + 2SO_2(g)$ 的 $\Delta_r H_m^\ominus = -843.4 \text{ kJ} \cdot \text{mol}^{-1}$,则该反应的 q_V 值是多少(单位 $\text{kJ} \cdot \text{mol}^{-1}$)?

(　　)

A. 840.9　　　　B. 845.9　　　　C. −845.9　　　　D. −840.9

5. 通常,反应热的精确的实验数据是通过测定反应或过程的哪个物理量而获得的?

(　　)

A. ΔH　　　　B. $p\Delta V$　　　　C. q_p　　　　D. q_V

6. 下列对于功和热的描述中,正确的是哪个?　　　　　　　　　　(　　)

A. 都是途径函数,无确定的变化途径就无确定的数值

B. 都是途径函数,对应于某一状态有一确定值

C. 都是状态函数,变化量与途径无关

D. 都是状态函数,始终态确定,其值也确定

7. 在温度 T 的标准状态下,若已知反应 A→2B 的标准摩尔反应焓 $\Delta_r H_{m,1}^{\ominus}$,与反应 2A→C 的标准摩尔反应焓 $\Delta_r H_{m,2}^{\ominus}$,则反应 C→4B 的标准摩尔反应焓 $\Delta_r H_{m,3}^{\ominus}$ 与 $\Delta_r H_{m,1}^{\ominus}$ 及 $\Delta_r H_{m,2}^{\ominus}$ 的关系为 $\Delta_r H_{m,3}^{\ominus}$? （　　）

A. $2\Delta_r H_{m,1}^{\ominus} + \Delta_r H_{m,2}^{\ominus}$

B. $\Delta_r H_{m,1}^{\ominus} - 2\Delta_r H_{m,2}^{\ominus}$

C. $\Delta_r H_{m,1}^{\ominus} + \Delta_r H_{m,2}^{\ominus}$

D. $2\Delta_r H_{m,1}^{\ominus} - \Delta_r H_{m,2}^{\ominus}$

8. 对于热力学可逆过程,下列叙述正确的是哪个? （　　）

A. 变化速率无限小的过程

B. 可做最大功的过程

C. 循环过程

D. 能使系统与环境都完全复原的过程

9. 下述说法中,不正确的是哪个? （　　）

A. 焓变只有在某种特定条件下,才与系统吸热相等

B. 焓是人为定义的一种具有能量量纲的热力学量

C. 焓是状态函数

D. 焓变是系统能与环境进行热交换的能量

10. 封闭系统经过一循环过程后,其下列哪组参数是正确的? （　　）

A. $q = 0$, $w = 0$, $\Delta U = 0$, $\Delta H = 0$

B. $q \neq 0$, $w \neq 0$, $\Delta U = 0$, $\Delta H = q$

C. $q = -w$, $\Delta U = q + w$, $\Delta H = 0$

D. $q \neq w$, $\Delta U = q + w$, $\Delta H = 0$

11. 以下说法正确的是哪个? （　　）

A. 状态函数都具有加和性

B. 系统的状态发生改变时,至少有一个状态函数发生了改变

C. 因为 $q_V = \Delta U$, $q_p = \Delta H$,所以恒容或恒压条件下,q 都是状态函数

D. 虽然某系统分别经过可逆过程和不可逆过程都可达到相同的状态,但不可逆过程的熵变值不等于可逆过程的熵变值。

12. 盖斯定律反映了 （　　）

A. 功是状态函数

B. ΔH 取决于反应系统的始终态,而与途径无关。

C. 热是状态函数

D. ΔH 取决于反应系统的始终态,且与途径有关。

13. 298 K 时,下列各物质的 $\Delta_f H_m^{\ominus}$ 等于零的是下列哪个? （　　）

A. 石墨　　　　B. 金刚石　　　　C. $Br_2(g)$　　　　D. 甲烷

14. 在下列反应中,反应进度为 1 mol 时放出热量最大的是哪个? （　　）

A. $CH_4(l) + 2O_2(g) = CO_2(g) + 2H_2O(g)$

B. $CH_4(g) + 2O_2(g) = CO_2(g) + 2H_2O(g)$

C. $CH_4(g) + 2O_2(g) = CO_2(g) + 2H_2O(l)$

D. $CH_4(g) + \dfrac{3}{2}O_2(g) = CO(g) + 2H_2O(l)$

15. 下列反应中 $\Delta_r H_m^{\ominus}$ 等于 $\Delta_f H_m^{\ominus}$ 的是　　　　　　　　　　（　　）

A. $CO_2(g) + CaO(s) \!=\!\!=\!\! CaCO_3(s)$　B. $\dfrac{1}{2} H_2(g) + \dfrac{1}{2} I_2(g) \!=\!\!=\!\! HI(g)$

C. $H_2(g) + Cl_2(g) \!=\!\!=\!\! 2HCl(g)$　　D. $H_2(g) + \dfrac{1}{2} O_2(g) \!=\!\!=\!\! H_2O(g)$

三、计算及问答题

1. 试计算下列情况的热力学能变化：

(1) 系统吸收热量 500 J，对环境做功 400 J；

(2) 系统吸收热量 500 J，环境对系统做功 800 J。

2. 在 373.15 K 和 100 kPa 下，由 1 mol 水汽化变成 1 mol 水蒸气，此汽化过程中系统吸热 40.63 kJ。求：

(1) 系统膨胀对外做功 w 是多少？（液体水体积可忽略不计）

(2) 此过程内能改变 ΔU 是多少？

3. 反应 $N_2(g) + 3H_2(g) \!=\!\!=\!\! 2NH_3(g)$ 在恒容量热器中进行，生成 2 mol NH_3 时放热 82.7 kJ，求反应的 $\Delta_r U_m^{\ominus}$(298.15 K) 和 298 K 时反应的 $\Delta_r H_m^{\ominus}$(298.15 K)。

4. 已知 100 kPa，18 ℃时 1 mol Zn 溶于稀盐酸时放出 151.5 kJ 的热，反应析出 1 mol H_2 气。求反应过程的 $w, \Delta U, \Delta H$。

5. 在下列反应或过程中，q_V 与 q_p 有区别吗？简单说明。并根据所列的各反应条件，计算发生下列变化时，各自 ΔU 与 ΔH 之间的能量差值。

(1) $NH_4HS(s) \xrightarrow{25\,℃} NH_3(g) + H_2S(g)$，2.00 mol $NH_4HS(s)$ 的分解；

(2) $H_2(g) + Cl_2(g) \xrightarrow{25\,℃} 2HCl(g)$，生成 1.00 mol $HCl(g)$；

(3) $CO_2(s) \xrightarrow{25\,℃} CO_2(g)$，5.00 mol $CO_2(s)$（干冰）的升华；

(4) $AgNO_3(aq) + NaCl(aq) \xrightarrow{25\,℃} AgCl(s) + NaNO_3(aq)$，沉淀出 2.00 mol $AgCl(s)$。

6. 计算下列反应的 (1) $\Delta_r H_m^{\ominus}$(298.15 K)；(2) $\Delta_r U_m^{\ominus}$(298.15 K)；(3) 298.15 K 进行 1 mol 反应时的体积功 $w_{体}$。

$$CH_4(g) + 4Cl_2(g) \!=\!\!=\!\! CCl_4(l) + 4HCl(g)$$

7. 葡萄糖完全燃烧的热化学反应方程式为

$$C_6H_{12}O_6(s) + 6O_2(g) \!=\!\!=\!\! 6CO_2(g) + 6H_2O(l), \Delta_r H_m^{\ominus} = -2\,820 \text{ kJ} \cdot \text{mol}^{-1}$$

当葡萄糖在人体内氧化时，上述反应热约 30% 可用做肌肉的活动能量。试估计一食匙葡萄糖（3.8 g）在人体内氧化时，可获得多少肌肉活动的能量。

8. 已知下列热化学方程式：

$$Fe_2O_3(s) + 3CO(g) \!=\!\!=\!\! 2Fe(s) + 3CO_2(g), \Delta_r H_{m,1}^{\ominus} = -27.6 \text{ kJ} \cdot \text{mol}^{-1}$$

$$3Fe_2O_3(s) + CO(g) \!=\!\!=\!\! 2Fe_3O_4(s) + CO_2(g), \Delta_r H_{m,2}^{\ominus} = -58.6 \text{ kJ} \cdot \text{mol}^{-1}$$

$$Fe_3O_4(s) + CO(g) \!=\!\!=\!\! 3FeO(s) + CO_2(g), \Delta_r H_{m,3}^{\ominus} = 38.1 \text{ kJ} \cdot \text{mol}^{-1}$$

不用查表，试计算下列反应的 $\Delta_r H_{m,4}^{\ominus}$。

$$FeO(s) + CO(g) \!=\!\!=\!\! Fe(s) + CO_2(g)$$

9. 利用附录 3 数据，计算下列反应的 $\Delta_r H_m^{\ominus}$(298.15 K)。

(1) $Zn(s) + 2H^+(aq) \!=\!\!=\!\! Zn^{2+}(aq) + H_2(g)$

(2) $CaO(s) + H_2O(l) \overline{} Ca^{2+}(aq) + 2 OH^-(aq)$

10. 已知在 25 ℃ 和标准状态下, 1.00 g 铝燃烧生成 $Al_2O_3(s)$, 放热 30.92 kJ, 求 $Al_2O_3(s)$ 的 $\Delta_f H_m^{\ominus}$ (298.15 K)。

11. 用来焊接金属的铝热反应涉及 Fe_2O_3 被金属 Al 还原的反应:

$$2Al(s) + Fe_2O_3(s) \longrightarrow Al_2O_3(s) + 2Fe(s)$$

试计算:(1) 298.15 K 时该反应的 $\Delta_r H_m^{\ominus}$。

(2) 在此反应中若用 267.0 g 铝,问能释放出多少热量?

12. 已知 $N_2H_4(l)$、$N_2O_4(g)$ 和 $H_2O(l)$ 在 298.15 K 时的标准摩尔生成焓分别是 50.63 $kJ \cdot mol^{-1}$、9.66 $kJ \cdot mol^{-1}$ 和 -285.80 $kJ \cdot mol^{-1}$, 计算火箭燃料联氨和氧化剂四氧化二氮反应:

$$2N_2H_4(l) + N_2O_4(g) \overline{} 3N_2(g) + 4H_2O(l)$$

(1) 反应的标准摩尔反应焓变 $\Delta_r H_m^{\ominus}$ 是多少?

(2) 计算 32 g 液态联氨完全氧化时所放出的热量为多少?

13. 已知 298.15 K 时, $CaCO_3$、CaO 和 CO_2 的 $\Delta_f H_m^{\ominus}$ 分别为 $-1\,206.9$ $kJ \cdot mol^{-1}$、-635.1 $kJ \cdot mol^{-1}$、-393.5 $kJ \cdot mol^{-1}$。

(1) 试估算煅烧 1 000 kg 石灰石[以纯 $CaCO_3$ 计, $M(CaCO_3) = 100.1$ $g \cdot mol^{-1}$]成为生石灰所需热量。

(2) 在理论上要消耗多少燃料煤(以标准煤的热值估算,标准煤的热值为 2.93×10^4 kJ $\cdot kg^{-1}$)?

14. 辛烷(C_8H_{18})是汽油的主要成分,试计算 298 K 时, 100 g 辛烷完全燃烧时放出的热量。

15. 通过吸收气体中含有的少量乙醇可使 $K_2Cr_2O_7$ 酸性溶液变色(从橙红色变为绿色),以检验汽车驾驶员是否酒后驾车(违反交通规则)。其化学反应可表示为

$2Cr_2O_7^{2-}(aq) + 16H^+(aq) + 3C_2H_5OH(l) \overline{} 4Cr^{3+}(aq) + 11H_2O(l) + 3CH_3COOH(l)$

试利用标准摩尔生成焓数据求该反应的 $\Delta_r H_m^{\ominus}$(298.15 K)。

四、思考题

1. 区别下列概念:

(1) 系统与环境;

(2) 比热容与热容;

(3) 定容反应热与定压反应热;

(4) 反应热效应与焓变;

(5) 标准摩尔生成焓与反应的标准摩尔生成焓;

2. 将 100 g 温度为 298.15 K 的水放在烧杯中加热到 300.15 K,然后再冷却至 298.15 K,请问该系统热力学能变化多少?

3. 何为化学计量数? 化学计量数与化学反应方程式的写法有何关系?

4. 说明反应进度 ξ 的定义及引入反应进度的意义。

5. 热化学方程式与一般的化学方程式有何异同? 书写热化学方程式时有哪些应注意之处?

6. 什么叫做状态函数？它有什么性质？q、w、H 是否是状态函数？为什么？

7. 说明下列符号的意义：

$$q, q_p, U, H, \Delta_r H_m^{\ominus}, \Delta_f H_m^{\ominus} (298.15 \text{ K})$$

8. q、H、U 之间，p、V、U、H 之间存在哪些重要关系？试用公式表示之。

9. 如何利用精确测定的 q_V 来求得 q_p 和 ΔH？试用公式表示之。

10. 相同质量的石墨和金刚石，在相同条件下燃烧时放出的热量是否相等？

11. 如何理解盖斯定律是热力学第一定律的必然推论？盖斯定律的运算方法对 $\Delta_r H$ 等热力学函数的计算有何重要价值？举例说明。

12. 化学热力学中所说的"标准状态"是指什么条件？对于单质、化合物和水合离子所规定的标准摩尔生成焓有何区别？

13. 如何利用物质的 $\Delta_f H_m^{\ominus}$ (298.15 K) 的数据，计算燃烧反应及中和反应的 $\Delta_r H_m^{\ominus}$ (298.15 K)？举例说明。

14. "凡是自发过程都要对外做功，凡是非自发过程都要消耗外功"，这种说法对吗？

15. 用弹式热量计测量反应热效应的原理如何？对于一般反应来说，用弹式热量计所测得的热量是否就等于反应的热效应？为什么？

➡ 第 2 章

化学反应的基本原理

2.1 化学反应的方向和吉布斯函数

在研究化学反应时,人们主要关心在给定条件下,化学反应能否进行? 或者说对于想象中的化学反应,如 A＋B══C＋D 有无发生的可能性,反应是双向的还是单向的? 以上问题是热力学研究的重要内容之一。本节从系统能量变化的角度讨论化学反应的方向性。

2.1.1 自发过程

自然界所发生的一切变化过程都有一定的方向性。例如,高处的水会自动地流向低处;当两个温度不同的物体接触时,热从高温物体传向低温物体,直至两物体的温度相等为止;锌片放入稀硫酸溶液必定会发生置换反应。这种在一定条件下不需外界做功,一经引发就能自动进行的过程,称为自发过程,对于化学反应则称为自发反应。而只有借助外力做功才能进行的过程称为非自发过程。自发过程与非自发过程是一个互逆的过程;自发过程和非自发过程都是可以进行的,区别就在于自发过程可以自动进行,而非自发过程则需要借助外力才能进行,在条件变化时,自发过程与非自发过程可以发生转化。如 $CaCO_3$ 的分解反应,在常温下,为非自发过程,而在 900 ℃时该反应可以自发进行。在一定条件下,自发过程能一直进行直到其变化的最大限度,也就是化学平衡状态。

自然界中自发进行的物理过程中,有能量的变化,系统的势能降低或损失了。这表明一个系统的势能有自发变小的倾向,或者说系统倾向于取得最低的势能。化学反应中同样也伴随着能量的变化,能否据此判断化学反应的方向和限度? 若能预言一个化学反应的自发性,将会给人类研究和利用化学反应带来极大的帮助。为此,化学家们进行了大量的工作,寻找判断反应自发进行方向的判据。19 世纪 70 年代,曾经有人把热效应看做是化学反应的第一动力,认为在恒温恒压下,只有放热反应(即 $\Delta_r H_m < 0$)能自发进行,吸热反应(即 $\Delta_r H_m > 0$)不能自发进行。这种以反应焓变作为判断反应方向的依据,简称焓变判据。看下面一些反应:

(1) $C(s) + \frac{1}{2}O_2(g) \longrightarrow CO_2(g)$，$\Delta_r H_m^\ominus = -110.5 \text{ kJ} \cdot \text{mol}^{-1}$

该反应在任何温度下均可正向进行。

(2) $HCl(g) + NH_3(g) \longrightarrow NH_4Cl(s)$，$\Delta_r H_m^\ominus = -176.9 \text{ kJ} \cdot \text{mol}^{-1}$

该反应在常温下正向进行，但在高温下则逆向进行。

(3) $CaCO_3(s) \longrightarrow CaO(s) + CO_2(g)$，$\Delta_r H_m^\ominus = 178.3 \text{ kJ} \cdot \text{mol}^{-1}$

常温下不反应，但高温（$T > 1\,110$ K）时反应正向进行。

(4) $N_2(g) + \frac{1}{2}O_2(g) \longrightarrow N_2O(g)$，$\Delta_r H_m^\ominus = 81.2 \text{ kJ} \cdot \text{mol}^{-1}$

该反应在任何温度下均不能正向进行。

从上面的四个反应可以看出，温度和反应的焓变对反应进行的方向有很大的影响，焓变小于零的放热反应，有利于化学反应正向自发进行。反应(3)的焓变大于零，该反应在高温下也可以正向自发进行，但同样是焓变大于零的吸热反应(4)，却在任何温度下都不能正向进行。又例如硝酸钾溶于水以及冰的融化虽然都是吸热过程，但在一定的温度下都能自发进行，这表明影响反应进行的方向除了温度和反应焓变外，还有另外一个影响因素。研究发现，该影响因素是反应系统的混乱度变化。

由于系统的混乱度与自发变化的方向有关，为了找到更准确实用的反应方向判据，引入了一个新的概念——熵。

2.1.2　混乱度与熵

2.1.2.1　混乱度

系统混乱的程度称为混乱度。显然，气体的混乱度比液体大，而液体的混乱度比固体大。

固体 $CaCO_3$ 的分解反应，生成 CaO 固体和 CO_2 气体，不仅分子数增多，而且增加了气体产物，所以混乱度增大，再如冰的融化，从有序晶体变为无序的液态 $H_2O(l)$，以及盐类的溶解等，均是混乱度增大。

大量的研究表明：在孤立系统中，自发过程总是朝着系统混乱度增大的方向进行，而混乱度减少的过程是不可能自发进行的；当混乱度达到最大时，系统就达到平衡状态，这就是自发过程的限度。

2.1.2.2　熵（S）

1865 年德国物理学家克劳修斯（R. J. E. Clausius）引入了一个新的物理量——熵（S）:熵是描述介观粒子即原子和分子等原子结合态单元的混乱度在宏观上大小的一种量度。物质（或体系）混乱度越大，对应的熵值越大。在孤立系统中，由比较有秩序的状态向无序的状态变化，是自发变化的方向。热力学第二定律的一种表述为：在孤立系统中发生的自发进行的反应必伴随着熵的增加，或孤立系统的熵总是趋向于极大值。这就是自发过程的热力学准则，称为熵增加原理。或用式(2.1)表示:

$$\left. \begin{array}{l} \Delta S_{孤立} > 0 \quad 自发过程 \\ \Delta S_{孤立} = 0 \quad 平衡过程 \end{array} \right\} \tag{2.1}$$

上式表明：在孤立系统中，能使系统熵值增大的过程是自发进行的；熵值保持不变的过程,系统则处于平衡状态(即可逆过程)。这就是孤立系统的熵判据。

每种物质在给定的条件下都有一定的熵值。它是描述物质的一种性质,如同物质有一定的热力学能、焓等性质一样,熵也是状态函数。任何纯物质系统,其微观粒子的混乱度与其聚集态和温度有关。温度越低,内部微粒运动的速率越慢,也越趋近于有序排列,混乱度越小,其熵值越低。若温度降到热力学温度 T 为零时,任何理想晶体中的粒子处于晶格结点上,系统为理想的最有序状态,故"任何理想晶体在热力学温度 T 为零时,熵值等于零"。这是热力学第三定律的内容。当一物质的理想晶体热力学温度从零升高到 T 时,系统熵的增加即为系统在温度 T 时的熵,并定义此时的熵(S)与系统内物质的量(n)之比为该物质在温度 T 时的摩尔熵,用 S_m 表示。标准状态下物质的摩尔熵称为该物质的标准摩尔熵,用符号 $S_m^{\ominus}$ 表示,其单位为 $J \cdot mol^{-1} \cdot K^{-1}$。对于指定单质在 298.15 K 的标准摩尔熵值不是零;对于水合离子,因溶液中同时存在正、负离子,规定处于标准状态下水合 H^+ 的标准摩尔熵值为零,通常把温度选定为 298.15 K,即 $S_m^{\ominus}$(H^+,aq,298.15 K)= 0。标准状态下,在 298.15 K 时,常见物质的标准摩尔熵见附录 3。

物质的熵与多种因素有关,有如下的规律:

① 物质的熵与聚集状态有关。对同一物质而言,气态的熵比液态大,液态的熵又比固态大,即 $S_m^{\ominus}(g) > S_m^{\ominus}(l) > S_m^{\ominus}(s)$。例如,在 100 kPa,298 K 下,气态水、液态水、固态水的熵分别为 188.72 $J \cdot mol^{-1} \cdot K^{-1}$,69.96 $J \cdot mol^{-1} \cdot K^{-1}$,39.33 $J \cdot mol^{-1} \cdot K^{-1}$。

② 物质的熵与温度有关。物质的熵随温度的升高而增大,这是因为温度升高,物质内部分子热运动加剧,因此混乱度也随之增加。

③ 物质的熵与压力有关。由于压力的改变能使物质的体积发生改变,导致物质内部分子运动状态发生改变,因而其熵也随之改变。显然,压力对固体和液体的影响不大,对气体才会有较大的影响。

④ 温度和聚集状态相同的物质,摩尔质量大的熵值大,分子结构复杂的熵值大。例如,$S_m^{\ominus}(HF) < S_m^{\ominus}(HCl) < S_m^{\ominus}(HBr) < S_m^{\ominus}(HI)$。分子结构相似而分子量又相近的物质熵值相近,例如,$S_m^{\ominus}(CO) = 197.6 \, J \cdot mol^{-1} \cdot K^{-1}$,$S_m^{\ominus}(N_2) = 191.5 \, J \cdot mol^{-1} \cdot K^{-1}$。

2.1.2.3 熵变的计算

(1) 等温可逆过程的热温熵计算

所谓"可逆过程",是指系统从始态到终态,再回到始态时,系统与环境都能够复原而不留下任何痕迹的过程。可逆过程的特点是整个过程无限缓慢地进行,过程的每一时刻系统都接近平衡状态,因此,它是一种理想的过程。自然界中纯物质的平衡相变过程可看做一恒温可逆过程。

由于 S 是状态函数,系统的状态一定时,熵就有确定的值,其改变量只取决于系统的始态和终态,而与它们是否以可逆或不可逆途径来实现始态到终态的转变是无关的。过程中的热量变化是和途径有关的量,热力学上可以证明,在等温过程中,系统的熵变等于沿着可逆途径转移给系统的热量除以绝对温度。

$$\Delta S = \frac{q_{可逆}}{T} \tag{2.2}$$

在等温、等压过程中,由于 $q_{可逆} = \Delta H$,所以熵变等于焓变除以绝对温度。

$$\Delta S = \frac{\Delta H}{T} \qquad (2.3)$$

在相变过程中,熵变等于相变焓除以相变温度。

$$\Delta S = \frac{\Delta_{相变} H}{T} \qquad (2.4)$$

例 2.1　在 373 K,100 kPa 时,$H_2O(l) \longrightarrow H_2O(g)$ 的相变热为 44.0 kJ·mol^{-1},求此过程的摩尔熵变。

解　由式(2.4)有:

$$\Delta S_m = \frac{q_{相变}}{T} = \frac{44.0 \times 1\ 000\ J \cdot mol^{-1}}{373\ K} = 118\ J \cdot mol^{-1} \cdot K^{-1}$$

(2)用标准熵计算

熵与焓一样,化学反应的熵变 $\Delta_r S_m$ 与反应焓变 $\Delta_r H_m$ 的计算原则相同,只取决于反应的始态和终态,而与变化的途径无关。因此应用标准摩尔熵 $S_m^{\ominus}$ 的数值可以算出化学反应的标准摩尔反应熵变 $\Delta_r S_m^{\ominus}$:

$$\Delta_r S_m^{\ominus}(298.15\ K) = \sum \nu_B S_m^{\ominus}(B, 298.15\ K) \qquad (2.5)$$

例 2.2　计算 298.15 K,100 kPa 下, $2C(s) + O_2(g) \Longrightarrow 2CO(g)$ 的 $\Delta_r S_m^{\ominus}$ 。

解　查附录 3 得各物质的标准摩尔熵:

$$2C(s) + O_2(g) \Longrightarrow 2CO(g)$$

$S_m^{\ominus}$ /(J·mol^{-1}·K^{-1})　5.7　205.0　　197.6

$$\begin{aligned}
\Delta_r S_m^{\ominus} &= \sum \nu_B S_m^{\ominus}(B) \\
&= 2S_m^{\ominus}(CO, g) - [2S_m^{\ominus}(C, s) + S_m^{\ominus}(O_2, g)] \\
&= 2 \times 197.6 - (2 \times 5.7) - 205.0 \\
&= 178.8 (J \cdot mol^{-1} \cdot K^{-1})
\end{aligned}$$

利用物质熵值的变化规律,可初步估算过程的熵变情况。

① 对于物理或化学变化过程,气体分子数增加熵值增大,即 $\Delta S > 0$,气体分子数减少熵值减少,即 $\Delta S < 0$。

② 对不涉及气体分子数变化的过程,液体物质(或溶质的粒子数)增多,则为熵增,如固态熔化、晶体溶解等均为熵增过程。

③ 对于同一个反应,温度升高时,反应物和产物的熵都同时相应地增加,因此标准摩尔熵变 $\Delta_r S_m^{\ominus}(T)$ 随温度的变化较小,在计算中将其近似看做一个常量,即

$$\Delta_r S_m^{\ominus}(T) \approx \Delta_r S_m^{\ominus}(298.15\ K)$$

热力学第二定律认为,在孤立系统中,自发过程总是向着熵值增大的方向进行,但大多数化学反应并非孤立系统,如室温下熟石灰 $Ca(OH)_2$ 自动吸收空气中的 CO_2,此过程为熵减少的反应,因此用系统的熵值增大作为反应自发性的判据不具有普遍意义。反应的自发性与熵变、焓变和温度都有关系,因此,需要引入一个新的热力学函数——吉布斯自由能。

2.1.3　吉布斯自由能(G)与化学反应自发性的判据

2.1.3.1　吉布斯自由能

由前面讨论可知,决定某反应过程的自发性与焓变、熵变及温度三大因素有关,如果同

时考虑这三大因素,处理较为复杂,1876 年,美国著名物理化学家吉布斯(J. W. Gibbs)定义了一个新的函数——吉布斯自由能(或称吉布斯函数),该函数将这三大因素综合在一起,用符号 G 表示,其定义为:

$$G = H - TS \tag{2.6}$$

吉布斯函数 G 是由几个状态函数组合成的复合函数,由于状态函数具有加和性,故组成后的新函数也是一个状态函数,其单位为 kJ。

2.1.3.2　化学反应进行方向的判据

从热力学可以导出如下结论:在恒温恒压下,任何封闭系统中吉布斯自由能变(ΔG)的减少等于反应系统对外所做的最大有用功(w_{max}),即:

$$\Delta G = w_{max}$$

当 $w_{max} < 0$(即 $\Delta G < 0$)时,说明在恒温恒压下系统有对外做功的能力,因而其过程是自发的;

当 $w_{max} = 0$(即 $\Delta G = 0$)时,说明系统没有做功的能力,系统处于平衡状态;

当 $w_{max} > 0$(即 $\Delta G > 0$)时,说明系统需要消耗外功,因而是非自发过程。

由此可见,"在恒温恒压和不做非体积功的条件下,自发过程总是朝着吉布斯自由能减少的方向进行,吉布斯自由能增加的过程不能实现"。

化学反应大多数是在恒温恒压且不做非体积功的条件下进行的,等温等压下,ΔG 代表了化学反应的总驱动力,因此可以利用反应的 ΔG 判断化学反应自发进行的方向和限度:

$$
\left.
\begin{array}{ll}
\Delta G < 0 & \text{自发过程,反应向正方向进行} \\
\Delta G = 0 & \text{平衡状态} \\
\Delta G > 0 & \text{非自发过程,反应向逆方向进行}
\end{array}
\right\}
\tag{2.7}
$$

最小吉布斯自由能原理:等温、等压的封闭体系内,在不做非体积功的前提下,任何自发过程总是朝着吉布斯自由能(G)减小的方向进行。$\Delta_r G_m = 0$ 时,体系的 G 降低到最小值,反应达平衡。

如果反应处于标准态,则可用标准吉布斯自由能变 $\Delta_r G_m^{\ominus}$ 去判断标准态下反应自发进行的方向和限度。可以看出,吉布斯自由能变对判断一个化学反应是否能自发进行,具有十分重要的指导意义。例如反应:

$$N_2(g) + 1/2 O_2(g) \longrightarrow N_2O(g)$$

通过计算得知,其 ΔG 值在任何温度下都大于零,说明该反应在任何温度下都不能进行,因此,就没有必要再去做这个实验。

2.1.3.3　标准吉布斯自由能变的计算

由以上讨论可知,只要计算出吉布斯自由能的变化值,就可据此判断化学反应进行的方向。吉布斯自由能变的计算一般有两种方法。

(1)用标准摩尔生成吉布斯自由能求算

物质的标准摩尔生成吉布斯自由能是在标准状态和某温度下,由指定单质生成 1 mol 该物质时的吉布斯自由能变,用符号 $\Delta_f G_m^{\ominus}(T)$ 表示,其单位是 kJ·mol^{-1},298.15 K 时温度 T 可省略。同时,热力学规定 298.15 K 时,稳定单质的标准摩尔生成吉布斯自由能变为零,即 $\Delta_f G_m^{\ominus}$(稳定单质,298.15 K)=0。对于不同晶态来说,只有指定单质的 $\Delta_f G_m^{\ominus}(T)$ 才等于零,例如,$\Delta_f G_m^{\ominus}$(石墨)=0,而 $\Delta_f G_m^{\ominus}$(金刚石)= 2.9 kJ·mol^{-1}。一些常见物质的标准摩尔生成吉布斯自由能的 $\Delta_f G_m^{\ominus}(298.15\ K)$ 见附录 3。

对于一个化学反应，在标准状态下，反应前后吉布斯自由能的变化值称为反应的标准摩尔吉布斯自由能变 $\Delta_r G_m^{\ominus}$，可按下式求得：

$$\Delta_r G_m^{\ominus}(298.15\ K) = \sum \nu_B \Delta_f G_m^{\ominus}(B, 298.15\ K) \tag{2.8}$$

例 2.3　求 298.15 K，标准状态下反应 $Cl_2(g) + 2HBr(g) = Br_2(l) + 2HCl(g)$ 的 $\Delta_r G_m^{\ominus}$，并判断反应的自发性。

解　从附录 3 可查得 $\Delta_f G_m^{\ominus}(HBr) = -53.6\ kJ \cdot mol^{-1}$，$\Delta_f G_m^{\ominus}(HCl) = -95.3\ kJ \cdot mol^{-1}$，故

$$\begin{aligned}
\Delta_r G_m^{\ominus} &= 2\Delta_f G_m^{\ominus}(HCl) + \Delta_f G_m^{\ominus}(Br_2) - 2\Delta_f G_m^{\ominus}(HBr) - \Delta_f G_m^{\ominus}(Cl_2) \\
&= 2 \times (-95.3) + 0 - 2 \times (-53.6) - 0 \\
&= -83.4(kJ \cdot mol^{-1})
\end{aligned}$$

因为 $\Delta_r G_m^{\ominus} < 0$，所以该反应正向自发进行。

（2）用吉布斯-赫姆霍兹方程求算

在恒温下，由吉布斯自由能的定义有：

$$\Delta G = G_2 - G_1 = (H_2 - TS_2) - (H_1 - TS_1)$$
$$\Delta G = (H_2 - H_1) - T(S_2 - S_1)$$

即

$$\Delta G = \Delta H - T\Delta S \tag{2.9}$$

式（2.9）称为吉布斯-赫姆霍兹方程。将此式应用于标准状态下的化学反应，得到：

$$\Delta_r G_m^{\ominus} = \Delta_r H_m^{\ominus} - T\Delta_r S_m^{\ominus} \tag{2.10}$$

当反应系统的温度改变不太大时，$\Delta_r H_m^{\ominus}(T)$ 和 $\Delta_r S_m^{\ominus}(T)$ 变化不大，可近似认为是常数，则可用 298.15 K 时的 $\Delta_r H_m^{\ominus}(298.15\ K)$ 和 $\Delta_r S_m^{\ominus}(298.15\ K)$ 代替温度 T 时的 $\Delta_r H_m^{\ominus}(T)$ 和 $\Delta_r S_m^{\ominus}(T)$，故有

$$\Delta_r G_m^{\ominus}(T) \approx \Delta_r H_m^{\ominus}(298.15\ K) - T\Delta_r S_m^{\ominus}(298.15\ K) \tag{2.11}$$

利用式（2.11）可以近似计算标准状态和某一温度下进行的化学反应的 $\Delta_r G_m^{\ominus}(T)$，还可以计算该反应自发进行的温度范围。由于 ΔH 和 ΔS 均既可为正值又可为负值，就有可能出现下面的四种情况，可概括于表 2.1 中。

表 2.1　　　　　　　　　　ΔH、ΔS 及 T 对反应自发性的影响

反应实例	ΔH	ΔS	$\Delta G = \Delta H - T\Delta S$	（正）反应的自发性
① $H_2(g) + Cl_2(g) = 2HCl(g)$	$-$	$+$	$-$	任何温度下均自发
② $2CO(g) = 2C(s) + O_2(g)$	$+$	$-$	$+$	任何温度下非自发
③ $CaCO_3(s) = CaO(s) + CO_2(g)$	$+$	$+$	升高至某温度时由正值变负值	升高温度，有利于反应自发进行
④ $N_2(g) + 3H_2(g) = 2NH_3(g)$	$-$	$-$	降低至某温度时由正值变负值	降低温度，有利于反应自发进行

例 2.4　试计算 298.15 K 时，下面反应在标准状态下能自发进行的温度条件。

$$CaCO_3(s) \longrightarrow CaO(s) + CO_2(g)$$

$\Delta_f H_m^{\ominus}/(kJ \cdot mol^{-1})$	$-1\ 206.9$	-635.1	-393.5
$S_m^{\ominus}/(J \cdot mol^{-1} \cdot K^{-1})$	92.9	39.8	213.7

解

$$\Delta_r H_m^{\ominus} = \Delta_f H_m^{\ominus}(CaO) + \Delta_f H_m^{\ominus}(CO_2) - \Delta_f H_m^{\ominus}(CaCO_3)$$
$$= (-635.1) + (-393.5) - (-1\,206.9)$$
$$= 178.3 \ (kJ \cdot mol^{-1})$$

$$\Delta_r S_m^{\ominus} = S_m^{\ominus}(CaO) + S_m^{\ominus}(CO_2) - S_m^{\ominus}(CaCO_3)$$
$$= 39.8 + 213.7 - 92.9$$
$$= 160.6 \ (J \cdot mol^{-1} \cdot K^{-1})$$

要使 $\Delta_r G_m^{\ominus} < 0$，必须 $\Delta_r H_m^{\ominus} - T\Delta_r S_m^{\ominus} < 0$，即

$$\Delta_r H_m^{\ominus} < T\Delta_r S_m^{\ominus}$$

$$T > \frac{\Delta_r H_m^{\ominus}}{\Delta_r S_m^{\ominus}} = \frac{178.3 \times 10^3}{160.6} = 1\,110(K)$$

例 2.5 试通过计算，说明下反应在标准状态下能自发进行的温度范围。

$$Ag(s) + \frac{1}{2} Cl_2(g) \longrightarrow AgCl(s)$$

$S_m^{\ominus} /(J \cdot mol^{-1} \cdot K^{-1})$ 　　42.6　　223.0　　　　96.2

已知该反应的 $\Delta_r H_m^{\ominus} = -127 \ kJ \cdot mol^{-1}$。

解 先求出熵变：

$$\Delta_r S_m^{\ominus} = 96.2 - (42.6 + 223.0/2) = -57.9 \ (J \cdot mol^{-1} \cdot K^{-1})$$

要使 $\Delta_r G_m^{\ominus} < 0$，必须 $\Delta_r H_m^{\ominus} - T\Delta_r S_m^{\ominus} < 0$，即

$$\Delta_r H_m^{\ominus} < T\Delta_r S_m^{\ominus}$$

故有

$$T < \frac{-127\,000}{-57.9} = 2\,193.4(K)$$

2.2 化学反应进行的限度——化学平衡

一个热力学上可进行的反应，该反应会百分之百地转化为生成物吗？如果不是，转化率是多少？怎样才能提高转化率以便获得更多的产物？这就是下面要讨论的化学平衡及化学平衡的移动问题。

2.2.1 可逆反应与化学平衡

在一定的反应条件下，一个反应既能由反应物转变为生成物，也能由生成物转变为反应物，这样的反应称为可逆反应。几乎所有的化学反应都是可逆的，只是可逆的程度不同而已。通常把自左向右进行的反应称为正反应，将自右向左进行的反应称为逆反应。

可逆反应 $CO(g) + H_2O(g) \rightleftharpoons CO_2(g) + H_2(g)$，若反应开始时，系统中只有 CO 和 H_2O 分子，则此时只能发生正反应，随着反应的进行，CO 和 H_2O 分子数目减少；另一方面，一旦系统中出现 CO_2 和 H_2 分子，就开始出现逆反应，随着反应的进行，CO_2 和 H_2 分子增多。当系统中各种物质的浓度不再发生变化，即单位时间内有多少反应物分子变为产物分子，就同样有多少产物分子转变成反应物分子，这样就建立了一种动态平衡，称为化学平衡。

与上述相似，若反应开始时系统中只有 CO_2 和 H_2 分子，此时，只能进行逆反应；随着反

应的进行，CO_2 和 H_2 分子数目减少；CO 和 H_2O 分子的数目逐渐增大，直到系统中各种物质的浓度不再发生变化，此时也可以建立一种动态平衡。

无论是哪一种情况，当反应经过无限长时间后，反应系统中最终的物质组成是相同的，并且不再发生变化(只要反应条件不发生变化)。

化学平衡具有以下特征：

① 化学平衡是一种动态平衡。当系统达到平衡时，表面看似乎反应停止了，但实际上正逆反应始终在进行，只不过单位时间内每一种物质的生成量与消耗量相等，从而使得各种物质的浓度保持不变，化学平衡状态是该条件下化学反应进行的最大限度。

② 化学平衡可以从正逆反应两个方向达到，即无论从反应物开始还是由生成物开始，均可达到平衡。

③ 当系统达到化学平衡时，只要外界条件不变，无论经过多长时间，各物质的浓度或分压都将保持不变；而一旦外界条件改变时，原有的平衡会被破坏，将在新的条件下建立新的平衡。

④ 当系统达到化学平衡时，其吉布斯自由能不再变化，$\Delta_r G_m = 0$。

2.2.2 标准平衡常数

人们通过大量的实验发现，任何可逆反应不管反应的始态如何，在一定温度下达到化学平衡时，以其化学反应的化学计量数(绝对值)为指数的各产物与各反应物浓度或分压的乘积之比为一个常数，称为化学平衡常数。它表明了反应系统内各组分的量之间的相互关系。

对于反应：
$$mA + nB \rightleftharpoons pC + qD$$

若为溶液中溶质反应：
$$K_c = \frac{[c_{eq}(C)]^p [c_{eq}(D)]^q}{[c_{eq}(A)]^m [c_{eq}(B)]^n} \tag{2.12}$$

若为气体反应：
$$K_p = \frac{[p_{eq}(C)]^p [p_{eq}(D)]^q}{[p_{eq}(A)]^m [p_{eq}(B)]^n} \tag{2.13}$$

由于 K_c、K_p 都是把测定值直接代入平衡常数表达式中计算所得，因此它们均属经验平衡常数(或实验平衡常数)。其数值和量纲随所用浓度、压力单位不同而不同，其量纲不为 1(仅当反应的 $\Delta n = 0$ 时量纲为 1)，由于经验平衡常数使用非常不方便，因此国际上现已统一改用标准平衡常数。

标准平衡常数(也称热力学平衡常数) $K^\ominus$ 的表达式(也称为定义式)为：
若为溶液中溶质反应：
$$K^\ominus = \frac{[c_{eq}(C)/c^\ominus]^p [c_{eq}(D)/c^\ominus]^q}{[c_{eq}(A)/c^\ominus]^m [c_{eq}(B)/c^\ominus]^n} \tag{2.14}$$

若为气体反应：
$$K^\ominus = \frac{[p_{eq}(C)/p^\ominus]^p [p_{eq}(D)/p^\ominus]^q}{[p_{eq}(A)/p^\ominus]^m [p_{eq}(B)/p^\ominus]^n} \tag{2.15}$$

与经验平衡常数表达式相比，不同之处在于标准平衡常数每种溶质的平衡浓度项均应除以标准浓度，每种气体物质的平衡分压均应除以标准压力。也就是对于气体物质用相对分压表示，对于溶液用相对浓度表示，这样标准平衡常数没有量纲，即量纲为 1。标准压力

为 $p^{\ominus}=100\ kPa$，标准浓度为 $c^{\ominus}=1.0\ mol\cdot L^{-1}$。

例 2.6 某温度下反应 $A(g)\rightleftharpoons 2B(g)$ 达到平衡，这时 $p_A=100\ kPa$，$p_B=200\ kPa$，求 $K^{\ominus}$。

解
$$K^{\ominus}=\frac{(p_B/p^{\ominus})^2}{p_A/p^{\ominus}}=4$$

如果以分压为单位，则该反应的经验平衡常数为：
$$K_p=(200\ 000)^2/(100\ 000)=400\ 000\ (Pa)$$

$K^{\ominus}$ 与 K_p 不仅数值不同，而且前者无量纲，后者的量纲为 Pa。

标准平衡常数只与温度有关，而与压力和浓度无关。在一定温度下，每个可逆反应均有其特定的标准平衡常数。标准平衡常数表达了平衡系统的动态关系。标准平衡常数数值的大小表明了在一定条件下反应进行的程度，标准平衡常数数值很大，表明反应向右进行的趋势很大，达到平衡时系统将主要由生成物组成；反之，标准平衡常数数值很小，达到平衡时系统将主要为反应物。

在书写标准平衡常数表达式时，应注意以下几个问题：

① 标准平衡常数表达式中，各组分的浓度或分压为平衡时的浓度或分压。

② 标准平衡常数中，一定是生成物相对浓度（或相对分压）相应幂的乘积作为分子，反应物相对浓度（或相对分压）相应幂的乘积作为分母，其中的幂为该物质化学计量方程式中的计量系数的绝对值。

③ 标准平衡常数中，气态物质以相对分压表示，溶液中的溶质以相对浓度表示，而纯固体、纯液体不出现在标准平衡常数表达式中（视为常数）。如反应 $CaCO_3(s)+2H^+(l)=\!=\!=$
$Ca^{2+}(s)+CO_2(g)+H_2O(l)$ 的标准平衡常数 $K^{\ominus}=\dfrac{[c_{eq}(Ca^{2+})/c^{\ominus}][p_{eq}(CO_2)/p^{\ominus}]}{[c_{eq}(H^+)/c^{\ominus}]^2}$。

④ 在水溶液中进行的反应，水的浓度可视为常数，在标准平衡常数表达式中不写出。如反应 $Cr_2O_7^{2-}+H_2O\rightleftharpoons 2CrO_4^{2-}+2H^+$ 的标准平衡常数。
$$K^{\ominus}=\frac{[c_{eq}(CrO_4^{2-})/c^{\ominus}]^2[c_{eq}(H^+)/c^{\ominus}]^2}{[c_{eq}(Cr_2O_7^{2-})/c^{\ominus}]}$$

在非水溶液中进行的反应，若有水参加，则水的浓度不可视为常数，在标准平衡常数表达式中必须标出。如反应 $C_2H_5OH+CH_3COOH\rightleftharpoons CH_3COOC_2H_5+H_2O$ 的标准平衡常数
$$K^{\ominus}=\frac{[c_{eq}(CH_3COOC_2H_5)/c^{\ominus}][c_{eq}(H_2O)/c^{\ominus}]}{[c_{eq}(C_2H_5OH)/c^{\ominus}][c_{eq}(CH_3COOH)/c^{\ominus}]}$$

⑤ 标准平衡常数表达式与化学反应式的书写形式有关，同一化学反应，方程式的书写不同，其标准平衡常数的数值也不同，但有一定的关系。如氨的合成反应
$$N_2(g)+3H_2(g)\rightleftharpoons 2NH_3(g),K_1^{\ominus}=\frac{[p_{eq}(NH_3)/p^{\ominus}]^2}{[p_{eq}(N_2)/p^{\ominus}][p_{eq}(H_2)/p^{\ominus}]^3}$$
$$\frac{1}{2}N_2(g)+\frac{3}{2}H_2(g)\rightleftharpoons NH_3(g),K_2^{\ominus}=\frac{[p_{eq}(NH_3)/p^{\ominus}]}{[p_{eq}(N_2)/p^{\ominus}]^{\frac{1}{2}}[p_{eq}(H_2)/p^{\ominus}]^{\frac{3}{2}}}$$
$$2NH_3(g)\rightleftharpoons N_2(g)+3H_2(g),K_3^{\ominus}=\frac{[p_{eq}(N_2)/p^{\ominus}][p_{eq}(H_2)/p^{\ominus}]^3}{[p_{eq}(NH_3)/p^{\ominus}]^2}$$

三者的表达式不同，但存在如下关系：$K_1^{\ominus}=(K_2^{\ominus})^2=1/K_3^{\ominus}$。

⑥ 多重平衡规则。如果一个化学反应式是若干相关化学反应式的代数和（或差），在相

同的温度下,这个反应的平衡常数就等于各反应相应的平衡常数的积(或商),这就是多重平衡规则。

例如反应:
$$2NO(g) + O_2(g) \Longrightarrow 2NO_2(g), K_1^{\ominus}$$
$$2NO_2(g) \Longrightarrow N_2O_4(g), K_2^{\ominus}$$

两式相加得
$$2NO(g) + O_2(g) \Longrightarrow N_2O_4(g), K_3^{\ominus}$$

故有
$$K_3^{\ominus} = K_1^{\ominus} \cdot K_2^{\ominus}$$

2.2.3 化学反应的程度

化学反应的程度一般用反应物的转化率来表示,某反应的转化率是指反应达到平衡时反应物已经转化的量(或浓度)占反应物初始量(或浓度)的百分率,即

$$\text{某反应物的转化率} \, \alpha = \frac{\text{某反应物已转化的量}}{\text{该反应物的初始量}} \times 100\% \tag{2.16}$$

平衡时的转化率为该条件下反应的最大转化率。转化率越大,表示达到平衡时反应进行的程度越大。

例 2.7 在 250 ℃时, PCl_5 的分解反应: $PCl_5(g) \Longrightarrow PCl_3(g) + Cl_2(g)$,其平衡常数 $K^{\ominus} = 1.78$,如果将一定量的 PCl_5 放入一密闭容器中,在 250 ℃,200 kPa 压力下,反应达到平衡,求 PCl_5 的分解百分率是多少?

解
$$PCl_5(g) \Longrightarrow PCl_3(g) + Cl_2(g)$$

起始量/mol $\qquad n \qquad\qquad 0.0 \qquad\qquad 0.0$

平衡量/mol $\qquad n-x \qquad\quad x \qquad\qquad x$

平衡摩尔分数 $\quad (n-x)/(n+x) \quad x/(n+x) \quad x/(n+x)$

总平衡摩尔数 $n+x$,则

相对平衡分压 $\qquad \dfrac{2(n-x)}{n+x}p_{\text{总}} \qquad \dfrac{2x}{n+x}p_{\text{总}} \qquad \dfrac{2x}{n+x}p_{\text{总}}$

$$K^{\ominus} = \frac{[p(PCl_3)/p^{\ominus}][p(Cl_2)/p^{\ominus}]}{[p(PCl_5)/p^{\ominus}]} = \frac{\left(\dfrac{x}{n+x}p_{\text{总}} \cdot \dfrac{1}{p^{\ominus}}\right)\left(\dfrac{x}{n+x}p_{\text{总}} \cdot \dfrac{1}{p^{\ominus}}\right)}{\left(\dfrac{n-x}{n+x}p_{\text{总}} \cdot \dfrac{1}{p^{\ominus}}\right)} = 1.78$$

$$\frac{\left(\dfrac{2x}{n+x}\right)^2}{\dfrac{2(n-x)}{n+x}} = \frac{2x^2}{(n+x)(n-x)} = 1.78$$

$$\left(\frac{x}{n}\right)^2 = \frac{1.78}{3.78} = 0.471$$

$$\frac{x}{n} = 0.687$$

所以,分解百分率 $\alpha = 0.687 \times 100\% = 68.7\%$ 。

2.2.4 标准平衡常数 $K^{\ominus}$ 与吉布斯自由能变 $\Delta_r G_m^{\ominus}$ 的关系

在定温定压下,某气相反应:
$$mA(g) + nB(g) \Longrightarrow pC(g) + qD(g)$$

其任意状态的吉布斯自由能变为 $\Delta_r G_m$，标准状态下的吉布斯自由能变为 $\Delta_r G_m^\ominus$，热力学已经证明 $\Delta_r G_m$ 与 $\Delta_r G_m^\ominus$ 有如下关系：

$$\Delta_r G_m = \Delta_r G_m^\ominus + RT \ln \frac{[p'(C)/p^\ominus]^p [p'(D)/p^\ominus]^q}{[p'(A)/p^\ominus]^m [p'(B)/p^\ominus]^n} \tag{2.17}$$

令

$$Q = \frac{[p'(C)/p^\ominus]^p [p'(D)/p^\ominus]^q}{[p'(A)/p^\ominus]^m [p'(B)/p^\ominus]^n} \tag{2.18}$$

Q 称为反应商，故式(2.17)可写成

$$\Delta_r G_m = \Delta_r G_m^\ominus + RT \ln Q \tag{2.19}$$

此式称为化学反应等温方程式。

当反应达到平衡时，$\Delta_r G_m = 0$，这时各组分的分压都变成了平衡分压，即

$$0 = \Delta_r G_m^\ominus + RT \ln \frac{[p_{eq}(C)/p^\ominus]^p [p_{eq}(D)/p^\ominus]^q}{[p_{eq}(A)/p^\ominus]^m [p_{eq}(B)/p^\ominus]^n} = \Delta_r G_m^\ominus + RT \ln K^\ominus$$

$$\Delta_r G_m^\ominus = - RT \ln K^\ominus \tag{2.20}$$

由式(2.20)表示反应的 $\Delta_r G_m^\ominus$ 与标准平衡常数 $K^\ominus$ 之间的关系：在一定的温度下，$\Delta_r G_m^\ominus$ 的代数值越小，则标准平衡常数 $K^\ominus$ 的值越大，反应进行的程度越大；$\Delta_r G_m^\ominus$ 的代数值越大，则标准平衡常数 $K^\ominus$ 的值越小，反应进行的程度越小。

同样，对在水溶液中进行的反应，反应物和生成物均用浓度表示，生成物与反应物的相对浓度比，也称为反应商 Q，即

$$Q = \frac{[c'(C)/c^\ominus]^p [c'(D)/c^\ominus]^q}{[c'(A)/c^\ominus]^m [c'(B)/c^\ominus]^n} \tag{2.21}$$

对于固体、纯液体，由于它们对 $\Delta_r G_m$ 的影响较小，故它们不出现在反应商的表达式中。若反应系统中同时存在液相组分和气相组分时，反应商 Q 中有关各项须分别用 $c/c^\ominus$ 和 $p/p^\ominus$ 表示。例如，$Zn(s) + 2H^+(aq) \Longrightarrow Zn^{2+}(aq) + H_2(g)$ 的反应商的表达式为：

$$Q = \frac{[c(Zn^{2+})/c^\ominus][p(H_2)/p^\ominus]}{[c(H^+)/c^\ominus]^2}$$

根据化学反应的等温方程式，可以推导出标准平衡常数与标准摩尔吉布斯自由能变的关系式(2.20)。显然，在温度恒定时，如果已知了一些热力学数据，就可以求得反应的标准摩尔吉布斯自由能变 $\Delta_r G_m^\ominus$，进而求出该化学反应的标准平衡常数 $K^\ominus$ 的数值。反之，知道了标准平衡常数 $K^\ominus$ 的数值，就可以求得该反应的标准摩尔吉布斯自由能变 $\Delta_r G_m^\ominus$ 的数值。

例 2.8 $C(s) + CO_2(g) \Longrightarrow 2CO(g)$ 是高温加工处理钢铁零件时涉及脱碳氧化或渗碳的一个重要化学反应。试分别计算该反应在 298 K、1 173 K 时的标准平衡常数 $K^\ominus$，已知 $\Delta_r H_m^\ominus(298\ K) = 172.5\ kJ \cdot mol^{-1}$，$\Delta_r S_m^\ominus(298\ K) = 0.175\ 9\ kJ \cdot mol^{-1} \cdot K^{-1}$。

解
$$\Delta_r G_m^\ominus(298\ K) = \Delta_r H_m^\ominus(298\ K) - T\Delta_r S_m^\ominus(298\ K)$$
$$= 172.5 - 298 \times 0.175\ 9$$
$$= 120.1\ (kJ \cdot mol^{-1})$$
$$\Delta_r G_m^\ominus(1\ 137K) \approx \Delta_r H_m^\ominus(298\ K) - T\Delta_r S_m^\ominus(298\ K)$$
$$= 172.5 - 1\ 173 \times 0.175\ 9$$
$$= -33.8\ (kJ \cdot mol^{-1})$$

则

$$\ln K^{\ominus}(298\ \text{K}) = -\frac{\Delta_r G_m^{\ominus}(298\ \text{K})}{RT} = -\frac{120.1 \times 10^3}{8.314 \times 298} = -48.47$$

$$K^{\ominus}(298\ \text{K}) = 9.12 \times 10^{-22}$$

$$\ln K^{\ominus}(1\ 173\ \text{K}) = -\frac{\Delta_r G_m^{\ominus}(1\ 173\ \text{K})}{RT} \approx -\frac{-33.8 \times 10^3}{8.314 \times 1\ 173} = 3.47$$

$$K^{\ominus}(1\ 173\ \text{K}) = 32$$

计算结果表明,温度从室温(298 K)增至高温(1 173 K)时,$\Delta_r G_m^{\ominus}$ 值急剧减小,反应从非自发转变为自发进行,$K^{\ominus}$ 值显著增大。从 $K^{\ominus}$ 值看,298 K 时钢铁中碳被 CO_2 氧化的脱碳反应实际上没有进行,但到了 1 173 K 时,钢铁中的碳被氧化脱碳程度会较大,但仍具有明显可逆性。钢铁脱碳会降低钢铁零件的强度等性能。欲使钢铁零件既不脱碳又不渗碳,应使钢铁处理的炉内气氛中 CO 与 CO_2 组分比符合该温度时 $K^{\ominus}$ 值。

化学热处理工艺中,也是利用这一化学平衡,在高温时采用含有 CO 的气氛进行钢铁零件的表面渗碳(使上述反应逆向进行)处理,以改善钢铁表面性能,提高其硬度、耐磨、耐热、耐腐蚀和抗疲劳性能等。

2.2.5　化学平衡的移动

任何化学平衡都是在一定条件下形成的,是一种动态平衡,系统内各组分的浓度不再随时间而变化。一旦这些条件发生变化,化学平衡就会被破坏而成为不平衡状态,此时化学反应就会向某一方向移动,直至达到新的平衡。但在新的平衡系统中,各反应物和生成物的浓度已不同于原来的平衡状态时的数值。这种由于条件变化,使可逆反应从一种反应条件下的平衡状态转变到另一种反应条件下的平衡状态的变化过程称为化学平衡的移动。

当条件发生改变后,化学反应由原来的平衡状态变为不平衡状态,此时反应将继续进行,其移动的方向是使反应的 Q 值趋近于标准平衡常数 $K^{\ominus}$。因此可以利用 Q 和 $K^{\ominus}$ 的大小来判断化学平衡的移动方向。根据式(2.19)和式(2.20)得:

$$\Delta_r G_m = -RT \ln K^{\ominus} + RT \ln Q$$

$$\Delta_r G_m = RT \ln \frac{Q}{K^{\ominus}} \tag{2.22}$$

利用式(2.22)可以判定化学平衡移动的方向。

当 $Q < K^{\ominus}$ 时,$\Delta_r G_m < 0$,平衡能够正向移动,直到新的平衡。

当 $Q = K^{\ominus}$ 时,$\Delta_r G_m = 0$,处于平衡状态,不移动。

当 $Q > K^{\ominus}$ 时,$\Delta_r G_m > 0$,平衡能够逆向移动,直到新的平衡。

这里所说的条件是指浓度、压力和温度。下面分别讨论它们对化学平衡的影响。

2.2.5.1　浓度对化学平衡的影响

由式(2.22)可知,在平衡系统中,如果增大反应物的浓度(或降低产物浓度),会因为分母增大(或分子减小)而使 Q 值变小,此时 $\Delta_r G_m < 0$,为了达到新的平衡,反应必须向正方向进行,即平衡右移,直至 Q 值重新达到 $K^{\ominus}$ 值,使系统建立新的化学平衡;反之,如果减小反应物浓度(或增大产物浓度),使 Q 值变大,导致 $\Delta_r G_m > 0$,反应朝着生成反应物的方向进行,使平衡左移。

例 2.9　反应 $Fe^{2+}(aq) + Ag^+(aq) \rightleftharpoons Fe^{3+}(aq) + Ag(s)$ 在 25 ℃时标准平衡常数为

5.0，$AgNO_3$ 和 $Fe(NO_3)_2$ 的起始浓度均为 $0.10\ mol \cdot L^{-1}$，$Fe(NO_3)_3$ 的起始浓度为 $0.010\ mol \cdot L^{-1}$，求：

(1) 平衡时 Ag^+、Fe^{2+}、Fe^{3+} 的平衡浓度和 Ag^+ 的平衡转化率？

(2) 如果保持 Ag^+ 和 Fe^{3+} 浓度不变，向系统中加入 Fe^{2+}，使其浓度增加 $0.20\ mol \cdot L^{-1}$，求 Ag^+ 在新条件下的平衡转化率？

解 (1)

$$Fe^{2+}(aq) + Ag^+(aq) \Longrightarrow Fe^{3+}(aq) + Ag(s)$$

开始时浓度/($mol \cdot L^{-1}$)	0.10	0.10	0.010
变化浓度/($mol \cdot L^{-1}$)	$-x$	$-x$	$+x$
平衡时浓度/($mol \cdot L^{-1}$)	$0.10-x$	$0.10-x$	$0.010+x$
平衡时相对浓度	$0.10-x$	$0.10-x$	$0.010+x$

根据标准平衡常数的表达式：

$$K^\ominus = \frac{\dfrac{c_{eq}(Fe^{3+})}{c^\ominus}}{\left[\dfrac{c_{eq}(Fe^{2+})}{c^\ominus}\right]\left[\dfrac{c_{eq}(Ag^+)}{c^\ominus}\right]} = \frac{(0.010+x)}{(0.10-x)^2} = 5.0$$

$$x = 0.02\ (mol \cdot L^{-1})$$

$$c_{eq}(Fe^{2+}) = c_{eq}(Ag^+) = 0.10 - 0.02 = 0.08\ (mol \cdot L^{-1})$$

$$c_{eq}(Fe^{3+}) = 0.01 + 0.02 = 0.03\ (mol \cdot L^{-1})$$

$$Ag^+\ 的转化率 = \frac{0.02}{0.10} \times 100\% = 20\%$$

(2)

$$Fe^{2+}(aq) + Ag^+(aq) \Longrightarrow Fe^{3+}(aq) + Ag(s)$$

开始时浓度/($mol \cdot L^{-1}$)	0.30	0.10	0.010
变化浓度/($mol \cdot L^{-1}$)	$-y$	$-y$	$+y$
平衡时浓度/($mol \cdot L^{-1}$)	$0.30-y$	$0.10-y$	$0.010+y$
平衡时相对浓度	$0.30-y$	$0.10-y$	$0.010+y$

根据标准平衡常数的表达式：

$$K^\ominus = \frac{\dfrac{c_{eq}(Fe^{3+})}{c^\ominus}}{\left[\dfrac{c_{eq}(Fe^{2+})}{c^\ominus}\right]\left[\dfrac{c_{eq}(Ag^+)}{c^\ominus}\right]} = \frac{(0.010+y)}{(0.30-y)(0.10-y)} = 5.0$$

$$y = 0.05\ (mol \cdot L^{-1})$$

$$Ag^+\ 在新条件下的平衡转化率 = \frac{0.05}{0.10} \times 100\% = 50\%$$

从计算可知，反应系统中增加反应物的量，平衡正向移动，可以提高 Ag^+ 的转化率。

2.2.5.2 压力对平衡的影响

对于一般的只有液体、固体参加的反应，由于压力的影响很小，所以平衡不发生移动，因此，可以认为压力对液、固相的反应平衡无影响。对于有气体物质参加的化学反应，压力变化可能引起化学平衡发生变化，而在一定条件下，压力对化学平衡的影响情况视具体情况确定。

　　压力有分压 p_i 和总压 $p_总$ 两个含义。故压力对化学平衡的影响应分为组分气体分压 p_i 对平衡的影响和系统总压 $p_总$ 对平衡的影响两个方面来讨论。前面讨论的浓度对平衡的影响完全适用于分压对平衡的影响,因为由理想气体方程可以导出 $p_i = c_i RT$ 的变式,说明分压与浓度是呈正比的,而总压对平衡是否有影响,需看反应前后气体分子的总数是否有变化。

　　对于气相反应:

$$mA(g) + nB(g) \rightleftharpoons pC(g) + qD(g)$$

达到平衡时:

$$K^{\ominus} = \frac{[p_{eq}(C)/p^{\ominus}]^p [p_{eq}(D)/p^{\ominus}]^q}{[p_{eq}(A)/p^{\ominus}]^m [p_{eq}(B)/p^{\ominus}]^n}$$

　　令 $\Delta n = (p+q) - (m+n)$,Δn 为反应前后气体物质的量的变化值。

　　对于已达平衡的反应系统,在保持温度不变的条件下,若将总压 $p_总$ 增加(或减少)N 倍,由道尔顿分压定律 $p_i = x_i p_总$ 可知,每一组分气体的分压增加(或减少)N 倍。

$$Q = \frac{[N p_{eq}(C)/p^{\ominus}]^p [N p_{eq}(D)/p^{\ominus}]^q}{[N p_{eq}(A)/p^{\ominus}]^m [N p_{eq}(B)/p^{\ominus}]^n} = N^{(p+q)-(m+n)} K^{\ominus}$$

$$Q = N^{\Delta n} K^{\ominus}$$

　　① 若 $\Delta n > 0$,若将总压增加 N 倍,则 $N^{\Delta n} > 1$,所以 $Q > K^{\ominus}$,平衡应向逆反应方向(即气体分子数之和减少的方向)移动。反之,减小总压,平衡应向正反应方向(即气体分子数之和增加的方向)移动。

　　② 若 $\Delta n < 0$,若将总压增加 N 倍,则 $N^{\Delta n} < 1$,所以 $Q < K^{\ominus}$,平衡应向正反应方向(即气体分子数之和减少的方向)移动。反之,减小总压,平衡应向逆反应方向(即气体分子数之和增加的方向)移动。

　　③ 对于 $\Delta n = 0$ 的反应,由于系统总压的改变同等程度改变了反应物和生成物的分压,即 $N^{\Delta n} = 1$,故平衡不受压力的变化的影响。

　　④ 在定容条件下,引入与反应系统无关的惰性气体时,尽管总压增大,但各组分的分压不变,$Q = K^{\ominus}$,则无论 $\Delta n = 0$ 或 $\Delta n \neq 0$,都不引起平衡移动。

　　⑤ 在定压条件下,反应达平衡后引入与反应系统无关的惰性气体时,为了维持恒压,必然增大系统的体积,这时各组分的分压下降,平衡向气体分子数之和增加的方向移动。

　　例 2.10　某容器中充有 $N_2O_4(g)$ 和 $NO_2(g)$ 混合物,$n(N_2O_4) : n(NO_2) = 10 : 1$。在 308 K,100 kPa 条件下,发生反应:

$$N_2O_4(g) \rightleftharpoons 2NO_2(g), K^{\ominus} = 0.315$$

　　(1) 计算平衡时各物质的分压;

　　(2) 使该反应系统体积减小到原来的 1/2,反应在 308 K,200 kPa 条件下进行,平衡向何方向移动?

　　解　(1) 以 1 mol N_2O_4 为计算基准。

$$N_2O_4(g) \rightleftharpoons 2NO_2(g)$$

开始时 n_B /mol　　　　1.00　　　　0.10

平衡时 n_B /mol　　　$1.00 - x$　　$0.10 + 2x$

平衡时 p_B/kPa $\quad \dfrac{1.00-x}{1.10+x} \times 100.0 \qquad \dfrac{0.10+2x}{1.10+x} \times 100.0$

$$n_总 = 1.10 + x$$

$$K^\ominus = \frac{[p(NO_2)/p^\ominus]^2}{p(N_2O_4)/p^\ominus} = \frac{\left(\dfrac{0.1+2x}{1.10+x}\right)^2}{\dfrac{1.00-x}{1.10+x}} = 0.315$$

解得 $x = 0.234$

所以 $\qquad p(N_2O_4) = \dfrac{1.00-0.234}{1.10+0.234} \times 100 = 57.4(kPa)$

$$p(NO_2) = \frac{0.10+2\times0.234}{1.10+0.234} \times 100 = 42.6(kPa)$$

（2）压缩后：

$$p(N_2O_4) = 2 \times 57.4\ kPa = 114.8\ kPa$$

$$p(NO_2) = 2 \times 42.6\ kPa = 85.2\ kPa$$

$$Q = \frac{[p(NO_2)/p^\ominus]^2}{p(N_2O_4)/p^\ominus} = \frac{\left(\dfrac{85.2}{100}\right)^2}{\dfrac{114.8}{100}} = 0.632$$

因为 $Q > K^\ominus$，所以平衡应向逆反应方向移动。

2.2.5.3 温度对平衡的影响

浓度、压力对化学平衡的影响是通过改变系统的组成，使 Q 值改变，从而改变平衡状态，但 $K^\ominus$ 值并不改变。若温度变化，将直接导致 $K^\ominus$ 值的变化，从而使化学平衡发生移动。

根据

$$\Delta_r G_m^\ominus = \Delta_r H_m^\ominus - T\Delta_r S_m^\ominus$$
$$\Delta_r G_m^\ominus = -RT \ln K^\ominus$$

得

$$-RT \ln K^\ominus = \Delta_r H_m^\ominus - T\Delta_r S_m^\ominus$$
$$\ln K^\ominus = -\frac{\Delta_r H_m^\ominus}{RT} + \frac{\Delta_r S_m^\ominus}{R} \tag{2.23}$$

假定可逆反应在温度 T_1 和 T_2 时，标准平衡常数分别为 $K_1^\ominus$ 和 $K_2^\ominus$，在温度变化范围较小时，标准摩尔反应焓变 $\Delta_r H_m^\ominus$ 和标准摩尔反应熵变 $\Delta_r S_m^\ominus$ 的值随温度变化不明显，近似为常数，则可以得到：

$$\ln K_1^\ominus = -\frac{\Delta_r H_m^\ominus}{RT_1} + \frac{\Delta_r S_m^\ominus}{R}$$

$$\ln K_2^\ominus = -\frac{\Delta_r H_m^\ominus}{RT_2} + \frac{\Delta_r S_m^\ominus}{R}$$

两式相减可得：

$$\ln \frac{K_2^\ominus}{K_1^\ominus} = \frac{\Delta_r H_m^\ominus}{R}\left(\frac{1}{T_1} - \frac{1}{T_2}\right)$$

整理后得：

$$\ln\frac{K_2^{\ominus}}{K_1^{\ominus}} = \frac{\Delta_r H_m^{\ominus}}{R}(\frac{T_2 - T_1}{T_1 T_2}) \tag{2.24}$$

式(2.23)和式(2.24)称为范特霍夫等压方程式。它表明了 $\Delta_r H_m^{\ominus}$、T 与 $K^{\ominus}$ 间的相互关系。显然,温度变化使 $K^{\ominus}$ 值增大还是减小,与标准摩尔反应焓变值 $\Delta_r H_m^{\ominus}$ 的正、负有关。若是放热反应即 $\Delta_r H_m^{\ominus} < 0$,提高反应温度 T,则 $\ln\dfrac{K_2^{\ominus}}{K_1^{\ominus}} < 0$,$K^{\ominus}$ 值随反应温度升高而减小,平衡向逆反应方向移动;若是吸热反应,即 $\Delta_r H_m^{\ominus} > 0$,提高反应温度 T,则 $\ln\dfrac{K_2^{\ominus}}{K_1^{\ominus}} > 0$,$K^{\ominus}$ 值随反应温度升高而增大,平衡向正反应方向移动。

由上述分析可得如下结论:如果升高温度,平衡将向吸热方向移动;如果降低温度,平衡将向放热方向移动。

另外,利用式(2.24),如果知道了 T_1 下的平衡常数 $K_1^{\ominus}$,就可以求算另一温度 T_2 下的平衡常数 $K_2^{\ominus}$。

例 2.11　对于合成氨反应 $N_2(g) + 3H_2(g) \Longleftrightarrow 2NH_3(g)$ 在 298 K 时平衡常数为 $K^{\ominus}(298\ K) = 6.0 \times 10^5$,反应的热效应 $\Delta_r H_m^{\ominus} = -92.22\ kJ \cdot mol^{-1}$,计算该反应在 700 K 时平衡常数 $K^{\ominus}(700\ K)$,并判断升温是否有利于反应?

解

$$\ln\frac{K^{\ominus}(700\ K)}{K^{\ominus}(298\ K)} = \frac{\Delta_r H_m^{\ominus}}{R}(\frac{1}{298} - \frac{1}{700}) = \frac{-92\ 220}{8.314}(\frac{1}{298} - \frac{1}{700})$$

$$\frac{K^{\ominus}(700\ K)}{K^{\ominus}(298\ K)} = 5.1 \times 10^{-10}$$

$$K^{\ominus}(700\ K) = 3.1 \times 10^{-4}$$

所以,升温对该反应不利。

由计算可知,此系统从室温 298 K 升高到 700 K,它的平衡常数下降了约 2×10^9 倍。因而为了获得合成氨的高产率,从化学热力学考虑,就需要尽可能低的温度。

2.2.5.4　化学平衡移动原理(吕·查德里原理)

综合浓度、压力、温度对化学平衡移动的影响,法国化学家吕·查德里(H. L. Le Chatelier)在 1887 年总结出化学平衡移动的总规律:如果改变平衡的条件之一(如温度、压力和浓度),平衡必向着能减弱这种改变的方向移动。这一规律就称为吕·查德里原理,又称化学平衡移动原理。这条规律适用于所有达到动态平衡的系统。

吕·查德里原理中的三个因素温度、压力和浓度是从 $K^{\ominus}$ 和 Q 这两个不同的方面来影响平衡的,其结果归结到系统的 $\Delta_r G_m$ 是否小于零这一判断反应自发性的最小自由能原理。这就是说,化学平衡的移动或化学反应的方向是考虑反应的自发性,决定于 $\Delta_r G_m$ 是否小于零;而化学平衡则是考虑反应的限度,即平衡常数,它决定于 $\Delta_r G_m^{\ominus}$ 数值的大小。

2.3　化学反应速率

化学热力学研究化学反应中能量的变化,成功地预测了化学反应进行的方向和进行的限度,但由于热力学不涉及反应的时间,因此它不能确定化学反应进行的快慢(即化学反应

速率的大小)。例如下列反应:

$$2H_2(g) + O_2(g) \longrightarrow 2H_2O(g), \Delta_r G_m^{\ominus}(298\ K) = -457.2\ kJ \cdot mol^{-1}$$

按照热力学的分析,$\Delta_r G_m^{\ominus}(298\ K)$ 为负值,表明在 298 K 条件下该反应可以自发进行并且自发趋势很大。但把氢气和氧气在常温、常压下混合放置暗室中数年也检测不出有水生成的迹象。可见化学热力学虽然解决了化学反应进行的可能性问题,但没有解决化学反应现实性的问题,这就是化学动力学要解决的问题,即研究化学反应速率。

化学动力学的研究,可以知道如何控制反应条件,提高主反应的速率,抑制或减慢副反应的速率,以减少消耗并提高产品的质量和产量。化学动力学还提供如何避免危险品的爆炸、金属的腐蚀、塑料及橡胶制品的老化等方面的知识,等等。因此研究化学动力学对人类的生产和生活具有十分重要的意义。

2.3.1 化学反应速率的定义及其表达方法

化学反应速率是指在一定条件下,反应物转变成生成物的速率,常用单位时间内反应物浓度减少或产物浓度增加来表示。浓度常用 $mol \cdot L^{-1}$ 表示,时间常用 s(秒)、min(分)、h(小时)等表示,因此反应速率的单位为 $mol \cdot L^{-1} \cdot s^{-1}$、$mol \cdot L^{-1} \cdot min^{-1}$ 或 $mol \cdot L^{-1} \cdot h^{-1}$。绝大多数的化学反应在进行中其反应速率是不断变化的,因此在描述化学反应速率时可选用平均速率和瞬时速率两种。

2.3.1.1 平均速率

用单位时间、单位体积内发生的反应进度来定义反应速率:

$$v = \frac{1}{V}\frac{\Delta\xi}{\Delta t}$$

对于化学反应 $0 = \sum_B \nu_B B$,由于 $\Delta\xi = \Delta n_B/\nu_B$,$\Delta c_B = \Delta n_B/V$,上式可写成反应速率的常用定义式:

$$v = \frac{1}{\nu_B}\frac{\Delta c_B}{\Delta t}$$

平均速率也可用在单位时间内,反应物浓度的减小或生成物浓度的增加的平均值来表示的反应速率。对于反应 $mA + nB \longrightarrow pC + qD$,以各种物质表示的平均速率为:

$$v_A = -\frac{\Delta c_A}{\Delta t}, v_B = -\frac{\Delta c_B}{\Delta t}, v_C = \frac{\Delta c_C}{\Delta t}, v_D = \frac{\Delta c_D}{\Delta t}$$

以反应进度定义的反应速率与以反应物浓度减少表示的反应速率和以生成物浓度增加表示的速率之间有如下关系:

$$v = \frac{-\Delta c_A}{m\Delta t} = \frac{-\Delta c_B}{n\Delta t} = \frac{\Delta c_C}{p\Delta t} = \frac{\Delta c_D}{q\Delta t}$$

例 2.12 在测定 $K_2S_2O_8$ 与 KI 反应速率的实验中,所得数据如下:

$$S_2O_8^{2-}(aq) + 3I^-(aq) \longrightarrow 2SO_4^{2-}(aq) + I_3^-(aq)$$

c_0 /(mol $\cdot$ L^{-1})	0.077	0.077	0	0
$c_{90\ s}$ /(mol $\cdot$ L^{-1})	0.074	0.068	0.006	0.003

计算反应开始后 90 s 内的平均速率?

解

$$v\,(S_2O_8^{2-}) = -\frac{\Delta c\,(S_2O_8^{2-})}{\Delta t} = -\frac{0.074 - 0.077}{90 - 0} = 3.3 \times 10^{-5}\,(mol \cdot L^{-1} \cdot s^{-1})$$

$$v\,(I^-) = -\frac{\Delta c\,(I^-)}{\Delta t} = -\frac{0.068 - 0.077}{90 - 0} = 1.0 \times 10^{-4}\,(mol \cdot L^{-1} \cdot s^{-1})$$

$$v\,(SO_4^{2-}) = \frac{\Delta c\,(SO_4^{2-})}{\Delta t} = \frac{0.006 - 0}{90 - 0} = 6.7 \times 10^{-5}\,(mol \cdot L^{-1} \cdot s^{-1})$$

$$v\,(I_3^-) = \frac{\Delta c\,(I_3^-)}{\Delta t} = \frac{0.003 - 0}{90 - 0} = 3.3 \times 10^{-5}\,(mol \cdot L^{-1} \cdot s^{-1})$$

$$v\,(S_2O_8^{2-}) = \frac{1}{3}v\,(I^-) = \frac{1}{2}v\,(SO_4^{2-}) = v\,(I_3^-)$$

计算表明,反应速率用不同物质表示时,其数值不相等,而实际上它们所表示的是同一反应速率。因此在表示某一反应速率时,应标明是哪种物质的浓度变化。但是,若分别除以其前的计量系数,则得到相同的反应速率值。

例 2.13　在 400 ℃下,把 0.1 mol CO 和 0.1 mol NO_2 引入体积为一升的容器中,每隔 10 s 抽样,快速冷却,终止反应,分析 CO 的浓度结果如表 2.2 所示。

表 2.2　　　　　　　例 2.13 题反应过程中 CO 浓度分析结果一览表

CO 浓度/(mol · L^{-1})	0.100	0.067	0.050	0.040	0.033
反应时间 t/s	0	10	20	30	40

求各时间段的平均速率。

解　0~10 s CO 平均速率:

$$v\,(CO) = -\frac{\Delta c(CO)}{\Delta t} = -\frac{0.067 - 0.100}{10 - 0} = 0.003\,3\,(mol \cdot L^{-1} \cdot s^{-1})$$

10~20 s CO 平均速率:

$$v\,(CO) = -\frac{\Delta c\,(CO)}{\Delta t} = -\frac{0.050 - 0.067}{20 - 10} = 0.001\,7\,(mol \cdot L^{-1} \cdot s^{-1})$$

20~30 s CO 平均速率:

$$v\,(CO) = -\frac{\Delta c\,(CO)}{\Delta t} = -\frac{0.040 - 0.050}{30 - 20} = 0.001\,0\,(mol \cdot L^{-1} \cdot s^{-1})$$

30~40 s CO 平均速率:

$$v\,(CO) = -\frac{\Delta c\,(CO)}{\Delta t} = -\frac{0.033 - 0.040}{40 - 30} = 0.000\,7\,(mol \cdot L^{-1} \cdot s^{-1})$$

从计算结果可以看出,同一物质在不同的反应时间内,其反应速率不同。随着反应的进行,反应速率在减小,而且始终在变化;因此平均速率不能准确地表达出化学反应在某一瞬间的真实反应速率。只有采用瞬时速率才能说明反应的真实情况。

2.3.1.2　瞬时速率

瞬时反应速率是指某反应在某一时刻的真实速率。它等于时间间隔趋于无限小时的平均速率的极限值。瞬时反应速率可以根据作图的方法求出。以浓度为纵坐标,以时间为横坐标作 $c \sim t$ 图,在时间 t 处作该点的切线,求得该切线的斜率即为该反应物在时间 t 处的瞬时反应速率,也可按公式计算。

$$v_A = \lim_{\Delta t \to 0}(-\frac{\Delta c_A}{\Delta t}) = -\frac{dc_A}{dt}, v_M = -\frac{dc_M}{dt}, v_G = \frac{dc_G}{dt}, v_D = \frac{dc_D}{dt}$$

以反应进度定义的反应速率:

$$v = \frac{1}{\nu_B}\frac{dc_B}{dt}$$

瞬时反应速率能够真实反映化学反应的过程,但用理论求解的不多,较常见的是由实验测得一系列数据,然后通过作图得到反应速率。例如 H_2O_2 在 45 ℃时的分解反应:

$$2H_2O_2 \longrightarrow 2H_2O + O_2$$

先用实验测出不同时间下反应物的浓度,然后绘制 $c \sim t$ 图,得如图 2.1 所示的曲线,在曲线上某点的切线斜率的绝对值即为 H_2O_2 在时间 t 处的瞬时速率。

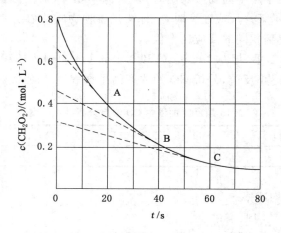

图 2.1　瞬时反应速率的作图求法

2.3.2　化学反应速率基本原理

为了阐明化学反应速率大小的原因及其影响因素,先后产生了两种理论:一是分子碰撞理论;二是过渡状态理论(也称活化配合物理论)。

2.3.2.1　分子碰撞理论

分子碰撞理论由英国化学家路易斯(G. N. Lewis)于 1918 年在气体分子运动论的基础上建立起来的,其主要内容如下:

① 反应物分子必须发生碰撞,才可能发生反应,分子碰撞是发生化学反应的必要条件。反应速率与反应物分子碰撞频率成正比,在一定温度下,反应物分子碰撞的频率又与反应物浓度成正比。

② 碰撞分子的能量。反应物分子并不是一碰撞就发生化学反应,只有分子间相对平均动能超过某一临界值 E_1 时,分子的碰撞才能发生反应,把这种碰撞称为有效碰撞,能发生有效碰撞的分子称为活化分子。图 2.2 是用统计方法得出的在一定温度下,气体分子能量分布的规律。它表示在一定温度下,气体分子具有不同的能量。图中 $E_平$ 表示分子的平均能量,E_1 表示活化分子所具有的最低能量,$E_1 - E_平 = E_a$,E_a 称活化能。可见,其他条件相

同时,升高温度,提高了活化分子的百分数和较高能量的分子间的碰撞几率,使分子间有效碰撞的几率提高,反应速率增大;反之,降低温度,反应速率减小。但是,对于任何一个具体的化学反应,均有一定的 E_a 值,其大小主要由反应的本性决定,与反应物浓度无关,受温度影响很小。E_a 越大的反应,由于能满足这样大的能量的分子数越少,因而有效碰撞次数越少,化学反应速率越慢;反之亦然。

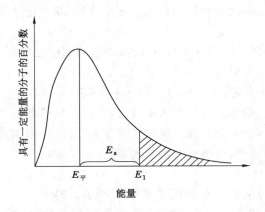

图 2.2 气体分子能量分布规律

③ 反应分子碰撞的方向。只有当具有足够能量的活化分子采取合适的取向进行碰撞时,反应才能发生。

例如,反应 $NO_2 + CO \longrightarrow NO + CO_2$,如果在分子碰撞的过程中,CO 分子中的 C 原子与 NO_2 分子中的 O 原子碰撞,使 NO_2 的一个 N—O 键断裂,断裂后的 O 原子与 CO 分子生成 CO_2 分子,这种碰撞能使反应发生,是有效碰撞。但如果 CO 分子中的 C 原子与 NO_2 分子中的 N 原子碰撞,则不能使 NO_2 分子中的 N—O 键断裂而发生上述反应,是无效碰撞。

碰撞理论比较直观(图 2.3),解释简单分子的化学反应较为成功。但由于碰撞理论简单地把分子看成是一个刚性的球,故不适应结构复杂而且具有内部运动的大分子。

图 2.3 分子之间无效碰撞和有效碰撞示意图

2.3.2.2 过渡状态理论

1935 年,美国化学家艾林(H. H. Eyring)在统计热力学和量子力学的基础上,提出了化学反应速率的过渡状态理论。

(1) 过渡状态理论的要点

① 由反应物分子变为产物分子的化学反应并不完全是简单的几何碰撞,而是旧键的破坏与新键的生成的连续过程。

② 反应物分子必须经过一个高能量的过渡状态,再转化为生成物。当具有足够能量的

分子以适当的空间取向靠近时,要进行化学键重排,能量重新分配,反应物分子的动能暂时变为活化配合物的势能,形成高能量的过渡状态活化配合物。其反应历程如下:

$$AB + C \longrightarrow [A \cdots B \cdots C] \longrightarrow A + BC$$

反应物　　　　　活化配合物　　　　产物

（过渡状态）

在活化配合物中,原有化学键被削弱但未完全断裂,新的化学键开始形成但尚未完全形成（均用虚线表示）。

③ 过渡状态的活化配合物是一种具有较高势能的不稳定状态,极不稳定,会很快分解,它可以分解为生成物,也可以分解为反应物。

④ 过渡状态理论认为,反应速率与下列三个因素有关,即:

活化配合物的浓度:活化配合物的浓度越大,反应速率越大。

活化配合物分解的几率:分解成产物的几率越大,反应速率越大。

活化配合物分解的速率:分解成产物的速率越大,反应速率越大。

(2) 反应历程—势能图

反应过程中,系统势能的变化情况如图 2.4 所示。图中 a 点为反应开始时反应物的平均势能,b 点为生成活化配合物时的势能,c 点为生成产物时的势能。

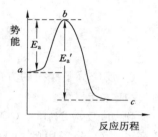

图 2.4　反应历程—势能图

由图 2.4 可知,在反应物和生成物之间,有一道能量很高的能垒,过渡状态是反应历程中势能最高的点。反应物吸收能量成为过渡状态,反应的活化能就是翻越势能垒所需的能量。图中反应物势能(a 点)与活化配合物势能(b 点)的势能差,即为正反应的活化能 E_a。b 点与 c 点的势能差为逆反应的活化能 E'_a。

正反应与逆反应活化能之差即为反应的热效应:

$$\Delta H = E_a - E'_a$$

显然,如果 $E_a > E'_a$,则 $\Delta H > 0$,反应就为吸热反应;如果 $E_a < E'_a$,则 $\Delta H < 0$,反应就为放热反应。

若正反应是放热反应,其逆反应必定吸热。从图 2.4 中看出,如果正反应是经过一步即可完成的反应,则其逆反应也可经过一步完成,而且正、逆两个反应经过同一活化配合物中间体,这就是微观可逆性原理。

2.3.3　影响化学反应速率的因素

化学反应的速率大小,主要取决于物质的性质,也就是内因起主要作用。比如,一般的无机反应速率较快,而有机反应相对较慢。但一些外部条件,如浓度、压力、温度和催化剂等,其对反应速率的影响也是不可忽略的。

2.3.3.1　浓度对反应速率的影响

(1) 基元反应与非基元反应及质量作用定律

基元反应——反应物分子一步直接转化为产物的反应称为基元反应。例如反应:

$$NO_2 + CO == NO + CO_2$$

是一步完成的反应,故它是一个基元反应。对于一个化学反应,是否是基元反应,与反应进行的具体历程有关,是通过实验确定的。

质量作用定律——基元反应的化学反应速率与反应物的浓度(以化学反应方程式中相应物质的化学计量数的绝对值为指数)的乘积成正比。

基元反应:

$$aA(g) + bB(g) \Longrightarrow pC(g) + qD(g)$$

其速率方程为:

$$v = kc_A^a c_B^b \qquad (2.25)$$

式(2.25)是质量作用定律的数学表达式,也称为基元反应的速率方程,k 为速率常数。

非基元反应——反应物分子在多步反应后才生成产物的反应称为非基元反应。它是由多步基元反应完成的化学反应,因此,其反应速率方程由所有基元反应速率方程组合而成。

对于复杂的非基元化学反应,其速率方程式需要通过实验求出。例如:

$$2H_2(g) + 2NO(g) \Longrightarrow 2H_2O(g) + N_2(g)$$

是一个非基元反应,其反应速率方程就需要通过实验来确定。

例 2.14 测得在 1 100 K 时反应 $2H_2(g) + 2NO(g) \Longrightarrow 2H_2O(g) + N_2(g)$ 的实验数据见表 2.3:

表 2.3   例 2.14 题化学反应的实验数据

实验序号	反应物起始浓度/($\times 10^{-3}$ mol $\cdot$ L^{-1})		生成产物的起始速率 v/($\times 10^{-3}$ mol $\cdot$ L^{-1})
	c(NO)	c(H$_2$)	
1	6.0	1.0	3.2
2	6.0	2.0	6.4
3	6.0	3.0	9.6
4	1.0	6.0	0.5
5	2.0	6.0	2.0
6	3.0	6.0	4.5

试求该反应的速率方程式。

解 对比表中实验 1、2、3 号可知,当固定 c(NO),将 c(H$_2$) 增加 2 倍或 3 倍时,反应速率也相应增加 2 或 3 倍,表明该反应速率与 c(H$_2$) 的一次方成正比,即:

$$v \propto c(H_2)$$

再对比实验 4、5、6 号,当固定 c(H$_2$),将 c(NO) 增大 2 或 3 倍时,其反应速率相应增大 4 或 9 倍,这表明反应速率和 c(NO) 的二次方成正比:

$$v \propto c^2(NO)$$

将 c(H$_2$) 和 c(NO) 对反应速率的影响同时考虑,则有:

$$v \propto c(H_2)c^2(NO)$$

故该反应的速率表达式为:

$$v = kc(H_2)c^2(NO)$$

将实验 1 号数据代入,得:

$$k = 8.86 \times 10^4 \text{ L}^2 \cdot \text{mol}^{-2} \cdot \text{s}^{-1}$$

故该反应的速率表达式为：

$$v = 8.86 \times 10^4 \, c(H_2)c^2(NO)$$

需要注意的是，有些反应的速率方程中反应物浓度的指数与反应方程式中的计量系数一致时，也不能据此推断其为基元反应。反应是否为基元反应，要通过实验确定。例如实验测得下反应：

$$H_2(g) + I_2(g) \Longrightarrow 2HI(g)$$

速率方程表达式为：

$$v = kc(H_2)c(I_2)$$

但是无论从实验还是理论上都已经证明，该反应不是基元反应，而是由如下两个基元反应组成：

(a)　　$I_2 \Longrightarrow I + I$　　　　（快）

(b)　　$H_2 + 2I \Longrightarrow 2HI$　（慢）

因为整个反应的速率由慢反应控制，所以其反应速率可用慢反应速率表示：

$$v = k_b c(H_2)c^2(I)$$

当快反应(a)的正、逆反应速率相等时，有

$$v_+ = v_-$$

即

$$k_+ \, c(I_2) = k_- \, c^2(I)$$

$$c^2(I) = \frac{k_+}{k_-}c(I_2)$$

$$v = \frac{k_b k_+}{k_-}c(H_2)c(I_2) = kc(H_2)c(I_2)$$

因此，尽管实验测得的反应速率方程与基元反应速率表达式完全一样，也不能就肯定是基元反应。

(2) 反应分子数与反应级数

反应分子数——反应分子数是指基元反应或复杂反应的基元步骤中发生反应所需要的微粒(分子、原子、离子或自由基)的数目。其可能采取的值是不大于 3 的正整数，当其数值为 1、2、3 时，分别称为单分子反应、双分子反应和三分子反应，最常见的是双分子反应，单分子反应次之，三分子反应较罕见。非基元反应不能谈反应分子数，不能认为反应方程式中反应物的计量数绝对值之和就是反应分子数。

反应级数——反应级数是指反应速率方程中各反应物浓度的指数之和。反应速率方程中各反应物浓度的指数称为该反应物的分级数。如对于速率方程式：$v = kc_A^\alpha c_B^\beta$，此反应对反应物 A 是 α 级，对反应物 B 是 β 级，$\alpha + \beta$ 为反应的总级数。如果 $\alpha + \beta = 0$，则反应速率与反应物浓度无关，这个反应在动力学上就叫零级反应。

需要注意的是，反应级数是指反应的宏观速率对反应物浓度依赖的幂次，可以是零或分数。基元反应中反应物的级数与其计量数绝对值一致，非基元反应中则可能不同，反应级数由实验测定。另外，对不能用 $v = kc_A^\alpha c_B^\beta \cdots$ 形式表示的反应，不能谈反应级数。

例 2.15　测得一系列不同浓度乙醛在某催化剂作用下分解成甲烷和一氧化碳的初始

反应速率如表 2.4 所示。

表 2.4　　　　　　例 2.15 题催化分解反应的初始反应速率

c(乙醛) /(mol $\cdot$ L^{-1})	0.1	0.2	0.3	0.4
v /(mol $\cdot$ L^{-1} $\cdot$ s^{-1})	0.03	0.12	0.27	0.48

试问乙醛的催化分解是几级反应？当乙醛的浓度为 0.25 mol $\cdot$ L^{-1} 时,其反应速率为多少？

解　乙醛分解反应为:

$$CH_3CHO(g) = CH_4(g) + CO(g)$$

设乙醛分解反应的级数为 n ,则其速率方程式为:

$$v = kc^n$$

在不同速率下有

$$\frac{v_1}{v_2} = \frac{kc_1^n}{kc_2^n}$$

消去 k 并两边取对数有

$$\ln \frac{v_1}{v_2} = n\ln \frac{c_1}{c_2}$$

将表中前 2 个数据代入

$$\ln \frac{0.03}{0.12} = n\ln \frac{0.1}{0.2}$$

解得

$$n = 2$$

因此,对于乙醛,此反应是 2 级。

其速率方程为

$$v = kc^2$$

将 $c = 0.4$ mol $\cdot$ L^{-1} 时, $v = 0.48$ mol $\cdot$ L^{-1} $\cdot$ s^{-1} 代入上式,解得

$$k = 3.0(L \cdot mol^{-1} \cdot s^{-1})$$

因此, $c = 0.25$ mol $\cdot$ L^{-1} 时,反应速率为

$$v = 3.0 \times c^2 = 3.0 \times (0.25)^2 = 0.187\ 5(mol \cdot L^{-1} \cdot s^{-1})$$

（3）一级反应

若化学反应速率与反应物浓度的一次方成正比,即为一级反应。一级反应较为普遍,例如某些元素的放射性衰变,蔗糖水解, H_2O_2 分解等属于一级反应。

一级反应的速率方程为

$$v = -\frac{dc}{dt} = kc$$

将其进行整理并积分(设反应时间从 0 到 t ,反应物浓度从 c_0 到 c)可得

$$-\int_{c_0}^{c} \frac{dc}{c} = \int_0^t k dt$$

$$\ln \frac{c_0}{c} = kt \tag{2.26}$$

或

$$\ln c = -kt + \ln c_0 \tag{2.27}$$

当反应物消耗一半时所需的时间,称为半衰期,符号为 $t_{1/2}$ 。从式(2.26)可得一级反应的半衰期(此时 $c = c_0/2$)

$$t_{1/2} = \ln 2/k = 0.693/k \tag{2-28}$$

根据以上各式可概括出一级反应的三个特征(其中任一特征均可作为判断一级反应的

依据）：

① $\ln c$ 对 t 作图得一直线（斜率为 $-k$）。

② 半衰期 $t_{1/2}$ 与反应物的起始浓度无关（当温度一定时，$t_{1/2}$ 是与 k 成反比的一个常数）。

③ 速率常数 k 的量纲为（时间）$^{-1}$（其 SI 单位为 s^{-1}）。

某些元素的放射性衰变是估算考古学发现物、化石、矿物、陨石、月亮岩石以及地球本身年龄的基础。如 C-14 用于确定考古物和化石的年代。因为宇宙射线恒定地产生碳的放射性同位素 ^{14}C（$^{14}_{7}N + ^{1}_{0}n \longrightarrow ^{14}_{6}C + ^{1}_{1}H$），植物不断地将 ^{14}C 吸收进其组织中，使微量的 ^{14}C 在总碳含量中维持在一个固定比例，一旦树木被砍伐，种子被采摘，从空气中吸收 ^{14}C 的过程便停止了。由于放射性衰变（已知 ^{14}C 的衰变反应 $^{14}_{6}C \longrightarrow ^{14}_{7}N + ^{0}_{-1}e^{-}$，$t_{1/2} = 5\ 730\ y$），$^{14}C$ 在总碳中含量便下降，由此可以测知样品的年代。

例 2.16 从考古发现的某古书卷中取出的小块纸片，测得其中 $^{14}C/^{12}C$ 的比值为现在活的植物体内 $^{14}C/^{12}C$ 的比值的 0.795 倍。试估算该古书卷的年代。

解 已知 $^{14}_{6}C \longrightarrow ^{14}_{7}N + ^{0}_{-1}e^{-}$，$t_{1/2} = 5\ 730\ y$，由式(2.28)得此一级反应速率常数：

$$k = \frac{0.693}{t_{1/2}} = \frac{0.693}{5\ 730\ y} = 1.21 \times 10^{-4}\ y^{-1}$$

根据式(2.26)及题意 $c = 0.795\ c_0$，可得：

$$\ln \frac{c_0}{c} = \ln \frac{c_0}{0.795\ c_0} = \ln 1.26 = kt = (1.21 \times 10^{-4}\ y^{-1})t$$

$$t = 1\ 900\ y$$

即该古书卷大约是 1900 年前的文物。

（4）反应速率常数

速率常数 k 的大小由反应物的本性决定。对同一反应，速率常数 k 是温度的函数，与浓度无关，其量纲单位由反应的级数来确定。因反应速率的单位是 $mol \cdot L^{-1} \cdot s^{-1}$，故

对零级反应的速率常数单位为：$mol \cdot L^{-1} \cdot s^{-1}$；

对一级反应的速率常数单位为：s^{-1}；

对二级反应的速率常数单位为：$L \cdot mol^{-1} \cdot s^{-1}$；

对 n 级反应的速率常数单位为：$L^{n-1} \cdot mol^{-(n-1)} \cdot s^{-1}$。

因此，由给出的反应速率常数的单位，可以判断出反应的级数。

（5）浓度对化学反应速率的影响

当增加反应物的浓度时，化学反应的速率增大（零级反应除外）。此时，除正反应速率增大外，逆反应速率也相应增大，这是因为，随着反应的进行，反应物的一部分转化为生成物，因此，生成物的浓度比原浓度也相应增大，故而，逆反应速率也相应增大。但正反应速率增大的倍数要大于逆反应速率增大的倍数。对于零级反应，由于其反应级数为零，所以其反应速率与浓度无关。

可用碰撞理论来解释浓度对化学反应速率的影响。因为在恒定的温度下，对某一化学反应来说，反应物中活化分子组的百分数是一定的，增加反应物浓度时单位体积内活化分子组数目增多，从而增加了单位时间内在此体积中反应物分子有效碰撞的频率，故导致反应速率加大。

浓度改变，可以引起反应速率的变化。对于反应级数较大的反应比较明显，而对于反应级数较小的反应则影响较小，所以在实际生产中的应用受到了较大的限制。

2.3.3.2 压力对反应速率的影响

压力对反应速率的影响与其对平衡的影响一样，实质是看是否改变了浓度。压力对反应速率的影响只适用于讨论有气体参加的反应。

压力可以是外界大气压，也可以是在密闭容器中通入惰性气体。压力改变，要看容器体积是否改变，是否引起气体的浓度的改变，从而影响反应速率。

恒温过程，增加压力，引起体积缩小，从而使得各物质浓度增大，导致反应速率加快（零级反应除外）。

恒压过程，充入"惰性气体"，引起体积增大，从而使得各物质浓度减小，导致反应速率减慢（零级反应除外）。

恒容过程，若充入气体反应物或气体产物，均会引起反应物浓度增大，导致反应速率加快（零级反应除外）；若充入"惰性气体"，引起总压增大，但各物质浓度不变，反应速率不变。

2.3.3.3 温度对化学反应的影响

对于绝大多数反应，温度升高，反应速率增大，只有极少数反应（如 NO 氧化生成 NO_2）例外。这是因为浓度一定时，温度升高，反应物分子所具有的能量增加，活化分子的百分数也随之增加，有效碰撞次数增多，因而加快了反应速率。实验证明，反应温度每升高 10 ℃，反应速率增大 2 到 3 倍。

(1) 阿伦尼乌斯公式

1889 年瑞典科学家阿伦尼乌斯（S. A. Arrhenius）总结了大量实验事实，提出了反应速率常数与温度间的定量关系式——阿伦尼乌斯方程：

$$k = Ae^{-\frac{E_a}{RT}} \tag{2.29}$$

用对数表示为：

$$\ln k = -\frac{E_a}{RT} + \ln A \tag{2.30}$$

式中 A 称为指前因子，E_a 为活化能，k 是反应速率常数，R 是摩尔气体常数。在温度变化不大的范围内 A 与 E_a 不随温度而变化，可以视为常数。从式中看出，温度的微小变化，都将导致 k 的较大变化，从而引起反应速率的较大变化。

在不同温度 T_1，T_2 下有：

$$\ln k_1 = -\frac{E_a}{RT_1} + \ln A$$

$$\ln k_2 = -\frac{E_a}{RT_2} + \ln A$$

两式相减得：

$$\ln \frac{k_2}{k_1} = \frac{E_a}{R}\left(\frac{1}{T_1} - \frac{1}{T_2}\right) = \frac{E_a}{R}\left(\frac{T_2 - T_1}{T_1 T_2}\right) \tag{2.31}$$

上述式（2.29）、式（2.30）、式（2.31）是阿伦尼乌斯公式的三种不同形式。它们不仅适用于基元反应，也适用于非基元反应（此时 E_a 称为表观活化能）。阿伦尼乌斯公式至今仍是从 k 求活化能 E_a 的重要方法。对同一反应，若已知两个温度下的速率常数，应用式（2.31），可求该反应的活化能 E_a；若已知活化能 E_a 和某温度 T_1 的速率常数 k_1，应用式（2.31），可求任意温度 T_2 下的速率常数 k_2。

应当注意：动力学中阿伦尼乌斯公式(2.31)所表达的速率常数 k 与 T 的关系，同热力学中范特霍夫等压方程式(2.24)所表达的平衡常数 $K^\ominus$ 与 T 的关系有着相似的形式。但前者的活化能 E_a 为正值，而后者中的反应焓变 $\Delta_r H_m^\ominus$ 可为正值也可为负值。

例 2.17 某反应在 283 K 时的反应速率常数为 1.08×10^{-4} mol·L^{-1}·s^{-1}，333 K 时为 5.48×10^{-2} mol·L^{-1}·s^{-1}，试计算在 303 K 时的速率常数。

解 此题应先求 E_a，后求 k_{303}。

令 $T_1 = 283$ K，$k_1 = 1.08 \times 10^{-4}$ mol·L^{-1}·s^{-1}，$T_2 = 333$ K，$k_2 = 5.48 \times 10^{-2}$ mol·L^{-1}·s^{-1}，$T_3 = 303$ K，$k_3 = 303$ K 时的速率常数。

由式(2.31)

$$E_a = \frac{RT_1 T_2 \ln \frac{k_2}{k_1}}{T_2 - T_1} = \frac{8.314 \times 283 \times 333 \ln \frac{5.48 \times 10^{-2}}{1.08 \times 10^{-4}}}{333 - 283} = 97\ 600 \ (\text{J} \cdot \text{mol}^{-1})$$

再由式(2.31)

$$\ln \frac{k_3}{1.08 \times 10^{-4}} = \frac{97\ 600 \times (303 - 283)}{8.314 \times 283 \times 303}$$

解得

$$k_3 = 1.67 \times 10^{-3} \ (\text{mol} \cdot \text{L}^{-1} \cdot \text{s}^{-1})$$

(2) 活化能 E_a

在统计热力学中把活化分子的平均能量与反应物分子的平均能量的差值称为活化能。对于复杂反应，活化能是组成总反应的各基元反应步骤活化能的代数和，因而没有明确的物理意义，被称为表观活化能。

从阿伦尼乌斯公式可以看出，反应速率常数不仅与温度有关，而且与反应活化能有关。

① 对同一化学反应，活化能 E_a 一定，则温度越高，k 值越大。一般情况下，温度每升高 10 ℃，k 值将增大 2～3 倍。

② 在同一温度下，活化能 E_a 大的反应，其 k 值较小，反应速率慢；反之，活化能 E_a 小，其 k 值大，反应速率快。

③ 对于同一反应，在高温区，升高温度时，k 值增加的倍数小，而在低温区，升高同样温度时，k 值增加的倍数大。

④ 当升高温度的数值相同时，E_a 大的反应，k 值增加的倍数大；E_a 小的反应，k 值增加的倍数小。

化学反应之所以需要克服活化能，这是因为反应物分子中的原子在反应时要进行改组，改组时既要克服旧键破坏前原子或离子间的引力，又要克服新键形成前分子中原子间的斥力，以形成化学键新旧交替的"活化状态"，这些都需要能量。活化能的大小代表了反应阻力的大小。例如合成氨的反应、葡萄糖的氧化反应等，从热力学看反应倾向很大，但是由于动力学阻力（活化能）很大，在常温常压下放置数年也无法察觉到反应的进行。

2.3.3.4 催化剂对化学反应的影响

增大反应物浓度（或气体分压），虽可加快反应速率，但浓度增大，使反应物的用量增加，反应成本提高；升高温度虽然能加快反应速率，但往往也会带来设备要求高、投资大、技术复杂、能耗高等问题，并且还会带来某些副反应，或者使反应物分解等许多不利的影响。所以，在有些情况下,上述两种手段的利用受到限制。如果采用催化剂,则可以有效地增大反应速率。

催化剂是那些能显著改变反应速率,而在反应前后自身的组成、质量和化学性质基本不变的物质。其中,能加快反应速率的称为正催化剂;能减慢反应速率的称为负催化剂。例如合成氨生产中使用的铁,硫酸生产中使用的 V_2O_5 以及促进生物体化学反应的各种酶(如淀粉酶、蛋白酶、脂肪酶等)均为正催化剂;减慢金属腐蚀的缓蚀剂,防止橡胶、塑料老化的抗老化剂等均为负催化剂。不过通常所说的催化剂一般是指正催化剂。

催化剂之所以能显著地增大化学反应速率,是由于催化剂的加入,与反应物之间形成一种势能较低的活化配合物,从而改变了反应的历程,与无催化反应的历程相比较,所需的活化能显著地降低,从而使活化分子百分数增大,有效碰撞次数增多,导致反应速率增大,如图 2.5 所示。

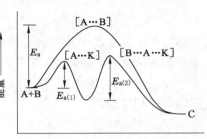

图 2.5 催化剂改变反应历程示意图

对于反应 $A+B \rightarrow C$,原反应历程为:$A+B \rightarrow [A\cdots B] \rightarrow C$,其反应活化能为 E_a。加入催化剂 K 后,改变了反应历程:

$A+K \rightarrow [A\cdots K] \rightarrow AK$　　　　反应的活化能为 $E_{a(1)}$

$AK+B \rightarrow [B\cdots A\cdots K] \rightarrow C+K$　　反应的活化能为 $E_{a(2)}$

由于 $E_{a(1)} < E_a$,$E_{a(2)} < E_a$,所以有催化剂 K 参与的反应是一个活化能较低的反应途径,因而反应速率加快了。

催化剂的主要特征有:

① 催化剂能改变反应途径,降低活化能,使反应速率显著增加。催化剂在加快正反应的反应速率的同时,逆反应的活化能也减少了,故也加快了逆反应的反应速率。

② 催化剂只能改变反应系统达到平衡的时间,而不能改变反应系统的平衡状态。催化剂的存在仅仅改变反应的途径,并不能改变反应系统的始态和终态,因此催化剂没有改变反应的 $\Delta_r G$ 和 $\Delta_r H$。这说明催化剂只能加速热力学上认为可能进行的反应,即 $\Delta G < 0$ 的反应;对于热力学不允许进行的反应($\Delta G > 0$),使用任何催化剂都是徒劳。

③ 在反应速率方程中,催化剂对反应速率的影响体现在反应速率常数(k)上。对确定的反应来说,反应温度一定时,采用不同的催化剂一般有不同的 k 值。

④ 一种催化剂往往只能对某一特定的反应有催化作用,这就是催化剂的选择性。同样的反应物可能有许多平行反应时,选用不同的催化剂,得到的产物就不同。例如,在用不同催化剂加热乙醇(C_2H_5OH)时,其产物也不同:

$$C_2H_5OH \begin{cases} \xrightarrow[\text{Cu}]{473\sim523\text{ K}} CH_3CHO+H_2 \\ \xrightarrow[\text{Al}_2\text{O}_3]{623\sim633\text{ K}} C_2H_4+H_2O \\ \xrightarrow[\text{H}_2\text{SO}_4]{413.2\text{ K}} (C_2H_5)_2O+H_2O \\ \xrightarrow[\text{ZnO}\cdot\text{Cr}_2\text{O}_3]{673\sim773\text{ K}} CH_2=CH-CH=CH_2 \end{cases}$$

⑤ 催化剂具有一定的使用寿命,其寿命长短随催化剂的种类和使用条件而异。催化剂因为接触少量杂质而使活性显著降低,这种现象称为催化剂中毒。如果能通过某种方法将毒物驱除而使催化剂的活性重新恢复,这种中毒为暂时性中毒,否则为永久性中毒。

催化剂在现代化学、化工中起着极为重要的作用。据统计,化工生产中约有85%的化学反应需要使用催化剂。尤其在当前的大型化工、石油化工中,很多化学反应用于生产都是在找到了优良的催化剂后才付诸实现的。

2.3.3.5 其他影响反应速率的因素

热力学上把物系中物理状态和化学组成、性质完全相同的均匀部分称为一个"相"。根据系统和相的概念,可以把化学反应分为单相反应和多相反应两类。

单相反应(均匀系统反应):反应系统中只存在一个相的反应。例如气相反应、某些液相反应均属单相反应。

对于多相反应(不均匀系统反应):反应系统中同时存在着两个或两个以上相的反应。例如气-固相反应(如煤的燃烧、金属表面的氧化等)、固-液相反应(如金属与酸的反应)、固-固相反应(如水泥生产中的若干主反应等)、某些液-液相反应(如油脂与 $NaOH$ 水溶液的反应)等均属多相反应。

在多相反应中,由于反应在相与相间的界面上进行,因此多相反应的反应速率除了上述的几种因素外,还可能与反应物接触面积的大小和接触机会多少有关。为此,化工生产上往往把固态反应物先行粉碎、拌匀,再进行反应;将液态反应物喷淋、雾化,使其与气态反应物充分混合、接触;对于溶液中进行的多相反应则普遍采用搅拌、振荡的方法,强化扩散作用,增加反应物的碰撞频率并使生成物及时脱离反应界面。

此外,超声波、激光以及高能射线的作用,也可能影响某些化学反应的反应速率。

2.3.4 链反应

2.3.4.1 链反应

用热、光或引发剂等使反应引发,就能通过活性中间物(如自由基)的不断再生而使反应像锁链一样,一环扣一环持续进行的一类复合反应称为链反应,又称连锁反应,它是包括大量反复循环的连串反应的复合反应。这类反应又分直链反应和支链反应两大类。

链反应由三个基本步骤组成:

① 链的引发:起始分子借助光照、加热或引发剂等外因作用而裂解,生成活性较高的自由基或自由原子的过程。这步所需的活化能较高,所以链引发是最困难的阶段。

② 链的传递:自由基或自由原子与其他物质直接作用生成产物或新的自由基的过程。如果在链的传递阶段中,每进行一步反应,消耗掉的活泼微粒数目与新生成的活泼微粒数目相等,称为直链反应,若生成的活泼微粒数多于消耗掉的活泼微粒数,叫支链反应。由于自由基活泼,有很强的反应能力,所以链传递反应的活化能较小,一般小于 $40 \ kJ \cdot mol^{-1}$。

③ 链的终止:自由基间、自由基与壁间的作用,使自由基消失的过程。此步反应的活化能较小,有时为零。

例如,H_2 和 Cl_2 在光照的作用生成 HCl 的反应:

链的引发: $\qquad\qquad Cl_2 + h\nu \xrightarrow{\quad\quad} 2Cl \cdot$

链的传递：

$$Cl \cdot + H_2 == HCl + H \cdot$$
$$H \cdot + Cl_2 == HCl + Cl \cdot$$
$$Cl \cdot + H_2 == HCl + H \cdot$$
$$……$$

链的终止：

$$H \cdot + H \cdot + M == H_2 + M$$
$$H \cdot + Cl \cdot + M == HCl + M$$
$$Cl \cdot + Cl \cdot + M == Cl_2 + M$$

式中 M 为惰性物质,例如容器壁或其他不参与反应的物质。

链反应中链的引发和链的传递过程都能加快链反应的速率,而链的终止能减慢反应速率,因此可以通过增减反应物或杂质浓度来控制反应的速率。

2.3.4.2　爆炸反应

有些链反应的速率十分快,如果不控制其速率便会以爆炸的速率和形式进行反应,此即爆炸反应。例如上述的 H_2 与 Cl_2 的反应, H_2 与 O_2 的反应,如果不控制其反应速率都能发生爆炸。

爆炸反应是人们在生产和生活中经常遇到的,控制好它可以给人类带来利益,例如利用爆炸反应开矿、修路、推进导弹火箭;控制不好则会危害人类,例如煤矿的瓦斯爆炸、操作不当引起的烟花鞭炮爆炸等。一般将爆炸反应分为两类:

（1）热爆炸反应

当一个放热反应在无法散热或散热不良的情况下进行时,反应热将使系统温度剧烈上升,而温度又使反应速率以指数上升,这种循环很快使反应在很短时间内放出大量的热而发生爆炸。这种爆炸称为热爆炸反应。

（2）支链爆炸反应

支链爆炸反应指爆炸反应中包含有支链的反应。当一个链反应的自由基原子销毁速率不够高时,自由基浓度按指数上升,反应链数目剧烈增加,总反应速率迅速增加,这种循环使系统在很短时间内泄放大量的反应热而产生爆炸。

爆炸反应一般都是氧化还原反应,许多物质在氧化剂浓度达到一定浓度值时,便会自动进行氧化还原反应而爆炸,例如许多可燃气体在空气中都可能爆炸,因此了解它们的爆炸界限,对于科研、生产和生活都是很有价值的。表 2.5 列出了部分可燃气体在空气中爆炸的界限。

表 2.5　　　　　　　一些可燃气体在空气中爆炸的界限

气体	爆炸界限(体积分数)/%	气体	爆炸界限(体积分数)/%
H_2	4～74	C_2H_6	3.2～12.5
NH_3	16～27	CH_3OH	7.3～36
CO	12.5～74	C_2H_5OH	4.3～19
CH_4	5.3～14	$(C_2H_5)_2O$	1.9～48
C_2H_2	2.5～80	CS_2	1.25～44
C_2H_4	3～29		

习 题 二

一、判断题（对的在括号内填"√"，错的在括号内填"×"）

1. $\Delta_r S$ 为正值的反应均是自发反应。 （   ）

2. 反应产物的分子数比反应物多，该反应的 $\Delta S > 0$。 （   ）

3. $\Delta_f G_m^{\ominus} < 0$ 的反应一定是自发进行的。 （   ）

4. 单质的 $\Delta_f H_m^{\ominus}$ 和 $\Delta_f G_m^{\ominus}$ 都为 0，因此其标准摩尔熵 $S^{\ominus}$ 也为 0。 （   ）

5. 如果一个反应的 $\Delta_r H_m^{\ominus} > 0$，$\Delta_r S_m^{\ominus} < 0$，则此反应在任何温度下都是非自发的。 （   ）

6. 升高温度，反应的 $K_f^{\ominus}$ 增大，则说明该反应为吸热反应。 （   ）

7. 对于全部是气体反应的系统，当达到平衡时，恒容加入惰性气体后平衡不发生移动。 （   ）

8. 在一定温度和浓度下，无论使用催化剂与否，只要反应达到平衡时，反应物与产物的浓度为一定值。 （   ）

9. 反应的级数取决于反应方程式中反应物的化学计量数（绝对值）。 （   ）

10. 催化剂能改变反应历程，降低反应的活化能，但不能改变反应的 $\Delta_r G_m^{\ominus}$。 （   ）

11. 反应速率只取决于温度，而与反应物或生成物的浓度无关。 （   ）

12. 对于可逆反应：$C(s) + H_2O(g) \rightleftharpoons CO(g) + H_2(g)$，$\Delta_r H_m^{\ominus} > 0$，升高温度使 $v_{\text{正}}$ 增大，$v_{\text{逆}}$ 减小，故平衡向右移动。 （   ）

13. 根据分子碰撞理论，具有一定能量的分子在一定方位上发生有效碰撞，才可能生成产物。 （   ）

14. 活化能的大小不一定能表示一个反应的快慢，但可以表示一个反应受温度的影响是显著还是不显著。 （   ）

15. 在一定温度下，对于某化学反应，随着化学反应的进行，反应速率逐渐减慢，反应速率常数逐渐变小。 （   ）

二、选择题（将正确的答案的标号填入空格内）

1. 下列系统变化过程中熵值减少的是哪个？ （   ）

A. 食盐溶于水   B. 干冰升华

C. 活性炭吸附氧气   D. 高锰酸钾受热分解

2. 等温等压且不做非体积功条件下，反应自发进行的判据是哪个？ （   ）

A. $\Delta H^{\ominus} < 0$ B. $\Delta S^{\ominus} < 0$ C. $\Delta_r G < 0$ D. $\Delta_r G_m^{\ominus} < 0$

3. 下列反应中 $\Delta_r G_m^{\ominus}$ 等于产物 $\Delta_f G_m^{\ominus}$ 的是哪个？ （   ）

A. $Ag^+(aq) + Cl^-(aq) \longrightarrow AgCl(s)$ B. $2Ag(s) + Cl_2(g) \longrightarrow 2AgCl(s)$

C. $Ag(s) + \frac{1}{2}Cl_2(g) \longrightarrow AgCl(s)$ D. $Ag(s) + \frac{1}{2}Cl_2(l) \longrightarrow AgCl(s)$

4. 某温度时，反应 $H_2(g) + Br_2(g) \rightleftharpoons 2HBr(g)$ 的标准平衡常数 $K^{\ominus} = 4 \times 10^{-2}$，则

反应 $HBr(g) = \frac{1}{2}H_2(g) + \frac{1}{2}Br_2(g)$ 的标准平衡常数 $K^{\ominus}$ 等于多少？　　　　（　　）

A. $\dfrac{1}{4 \times 10^{-2}}$　　　　B. $\dfrac{1}{\sqrt{4 \times 10^{-2}}}$　　　　C. 4×10^{-2}　　　D. $\sqrt{4 \times 10^{-2}}$

5. 已知汽车尾气无害化反应

$$NO(g) + CO(g) = \frac{1}{2}N_2(g) + CO_2(g)$$

的 $\Delta_r H_m^{\ominus}(298.15\ K) \ll 0$，要有利于取得有毒气体 NO 和 CO 的最大转化率，可采取的措施是下列哪种？　　　　　　　　　　　　　　　　　　　　　　　　　　（　　）

A. 低温低压　　　　B. 高温高压　　　　C. 低温高压　　　　D. 高温低压

6. 升高温度可以增加反应速率，最主要是因为什么？　　　　　　　　　　（　　）

A. 增加了分子总数　　　　　　　　　B. 增加了活化分子的百分数

C. 降低了反应的活化能　　　　　　　D. 促使平衡向吸热方向移动

7. 在恒温下仅增加反应物浓度，化学反应速率加快的原因是什么？　　　（　　）

A. 化学反应速率常数增大　　　　　　B. 反应物的活化分子百分数增加

C. 反应的活化能下降　　　　　　　　D. 反应物的活化分子数目增加

8. 温度升高而一定增大的量是下列哪个？　　　　　　　　　　　　　　（　　）

A. $\Delta_r G_m^{\ominus}$　　　　　　　　　　　　　B. 吸热反应的平衡常数 $K^{\ominus}$

C. 反应的速率 v　　　　　　　　　　D. 反应的速率常数 k

9. 一个化学反应达到平衡时，下列说法中正确的是哪个？　　　　　　　（　　）

A. 各物质的浓度或分压不随时间而变化

B. $\Delta_r G_m^{\ominus} = 0$

C. 正、逆反应的速率常数相等

D. 如果寻找到该反应的高效催化剂，可提高其平衡转化率

10. 某基元反应 $2A(g) + B(g) = C(g)$，将 2 mol A(g) 和 1 mol B(g) 放在 1 L 容器中混合，问 A 与 B 开始反应的反应速率是 A、B 都消耗一半时反应速率的多少倍？

A. 0.25　　　　B. 4　　　　　　C. 8　　　　　　D. 1　　　（　　）

11. 当反应 $A_2 + B_2 = 2AB$ 的反应速率方程式为 $v = kc_{A_2} \cdot c_{B_2}$ 时，则此反应为什么反应？　　　　　　　　　　　　　　　　　　　　　　　　　　　　　　（　　）

A. 一定是基元反应　　　　　　　　　B. 一定是非基元反应

C. 无法肯定是否是基元反应　　　　　D. 对 A 来说是个二级反应

12. 升高温度时，化学反应速率增加倍数较多的是下列哪种反应？　　　（　　）

A. 吸热反应　　　B. 放热反应　　　C. E_a 较大的反应　　D. E_a 较小的反应

13. 对于反应速率常数，以下说法正确的是哪个？　　　　　　　　　　　（　　）

A. 某反应的 $\Delta_r G_m^{\ominus}$ 越小，表明该反应的反应速率常数越大

B. 一个反应的反应速率常数可通过改变温度、浓度、总压力和催化剂来改变

C. 一个反应的反应速率常数在任何条件下都是常数

D. 以上说法都不对

14. 对于催化剂特性的描述，不正确的是下列哪个？　　　　　　　　　　（　　）

A. 催化剂只能缩短反应达到平衡的时间而不能改变平衡状态

B. 催化剂在反应前后其化学性质和物理性质皆不变

C. 催化剂不能改变平衡常数

D. 加入催化剂不能实现热力学上不可能进行的反应

15. 若有两个基元反应,均属 $A+2B \longrightarrow C$ 型,且在相同温度下第一个反应的反应速率常数 k_1 大于第二个反应速率常数 k_2,忽略频率因子不同的影响,则这两个反应的活化能 E_{a1} 与 E_{a2} 的关系与下列哪一种相符? ( )

A. $E_{a1} > E_{a2}$ B. $E_{a1} < E_{a2}$ C. $E_{a1} = E_{a2}$ D. 不能确定

三、计算及问答题

1. 不用查表,将下列物质按其标准摩尔熵 $S_m^{\ominus}$(298.15 K) 值由大到小的顺序排列,并简单说明理由。

(1) K(s);(2) Na(s);(3) Br_2(l);(4) Br_2(g);(5) KCl(s)。

2. 分析下列反应的熵值是增加还是减少,并说明理由。

(1) I_2(s) $\longrightarrow$ I_2(g);   (2) H_2O(l) $\longrightarrow$ H_2(g)$+\frac{1}{2}O_2$(g);

(3) $2CO$(g)$+O_2$(g) $\longrightarrow$ $2CO_2$(g); (4) A_2(s)$+B_2$(g) $\longrightarrow$ $2AB$(g)。

3. 试用书末附录 3 中的标准热力学数据,计算下列反应的 $\Delta_r S_m^{\ominus}$(298.15 K) 和 $\Delta_r G_m^{\ominus}$(298.15 K)。

(1) $3Fe$(s)$+4H_2O$(l) $=\!=\!=$ Fe_3O_4(s)$+4H_2$(g);

(2) Zn(s)$+2H^+$(aq) $=\!=\!=$ Zn^{2+}(aq)$+H_2$(g);

(3) CaO(s)$+H_2O$(l) $=\!=\!=$ Ca^{2+}(aq)$+2OH^-$(aq);

(4) $AgBr$(s) $=\!=\!=$ Ag(s)$+\frac{1}{2}Br_2$(l)。

4. 试分析下列反应自发进行的温度条件:

(1) $2NO$(g)$+2CO$(g)$\longrightarrow N_2$(g)$+2CO_2$(g), $\Delta_r H_m^{\ominus}=-746.5$ kJ·mol^{-1};

(2) HgO(s)$\longrightarrow Hg$(l)$+\frac{1}{2}O_2$(g), $\Delta_r H_m^{\ominus}=91.0$ kJ·mol^{-1};

(3) $2N_2$(g)$+O_2$(g)$\longrightarrow 2N_2O$(g), $\Delta_r H_m^{\ominus}=163.0$ kJ·mol^{-1};

(4) $2H_2O_2$(l)$\longrightarrow 2H_2O$(l)$+O_2$(g), $\Delta_r H_m^{\ominus}=-196$ kJ·mol^{-1}。

5. 用锡石(SnO_2)制取金属锡,有建议可用下列几种方法:

(1) 单独加热矿石,使之分解;

(2) 用碳(以石墨计)还原矿石(加热产生 CO_2);

(3) 用 H_2(g) 还原矿石(加热产生水蒸气)。

今希望加热温度尽可能低一些。试利用标准热力学数据通过计算,说明采用何种方法为宜。

6. 已知下列反应:

$$Ag_2S(s) + H_2(g) =\!=\!= 2Ag(s) + H_2S(g)$$

在 740 K 时的 $K^{\ominus}=0.36$。若在该温度下,在密闭容器中将 1.0 mol Ag_2S 还原为银,试计算最少需用的 H_2 的量。

7. 利用标准热力学函数估算反应:
$$CO_2(g) + H_2(g) \Longrightarrow CO(g) + H_2O(g)$$
在 873 K 时的标准摩尔吉布斯函数变和标准平衡常数。若此时系统中各组分气体的分压为 $p(CO_2) = p(H_2) = 127\ kPa$, $p(CO) = p(H_2O) = 76\ kPa$, 计算此条件下反应的摩尔吉布斯函数变, 并判断反应进行的方向。

8. 求化学反应 $2SO_2(g) + O_2(g) \Longrightarrow 2SO_3(g)$ 在 600 K 时的平衡常数 $K^{\ominus}$。

9. 在 308 K 和总压强 100 kPa 时, N_2O_4 有 27.2% 分解为 NO_2。

(1) 计算反应 $N_2O_4(g) \Longrightarrow 2NO_2(g)$ 的 $K^{\ominus}$;

(2) 计算 308 K, 总压强增加 1 倍时, N_2O_4 的离解百分率;

(3) 从计算结果说明压强对平衡移动的影响。

10. 在一定温度和压强下, 某一定量的 PCl_5 气体体积为 1 L, 此时 PCl_5 已经有 50% 离解为 PCl_3 和 Cl_2, 试判断在下列情况下, PCl_5 的离解度是增加还是减少?

(1) 减少压强, 使 PCl_5 的体积变为 2 L;

(2) 保持压强不变, 加入氮气, 使体积增加至 2 L;

(3) 保持体积不变, 加入氮气, 使压强增加 1 倍;

(4) 保持压强不变, 加入氯气, 使体积变为 2 L;

(5) 保持体积不变, 加入氯气, 使压强增加 1 倍。

11. 研究指出下列反应在一定温度范围内为基元反应:
$$2NO(g) + Cl_2(g) \longrightarrow 2NOCl(g)$$

(1) 写出该反应的速率方程;

(2) 该反应的总级数是多少?

(3) 其他条件不变, 如果将容器的体积增加到原来的 2 倍, 反应速率如何变化?

(4) 如果容器体积不变而将 NO 的浓度增加到原来的 3 倍, 反应速率又将怎样变化?

12. 对于制取水煤气的下列平衡系统: $C(s) + H_2O(g) \Longrightarrow CO(g) + H_2(g)$, $\Delta_r H_m^{\ominus} > 0$。问:

(1) 欲使平衡向右移动, 可采取哪些措施?

(2) 欲使正反应进行得较快且较完全(平衡向右移动)的适宜条件如何? 这些措施对 $K^{\ominus}$ 及 $k_{正}$、$k_{逆}$ 的影响各如何?

13. 如果一反应的活化能为 117.15 kJ·mol^{-1}, 问在什么温度时反应的速率常数 k' 值是 400 K 速率常数 k 值的 2 倍。

14. 将含有 0.1 mol·dm^{-3} Na_3AsO_3 和 0.1 mol·dm^{-3} $Na_2S_2O_3$ 的溶液与过量的稀硫酸溶液混合均匀, 产生下列反应:
$$2H_3AsO_3(aq) + 9H_2S_2O_3(aq) \longrightarrow As_2S_3(s) + 3SO_2(g) + 9H_2O(l) + 3H_2S_4O_6(aq)$$
今由实验测得在 17 ℃ 时, 从混合开始至溶液刚出现黄色的 As_2S_3 沉淀共需时 1 515 s; 若将上述溶液温度升高 10 ℃, 重复上述实验, 测得需时 500 s, 试求该反应的活化能 E_a 值。

15. 反应 $2NO_2(g) \Longrightarrow 2NO(g) + O_2(g)$ 是一个基元反应, 正反应的活化能 $E_{a(正)}$ 为 114 kJ·mol^{-1}, $\Delta_r H_m^{\ominus}$ 为 113 kJ·mol^{-1}。

(1) 写出正反应的反应速率方程式。

(2) 在 398 K 时反应达到平衡, 然后将系统温度升至 598 K, 分别计算正、逆反应速率增加的倍数,说明平衡移动的方向。

四、思考题

1. 区别下列概念:

(1) 标准摩尔熵与标准摩尔生成吉布斯函数;

(2) 反应的摩尔吉布斯函数变与反应的标准摩尔吉布斯函数变;

(3) 反应商与标准平衡常数;

(4) 反应速率与反应速率常数。

2. 说明下列符号的意义:

S;$S_m^{\ominus}(O_2,g,298.15\ K)$;$\Delta_r S_m^{\ominus}(298.15\ K)$;$G$;$\Delta_r G$;$\Delta_r G_m^{\ominus}(298.15\ K)$;

$\Delta_f G_m^{\ominus}(298.15\ K)$;$Q$;$K^{\ominus}$;$E_a$。

3. 要使木炭燃烧,必须首先加热,为什么? 这个反应究竟是放热还是吸热反应? 试说明之。这个反应的 $\Delta_r H$ 是正值还是负值?

4. H、S 与 G 之间,$\Delta_r H$、$\Delta_r S$ 与 $\Delta_r G$ 之间,$\Delta_r G$ 与 $\Delta_r G^{\ominus}$ 之间存在哪些重要关系? 试用公式表示之。

5. 判断反应能否自发进行的标准是什么? 能否用反应的焓变或熵变作为衡量的标准? 为什么?

6. 能否用 $K^{\ominus}$ 来判断反应的自发性? 为什么?

7. 如何利用物质的标准热力学函数 $\Delta_f H_m^{\ominus}(298.15\ K)$、$S_m^{\ominus}(298.15\ K)$、$\Delta_f G_m^{\ominus}(298.15\ K)$的数据,计算反应的 $K^{\ominus}$ 值? 写出有关的计算公式。

8. 什么叫基元反应(简单反应)? 什么叫非基元反应(复杂反应)? 基元反应和平时书写的化学方程式(计量方程式)有何关系?

9. 简述反应速率的碰撞理论的理论要点。

10. 简述反应速率的过渡状态理论的理论要点。

11. 总压力与浓度的改变对反应速率以及平衡移动的影响有哪些相似之处? 有哪些不同之处? 举例说明。

12. 比较"温度与平衡常数的关系式"与"温度与反应速率常数的关系式"有哪些相似之处? 有哪些不同之处? 举例说明。

13. 对于单相反应,影响反应速率的主要因素有哪些? 这些因素对反应速率常数是否有影响? 为什么?

14. 对于多相反应,影响化学反应速率的主要因素有哪些? 举例说明。

15. 阿伦尼乌斯公式有什么重要应用? 举例说明。对于"温度每升高 10 ℃,反应速率通常增大到原来的 2~3 倍"这一实验规律(称为范特霍夫规则),你认为如何?

水 化 学

　　水是最常见的溶剂,许多重要的化学反应都在水溶液中发生,并表现出一些特殊的规律。本章将在第二章讨论的化学平衡基本原理的基础上,进一步学习水溶液中的各种离子平衡和平衡移动规律。

3.1　稀溶液的通性

　　溶液是由两种或两种以上的物质混合形成的均匀而稳定的分散系。按聚集状态不同,可把溶液分为三类:气态溶液、液态溶液和固态溶液。气态溶液是两种或多种气体的均匀混合物,例如空气就是由 N_2、O_2、CO_2 等多种气体组成的气态溶液。液态溶液是一种或多种物质(可以是气体、液体或固体)溶于液体而形成的均匀分散系,比如一定量的 $CuSO_4$ 晶体溶于水形成的 $CuSO_4$ 水溶液。固态溶液是一种或多种固体均匀分散在另一种固体中所形成的分散系,如少量的 C 溶于 Fe 而成钢,少量的 Fe、Cr 溶于 Al 而成铝合金,都是固态溶液。本章主要讨论液态水溶液。在液态溶液中,通常把液体组分称做溶剂,溶于液体中的气体、液体或固体称做溶质。若是液体溶于液体,则通常把含量较多的一种液体称为溶剂,含量较少的称为溶质。

　　由不同溶质和溶剂组成的溶液具有不同的性质,如溶液的颜色、导电性、酸碱性等,这是由溶质本身的性质所决定的。此外,还有一些性质(比如蒸气压、沸点、凝固点)是由溶质的数量决定的,与溶质的本性无关,这些性质称为溶液的"依数性",包括蒸气压下降,沸点上升,凝固点下降和溶液渗透压。"依数性"是所有溶液都具有的共同性质,因此也称为"溶液的通性"。溶液越稀,依数性表现得越有规律,非电解质稀溶液的这些性质与粒子数目之间存在定量关系。电解质溶液或浓度较大的非电解质溶液也具有依数性,但是由于浓溶液中溶质粒子之间以及溶质和溶剂之间的相互作用大大增强,这些复杂因素使得依数性与溶质粒子数之间的定量关系发生了偏差。而对于电解质溶液,由于溶质的电离,溶质粒子数与浓度的关系发生变化,导致依数性的定量关系也不同于非电解质稀溶液。本节主要讨论难挥发的非电解质稀溶液的依数性。

　　为了便于表述,首先介绍几种溶液浓度的表示方法。

（1）质量百分比浓度

溶质质量（$m_{溶质}$）占溶液质量（$m_{溶液}$）的百分数即为质量百分比浓度（w），也称为质量分数，其数学表达式为：

$$w = \frac{m_{溶质}}{m_{溶液}} \times 100\% \tag{3.1}$$

这种表示方法非常简便，常用于生产生活中。例如将 5 g 蔗糖溶于 95 g 水，其质量百分比浓度为

$$w = \frac{5}{5+95} \times 100\% = 5\%$$

（2）摩尔分数

溶质的物质的量（$n_{溶质}$）占整个溶液总的物质的量（$n_{溶液}$）的百分数称为溶质的摩尔分数（$x_{溶质}$），其数学表达式如下：

$$x_{溶质} = \frac{n_{溶质}}{n_{溶液}} \tag{3.2}$$

例如 10 g NaCl 溶于 90 g 水配制成的溶液，NaCl 的摩尔分数为：

$$x_{NaCl} = \frac{n_{NaCl}}{n_{NaCl} + n_{H_2O}} = \frac{10 \text{ g}/58.5 \text{ g} \cdot \text{mol}^{-1}}{10 \text{ g}/58.5 \text{ g} \cdot \text{mol}^{-1} + 90 \text{ g}/18 \text{ g} \cdot \text{mol}^{-1}} = 0.033$$

（3）质量摩尔浓度

1 000 g 溶剂中所含溶质的物质的量称为质量摩尔浓度，用 b_B 表示，单位 mol·kg^{-1}。

$$b_B = \frac{n_{溶质}}{W_{溶剂}} \times 1\,000 \tag{3.3}$$

式中　　$W_{溶剂}$——溶剂的质量，g。

例如 40.0 g NaOH 溶于 500 g 水中，其质量摩尔浓度为：

$$b_B = \frac{n_{溶质}}{W_{溶剂}} \times 1\,000 = \frac{40.0 \text{ g}/40.0 \text{ g} \cdot \text{mol}^{-1}}{500 \text{ g}} \times 1\,000 \text{ g} \cdot \text{kg}^{-1} = 2 \text{ mol} \cdot \text{kg}^{-1}$$

（4）物质的量浓度

单位体积溶液中所含溶质的物质的量称为物质的量浓度，用 c 表示，单位 mol·L^{-1} 或 mol·cm^{-3}。如溶质 B 的物质的量浓度 c_B 为

$$c_B = \frac{n_B}{V_{溶液}} \tag{3.4}$$

物质的量浓度简便实用，是最常用的溶液浓度表示方法。

3.1.1　溶液蒸气压下降——拉乌尔定律

液体在一定温度、压力下转变为气体的过程称为气化或蒸发。反之，蒸气中能量较低的分子撞击到液体表面又返回液体的过程叫做液化或凝聚。当蒸发和凝聚的速率相等时，液体和它的蒸气处于气液平衡状态，此时蒸气所具有的压力称为此温度下该液体的饱和蒸气压，简称蒸气压。蒸气压与温度有关。

以水为例，在某温度下达到如下平衡：

$$H_2O(l) \underset{凝聚}{\overset{蒸发}{\rightleftharpoons}} H_2O(g)$$

$H_2O(g)$ 所具有的压力 $p(H_2O)$ 即为该温度下水的蒸气压。0 ℃时，$p(H_2O) = 611$

Pa，100 ℃时，$p(H_2O) = 101.325\ kPa$。

实验证明，在同一温度下，溶有难挥发溶质 B 的溶液的蒸气压总是低于纯溶剂 A 的蒸气压，这种现象叫做溶液的蒸气压下降。因为在溶剂（例如水）中加入难挥发的溶质后，每个溶质分子和若干个溶剂分子形成了溶剂化分子，这样一方面束缚了一些高能量的溶剂分子，减少了溶剂分子的挥发；另一方面，溶质分子占据着一部分溶剂的表面，减少了单位面积上的溶剂分子数目，结果使得在单位时间内逸出液面的溶剂分子数相应地比纯溶剂少。在一定温度下达到平衡状态时，溶有难挥发溶质的溶液的蒸气压比纯溶剂的蒸气压低。显然，溶液的浓度越大，溶液的蒸气压就下降得越多。

1887 年，法国物理学家拉乌尔（F. M. Raoult）根据实验得出如下结论：在一定温度下，难挥发非电解质稀溶液的蒸气压下降（Δp）与溶质的摩尔分数成正比。这就是著名的拉乌尔定律，其数学表达式为 $p = x_A p_A^0$，并由此推导出

$$\Delta p = p_A^0 x_B \approx p_A^0 \frac{n_B}{n_A} = p_A^0 \frac{n_B}{m_A/M_A} = p_A^0 \cdot M_A \cdot \frac{n_B}{m_A} = k \cdot b_B \qquad (3.5)$$

式中，n_B 表示溶质 B 的物质的量，M_A 表示溶剂的摩尔质量，p_A^0 表示纯溶剂 A 的蒸气压。

溶液蒸气压下降常用于生产和生活中。干燥剂的作用原理与溶液蒸气压下降这一性质相关。因为易潮解的固体表面吸收空气中的水分，形成少量浓溶液，此溶液的蒸气压低于空气中的水蒸气分压，致使空气中的水蒸气继续在固体表面凝聚，使其继续潮解下去。所以实验室中常用强吸水性和易潮解的固体物质，如 $CaCl_2$ 和 P_2O_5 等做干燥剂。植物的抗旱性也和溶液的蒸气压下降有关。当外界气温升高时，有机体细胞糖类水解增强，从而增大了细胞汁液的浓度，使细胞汁液的蒸气压下降，致使水分蒸发缓慢，这样植物在较高温度下能够保持必要的水分，表现出一定的耐旱性。

3.1.2　溶液沸点上升

液体的蒸气压随温度的升高而迅速增大，当蒸气压增大到与外界压力（若无特别说明，外界压力均指标准大气压）相等时，气、液两相达到平衡，液体开始沸腾，此时平衡系统的温度称为液体的沸点，以 T_b 表示。

实验表明，溶液的沸点比纯溶剂的沸点高，并且沸点的上升（ΔT_b）与溶质的质量摩尔浓度成正比。用数学式表示如下：

$$\Delta T_b = T_b - T_b^* = K_b b_B \qquad (3.6)$$

式中，K_b 为溶剂的摩尔沸点上升常数，b_B 为溶质的质量摩尔浓度。表 3.1 列出了几种常见溶剂的 K_b。

表 3.1　　　　　　　　　　　　常见溶剂的 K_b 和 K_f 值

溶　剂	沸点/℃	$K_b/(K \cdot kg \cdot mol^{-1})$	凝固点/℃	$K_f/(K \cdot kg \cdot mol^{-1})$
水	100.00	0.515	0	1.853
苯	80.00	2.53	5.53	5.12
氯仿	61.15	3.62	—	—
乙酸	118.00	3.07	17.00	3.90
樟脑	208.00	5.95	178.00	40.0

溶液沸点升高是由于溶液蒸气压下降引起的。图 3.1 中曲线 aa' 和 bb' 分别表示纯溶剂和溶液的蒸气压与温度的关系。相同温度下,溶液的蒸气压较纯溶剂低,因而曲线 bb' 位于 aa' 之下。当蒸气压等于外压 p^* 时,溶液的沸点为 T_b,纯溶剂的沸点为 T_b^*,显然溶液的沸点高于纯溶剂的沸点。

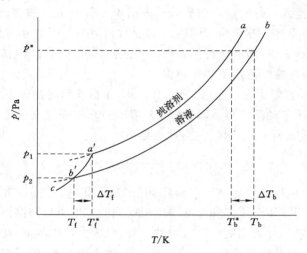

图 3.1　溶液的沸点上升和凝固点下降

3.1.3　溶液凝固点下降

固体和液体一样能蒸发(称为升华),因此固体也有蒸气压。固体的蒸气压也随温度的升高而增大。表 3.2 列出了不同温度下的水和冰的蒸气压。固体的蒸气压随温度的降低而迅速减小,所以固体的蒸气压曲线比液体的蒸气压曲线更陡。当某物质液态的蒸气压等于其固态的蒸气压时,该物质的液-固两相达到平衡,此时平衡系统的温度即为该物质的凝固点(或熔点),以 T_f 表示。

表 3.2　　　　　　　　　　　　　　不同温度下的水和冰的蒸气压

温度/℃	−20	−15	−10	−6	−5	−4	−3	−2	−1	0
冰的蒸气压/Pa	103	165	260	369	402	437	476	518	563	611
水的蒸气压/Pa				391	422	455	490	527	568	611

温度/℃	5	10	20	30	40	60	80	100	150	200
水的蒸气压/Pa	873	1 228	2 339	4 246	7 381	19 932	47 373	101 325	475 720	1 553 600

实验表明,溶液的凝固点比纯溶剂的低,并且凝固点的下降(ΔT_f)与溶质的质量摩尔浓度成正比。用数学式表示如下:

$$\Delta T_f = T_f^* - T_f = K_f b_B \qquad (3.7)$$

式中,K_f 为溶剂的摩尔凝固点下降常数,b_B 为溶质的质量摩尔浓度。表 3.1 列出了几种常见溶剂的 K_f。

溶液凝固点下降也是由于溶液蒸气压下降引起的。图 3.1 中,$a'c$ 表示固态纯溶剂的蒸气压随温度的变化关系。液态纯溶剂的饱和蒸气压曲线 aa' 和固态纯溶剂的饱和蒸气压曲线 $a'c$ 相交于 a' 点,对应于 a' 点的温度 T_f^* 即为液态纯溶剂的凝固点。而溶液的蒸气压曲线 bb' 与固态纯溶剂的蒸气压曲线 $a'c$ 相交于 b' 点,对应的蒸气压为,此时的温度 T_f 即为溶液的凝固点。显然,溶液的凝固点低于纯溶剂的凝固点。

溶液凝固点下降的原理具有广泛的实用意义。例如冬天在汽车水箱中加一些乙二醇可防止水箱结冰,在马路上撒盐可以防止路面结冰。冬季施工时,往往在砂浆中加入食盐,可以防止砂浆冻结。盐和冰的混合物可以作为冷冻剂,由于冰表面或多或少附有少量的水,盐和冰混合后,盐溶于水而成溶液。这时溶液蒸气压低于冰的蒸气压,冰和溶液不能共存,冰就会融化。冰在融化时,需要吸收大量的热,所以冰盐混合物的温度就会降低。食盐和冰的混合物可使温度降到 $-22\ ℃$,氯化钙和冰的混合物可以获得 $-55\ ℃$ 的低温。

利用溶液沸点上升和凝固点下降还可以测定未知物的相对分子质量。其中凝固点下降常数 K_f 比沸点上升常数 K_b 大,而且测试方便,现象明显易于观察,实验误差较小。因此,利用凝固点下降是一个很重要的测定相对分子质量的手段。

　　例 3.1　$1.10\ g$ 某固体试样溶于 $20.0\ g$ 苯中,测得此溶液的凝固点为 $4.38\ ℃$。已知苯的凝固点为 $5.50\ ℃$,K_f 为 5.10,计算试样的分子量。

　　解　根据

$$\Delta T_f = T_f^* - T_f = K_f b_B$$
$$5.50 - 4.38 = 5.10\ b_B$$
$$b_B = \frac{1.12}{5.10} = 0.220\ (\text{mol} \cdot \text{kg}^{-1})$$

根据

$$b_B = \frac{n_{溶质}}{W_{溶剂}} \times 1\,000 = \frac{W_{溶质}/M_{溶质}}{W_{溶剂}} \times 1\,000$$
$$M = \frac{1\,000\ W_{溶质}}{b_B W_{溶剂}} = \frac{1\,000 \times 1.10}{0.220 \times 20.0} = 250\ (\text{g} \cdot \text{mol}^{-1})$$

因此,试样的相对分子质量为 $250\ g \cdot mol^{-1}$。

3.1.4　渗透压

有一种膜只允许溶剂分子通过,而溶质分子不能通过,这种膜称为半透膜。用半透膜把水和蔗糖溶液隔开(如图 3.2 所示的装置),这时水分子从纯水向蔗糖溶液方向扩散,也就是单位时间内从纯水穿过半透膜到蔗糖溶液中去的水分子比从蔗糖溶液穿过半透膜扩散到纯水中去的水分子多,结果使得蔗糖溶液的体积逐渐增大,液面逐渐上升。从宏观上看,当被半透膜隔开的两边溶液的浓度不相等时,溶剂穿过半透膜从纯溶剂向溶液或者从稀溶液向浓溶液扩散,这种现象称为渗透。若要使被半透膜隔开的两边液体的液面相平,必须在溶液液面上增加一定压力。此时

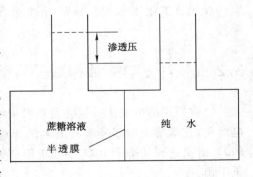

图 3.2　渗透装置

单位时间内,溶剂分子从两个相反的方向通过半透膜的数目彼此相等,即达到渗透平衡。因此,渗透压是维持被半透膜所隔开的溶液与纯溶剂之间的渗透平衡所需的额外压力。

1986 年荷兰物理学家范特霍夫(J. H. Vant Hoff)根据实验结果发现:难挥发的非电解质稀溶液的渗透压与溶液的物质的量浓度(c)及热力学温度(T)成正比。若以 Π 表示渗透压(单位:kPa),c 表示物质的量浓度,T 表示绝对温度,n 表示物质的量,V 表示溶液的体积。则有

$$\Pi V = nRT$$

$$\Pi = \frac{n}{V}RT = cRT \tag{3.8}$$

该方程式称为范特霍夫方程式,其形式与理想气体状态方程式相似,R 的数值也相同,但气体的压力和溶液的渗透压产生的原因是不同的。气体的压力是由于气体分子碰撞器壁产生的,而溶液的渗透压是溶剂分子渗透的结果。

例 3.2 37 ℃时,血液的渗透压为 775 kPa。试计算与血液具有相同渗透压的葡萄糖($C_6H_{12}O_6$)静脉注射液的浓度($g \cdot L^{-1}$)。

解 根据

$$\Pi = cRT$$

有 $\quad 775 \text{ kPa} = c \times 8.314 \text{ Pa} \cdot m^3 \cdot mol^{-1} \cdot K^{-1} \times (273 + 37) \text{ K}$

$$c = \frac{775}{8.314 \times (273 + 37)} \text{ mol} \cdot dm^{-3} = 0.3 \text{ mol} \cdot L^{-1}$$

或 $\quad c = 0.3 \text{ mol} \cdot L^{-1} \times 180 \text{ g} \cdot mol^{-1} = 54 \text{ g} \cdot L^{-1}$

渗透压在动植物的生命体中具有非常重要的作用。有机体的细胞膜大多具有半透膜的性质,渗透压是引起水在生物体中运动的重要推动力。一般植物细胞汁的渗透压约可达 2 000 kPa,所以水分可以从植物的根部运送到数十米高的顶端。当土壤溶液的渗透压低于植物细胞的渗透压时,植物就能不断地吸收土壤中的水分,植物得以生长。若土壤溶液的渗透压高于植物细胞的渗透压,则植物细胞内的水分就会向外渗透,使植物枯萎。盐碱土对植物生长不利就是由于这个原因造成的。

如果外加在溶液上的压力超过了渗透压,则会使溶液中的溶剂向纯溶剂方向流动,或使溶剂从浓溶液向稀溶液流动,这个过程称为反渗透。反渗透原理被广泛用于溶液的浓缩、海水的淡化及工业废水或污水的处理等方面,为海水的淡化、水污染的处理等提供了有利手段。

3.2 水溶液中的单相离子平衡

通常所说的电解质的强弱是相对水溶液而言的。在水溶液中完全解离的电解质称为强电解质,在水溶液中部分解离的电解质称为弱电解质。对于弱电解质,其解离过程是可逆的,当解离达到动态平衡时,由于电解质的分子和离子都处于均匀的液相中,故称为单相离子平衡。

3.2.1 水的离子积和水溶液的 pH 值

水是最常用的重要溶剂。实验证明,纯水有微弱的导电性,这说明水是一种很弱的

电解质。水解离时,氢质子由一个水分子传递给另一个水分子,形成水合氢离子和氢氧根离子:

$$H_2O + H_2O \rightleftharpoons H_3O^+ + OH^-$$

上述水的自偶解离,说明水溶液中的氢离子不是一个赤裸裸的质子,而是与一个水分子紧密结合着。习惯上把水的解离简写成:

$$H_2O \rightleftharpoons H^+ + OH^-$$

水的解离平衡常数 $K_w^{\ominus}$ 为:

$$K_w^{\ominus} = \frac{[c_{eq}(H^+)/c^{\ominus}] \cdot [c_{eq}(OH^-)/c^{\ominus}]}{c_{eq}(H_2O)/c^{\ominus}}$$

$K_w^{\ominus}$ 称为水的离子积常数,与其他平衡常数一样, $K_w^{\ominus}$ 只与温度有关,而与 H^+ 和 OH^- 的浓度无关,无论 H^+ 和 OH^- 的浓度怎样变化,它们的乘积保持不变。在 25 ℃时, $K_w^{\ominus} = 1.00 \times 10^{-14}$ 。

　　水的离子积常数反映了溶液中 H^+ 浓度和 OH^- 浓度的相互依存关系,如果水溶液中 $c(H^+) = c(OH^-)$,那么该水溶液为中性;若 $c(H^+) > c(OH^-)$,则溶液呈酸性;反之,显碱性。

　　水溶液的酸碱性统一用 $c(H^+)$ 的负对数(pH 值)表示,即 $pH = -\lg[c(H^+)/c^{\ominus}]$ 。当 pH < 7 时,溶液为酸性; pH = 7 时,溶液为中性; pH > 7 时,溶液为碱性。25 ℃时, pH + pOH = 14。

3.2.2　弱酸弱碱在水溶液中的解离平衡

3.2.2.1　酸碱的概念

　　人们对酸和碱的认识经历了一个由浅入深、由感性到理性的漫长过程。最初把有酸味,能使蓝色石蕊变红的物质叫酸;有涩味,能使红色石蕊变蓝的物质叫碱。随着生产和科学的发展,相继提出了一系列酸碱理论,如阿伦尼乌斯(S. A. Arrhenius)的电离理论(1887 年)、布朗斯特(J. N. Bronsted)和劳莱(T. M. Lowry)的质子理论(1923 年)、路易斯(G. N. Lewis)的电子理论(1923 年)等。本节主要介绍酸碱质子理论和酸碱电子理论。

　　(1) 酸碱质子理论

　　酸碱质子理论认为:凡能给出氢质子的物质称为酸;凡能与氢质子结合的物质称为碱。简单地说,酸是质子的给体,碱是质子的受体。酸碱质子理论对酸碱的定义只以质子 H^+ 的授受为依据。例如,

$$HCl \rightleftharpoons H^+ + Cl^-$$
$$HAc \rightleftharpoons H^+ + Ac^-$$
$$NH_4^+ \rightleftharpoons H^+ + NH_3$$
$$HCO_3^- \rightleftharpoons H^+ + CO_3^{2-}$$

HCl、HAc、NH_4^+、HCO_3^- 都能给出质子,所以它们都是酸。

$$酸 \rightleftharpoons H^+ + 碱$$

　　酸给出质子后余下的部分就是碱,碱接受质子后就成为酸。酸与碱的这种相互依存、相

互转化的关系,叫做共轭关系。酸失去质子后形成的碱叫做该酸的共轭碱,碱结合质子后形成的酸叫做该碱的共轭酸。例如 HAc 是 Ac^- 的共轭酸,Ac^- 是 HAc 的共轭碱;HCO_3^- 是 CO_3^{2-} 的共轭酸,是 H_2CO_3 的共轭碱,因此 HCO_3^- 是两性物质。酸与它的共轭碱或碱与它的共轭酸彼此联系在一起叫做共轭酸碱对。

在酸碱质子理论中不存在盐的概念,因为在质子理论中,组成盐的离子已变成了离子酸和离子碱。由于酸碱是共轭的,弱酸与强碱共轭,弱碱与强酸共轭,因此已知某酸的强度,就可以知道其共轭碱的强度。

酸碱质子理论把酸碱反应扩大到气相、液相、非水溶剂等反应,而且对于酸碱中和、盐的水解、酸的电离、水和液氨的自偶电离等,都可看成是质子的转移反应,因此酸碱质子理论具有更广泛的适用范围和更强的概括能力,并为 pH 的计算带来许多便利。故本书有关 pH 计算均以质子理论为依据。

(2) 酸碱电子理论

酸碱电子理论认为:凡接受电子对的物质称为酸,给出电子对的物质称为碱。酸碱反应是碱提供电子对给酸生成酸碱配合物的过程。例如:

$$H^+ + :OH^- \longrightarrow H^+ \leftarrow OH^-$$
$$BF_3 + :F^- \longrightarrow [BF_3 \leftarrow F]^-$$
$$Ag^+ + 2:CN^- \longrightarrow [NC \rightarrow Ag \leftarrow CN]^-$$

酸碱电子理论是摆脱了物质必须含有 H^+ 的限制,并且不受溶剂的约束,以电子对的给出和接受来说明酸碱的反应,故它更能体现物质的本质属性,较其他酸碱理论更为全面和广泛,所以该理论又称为广义酸碱理论。但该理论的缺点是没有酸碱强度的标度。

3.2.2.2 一元弱酸弱碱的解离平衡

(1) 一元弱酸

一元弱酸和一元弱碱在水溶液中存在解离平衡,其平衡常数 K 叫做解离常数。通常用 $K_a^{\ominus}$ 表示弱酸的标准解离常数,$K_b^{\ominus}$ 表示弱碱的标准解离常数。$K_a^{\ominus}$ 和 $K_b^{\ominus}$ 可由热力学数据计算,也可由实验测定。附录 4、5 列出了一些常见弱酸弱碱的标准解离常数。

以醋酸(HAc)为例,说明一元弱酸在水溶液中的解离平衡。

$$HAc + H_2O \rightleftharpoons H_3O^+ + Ac^-$$

简写为:

$$HAc \rightleftharpoons H^+ + Ac^-$$

标准解离常数为

$$K_a^{\ominus}(HAc) = \frac{[c_{eq}(H^+)/c^{\ominus}] \cdot [c_{eq}(Ac^-)/c^{\ominus}]}{c_{eq}(HAc)/c^{\ominus}}$$

由于 $c^{\ominus} = 1\ mol \cdot L^{-1}$,一般在不考虑 K_a 的单位时,可将上式简化为:

$$K_a(HAc) = \frac{c_{eq}(H^+) \cdot c_{eq}(Ac^-)}{c_{eq}(HAc)}$$

设一元弱酸的浓度为 c,解离度为 α,则平衡时有:

$$HAc \rightleftharpoons H^+ + Ac^-$$
$$c(1-\alpha) \qquad c\alpha \qquad c\alpha$$

平衡常数为：

$$K_a = \frac{c\alpha \cdot c\alpha}{c(1-\alpha)} = \frac{c\alpha^2}{1-\alpha} \tag{3.9}$$

对式(3.9)求解一元二次方程，可以在已知弱酸起始浓度和解离常数的情况下，求出弱酸的解离度 α 及溶液中的 $c(H^+)$。当 c 较大而 α 很小（一般满足 $c/K_a > 400$ 或 $\alpha < 5\%$ 时），$1-\alpha \approx 1$，则

$$K_a^\ominus \approx (c/c^\ominus)\alpha^2$$

$$\alpha \approx \sqrt{\frac{K_a^\ominus}{c/c^\ominus}} \tag{3.10}$$

$$c_{eq}(H^+) = \sqrt{c \cdot K_a^\ominus(HAc)} \tag{3.11}$$

式(3.10)表明：弱酸的解离度与其浓度的平方根成反比。溶液越稀，解离度越大，这个关系式叫做稀释定律。

K_a 和 α 都可用来表示酸的强弱，α 随 c 而变，但在一定温度时，K_a 不随 c 而变，是一个常数。

例 3.3 已知 HCN 的解离常数 $K_a = 5.8 \times 10^{-10}$，计算 $0.5\ \text{mol} \cdot \text{L}^{-1}$ HCN 的 H^+ 浓度、OH^- 浓度、pH 和解离度 α。

解 因 $c/K_a = 0.5/(5.8 \times 10^{-10}) = 8.62 \times 10^8 \gg 400$

故可利用式(3.11)近似计算：

$$c(H^+) = \sqrt{K_a c} = \sqrt{5.8 \times 10^{-10} \times 0.5} = 1.70 \times 10^{-5}\ (\text{mol} \cdot \text{L}^{-1})$$

$$c(OH^-) = \frac{K_w}{c(H^+)} = \frac{1 \times 10^{-14}}{1.70 \times 10^{-5}} = 5.88 \times 10^{-10}\ (\text{mol} \cdot \text{L}^{-1})$$

$$pH = -\lg c(H^+) = -\lg(1.70 \times 10^{-5}) = 4.77$$

$$\alpha = \frac{1.70 \times 10^{-5}}{0.5} = 3.4 \times 10^{-5} = 0.0034\%$$

强酸弱碱盐（例如 NH_4Cl）在水溶液中显酸性，是因为这些盐溶于水后解离出的阳离子与水解离出的 OH^- 离子作用生成弱碱，导致水的解离平衡向右移动，从而使溶液中的 H^+ 浓度大于 OH^- 浓度，所以溶液呈现出酸性。这种盐的离子与溶液中的水解离出的 H^+ 或 OH^- 作用生成弱电解质的反应，叫做盐的水解。

以 NH_4Cl 溶液中 NH_4^+ 的水解为例，根据酸碱质子理论，可将 NH_4^+ 视为一元弱酸，在水溶液中存在如下解离平衡：

$$NH_4^+ + H_2O \Longrightarrow H^+ + NH_3 \cdot H_2O$$

简写为

$$NH_4^+ \Longrightarrow H^+ + NH_3$$

$$K_a^\ominus(NH_4^+) = \frac{[c(NH_3)/c^\ominus][c(H^+)/c^\ominus]}{[c(NH_4^+)/c^\ominus]} = \frac{[c(NH_3)/c^\ominus][c(H^+)/c^\ominus][c(OH^-)/c^\ominus]}{[c(NH_4^+)/c^\ominus][c(OH^-)/c^\ominus]} = \frac{K_w^\ominus}{K_b^\ominus(NH_3)}$$

上式可以推广到其他共轭酸碱对。任何共轭酸碱对的解离常数之间都有下述关系，即

$$K_a^\ominus \cdot K_b^\ominus = K_w^\ominus \tag{3.12}$$

从附录 5 查得 NH_3 的 $K_b^\ominus = 1.77 \times 10^{-5}$，代入上式求得 $K_a^\ominus(NH_4^+) = 5.65 \times 10^{-10}$。$NH_4Cl$ 溶液中的 H^+ 浓度和解离度 α 均可根据一元弱酸的相应公式进行计算。

例 3.4 计算浓度为 $0.05\ \text{mol} \cdot \text{L}^{-1}$ NH_4NO_3 溶液的 pH 值和解离度。

解 NH_4NO_3 在水溶液中完全解离，解离出来的 NH_4^+ 发生水解，将 NH_4^+ 视为一元弱酸，则

$$K_a(NH_4^+) = \frac{K_w}{K_b(NH_3)} = \frac{1 \times 10^{-14}}{1.77 \times 10^{-5}} = 5.65 \times 10^{-10}$$

因为 $c/K_a > 400$，所以溶液中的 H^+ 浓度可近似计算为

$$c(H^+) \approx \sqrt{K_a c} = \sqrt{5.65 \times 10^{-10} \times 0.05} = 5.32 \times 10^{-6} (mol \cdot L^{-1})$$

$$pH = -\lg c(H^+) = -\lg(5.32 \times 10^{-6}) = 5.27$$

解离度 α 为

$$\alpha \approx \sqrt{\frac{K_a}{c}} = \sqrt{\frac{5.65 \times 10^{-10}}{0.05}} = \sqrt{1.11 \times 10^{-8}} = 1.06 \times 10^{-4} = 0.010\ 6\%$$

（2）一元弱碱

以氨（NH_3）为例，说明一元弱碱在水溶液中的解离平衡。

$$NH_3 + H_2O \Longrightarrow NH_4^+ + OH^-$$

标准解离常数为

$$K_b^\ominus(NH_3) = \frac{[c_{eq}(NH_4^+)/c^\ominus] \cdot [c_{eq}(OH^-)/c^\ominus]}{c_{eq}(NH_3)/c^\ominus}$$

上式可简化为

$$K_b(NH_3) = \frac{c_{eq}(NH_4^+) \cdot c_{eq}(OH^-)}{c_{eq}(NH_3)}$$

设一元弱碱的浓度为 c，解离度为 α，与一元弱酸相仿，平衡时有：

$$NH_3 + H_2O \Longrightarrow NH_4^+ + OH^-$$
$$c(1-\alpha) \qquad\qquad c\alpha \qquad c\alpha$$

平衡常数为

$$K_b = \frac{c\alpha \cdot c\alpha}{c(1-\alpha)} = \frac{c\alpha^2}{1-\alpha}$$

当 c 较大而 α 很小（一般满足 $c/K_a > 400$ 或 $\alpha < 5\%$）时，$1-\alpha \approx 1$，则

$$K_b \approx c\alpha^2$$

$$\alpha \approx \sqrt{\frac{K_b}{c}} \tag{3.13}$$

$$c_{eq}(OH^-) = c\alpha = \sqrt{K_b c} \tag{3.14}$$

应当注意，在计算碱性溶液的 pH 时，应先求出溶液中的 OH^- 浓度，然后再求 H^+ 浓度和 pH。

与强酸弱碱盐类似，强碱弱酸盐（例如 NaAc，KCN 等）在水溶液中解离后弱酸根离子（如 Ac^-、CN^-）也会发生水解。以 Ac^- 为例，

$$HAc + H_2O \Longrightarrow H_3O^+ + Ac^-$$

根据酸碱质子理论，可将 Ac^- 视为一元弱碱，在溶液中的解离度和 OH^- 浓度均可分别根据式（3.13）、式（3.14）来求算。不过 Ac^- 的 K_b 不能直接从附录 5 中查到，而要根据式（3.12）由其共轭酸 HAc 的 K_a 计算，即

$$K_b(Ac^-) = \frac{K_w}{K_a(HAc)} = \frac{1 \times 10^{-14}}{1.76 \times 10^{-5}} = 5.68 \times 10^{-10}$$

例 3.5 计算 $0.010\ mol \cdot L^{-1}$ NaF 溶液的 pH 值（已知 HF 的 $K_a = 6.9 \times 10^{-4}$）。

解 NaF 在溶液中完全解离后，F^- 会发生水解。将 F^- 视为一元弱碱，则

$$K_b(F^-) = \frac{K_w}{K_a(HF)} = \frac{1 \times 10^{-14}}{6.9 \times 10^{-4}} = 1.449 \times 10^{-11}$$

因为 $c/K_b > 400$，所以溶液中的 OH^- 浓度可近似计算为

$$c(OH^-) \approx \sqrt{K_b c} = \sqrt{1.449 \times 10^{-11} \times 0.010} = 3.81 \times 10^{-7}(mol \cdot L^{-1})$$

$$c(H^+) = \frac{K_w}{c(OH^-)} = \frac{1 \times 10^{-14}}{3.81 \times 10^{-7}} = 2.62 \times 10^{-8}(mol \cdot L^{-1})$$

$$pH = -\lg c(H^+) = -\lg(2.62 \times 10^{-8}) = 7.58$$

3.2.2.3 多元弱酸的解离平衡

多元弱酸如 H_2S、H_2CO_3、H_3PO_4 在水溶液中的解离是分级进行的，每一级都有一个解离常数，分别用 K_{a1}、K_{a2}…表示，通常情况下各级解离常数相差 $3 \sim 6$ 个数量级。下面以 H_2CO_3 的解离为例予以说明。

一级解离 $\qquad H_2CO_3 \rightleftharpoons H^+ + HCO_3^-$

$$K_{a1} = \frac{c_{eq}(H^+) \cdot c_{eq}(HCO_3^-)}{c_{eq}(H_2CO_3)} = 4.30 \times 10^{-7}$$

二级解离 $\qquad HCO_3^- \rightleftharpoons H^+ + CO_3^{2-}$

$$K_{a2} = \frac{c_{eq}(H^+) \cdot c_{eq}(CO_3^{2-})}{c_{eq}(HCO_3^-)} = 5.61 \times 10^{-11}$$

K_{a1} 和 K_{a2} 分别表示 H_2CO_3 的一级解离常数和二级解离常数。在一般情况下，二元弱酸的 $K_{a1} \gg K_{a2}$，这表明二级解离比一级解离困难得多。因为带有两个负电荷的 CO_3^{2-} 对 H^+ 的吸引比带一个负电荷的 HCO_3^- 对 H^+ 的吸引要强得多，同时一级解离所产生的 H^+ 能抑制二级解离平衡向右进行。因此，溶液中的 $c(HCO_3^-) \gg c(CO_3^{2-})$，溶液的酸性主要由一级解离平衡所决定。对于多元弱酸，若 $K_{a1}/K_{a2} > 10^3$，则二、三级解离产生的 H^+ 可以忽略，溶液中 H^+ 浓度的计算按一元弱酸溶液中 H^+ 浓度的计算方法做近似处理。

例 3.6 计算 25 ℃时，饱和 CO_2 水溶液（$0.040\ mol \cdot L^{-1}\ H_2CO_3$ 溶液）中的 H^+、HCO_3^-、CO_3^{2-} 的浓度及溶液的 pH 值。

解 由附录 4 查出 H_2CO_3 的 $K_{a1} = 4.30 \times 10^{-7}$，$K_{a2} = 5.61 \times 10^{-11}$。

若不考虑水的解离，且 $K_{a1}/K_{a2} > 10^3$，因此在计算溶液中的 H^+ 浓度时可当做一元弱酸的解离平衡来处理。

一级解离平衡： $\qquad H_2CO_3 \rightleftharpoons H^+ + HCO_3^-$

因为 $c/K_{a1} > 400$，所以

$$c(H^+) = \sqrt{K_{a1}c} = \sqrt{4.30 \times 10^{-7} \times 0.040} = 1.31 \times 10^{-4}(mol \cdot L^{-1})$$

$$c(HCO_3^-) = c(H^+) = 1.31 \times 10^{-4}\ mol \cdot L^{-1}$$

又

$$K_{a2} = \frac{c_{eq}(H^+) \cdot c_{eq}(CO_3^{2-})}{c_{eq}(HCO_3^-)} = c_{eq}(CO_3^{2-}) = 5.61 \times 10^{-11}$$

得

$$c(CO_3^{2-}) = 5.61 \times 10^{-11}\ mol \cdot L^{-1}$$

$$pH = -\lg c(H^+) = -\lg(1.31 \times 10^{-4}) = 3.88$$

如果将二级解离的 H^+ 考虑进来，根据二级解离平衡：$HCO_3^- \rightleftharpoons H^+ + CO_3^{2-}$，二级解

离的 H^+ 浓度等于 CO_3^{2-} 的浓度,则 H^+ 的总浓度应为:

$$c(H^+) = 1.31 \times 10^{-4} + 5.61 \times 10^{-11} \approx 1.31 \times 10^{-4}(mol \cdot L^{-1})$$

由此可见,前面的近似处理是合理的。

3.2.2.4 影响弱酸弱碱解离平衡的因素

和所有化学平衡一样,弱酸弱碱的解离平衡也是一个暂时的、相对的动态平衡。当溶液的浓度、温度等条件改变时,弱酸、弱碱的解离平衡也会发生移动。在温度不变的情况下,影响弱酸弱碱解离平衡的主要因素有盐效应和同离子效应。

(1) 盐效应

在弱电解质溶液中加入其他强电解质时,导致弱电解质的解离度增大的现象称为盐效应。比如在弱电解质 HAc 溶液中加入强电解质 NaCl 后,NaCl 解离出来的 Na^+ 和 Cl^- 使溶液中的离子浓度增大,带相反电荷的离子间相互吸引、相互牵制的作用增强,形成了"离子氛",束缚了离子的自由运动,减小了离子的有效浓度,从而阻碍了溶液中的 H^+ 和 Ac^- 结合生成弱电解质 HAc,使得 HAc 的解离平衡 $HAc \rightleftharpoons H^+ + Ac^-$ 向右移动,解离度增大。

(2) 同离子效应

在弱电解质溶液中,加入与之具有相同离子的强电解质时,会使弱电解质的解离度降低,这种现象叫做同离子效应。例如,在氨水中加入 NH_4Cl,溶液中的 NH_4^+ 浓度增大,使平衡 $NH_3 + H_2O \rightleftharpoons NH_4^+ + OH^-$ 逆向移动,氨水的解离度减小。

例 3.7 在 $0.10\ mol \cdot L^{-1}$ HAc 溶液中加入一定量固体 NaAc,使 NaAc 的浓度等于 $0.10\ mol \cdot L^{-1}$,求该溶液中 H^+ 浓度、pH 和 HAc 的解离度 α,并与 $0.10\ mol \cdot L^{-1}$ HAc 溶液的解离度 α 进行比较。

解 设加入 NaAc 后,达到平衡时已解离的 HAc 的浓度为 $x\ mol \cdot L^{-1}$。

$$HAc \rightleftharpoons H^+ + Ac^-$$

起始浓度/$(mol \cdot L^{-1})$ 0.10 0 0.10

平衡浓度/$(mol \cdot L^{-1})$ $0.10-x$ x $0.10+x$

$$K_a = \frac{c(H^+) \cdot c(Ac^-)}{c(HAc)} = \frac{x(0.10+x)}{0.10-x} \approx x = 1.76 \times 10^{-5}$$

所以

$$c(H^+) = x\ mol \cdot L^{-1} = 1.76 \times 10^{-5}\ mol \cdot L^{-1}$$

$$pH = -\lg c(H^+) = -\lg(1.76 \times 10^{-5}) = 4.75$$

$$\alpha = x/c = 1.76 \times 10^{-5}/0.10 \approx 0.018\%$$

而在 $0.10\ mol \cdot L^{-1}$ 的 HAc 溶液中,因为 $c/K_a > 400$,所以

$$c(H^+) \approx \sqrt{K_a c} = \sqrt{1.76 \times 10^{-5} \times 0.10} = 1.33 \times 10^{-3}(mol \cdot L^{-1})$$

$$pH = -\lg c(H^+) = -\lg(1.33 \times 10^{-3}) = 2.88$$

$$\alpha = c(H^+)/c = 1.33 \times 10^{-3}/0.1 = 1.33\%$$

经比较,同离子效应使 HAc 的解离度从 1.33% 降为 0.018%,$c(H^+)$ 从 $1.33 \times 10^{-3}\ mol \cdot L^{-1}$ 减少到 $1.76 \times 10^{-5}\ mol \cdot L^{-1}$。

3.2.3 缓冲溶液和 pH 的控制

往纯水或一般溶液中加酸或碱,通常会使溶液的 pH 值发生改变。但有一种溶液,

当在其中加入少量的强酸、强碱或加少量水稀释时，pH 值改变很小。这种能抵抗外加少量强酸、强碱或稍加稀释而保持溶液 pH 值基本不变的溶液称为缓冲溶液。缓冲溶液稳定溶液 pH 值的作用称为缓冲作用。按酸碱质子理论，缓冲溶液是由浓度足够大的共轭酸碱对组成的，一般由弱酸及其弱酸盐（例如 HAc-NaAc）或弱碱及其弱碱盐（例如 NH$_3$ · H$_2$O- NH$_4$Cl）组成，这两种物质合称为缓冲系或缓冲对。常见的缓冲对见表 3.3。

表 3.3   **常见的缓冲对**

缓冲对	弱酸	共轭碱	pK_a(25 ℃)	缓冲范围(pH)
氨基乙酸 -HCl	H$_2$NCH$_2$COOH	H$_2$NCH$_2$COO$^-$	2.35	2.35±1
一氯乙酸 -NaOH	ClCH$_2$COOH	ClCH$_2$COO$^-$	2.86	2.86±1
甲酸 -NaOH	HCOOH	HCOO$^-$	3.74	3.74±1
HAc-NaAc	HAc	Ac$^-$	4.75	4.75±1
六亚甲基四胺 -HCl	(CH$_2$)$_6$N$_4$H$^+$	(CH$_2$)$_6$N$_4$	5.13	5.13±1
NaH$_2$PO$_4$ - Na$_2$HPO$_4$	H$_2$PO$_4^-$	HPO$_4^{2-}$	7.20	7.20±1
三羟乙胺 -HCl	$^+$HN(CH$_2$CH$_2$OH)$_3$	N(CH$_2$CH$_2$OH)$_3$	7.76	7.76±1
三羟甲基甲胺 -HCl	$^+$H$_3$NC(CH$_2$OH)$_3$	H$_2$NC(CH$_2$OH)$_3$	8.08	8.08±1
NH$_3$ - NH$_4$Cl	NH$_4^+$	NH$_3$	9.25	9.25±1
NaHCO$_3$ - Na$_2$CO$_3$	HCO$_3^-$	CO$_3^{2-}$	10.33	10.33±1
Na$_2$HPO$_4$ -NaOH	HPO$_4^{2-}$	PO$_4^{3-}$	12.35	12.35±1

缓冲溶液的原理就是基于前面讨论过的同离子效应。现以 HAc 和 NaAc 组成的混合溶液为例说明缓冲作用原理。HAc 为弱电解质，只能部分解离，而 NaAc 为强电解质，几乎完全解离：

$$HAc \rightleftharpoons H^+ + Ac^-$$
$$NaAc \rightleftharpoons Na^+ + Ac^-$$

在 HAc 和 NaAc 的混合溶液中，由于同离子效应，Ac$^-$ 抑制了 HAc 的解离，所以溶液中存在大量的 HAc 和 Ac$^-$。当向该溶液中加入少量强酸时，大量的 Ac$^-$ 立即与外加 H$^+$ 结合成 HAc，使 HAc 的解离平衡向左移动，因此，溶液中的 H$^+$ 浓度不会显著增大。当加入少量强碱时，OH$^-$ 与 H$^+$ 结合生成水，促使 HAc 的解离平衡向右移动，溶液中大量未解离的 HAc 就继续解离以补充消耗掉的 H$^+$，使 H$^+$ 浓度保持稳定，维持溶液的 pH 基本不变。

下面以弱酸（HA）与其共轭碱（A$^-$）组成的缓冲溶液为例讨论缓冲溶液 pH 值的计算。

设弱酸（HA）的初始浓度为 $c_{共轭酸}$，共轭碱（A$^-$）的初始浓度为 $c_{共轭碱}$，解离平衡时溶液中的 H$^+$ 浓度为 x mol · L^{-1}。根据弱酸的解离平衡：

$$HA \rightleftharpoons H^+ + A^-$$

平衡浓度 $c_{共轭酸} - x$ x $c_{共轭碱} + x$

平衡常数 $$K_a = \frac{c(H^+)c(A^-)}{c(HA)} = \frac{x(c_{共轭碱} + x)}{c_{共轭酸} - x}$$

由于同离子效应，x 很小，所以 $c_{共轭酸} - x \approx c_{共轭酸}$，$c_{共轭碱} + x \approx c_{共轭碱}$

$$K_a = \frac{xc_{共轭碱}}{c_{共轭酸}}$$

$$c(H^+) = x = K_a \frac{c_{共轭酸}}{c_{共轭碱}}$$

对等式两边分别取负对数：

$$pH = pK_a - \lg \frac{c_{共轭酸}}{c_{共轭碱}} \tag{3.15}$$

式(3.15)即为计算弱酸与其共轭碱组成的缓冲溶液 pH 的公式。

同理可得弱碱与其共轭酸组成的缓冲溶液 pH 的计算公式：

$$pOH = pK_b - \lg \frac{c_{共轭碱}}{c_{共轭酸}}$$

$$pH = 14 - pOH = 14 - pK_b + \lg \frac{c_{共轭碱}}{c_{共轭酸}} \tag{3.16}$$

式(3.15)、式(3.16)可统一由下式表达：

$$pH = pK_a - \lg \frac{c_{共轭酸}}{c_{共轭碱}} \tag{3.17}$$

比如 NH_3 - NH_4Cl 组成的缓冲溶液，应将 NH_4^+ 视为酸，NH_3 视为碱。式(3.17)中的 pK_a 即为 NH_4^+ 的 pK_a，$pK_a(NH_4^+) = 14 - pK_b(NH_3)$，$c_{共轭酸}$、$c_{共轭碱}$ 分别用 $c(NH_4^+)$、$c(NH_3)$ 表示。

例 3.8 计算由 200 mL 0.20 mol·L^{-1} NH_3 和 100 mL 0.30 mol·L^{-1} NH_4Cl 组成的混合溶液的 pH。并分别计算在此混合溶液中加入 20 mL 0.10 mol·L^{-1} HCl、20 mL 0.10 mol·L^{-1} NaOH 和 50 mL H_2O 后混合溶液的 pH。

解 (1) 忽略两溶液混合所引起的体积变化，原混合液的 pH 可根据式(3.17)计算：

$$pH = pK_a - \lg \frac{c(NH_4^+)}{c(NH_3)} = 9.25 - \lg \frac{0.30 \times 100/(200+100)}{0.20 \times 200/(200+100)} = 9.37$$

(2) 加入 20 mL 0.10 mol·L^{-1} HCl 后，会消耗掉 0.002 mol NH_3，并生成 0.002 mol NH_4^+，故有

$$NH_3 + H_2O \rightleftharpoons NH_4^+ + OH^-$$

平衡浓度/(mol·L^{-1}) $\qquad \dfrac{0.20 \times 200 - 0.10 \times 20}{200+100+20} \qquad \dfrac{0.30 \times 100 + 0.10 \times 20}{200+100+20}$

所以

$$pH = pK_a - \lg \frac{c(NH_4^+)}{c(NH_3)} = 9.25 - \lg \frac{0.30 \times 200 + 0.10 \times 20}{0.20 \times 200 - 0.10 \times 20} = 9.32$$

可见，加入 20 mL 0.10 mol·L^{-1} HCl 后，溶液的 pH 由 9.37 降为 9.32，只减小了 0.05，说明缓冲溶液具有抵抗外来少量强酸的能力。

(3) 加入 20 mL 0.10 mol·L^{-1} NaOH 后，会消耗掉 0.002 mol NH_4^+，并生成 0.002 mol NH_3，故有

$$NH_3 + H_2O \rightleftharpoons NH_4^+ + OH^-$$

平衡浓度/(mol·L^{-1}) $\qquad \dfrac{0.20 \times 200 + 0.10 \times 20}{200+100+20} \qquad \dfrac{0.30 \times 100 - 0.10 \times 20}{200+100+20}$

所以

$$pH = pK_a - \lg \frac{c(NH_4^+)}{c(NH_3)} = 9.25 - \lg \frac{0.30 \times 100 - 0.10 \times 20}{0.20 \times 200 + 0.10 \times 20} = 9.43$$

可见,加入 20 mL 0.10 mol·L^{-1} NaOH 后,溶液的 pH 由 9.37 增为 9.43,只增加了 0.06,说明缓冲溶液具有抵抗外来少量强碱的能力。

(4) 加入 50 mL H_2O 后,缓冲溶液中的共轭酸碱的浓度同时降低相同的幅度,而共轭酸、碱的物质的量和缓冲比不变,据式(3.17)可知,pH 基本不变,说明缓冲溶液具有抵抗稀释的能力。

例 3.9 现有 250 mL 2.0 mol·L^{-1} 的 NaAc 溶液,欲配置 500 mL pH=5.0 的缓冲溶液,需加入 6.0 mol·L^{-1} 的 HAc 溶液多少毫升?

解 缓冲溶液的 PH 计算公式为:

$$pH = pK_a - \lg \frac{c_{共轭酸}}{c_{共轭碱}}$$

HAc 的电离常数 $K_a = 1.76 \times 10^{-5}$,则 $pK_a = -\lg(1.76 \times 10^{-5}) = 4.75$。

配成缓冲溶液后,溶液中 NaAc 的浓度为

$$c_{共轭碱} = \frac{0.25 \times 2.0}{0.50} = 1.0 \ (mol·L^{-1})$$

将 pH=5.0,$pK_a = 4.75$,$c_{共轭碱} = 1.0$ mol·L^{-1} 代入上述 pH 计算公式:

$$5.0 = 4.75 - \lg \frac{c_{共轭酸}}{1.00}$$

则

$$c_{共轭酸} = 0.56 \ mol·L^{-1}$$

设加入 x 毫升 6.0 mol·L^{-1} HAc 溶液,则

$$\frac{6.0 \times x}{500} = 0.56$$

得

$$x = 46.7 \ mL$$

故需加入 6.0 mol·L^{-1} HAc 溶液的体积为 46.7 mL,其余为去离子水。

缓冲溶液在工农业生产、生物医学、国防军事等方面应用非常广泛。例如,金属器件进行电镀时,电镀液常用缓冲溶液来控制一定的 pH 以使镀层光滑均匀。印染中,常用 HAc-NaAc 缓冲溶液维持染浴的 pH≈5,才能使印染出来的色泽最浓艳纯正。用配位滴定法分析金属离子的浓度时,滴定终点的变色范围很窄,如果不加入缓冲溶液,被滴定溶液的 pH 会因加入酸性或碱性滴定液而改变很大,到终点时指示剂不变色而导致分析失败。在土壤中,由于含有 $NaHCO_3$ - Na_2CO_3 和 NaH_2PO_4 - Na_2HPO_4 以及其他有机弱酸及其共轭碱所组成的复杂的缓冲系统,能使土壤维持一定的 pH,从而保证了植物的正常生长。人体的血液中也存在着多个缓冲对,主要有 H_2CO_3 - HCO_3^-、$H_2PO_4^-$ - HPO_4^{2-}、血浆蛋白-血浆蛋白共轭碱、血红蛋白—血红蛋白共轭碱等。正因为这些缓冲对才使血液的 pH 值保持在 7.35~7.45 的狭小范围内,以保证细胞正常的新陈代谢及整个机体的生存。

在实际工作中常会遇到缓冲溶液的选择问题。由式(3.17)可以看出,缓冲溶液的 pH 取决于缓冲对或共轭酸碱对中共轭酸的 K_a 值以及缓冲对的两种物质浓度的比值。缓冲对中任一种物质的浓度过小都会使溶液丧失缓冲能力。因此两者浓度之比最好趋近于 1。如

果此比值为 1,则

$$pH = pK_a$$

所以,在选择具有一定 pH 的缓冲溶液时,应当选用 pK_a 接近或等于该 pH 的弱酸及其共轭碱的混合溶液。例如,如果需要 pH=4.0 左右的缓冲溶液,可选择 HCOOH- HCOO⁻ 缓冲体系,因为 HCOOH 的 pK_a =3.75,接近于 4.0。同样,如果需要 pH=7 或 pH=9 左右的缓冲溶液,则可以分别选用 $H_2PO_4^-$ - HPO_4^{2-} 、NH_3 - NH_4^+ 缓冲体系。

不同的缓冲溶液有各自的缓冲范围,缓冲范围是指能够起缓冲作用的 pH 区间。根据式(3.17),当 $c_{共轭酸}/c_{共轭碱}$ =1/10~10/1 时,有

$$pH = pK_a \pm 1$$

在这一 pH 范围内缓冲作用有效,此范围即为缓冲范围。常见缓冲对的缓冲范围见表 3.3。

3.3 难溶电解质的多相离子平衡

前面讨论了可溶弱电解质在水溶液中的单相离子平衡,然而在科研和生产实践中,经常要利用沉淀－溶解平衡来制取难溶化合物、分离杂质、分析鉴定离子等。生成的沉淀为固相,沉淀溶解进入溶液为液相,因此难溶电解质的沉淀－溶解平衡属于多相离子平衡。

怎样判断沉淀是否生成?如何使沉淀更加完全?如何使沉淀溶解?如果溶液中同时存在几种离子,又如何创造条件使指定的离子沉淀?这些都是实际工作中经常遇到的问题。本节将根据化学平衡原理讨论难溶电解质沉淀－溶解多相离子平衡的规律及其应用。

3.3.1 溶度积常数

所谓"难溶"电解质并非在水中完全不溶。化学上把在 $100\ g\ H_2O$ 中溶解度小于 $0.01\ g$ 的物质称做难溶物,所以难溶电解质仍有很少量的物质溶解。比如在水溶液中有微量的 AgCl 会溶解,并解离成 Ag^+ 和 Cl^- ,同时,溶液中的 Ag^+ 和 Cl^- 又会不断地从溶液中回到 AgCl 沉淀的表面结晶析出,因而在难溶固体和溶液中的离子之间存在一个动态的沉淀-溶解平衡:

$$AgCl \Longrightarrow Ag^+ + Cl^-$$

平衡时溶液中各离子的浓度(严格讲是活度)不再改变,溶液达到饱和。其标准平衡常数表达式为:

$$K^\ominus = K_{sp}^\ominus = \frac{c(Ag^+)}{c^\ominus} \cdot \frac{c(Cl^-)}{c^\ominus}$$

若不考虑平衡常数的单位,则上式可以化简为:

$$K = K_{sp} = c(Ag^+) \cdot c(Cl^-)$$

K_{sp} 称为溶度积常数,简称溶度积,表示在难溶电解质饱和溶液中,有关离子浓度幂(每种离子浓度的指数与化学计量式中的计量数相等)的乘积在一定温度下是一个常数。它反映了物质的溶解能力,其大小与物质的本性和温度有关,而与离子浓度的

改变无关。

对于组成为 A_mB_n 型的难溶电解质,在水溶液中存在下述平衡:

$$A_mB_n(s) \Longrightarrow mA^{n+}(aq) + nB^{m-}(aq)$$

其溶度积表达式为:

$$K_{sp}^{\ominus}(A_mB_n) = [c_{eq}(A^{n+})/c^{\ominus}]^m \cdot [c_{eq}(B^{m-})/c^{\ominus}]^n \tag{3.18}$$

常见的难溶电解质的 K_{sp} 列于附录 7 中。

3.3.2　溶度积和溶解度的关系

溶解度 S(单位:$mol \cdot L^{-1}$)和溶度积 K_{sp} 都可以用来表示物质的溶解能力,两者之间可以相互换算。

对于一般的沉淀-溶解平衡:

$$A_mB_n(s) \Longrightarrow mA^{n+}(aq) + nB^{m-}(aq)$$

平衡浓度/($mol \cdot L^{-1}$)　　　　　　mS　　　　　nS

S 与 K_{sp} 之间的关系为:

$$K_{sp} = (mS)^m \cdot (nS)^n$$

对于 AB 型难溶电解质:

$$S = \sqrt{K_{sp}(AB)}$$

对于 AB_2 型(或 A_2B 型)难溶电解质:

$$S = \sqrt[3]{\frac{K_{sp}(AB_2)}{4}}$$

对于 AB_3 型难溶电解质:

$$S = \sqrt[4]{\frac{K_{sp}(AB_3)}{27}}$$

必须指出,上面的换算方法,只适用于已溶解部分能全部解离的难溶电解质,并且解离出的阴离子、阳离子在水溶液中不发生水解等副反应或副反应程度不大。

例 3.10　已知 25 ℃时,$CaCO_3$ 的溶解度为 9.327×10^{-5} $mol \cdot L^{-1}$,求 $CaCO_3$ 的溶度积。

解　假设溶解的 $CaCO_3$ 完全解离,则

$$CaCO_3(s) \Longrightarrow Ca^{2+}(aq) + CO_3^{2-}(aq)$$

平衡浓度/($mol \cdot L^{-1}$)　　　　　　　S　　　　　S

$$K_{sp}(CaCO_3) = c(Ca^{2+}) \cdot c(CO_3^{2-}) = S^2 = (9.327 \times 10^{-5})^2 = 8.699 \times 10^{-9}$$

例 3.11　已知 25 ℃时,$K_{sp}(AgCl) = 1.8 \times 10^{-10}$,$K_{sp}(Ag_2CrO_4) = 1.1 \times 10^{-12}$。通过计算说明哪一种银盐在水中的溶解度较大?

解　AgCl 为 AB 型难溶电解质,设其溶解度为 S_1,则

$$S_1 = \sqrt{K_{sp}(AgCl)} = \sqrt{1.8 \times 10^{-10}} = 1.34 \times 10^{-5}（mol \cdot L^{-1}）$$

Ag_2CrO_4 为 A_2B 型难溶电解质,设其溶解度为 S_2,则

$$S_2 = \sqrt[3]{\frac{K_{sp}(Ag_2CO_4)}{4}} = \sqrt[3]{\frac{1.1 \times 10^{-12}}{4}} = 6.5 \times 10^{-5}（mol \cdot L^{-1}）$$

计算结果表明 $S_1 < S_2$,因而 AgCl 在水中的溶解度比 Ag_2CrO_4 要小。

通过例 3.11 可以看出,溶度积的大小与溶解度有关,它反映了物质的溶解能力。对同类型难溶电解质,在相同温度下,可用 K_{sp} 值判断溶解度的大小,但对于不同类型的难溶电解质,则不能直接用 K_{sp} 值判断溶解度的相对大小。

3.3.3　溶度积规则

对于任一难溶电解质的多相离子平衡,在任意条件下:

$$A_m B_n(s) \rightleftharpoons mA^{n+}(aq) + nB^{m-}(aq)$$

其反应商 Q 为

$$Q = [c(A^{n+})/c^\ominus]^m \cdot [c(B^{m-})/c^\ominus]^n$$

Q 等于所生成离子的浓度幂的乘积,因此反应商在多相离子平衡中又称为离子积。Q 和 $K_{sp}^\ominus$ 的表达形式相同,但两者的概念是不同的,$K_{sp}^\ominus$ 表示难溶电解质沉淀溶解平衡时,饱和溶液中离子浓度幂的乘积,在一定温度下为一常数;而 Q 则表示任意情况下离子浓度幂的乘积,其数值不定,$K_{sp}^\ominus$ 仅是 Q 的一个特例。

根据化学平衡移动的一般原理,可以利用离子积 Q 与溶度积 $K_{sp}^\ominus$ 的相对大小来判断沉淀能否溶解或生成:

① $Q > K_{sp}^\ominus$,平衡向左移动,有沉淀生成;

② $Q = K_{sp}^\ominus$,处于平衡状态,溶液为饱和溶液;

③ $Q < K_{sp}^\ominus$,平衡向右移动,无沉淀析出;若原来体系中有沉淀存在,则沉淀溶解。

以上关系是难溶电解质多相离子平衡移动规律的总结,称为溶度积规则。根据该规则可以判断沉淀的生成和溶解,也可据此通过控制离子的浓度,使之产生沉淀或使沉淀溶解,从而使反应向需要的方向转化。

3.3.4　溶度积规则的应用

3.3.4.1　沉淀的生成

根据溶度积规则,在难溶电解质溶液中,如果 $Q > K_{sp}^\ominus$,就会有沉淀生成。因此,要使溶液中某种离子析出沉淀,就必须加入与析出沉淀离子有关的沉淀剂。例如,在 $FeCl_3$ 溶液中加入 NaOH 溶液,当 $Q = c(Fe^{3+}) \cdot c(OH^-)^3 > K_{sp}^\ominus[Fe(OH)_3]$ 时,就会有 $Fe(OH)_3$ 沉淀析出。

与弱酸弱碱的解离平衡一样,难溶电解质在溶液中的多相离子平衡也受同离子效应和盐效应的影响。在难溶电解质饱和溶液中,加入与之含有相同离子的易溶强电解质,难溶电解质的溶解度会降低。这种现象也称做同离子效应。在生产实践及科学研究中,常利用同离子效应,在溶液中加入适当过量的沉淀剂,使沉淀趋于完全。但应注意,若加入的沉淀剂太多,不仅不会因为同离子效应使沉淀更完全,反而会使沉淀的溶解度增大。这种由于加入易溶强电解质而使难溶电解质溶解度增大的现象被称为盐效应。一般来说,若难溶电解质的溶度积很小时,盐效应的影响很小,可忽略不计;若难溶电解质的溶度积较大,并且溶液中各种离子的总浓度也较大时,就应该考虑盐效应的影响。表 3.4 列出了 $PbSO_4$ 在不同浓度 Na_2SO_4 溶液中的溶解度。

表 3.4 $PbSO_4$ 在不同浓度 Na_2SO_4 溶液中的溶解度

$c(Na_2SO_4)/(mol \cdot L^{-1})$	0.00	0.001	0.010	0.020	0.040	0.100	0.200
$S(PbSO_4)/(mol \cdot L^{-1})$	0.15	0.024	0.016	0.014	0.013	0.016	0.023

由表 3.4 可知,当 Na_2SO_4 的浓度从 0 增加到 $0.04\ mol \cdot L^{-1}$ 时,$PbSO_4$ 的溶解度逐渐减小,同离子效应起主导作用;当 Na_2SO_4 的浓度大于 $0.04\ mol \cdot L^{-1}$ 时,$PbSO_4$ 的溶解度逐渐增大,盐效应起主导作用。

例 3.12 将 Cl^- 慢慢加入 $0.20\ mol \cdot L^{-1}$ 的 Pb^{2+} 溶液中,问:

(1) 当 $c(Cl^-) = 5.0 \times 10^{-3}\ mol \cdot L^{-1}$ 时,是否有沉淀生成?

(2) Cl^- 浓度多大时开始生成沉淀?

(3) 当 $c(Cl^-) = 6.0 \times 10^{-2}\ mol \cdot L^{-1}$ 时,残留在溶液中的 Pb^{2+} 的百分数是多少?

解 (1) $Q = c(Pb^{2+}) \cdot c^2(Cl^-) = 0.20 \times (5.0 \times 10^{-3})^2 = 5.0 \times 10^{-6} < K_{sp}(PbCl_2) = 1.7 \times 10^{-5}$,故无沉淀生成。

(2) 要生成 $PbCl_2$ 沉淀,就必须使 $Q = c(Pb^{2+}) \cdot c^2(Cl^-) > K_{sp}(PbCl_2)$,因此

$$c(Cl^-) > \sqrt{\frac{K_{sp}(PbCl_2)}{c(Pb^{2+})}} = \sqrt{\frac{1.7 \times 10^{-5}}{0.20}} = 9.22 \times 10^{-3}\ (mol \cdot L^{-1})$$

(3) 当 $c(Cl^-) = 6.0 \times 10^{-2}\ mol \cdot L^{-1}$ 时,则

$$c(Pb^{2+}) = \frac{K_{sp}(PbCl_2)}{c^2(Cl^-)} = \frac{1.7 \times 10^{-5}}{(6.0 \times 10^{-2})^2} = 4.72 \times 10^{-3}\ (mol \cdot L^{-1})$$

残留在溶液中的 Pb^{2+} 的百分数为:

$$\frac{4.72 \times 10^{-3}}{0.20} \times 100\% = 2.36\%$$

例 3.13 若某酸性溶液中 Fe^{3+} 和 Mg^{2+} 浓度均为 $0.01\ mol \cdot L^{-1}$,试计算说明能否控制一定的 pH 值,使其分别沉淀以达到分离的目的。(提示:一般认为溶液中待沉淀离子的浓度 $\leqslant 1.0 \times 10^{-5}\ mol \cdot L^{-1}$ 时,即可认为该离子沉淀完全了。)

解 查附录 7 知:$K_{sp}[Fe(OH)_3] = 4.0 \times 10^{-38}$,$K_{sp}[Mg(OH)_2] = 5.1 \times 10^{-12}$。

根据 $Fe(OH)_3$ 和 $Mg(OH)_2$ 的 K_{sp} 值,可以推知溶液中 Fe^{3+} 沉淀所需的 OH^- 浓度低,所以往溶液中加 OH^- 时,Fe^{3+} 先沉淀析出。应该控制溶液的 pH,使 Fe^{3+} 沉淀完全后,Mg^{2+} 才沉淀析出,这样才能达到分离的目的。

当 Fe^{3+} 沉淀完全时,必须满足 $Q > K_{sp}[Fe(OH)_3]$,且 $c(Fe^{3+}) \leqslant 1.0 \times 10^{-5}\ (mol \cdot L^{-1})$,所以

$$c(OH^-) > \sqrt[3]{\frac{4.0 \times 10^{-38}}{1.0 \times 10^{-5}}} = 1.59 \times 10^{-11}\ (mol \cdot L^{-1})$$

$$pH = 14 + \lg c(OH^-) > 3.20$$

当 Mg^{2+} 开始沉淀时,必须有 $Q = c(Mg^{2+}) \cdot c^2(OH^-) > K_{sp}[Mg(OH)_2]$,所以

$$c(OH^-) > \sqrt{\frac{K_{sp}[Mg(OH)_2]}{c(Mg^{2+})}} = \sqrt{\frac{5.1 \times 10^{-12}}{0.01}} = 2.26 \times 10^{-5}\ (mol \cdot L^{-1})$$

$$pH > 14 + \lg c(OH^-) = 9.35$$

当 Mg^{2+} 完全沉淀时,必须满足 $Q > K_{sp}[Mg(OH)_2]$,且 $c(Mg^{2+}) \leqslant 1.0 \times 10^{-5}$

$mol \cdot L^{-1}$，所以

$$c(OH^-) > \sqrt{\frac{5.1 \times 10^{-12}}{1.0 \times 10^{-5}}} = 7.14 \times 10^{-4} \ (mol \cdot L^{-1})$$

$$pH > 14 + lg \ c(OH^-) = 10.85$$

由计算可知，只要控制 pH 值在 3.20～9.35 之间，就可使 Fe^{3+} 完全沉淀，而 Mg^{2+} 不沉淀。待 Fe^{3+} 完全沉淀后，调节溶液 pH>10.85，即可使 Mg^{2+} 完全沉淀，从而使 Fe^{3+} 和 Mg^{2+} 得到分离。

3.3.4.2 沉淀的溶解

根据溶度积规则，沉淀溶解的条件是：使难溶电解质溶液中的离子积 Q 小于溶度积 K_{sp}。因此，只要采取一定方法降低难溶电解质多相离子平衡体系中的阳离子或阴离子的浓度，就可促使沉淀溶解。常用的方法有以下几种。

（1）利用酸碱反应

例如往含有 $CaCO_3$ 固体的饱和溶液中加入 HCl，能使 $CaCO_3$ 溶解，产生 CO_2 气体。

$$CaCO_3(s) + 2H^+(aq) \rightleftharpoons Ca^{2+}(aq) + CO_2(g) + H_2O(l)$$

该反应的实质是 H^+ 与 CO_3^{2-} 生成 H_2CO_3，而 H_2CO_3 不稳定分解为 CO_2 和 H_2O，从而降低了溶液中的 CO_3^{2-} 的浓度，使 Q 小于溶度积 $K_{sp}(CaCO_3)$，促使平衡向溶解的方向进行。

可见，当难溶电解质能通过酸碱反应生成弱酸、水等弱电解质时，这些难溶电解质就可能溶解。如难溶金属氢氧化物、部分不太活泼金属的硫化物（FeS、ZnS 等）都可用稀酸溶解。

（2）利用氧化还原反应

有一些难溶于酸的硫化物，如 CuS、PbS 等，不能像 FeS 那样溶于非氧化性的酸，但能溶于氧化性酸（如 HNO_3）。例如下列反应：

$$3PbS(s) + 8HNO_3(稀) = 3Pb(NO_3)_2 + 3S(s) + 2NO(g) + 4H_2O(l)$$

（3）利用配位反应

当难溶电解质中的金属离子与某些配位剂形成配离子时，降低了金属离子的浓度，使 $Q < K_{sp}$，促使沉淀溶解。配位反应将在 3.4 节讲述。

3.3.4.3 沉淀的转化

将一种难溶电解质转化为另一种难溶电解质的过程，叫做沉淀的转化。例如在难溶物 $CaSO_4$ 中加入 Na_2CO_3 溶液，就会发生如下沉淀转化反应：

$$CaSO_4(s) \rightleftharpoons Ca^{2+}(aq) + SO_4^{2-}(aq)$$
$$\downarrow CO_3^{2-}(aq)$$
$$CaCO_3(s)$$

这是因为 $CaCO_3$ 的溶度积（$K_{sp} = 4.96 \times 10^{-9}$）小于 $CaSO_4$ 的溶度积（$K_{sp} = 7.1 \times 10^{-5}$），在上述平衡体系中，$CaSO_4$ 溶解生成的 Ca^{2+} 不断和 CO_3^{2-} 离子生成更难溶解的 $CaCO_3$，使平衡向右移动，最后使 $CaSO_4$ 转化成 $CaCO_3$。

其转化程度可从反应平衡常数值看出：

$$CaSO_4(s) + CO_3^{2-}(aq) \rightleftharpoons CaCO_3(s) + SO_4^{2-}(aq)$$

$$K = \frac{c(SO_4^-)}{c(CO_3^{2-})} = \frac{c(SO_4^-) \cdot c(Ca^{2+})}{c(CO_3^{2-}) \cdot c(Ca^{2+})} = \frac{K_{sp}(CaSO_4)}{K_{sp}(CaCO_3)} = \frac{7.1 \times 10^{-5}}{4.96 \times 10^{-9}} = 1.43 \times 10^4$$

K 值很大,说明沉淀转化的程度很大。一般情况下,由一种难溶电解质转化为另一种更难溶的电解质的过程是很容易实现的,但反过来比较困难。

沉淀转化在工业上应用很广,例如锅炉中锅垢的主要成分是难溶于酸的 $CaSO_4$,它的导热系数只有钢铁的 1/50 左右,不仅阻碍传热,浪费燃料,而且还可能由于锅炉传热不均而引起爆炸。因此可以加入 Na_2CO_3 溶液,将 $CaSO_4$ 转化为疏松而且可溶于酸的 $CaCO_3$ 沉淀后,就容易清除了。

3.4 配位离子的解离平衡

由具有空的价电子轨道的原子或离子(统称中心原子或中心离子)与一定数目可给出孤对电子的离子或分子(称为配体)以配位键形式结合而成的复杂个体称为配位个体,带电荷的配位个体称为配位离子,简称配离子,如 $[Cu(NH_3)_4]^{2+}$、$[Ag(CN)_2]^-$、$[PtCl_4]^{2-}$ 等。

含有配位个体的化合物称为配位化合物,简称配合物,例如 $[Cu(NH_3)_4]SO_4$、$[Ag(NH_3)_2]Cl$、$[Ni(CO)_4]$ 等。配合物一般由内界和外界构成,内界就是配位个体,是配合物的特征部分,配位个体以外带有相反电荷的离子称为外界,内界和外界之间存在离子键。当配位个体为中性分子时,这样的配合物没有外界,如 $[CoCl_3(NH_3)_3]$、$[Fe(CO)_5]$ 等。

3.4.1 配离子的解离平衡

配合物的内外界之间存在离子键,类似于强电解质,在水溶液中完全解离。而配离子却类似于弱电解质,在水溶液中部分解离。配离子在水溶液中类似于多元弱酸、弱碱进行逐级解离,产生一系列配位数不等的配离子。$[Ag(NH_3)_2]^+$ 总的解离平衡可表示如下:

$$[Ag(NH_3)_2]^+(aq) \rightleftharpoons Ag^+(aq) + 2NH_3(aq)$$

其总的解离平衡常数为:

$$K_i = \frac{[c_{eq}(Ag^+)] \cdot [c_{eq}(NH_3)]^2}{c_{eq}[Ag(NH_3)_2]^+} \tag{3.19}$$

对于同一类型(配体数目相同)的配离子来说,K_i 越大,表示配离子越易解离,即配离子越不稳定。所以,配离子的解离常数 K_i 又称为不稳定常数。不同的配离子具有不同的 K_i 值,它直接反映了配离子的不稳定程度。

解离过程的逆过程为中心离子与配体生成配离子的反应,该反应的平衡常数叫做稳定常数,也称为生成常数,用 K_f 表示。例如,Cu^{2+} 和 NH_3 生成 $[Cu(NH_3)_4]^{2+}$ 的配合反应:

$$Cu^{2+}(aq) + 4NH_3(aq) \rightleftharpoons [Cu(NH_3)_4]^{2+}(aq)$$

$$K_f = \frac{c_{eq}([Cu(NH_3)_4]^{2+})}{[c_{eq}(Cu^{2+})] \cdot [c_{eq}(NH_3)]^4} \tag{3.20}$$

对于同一类型的配离子来说,K_f 越大,表明生成配离子的趋势越大,配离子越稳定。显然,对同一配离子而言,K_i 和 K_f 互为倒数关系:

$$K_f = \frac{1}{K_i} \tag{3.21}$$

K_i 和 K_f 可由实验测定或由热力学数据计算得到,书末附录 6 中列出了一些配离子的 K_i 和 K_f。同其他平衡常数一样,配离子的 K_f(或 K_i)也不随浓度而变,只与温度有关。利用 K_f(或 K_i)可以计算溶液中各组分的浓度。

例 3.14 50 mL 0.2 mol·L^{-1} ZnSO$_4$ 溶液与 50 mL 6.0 mol·L^{-1} NH$_3$·H$_2$O 混合并达到平衡,计算溶液中的 Zn^{2+}、NH$_3$ 及 [Zn(NH$_3$)$_4$]$^{2+}$ 的浓度各为多少?(已知 K_f([Zn(NH$_3$)$_4$]$^{2+}$) = 2.87 × 10^9)

解 设配位平衡时溶液中的 $c(Zn^{2+}) = x$,则

$$Zn^{2+}(aq) + 4NH_3(aq) \Longrightarrow [Zn(NH_3)_4]^{2+}(aq)$$

起始浓度/(mol·L^{-1})　　　　0.1　　　　3.0　　　　　　　　0

平衡浓度/(mol·L^{-1})　　　　x　　　$3.0-4(0.1-x)$　　　　$0.1-x$

因为 K_f([Zn(NH$_3$)$_4$]$^{2+}$) 很大,Zn^{2+} 几乎完全生成了 [Zn(NH$_3$)$_4$]$^{2+}$,故 $0.1-x \approx 0.1$,

$$
\begin{aligned}
K_f &= \frac{c_{eq}([Zn(NH_3)_4]^{2+})}{[c_{eq}(Zn^{2+})] \cdot [c_{eq}(NH_3)]^4} \\
&= \frac{0.1-x}{x[3.0-4(0.1-x)]^4} \\
&\approx \frac{0.1}{x[3.0-4\times0.1]^4} \\
&= 2.87\times10^9
\end{aligned}
$$

解得　　　　　　　　　$x = 7.57\times10^{-12}$ mol·L^{-1}

因此　　　　　　　　$c(Zn^{2+}) = 7.57\times10^{-12}$ (mol·L^{-1})

$$c(NH_3) = 3.0-4\times(0.1-7.57\times10^{-12}) \approx 2.6 \ (mol·L^{-1})$$

$$c([Zn(NH_3)_4]^{2+}) = 0.1-7.57\times10^{-12} \approx 0.1 \ (mol·L^{-1})$$

3.4.2 配离子解离平衡的移动

与其他平衡一样,当改变平衡体系的条件,配位平衡就会发生移动。

3.4.2.1 同离子效应的影响

在配位平衡体系中加入具有相同离子的强电解质,会使平衡向生成配离子的方向移动,配离子的解离受到抑制。这是配位平衡中的同离子效应。例如 0.10 mol·L^{-1} [Ag(CN)$_2$]$^-$ 溶液中的 Ag$^+$ 浓度为 2.7×10^{-8} mol·L^{-1},若往该溶液中加入 CN$^-$,使 CN$^-$ 在溶液中的浓度为 0.10 mol·L^{-1},则 Ag$^+$ 浓度降为 7.9×10^{-21} mol·L^{-1}。

3.4.2.2 酸碱平衡的影响

许多配位体是弱酸根或碱(如 F$^-$、CN$^-$、C$_2$O$_4^{2-}$、NH$_3$ 等),它们能与外加的酸生成弱酸而使平衡移动。例如

$$[Cu(NH_3)_4]^{2+} \Longrightarrow Cu^{2+} + 4NH_3$$

$$\downarrow +4H^+$$

$$4NH_4^+$$

配离子的中心离子在水溶液中大多能与 OH^- 作用,生成金属氢氧化物沉淀,导致中心离子浓度降低,促使配离子解离。例如

$$[FeF_6]^{3-} \Longrightarrow 6F^- + Fe^{3+}$$
$$\downarrow +3OH^-$$
$$Fe(OH)_3$$

3.4.2.3 沉淀-溶解平衡的影响

金属难溶盐在配体溶液中,由于金属离子与配体生成配合物而使金属难溶盐的溶解度增加。

例 3. 15 分别计算 AgI 在水中和 $0.10\ mol \cdot L^{-1}$ NH_3 水中的溶解度。已知 $K_f([Ag(NH_3)_2]^+) = 1.67 \times 10^7$,$K_{sp}(AgI) = 8.51 \times 10^{-17}$。

解 (1) AgI 在水中的溶解度 S_1:

$$S_1 = \sqrt{K_{sp}(AgI)} = \sqrt{8.51 \times 10^{-17}} = 9.22 \times 10^{-9}\ (mol \cdot L^{-1})$$

(2) 设 AgI 在 $0.10\ mol \cdot L^{-1}$ NH_3 水中的溶解度 S_2:

$$AgI + 2NH_3 \Longrightarrow [Ag(NH_3)_2]^+ + I^-$$

平衡浓度/($mol \cdot L^{-1}$)　　　　$0.1 - 2S_2$　　　S_2　　　S_2

$$K = \frac{c([Ag(NH_3)_2]^+) \cdot c(I^-)}{c^2(NH_3)}$$
$$= \frac{c([Ag(NH_3)_2]^+) \cdot c(I^-) \cdot c(Ag^+)}{c^2(NH_3) \cdot c(Ag^+)}$$
$$= K_f([Ag(NH_3)_2]^+) \times K_{sp}(AgI)$$
$$= 1.67 \times 10^7 \times 8.51 \times 10^{-17}$$
$$= 1.42 \times 10^{-9}$$

又　　　　$$K = \frac{(S_2)^2}{(0.1 - 2S_2)^2} = 1.42 \times 10^{-9}$$

$$S_2 = 3.77 \times 10^{-6}\ mol \cdot L^{-1}$$

由计算结果可知,AgI 在氨水中的溶解度比在水中大得多。

3.4.2.4 氧化还原平衡的影响

在配离子溶液中,加入适当的氧化剂或还原剂,使中心离子发生氧化还原反应而改变价态,中心离子浓度降低,导致配位平衡发生移动。例如

$$[Fe(SCN)_6]^{3-} \Longrightarrow 6SCN^- + Fe^{3+}$$
$$\downarrow +Sn^{2+}$$
$$Fe^{2+} + Sn^{4+}$$

3.4.2.5 配离子之间的转化

中心离子可以与不同配位剂形成不同的配离子。当往一种配离子中加入适当的配位剂时,其可以转化为另一种更为稳定的配离子,即平衡向生成更难解离(K_f 更大)的配离子的方向移动。两种配离子的 K_f 相差越大,转化的趋势越大。例如

$$[Ag(NH_3)_2]^+ (aq) + 2CN^- (aq) \Longrightarrow [Ag(CN)_2]^- (aq) + 2NH_3(aq)$$

$$K = \frac{c([Ag(CN)_2]^-) \cdot c^2(NH_3)}{c([Ag(NH_3)_2]^+) \cdot c^2(CN^-)} = \frac{K_f([Ag(CN)_2]^-)}{K_f([Ag(NH_3)_2]^+)} = \frac{1.26 \times 10^{21}}{1.12 \times 10^7} = 1.13 \times 10^{14}$$

临床上用依地酸钙（$[Ca\text{-}EDTA]^{2+}$）治疗铅中毒病人，就是利用依地酸钙在体内与 Pb^{2+} 反应，生成更稳定的依地酸铅（$[Pb\text{-}EDTA]^{2+}$），这是一种无毒可溶于水的配离子，经肾脏排出体外，达到解毒的目的。

$$[Ca\text{-}EDTA]^{2+} + Pb^{2+} \longrightarrow [Pb\text{-}EDTA]^{2+} + Ca^{2+}$$

例 3.16 将 $20\ cm^3$ $0.025\ mol \cdot L^{-1}$ 的 $AgNO_3$ 溶液与 $2.0\ cm^3$ $1.0\ mol \cdot L^{-1}$ 的 NH_3 溶液混合，求所得溶液中 $[Ag(NH_3)_2]^+$ 的浓度。在此溶液中再加入 $2.0\ cm^3$ $1.0\ mol \cdot L^{-1}$ 的 KCN，求所得溶液中 $[Ag(NH_3)_2]^+$ 的浓度是多少（忽略 CN^- 的水解）？配位反应的方向与配合物稳定性关系如何？

解
$$c(Ag^+) = \frac{0.025 \times 20}{20 + 2.0} = 0.023\ (mol \cdot L^{-1})$$

$$c(NH_3) = \frac{1.0 \times 2.0}{20 + 2.0} = 0.091\ (mol \cdot L^{-1})$$

NH_3 过量，Ag^+ 基本上变成 $[Ag(NH_3)_2]^+$，$c([Ag(NH_3)_2]^+) \approx 0.023\ mol \cdot L^{-1}$。

加入 KCN 后，$[Ag(CN)_2]^-$ 和 $[Ag(NH_3)_2]^+$ 为同类型配离子，且
$$K_f([Ag(CN)_2]^-) = 1.26 \times 10^{21}$$
$$K_f([Ag(NH_3)_2]^+) = 1.12 \times 10^7$$

可以认为 $[Ag(NH_3)_2]^+$ 全部转化为 $[Ag(CN)_2]^-$。平衡时，溶液中

$$c([Ag(CN)_2]^-) = \frac{0.025 \times 20}{20 + 2.0 + 2.0} = 0.021\ (mol \cdot L^{-1})$$

$$c(CN^-) = \frac{1.0 \times 2.0}{20 + 2.0 + 2.0} - 0.021 \times 2 = 0.041\ (mol \cdot L^{-1})$$

$$c(NH_3) = \frac{1.0 \times 2.0}{20 + 2.0 + 2.0} = 0.083\ (mol \cdot L^{-1})$$

设平衡时 $[Ag(NH_3)_2]^+$ 的浓度为 x mol $\cdot L^{-1}$，则
$$[Ag(NH_3)_2]^+(aq) + 2CN^-(aq) \rightleftharpoons [Ag(CN)_2]^-(aq) + 2NH_3(aq)$$
$$x \qquad\qquad 0.041 \qquad\qquad 0.021 \qquad\qquad 0.083$$

$$K = \frac{K_f([Ag(CN)_2]^-)}{K_f([Ag(NH_3)_2]^+)} = \frac{1.26 \times 10^{21}}{1.12 \times 10^7} = 1.13 \times 10^{14}$$

$$\frac{0.021 \times 0.083^2}{x\,(0.041)^2} = 1.13 \times 10^{14}$$

解得
$$c([Ag(NH_3)_2]^+) = x = 7.62 \times 10^{-16}\ mol \cdot L^{-1}$$

配位反应的方向是向生成更稳定的配合物（K_f 更大）的方向进行。

3.5 胶体

胶体广泛存在于自然界和日常生活中，如动植物体中的蛋白质和糖类，自然界的矿物等都以胶体状态存在。很早以前人们就开始接触并运用胶体知识，如松香制墨、明矾净水、磨制豆腐等。现代工业如制药、冶金、轻纺、石油、橡胶、食品、日用化工等，农业生产中土壤的

改良、人工降雨等，国防军事上火药、炸药的制备等，都和胶体有着密切的联系。因此，了解胶体的结构、性质及其应用，对于指导工农业生产和日常生活具有重要的实际意义。本节扼要介绍胶体的基本知识。

3.5.1　胶体的定义及分类

由一种或几种物质分散在另一种物质中所形成的系统称为分散系统，简称分散系。如牛奶中奶油液滴分散在水中，颜料分散在有机液体中形成油漆等。通常被分散的物质称为分散质（或分散相），在分散质周围的物质称为分散剂（或分散介质），例如蔗糖或食盐溶于水中，蔗糖、食盐是分散质，水是分散剂，分散质和分散剂组成分散系。按照分散质粒子直径的大小，分散系大致可分为三种类型（表 3.5）。

表 3.5　　　　　　　　　　　分散系按分散质粒子直径的大小分类

类型	分散质大小	主要特性	实例
小分子或小离子分散系（真溶液）	$< 10^{-9}$ m	粒子能透过滤纸和半透膜，扩散速度快，在超显微镜下都看不见	NaCl 水溶液、乙醇水溶液、空气
胶体分散系（溶胶、高分子溶液）	$10^{-9} \sim 10^{-7}$ m	粒子能透过滤纸，但不能透过半透膜，扩散速度慢，在普通显微镜下看不见，但在超显微镜下可以分辨	AgCl 或 $Al(OH)_3$ 水溶胶
粗分散系（悬浊液和乳状液）	$> 10^{-7}$ m	粒子不能透过滤纸，不扩散，在普通显微镜下可见	泥浆

由表 3.5 可知，胶体是一种分散质粒子直径在 1～100 nm 之间的分散系，介于粗分散系和溶液之间。由于高分子物质也处于胶体分散质的尺寸范围内，因此聚合物也属于胶体。根据分散质和分散剂的聚集状态不同，胶体又可分为 8 种类型（表 3.6）。

表 3.6　　　　　　　　　　胶体按分散质和分散剂的聚集状态分类

分散质	分散剂	通称	实例
气	固	固溶胶	固体泡沫（泡沫塑料、泡沫金属）、沸石、珍珠、有色玻璃、红宝石、合金
液			
固			
气	液	液溶胶	啤酒泡沫、肥皂泡沫、灭火泡沫
液			乳状液（豆浆、牛奶、含水原油等）
固			金溶胶、油墨、油漆、$Fe(OH)_3$ 水溶胶
液	气	气溶胶	雾
固			悬浮体（烟、沙尘暴、粉尘）

此外，还可以按分散质和分散剂之间的相互作用划分，胶体可分为亲液溶胶和憎液溶胶两大类，如表 3.7 所示。这种分类法只适于分散剂为液体（主要是水）的胶体分散系。在本节中重点讨论憎液溶胶。

表 3.7 胶体按分散质与分散剂之间的相互作用分类

名 称	性质比较			实 例
	亲和力	沉降时是否带分散剂	性 质	
亲液溶胶	大	是	稳定,分散质能自动分散到分散剂中,沉淀与溶胶过程可逆	高分子溶液(明胶、琼脂)
憎液溶胶	小	否	不稳定,遇电解质凝聚,沉淀不能可逆生成溶胶	$Fe(OH)_3$ 溶胶、As_2S_3 溶胶、金溶胶、硫溶胶

3.5.2 胶体的结构与稳定性

胶体是含有固液两相的多相体系,一般是在含有电解质的溶液中形成的。胶体粒子在形成过程中,往往吸附某种离子而带有正电荷或负电荷。例如,将 KI 溶液滴加至 $AgNO_3$ 溶液中生成 AgI,反应式表示如下:

$$KI(aq) + AgNO_3(aq) \Longrightarrow AgI(aq) + KNO_3(aq)$$

m 个 AgI 分子聚集成直径为 $1\sim100$ nm 粒子作为分散质的核心,称为胶核。由于 $AgNO_3$ 过量,所以胶核优先吸附 n 个 Ag^+ 而带有正电荷,Ag^+ 又能吸引带负电荷的 NO_3^-（称为反离子）,由于胶核与反离子带有电性相反的电荷,所以静电作用会使 NO_3^- 紧密靠近胶核分布,形成吸附层;胶核与吸附层构成胶粒。在胶粒外围的 x 个 NO_3^-,由于与胶核的静电作用力很弱,因此较疏松地分布在胶粒周围,称为扩散层。胶粒与扩散层合称为胶团。整个胶团是电中性的。图 3.3 所示为 AgI 胶体的结构。

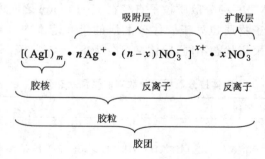

图 3.3 AgI 胶体结构示意图

又如,$Fe(OH)_3$ 溶胶可由 $FeCl_3$ 水解制得。反应可简单表示如下:

$$FeCl_3(aq) + 3H_2O(l) \Longrightarrow Fe(OH)_3(s) + 3HCl(aq)$$

$FeCl_3$ 在水中是分级水解的,溶胶系统中存在多种分子和离子,以最简式表示,如 $Fe(OH)_3$、$FeO(OH)$、$Fe(OH)_2^+$、$Fe(OH)^{2+}$、FeO^+ 等。通常简单地认为 m 个 $Fe(OH)_3$ 分子相互聚集形成胶核,胶核选择性地吸附 FeO^+ 离子构成胶粒,$Fe(OH)_3$ 胶粒带正电荷。FeO^+ 又吸引 Cl^- 离子形成吸附层。胶粒外围的 x 个 Cl^- 分布在胶粒周围形成扩散层。$Fe(OH)_3$ 胶团的结构也可以用图 3.4 简单表示。

胶体(这里主要指憎液溶胶)是高度分散的多相不均匀系统,分散质和分散介质之间有

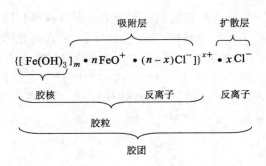

图 3.4 $Fe(OH)_3$ 胶体结构示意图

很大的相界面,具有很高的表面吉布斯自由能,因此溶胶在热力学上是不稳定的,粒子间有互相聚集而降低其表面积的趋势。但事实上不少溶胶可以长时间稳定存在而不发生沉降,其原因一方面由于溶胶粒子带有电荷,当带同号电荷的胶体粒子因不停的运动而相互接近时,彼此间就会产生斥力。这种斥力阻碍了胶粒的结合和聚沉,有利于溶胶的稳定。另一方面,由于溶胶粒子的布朗运动,能够克服重力场的影响而不沉降,这种性质称为动力学稳定性。因此,高度分散的多相性、动力学稳定性和热力学不稳定性是胶体的三大特征,也是胶体其他性质的依据。

3.5.3　胶体的性质

3.5.3.1　光学性质

胶体的光学性质,是其高度分散性和多相不均匀性的直观反映。英国物理学家丁铎尔(J. Tyndall)于 1869 年发现,当一束波长大于溶胶分散质粒子尺寸的聚集光照射到溶胶系统时,在与入射光垂直的方向上,可观察到一个发亮的光锥(图 3.5)。这种现象称为丁铎尔现象。例如在暗背景下,光经过灰雾系统,可见许多微细粒子在光路中运动,如电影院中放映机经过的光路,黑夜中手电的光路等,从与光路垂直的侧面可观察到这些颗粒,但在正面却看不见。

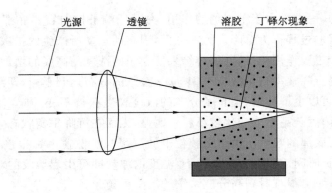

图 3.5　丁铎尔现象

光束照射到胶体上,可发生光的透过、吸收、反射和散射。当光束与胶体分散系不发生任何相互作用时,则光透过;若入射光的频率与分子的固有频率相同,则发生光的吸收;当入射光的波长小于分散质粒子的尺寸时,可发生光的反射;若入射光的波长大于分散相粒子的尺寸,则光波可以绕过粒子向四面八方传播,发生光的散射,散射出来的光称为乳光。可见光的波长在 400~760 nm 的范围,一般胶体粒子的尺寸为 1~100 nm,小于可见光的波长,因此当可见光束投射于胶体分散系时,发生光的散射,出现丁铎尔现象。由此可知,产生丁铎尔现象的实质是光的散射。丁铎尔现象又称为乳光现象。丁铎尔现象是判别溶胶与真溶液的最简便的方法。

3.5.3.2　动力学性质

溶胶是热力学不稳定系统,但实际上溶胶却能稳定存在,其中一个很重要的原因是溶胶的动力学性质。

（1）布朗运动与扩散

在超显微镜下可观察到溶胶粒子永不停息地做无规则的热运动,这种运动即为布朗运动。如空气中的烟尘、矿粉、金属粉末等都存在布朗运动。产生布朗运动的原因是分散介质对胶粒的撞击,受介质分子的热运动的撞击,在某一瞬间,胶粒所受的来自各个方向的撞击力不能相互抵消,加上粒子自身的热运动,胶粒在不同时刻以不同速度、不同方向做无规则运动。因此,布朗运动是溶胶粒子热运动的必然结果。德国化学家席格蒙迪(R. A. Zsigmondy)观察了一系列溶胶,发现如下规律:① 粒子愈小,布朗运动愈激烈;② 布朗运动的激烈程度随温度的升高而增加。

当存在浓度梯度时,溶胶粒子因布朗运动而从高浓度区向低浓度区定向迁移的现象,称为扩散。粒子扩散的定向推动力是浓度梯度,因为系统总是向着均匀分布的方向变化。胶体系统的扩散与溶液中溶质的扩散相似。爱因斯坦(A. Einstein)导出了扩散系数与时间 t 内胶粒的平均位移 $\bar{x}$ 之间的关系式:

$$\bar{x}^2 = 2Dt \tag{3.22}$$

此即著名的爱因斯坦-布朗运动公式。这个公式很重要,它揭示了扩散是布朗运动的宏观表现,而布朗运动则是扩散的微观基础。

（2）沉降与沉降平衡

胶体分散系中,一方面由于重力场的作用,力图把粒子拉向容器底部,使之下沉。这种因重力作用而下沉的过程称为沉降。另一方面,因布朗运动所产生的扩散作用,使离子趋于均匀分布。这两个过程作用相反,其综合结果使粒子的浓度随高度的增加而减小,形成了一定的浓度梯度。当沉降速率与扩散速率相等时,粒子的分布达到平衡,即沉降平衡。这是一种动态平衡,粒子可以上下移动,但粒子分布的浓度梯度保持不变。应当指出,当系统达到平衡时,大粒子的浓度随高度的变化较小粒子明显,因而在沉降平衡状态,位于上部的粒子,平均粒径总是小于底部的粒子。由于溶胶粒子的沉降与扩散速率都很慢,因此要达到沉降平衡,往往需要很长时间。而在普通条件下,温度的波动即可引起溶胶的对流而妨碍沉降平衡的建立,所以实际上,很难看到高分散系统的沉降平衡。

3.5.3.3　电学性质

（1）电动现象

溶胶分散质固体粒子与分散介质之间存在着明显的相界面。实验发现:在外电场的作用下,固、液两相可发生相对运动;反之,在外力作用下迫使固、液两相进行相对运动时,又可产生电势差。溶胶这种与电势差有关的相对运动称为电动现象。电泳、电渗、流动电势和沉降电势均属于电动现象。电动现象是研究和发展胶体稳定性理论的基础。

在外加电场作用下,带电的分散质粒子在分散介质中向电性相反的电极移动的现象称为电泳,如图 3.6 所示。胶粒的电泳速度受带电粒子的大小、粒子表面的电荷数、溶剂中电解质的类型、pH、温度和外加的电压等多种因素的影响。电势梯度越大,粒子带电愈多,粒子的体积越小,都有利于电泳速度的增大;介质的黏度越大,则电泳速度越小。此外,若在溶胶中加入电解质,则会对电泳有显著影响。随着溶胶中外加电解质浓度的增加,电泳速度常会降低至零,甚至改变胶粒的电泳方向,因为外加电解质可以改变胶粒带电的符号。

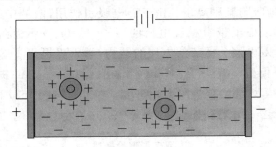

图 3.6 电泳

电泳的应用相当广泛,在生物化学中常用电泳法分离和区别各种氨基酸和蛋白质。在医学中利用血清在纸上电泳,纸上蛋白质的先后次序反映了不同蛋白质的运动速度,以及从谱带的宽度反映不同蛋白质含量的差别,其结果类似于色谱分析法,医生可以利用这种图谱作为诊断的依据。

在外加电场作用下,分散介质通过多孔膜(如素瓷片或固体粉末制成的多孔塞)或极细的毛细管移动,而带电的固相不动的现象,称为电渗,如图 3.7 所示。分散介质流动的方向及流速的大小与多孔膜的材料及流体的性质有关。此外,和电泳一样,外加电解质对电渗速度的影响很大,随电解质浓度的增加电渗速度降低,甚至还会改变液体流动的方向。电渗现象有许多实际应用。例如在电沉积法涂漆操作中,使漆膜内所含水分排到膜外以形成致密的漆膜,工业及工程中泥土或泥炭的脱水等,都可借助电渗法实现。

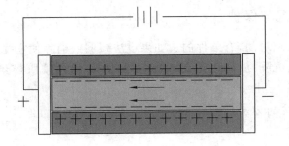

图 3.7 电渗

在外力(主要是重力)作用下,分散质粒子在分散介质中迅速沉降,流体的表面层与内层之间产生的电势差叫做沉降电势,它是电泳的逆现象。贮油罐中的油内常含有水滴,水滴的沉降常形成很高的沉降电势。

在外压作用下,迫使液体流经相对静止的固体表面(如毛细管或多孔塞)而产生的电势叫做流动电势,它是电渗的逆现象。毛细管的表面是带电的,如果外力迫使液体流动,由于扩散层的移动,液体将双电层的扩散层中的离子带走,因而与固体表面产生电势差,从而产生流动电势。例如用泵输送碳氢化合物,在流动过程中产生流动电势,高压下易产生火花,这常常是引起火灾或发生爆炸的原因。因此,常将油管接地或加入油溶性电解质,增加介质的电导,以减小流动电势。

(2)带电界面的双电层结构

当固体与液体接触时,分散质的固体胶粒表面上的某些分子、原子,在溶液中发生电离或从溶液中有选择性地吸附某种离子。由于静电吸引作用,溶液中的带电固体表面必然要吸引等电量的、与固体表面上带有相反电荷的离子(反离子)环绕在固体粒子周围,于是在固、液两相界面形成了双电层。关于双电层的结构,学术界提出了多种理论,比如亥姆霍兹(Helmholtz)提出的平板型模型,古依(Gouy)和查普曼(Chapman)提出的扩散模型,斯特恩(Stern)提出的 Stern 模型,伯克尔斯(Bockers)、第瓦那(Devana)和穆勒(Muller)提出的BDM 理论。表 3.8 概述了上述各种理论。

表 3.8 双电层理论概述

名　称	定　义	热力学电势 φ_0	电动电势 ξ	备注
平板型模型	带电质点的表面与反离子构成平行的两层,即为双电层	固体表面与液体内部的电势差	滑动面与溶液本体间的电势差	由紧密层与扩散层分界处至溶液本体间的电势差,称为 Stern 电势
扩散模型	紧密层和扩散层构成双电层			
Stern 模型	紧密层和扩散层构成双电层。由于离子的溶剂化作用,紧密层结合了一定数量的溶剂分子,构成滑动面			
BDM 模型	双电层仍包括紧密层和扩散层,但将紧密层又细分为内紧密层(IHP)和外紧密层(OHP)。			

3.5.4　胶体的聚沉与保护

溶胶的稳定性是相对的,有条件的。如果设法减弱或消除使它稳定的因素,就能使胶粒聚集成较大的颗粒而沉降,从而达到破坏胶体的目的。这种使胶粒聚集成较大的颗粒而沉降的过程叫做聚沉。

3.5.4.1　使胶体聚沉的方法

(1)加电解质

少量电解质的存在对溶胶起稳定作用,但过量的电解质可加速溶胶的聚沉。因为加入电解质能增加胶体中离子的总浓度,使扩散层中部分反离子挤压进入吸附层内,从而使胶粒所带的电荷减少,同时还会使溶剂化层变薄,有利于溶胶聚沉。反离子价态越高,聚沉作用越强。例如,要使带负电荷的硫化砷溶胶聚沉,不同阳离子聚沉能力的大小为:Al^{3+} >

$Mg^{2+} > Na^+$。溶胶受电解质的影响非常敏感,通常用聚沉值来表示电解质的聚沉能力。所谓聚沉值,是使溶胶在一定时间内完全聚沉所需电解质的最小浓度。聚沉值越小,聚沉能力越强。因此,将聚沉值的倒数定义为聚沉能力。

在自然界中,电解质使胶体聚沉的例子很多。例如,在江河入海处常形成大量淤泥沉积的三角洲,其原因之一就是河水和海水相混合时,河水中所携带的胶粒物质(淤泥)遇到电解质(海水中的盐类)而引起了聚沉。

(2) 加带相反电荷的溶胶

将两种带异号电荷的溶胶以适当的数量互相混合时,由于电性中和,也能发生相互聚沉作用。例如 $Fe(OH)_3$ 正溶胶和 As_2S_3 负溶胶混合,就可能发生相互聚沉。不同型号的墨水混用,有可能使钢笔堵塞。土壤中存在的胶体物有带正电的 $Fe(OH)_3 \cdot Al_2O_3$ 等,带负电荷的硅酸、腐殖质,它们之间的相互聚沉有利于土壤团粒结构的形成。天然水的悬浮体一般带负电荷,若加入明矾 $[KAl(SO_4)_2 \cdot 12H_2O]$,生成带正电荷的 $Al(OH)_3$ 溶胶,二者发生相互聚沉作用,从而达到净水的目的。

(3) 加热

适当加热往往也可促使溶胶聚沉。这主要是因为加热可以使胶体粒子的运动加快,增多胶粒相互接近或碰撞的机会,而且加热会使胶核减弱对离子的吸附作用和水合程度,从而有利于溶胶聚沉。例如,将 $Fe(OH)_3$ 溶胶适当加热可使红棕色 $Fe(OH)_3$ 沉淀析出。

3.5.4.2 胶体的保护

为了使胶体稳定存在,有时需要加入某种物质来保护胶体。明胶、蛋白质、淀粉等大分子物质具有亲水性。在溶胶中加入较多的大分子化合物,大分子物质被吸附到胶粒表面,包围住胶粒,使憎水性胶粒表面变成了亲水性,增加了胶粒对介质的亲合力,从而增加了溶胶的稳定性,即使加入少量电解质也不聚沉。这种现象称为大分子化合物的保护作用。但应注意,若在溶胶中加入少量大分子化合物,则不仅对胶体没有保护作用,反而会降低其稳定性,甚至发生聚沉,这种现象称为敏化作用。产生这种现象的原因可能是由于大分子化合物数量少时,不足以完全覆盖胶粒的表面,反而使胶粒附着到大分子上,因质量变大而聚沉。

大分子化合物对溶胶的保护作用早就为人们所利用。例如,照相用的胶卷的感光层,是用动物胶来保护的。动物胶保护着极细的溴化银悬浮粒子,阻止它们结合为较粗的粒子而聚沉,使溶胶同时兼备聚集稳定性和动力学稳定性。血液中所含的难溶盐类,如碳酸钙、磷酸钙等,也是靠血液中蛋白质的保护而以胶体存在的。古埃及人制作壁画用的颜色都是用酪素使之稳定。在工业生产中,一些贵金属催化剂如铂溶胶、镉溶胶等,先加入大分子溶液保护,再烘干运输,使用时只要加入分散介质就可以变成溶胶。

习 题 三

一、判断题（对的在括号内填"√"，错的在括号内填"×"）

1. 质量相等的苯和甲苯均匀混合，溶液中苯和甲苯的摩尔分数都是 0.5。　　　（　　）

2. 根据稀释定律，弱酸的浓度越小，其解离度就越大，因此酸性也越强。　　　（　　）

3. 两种酸 HX 和 HY 的水溶液具有相同的 pH 值，则这两种酸的浓度必然相等。
　　　（　　）

4. 中和等体积 pH 值相同的 HCl 和 HAc 溶液，所需的 NaOH 的量相同。　　　（　　）

5. 弱酸或弱碱的解离平衡常数 $K^{\ominus}$ 不仅与溶液温度有关，而且与其浓度有关。（　　）

6. 弱电解质的解离度大小表示了该电解质在溶液中的解离程度的大小。　　　（　　）

7. 同离子效应使溶液中的离子浓度减小。　　　（　　）

8. 将氨水的浓度稀释一倍，溶液中 OH⁻ 浓度也减少到原来的 1/2。　　　（　　）

9. $0.10\ mol\cdot L^{-1}$ NaCN 溶液的 pH 值比相同浓度的 NaF 溶液的 pH 值要大，这表明 CN⁻ 的 K_b 值比 F⁻ 的 K_b 值要大。　　　（　　）

10. 缓冲溶液的 pH 值范围仅与缓冲对 c(酸)/c(碱) 的比值有关。　　　（　　）

11. PbI_2 和 $CaCO_3$ 的溶度积均近似为 10^{-9}，从而可知它们的饱和溶液中，前者的 Pb^{2+} 浓度与后者的 Ca^{2+} 浓度近似相等。　　　（　　）

12. 所谓沉淀完全，是指溶液中这种离子的浓度为零。　　　（　　）

13. 对于含有多种可被沉淀离子的溶液来说，当逐滴慢慢滴加沉淀剂时，一定是浓度大的离子首先被沉淀。　　　（　　）

14. 为了使某种离子沉淀更完全，所加沉淀剂越多越好。　　　（　　）

15. 因为 $BaSO_4$ 在水中溶解达到平衡时，受到溶度积常数 $K_{sp}^{\ominus}$ 的制约，因此 $BaSO_4$ 应为弱电解质。　　　（　　）

二、选择题（将正确的答案的标号填入空格内）

1. 在质量摩尔浓度为 $2.00\ mol\cdot kg^{-1}$ 的水溶液中，溶质的摩尔分数为多少？　（　　）
A．0.005　　　　B. 2.00　　　　C. 0.333　　　　D. 0.034 7

2. 在稀溶液的依数性中，起主导作用的是下列哪一个？　　　（　　）
A. 溶液的蒸气压下降　　　　　B. 溶液的沸点上升
C. 溶液的凝固点下降　　　　　D. 溶液的渗透压

3. 稀溶液的沸点上升常数与下列哪一种因素有关？　　　（　　）
A. 溶液的浓度　　　　　　　　B. 溶质的性质
C. 溶剂的性质　　　　　　　　D. 溶剂的摩尔分数

4. 相同质量摩尔浓度的下列物质的水溶液，凝固点最低的是哪一种？　　　（　　）
A. 葡萄糖　　　　B. HAc　　　　C. NaCl　　　　D. $CaCl_2$

5. 下列各种物质的溶液浓度均为 $0.01\ mol\cdot L^{-1}$，按它们的渗透压递减的顺序排列正确的是哪一组？　　　（　　）

A.　$HAc-NaCl-C_6H_{12}O_6-CaCl_2$

B.　$C_6H_{12}O_6-HAc-NaCl-CaCl_2$

C.　$CaCl_2-NaCl-HAc-C_6H_{12}O_6$

D.　$CaCl_2-HAc-C_6H_{12}O_6-NaCl$

6. 根据酸碱电子理论,下列物质中不能作为路易斯碱的是哪一种?　　　　　　　(　　)

A.　NH_3　　　　　B.　OH^-　　　　　C.　H^+　　　　　D.　CN^-

7. 在某弱酸平衡系统中,下列哪种参数不受酸初始浓度的影响?　　　　　　　(　　)

A.　$c(H^+)$　　　　B.　α　　　　　C.　$K_a^\ominus$　　　　　D.　$c(OH^-)$

8. 往 1 L 0.10 mol·L^{-1} HAc 溶液中加入一些 NaAc 晶体并使之溶解,会发生怎样的情况?　　　　　　　(　　)

A.　HAc 的 α 值增大　　　　　　　B.　HAc 的 α 值减小

C.　溶液的 pH 值增大　　　　　　　D.　溶液的 pH 值减小

9. 设氨水的浓度为 c,若将其稀释 1 倍,则溶液中 $c(OH^-)$ 为多少?　　　　　　(　　)

A.　$\frac{1}{2}c$　　　　B.　$\frac{1}{2\sqrt{K_b \cdot c}}$　　　　C.　$\sqrt{K_b \cdot c/2}$　　　D.　$2c$

10. 对于弱电解质,下列说法正确的是哪个?　　　　　　　(　　)

A.　弱电解质的解离常数不仅与温度有关,而且与浓度有关

B.　溶液的浓度越大,达到平衡时解离出的离子浓度越高,它的解离度越大

C.　两弱酸,解离常数越小的,达到平衡时,其 pH 值越大,酸性越弱

D.　解离度不仅与温度有关,而且与浓度有关

11. 对于相同的弱酸和它的共轭碱所组成的缓冲对,下列哪一种情况抗击碱的冲击最好?

A.　$c(碱) \approx c(酸)$　　　　　　　B.　$c(碱) > c(酸)$

C.　$c(碱) < c(酸)$　　　　　　　D.　需要具体计算　　　　　　　(　　)

12. 在 0.06 mol·kg^{-1} 的 HAc 溶液中,加入 NaAc 晶体,使其浓度达 0.2 mol·kg^{-1} 后,若 $K_a^\ominus(HAc) = 1.8 \times 10^{-5}$,则溶液的 pH 值应为多少?(精确计算)　　　(　　)

A.　5.27　　　　B.　44　　　　C.　5.97　　　　D.　7.30

13. 在下列哪种溶液中,$SrCO_3$ 的溶解度最大?　　　　　　　(　　)

A.　0.1 mol·kg^{-1} 的 HAc　　　　　B.　0.1 mol·kg^{-1} 的 $SrAc_2$

C.　0.1 mol·kg^{-1} 的 Na_2CO_3　　　　D.　纯水

14. 已知 $K_{sp}(Ag_2CO_3) = 8.1 \times 10^{-12}$,则 Ag_2CO_3 的溶解度 S 为多少(单位为 mol·L^{-1})?　　　　　　　(　　)

A.　1.42×10^{-4}　　　B.　3.42×10^{-4}　　　C.　2.85×10^{-6}　　　D.　2.12×10^{-6}

15. 设 AgCl 在水中,在 0.01 mol·L^{-1} $CaCl_2$ 中,在 0.01 mol·L^{-1} NaCl 中以及在 0.05 mol·L^{-1} $AgNO_3$ 中的溶解度分别为 s_0、s_1、s_2 和 s_3,这些量之间的正确关系是哪一组?

A.　$s_0 > s_1 > s_2 > s_3$　　　　　　B.　$s_0 > s_2 > s_1 > s_3$

C.　$s_0 > s_1 = s_2 > s_3$　　　　　　D.　$s_0 > s_2 > s_3 > s_1$

三、计算及问答题

1. 试计算 0.1 mol·L^{-1} 的 NaCl 水溶液($\rho = 1.0$ g·cm^{-3})的溶质和溶剂的摩尔分数

各为多少？该溶液的质量摩尔分数为多少？

2. 某有机物 11.5 g 溶于 100 g 乙醇中,所得溶液在 50 ℃时的蒸气压为 27.59 kPa,在相同温度下,乙醇的蒸气压为 29.33 kPa,求该有机物的相对质量分数。

3. 将 0.450 g 某非电解质溶于 30.0 g 水中,使溶液凝固点降为 −0.150 ℃。已知水的 K_f 为 1.86 ℃ • kg • mol^{-1},则该非电解质的相对分子质量为多少？

4. 10 g 葡萄糖($C_6H_{12}O_6$)溶于 400 g 乙醇中,溶液的沸点较纯乙醇的沸点上升 0.142 8 ℃;另有 2 g 某有机物溶于 100 g 乙醇中,此溶液沸点上升了 0.125 0 ℃,求此有机物的相对分子质量。

5. 海水中盐的总浓度约为 0.60 mol • dm^{-3}。若均以主要组分 NaCl 计,试估算海水开始结冰的温度和沸腾的温度,以及在 25 ℃时用反渗透法提取纯水所需的最低压力(设海水中盐的总浓度若以质量摩尔浓度 m 表示时也近似为 0.60 mol • kg^{-1})。

6. 已知 298.15 K 时某一元弱碱的浓度为 0.020 mol • L^{-1},测得其 pH 值为 11.0,求其 $K_b^{\ominus}$ 和解离度 α,以及稀释 1 倍后的 $K_b^{\ominus}$、α 和 pH 值。

7. 计算下列溶液的 pH 值及解离度:

(1) 0.05 mol • L^{-1} NH$_4$Cl;

(2) 0.5 mol • L^{-1} KCN。

8. 已知氨水溶液的浓度为 0.20 mol • L^{-1}。

(1) 求该溶液中的 OH$^-$ 的浓度、pH 值和氨的解离度。

(2) 在上述溶液中加入 NH$_4$Cl 晶体,使其溶解后 NH$_4$Cl 的浓度为 0.20 mol • L^{-1}。求所得溶液的 OH$^-$ 的浓度、pH 值和氨的解离度。

(3) 比较上述(1)、(2)两小题的计算结果,说明了什么？

9. 125 cm^3 1.0 mol • dm^{-3} NaAc 溶液,欲配制 250 cm^3 pH 为 5.0 的缓冲溶液,需加入 6.0 mol • L^{-1} HAc 溶液体积多少毫升？

10. 正常血液中的 pH 值为 7.41,求血液中 $m(H_2CO_3)/m(HCO_3^-)$。已知 $K_{a1}^{\ominus}(H_2CO_3) = 4.3 \times 10^{-7}$。

11. 已知 298.15 K 时,PbI$_2$ 的 $K_{sp}^{\ominus} = 8.4 \times 10^{-9}$,计算

(1) PbI$_2$ 在水中的溶解度(单位:mol • L^{-1});

(2) PbI$_2$ 饱和溶液中 Pb^{2+} 和 I$^-$ 的浓度;

(3) PbI$_2$ 在 0.1 mol • L^{-1} KI 溶液中的溶解度(单位:mol • L^{-1});

(4) PbI$_2$ 在 0.2 mol • L^{-1} Pb(NO$_3$)$_2$ 溶液中的溶解度(单位:mol • L^{-1})。

12. 将 Pb(NO$_3$)$_2$ 溶液与 NaCl 溶液混合,设混合液中 Pb(NO$_3$)$_2$ 的浓度为 0.20 mol • dm^{-3},问:

(1) 当在混合溶液中 Cl$^-$ 的浓度等于 5.0×10^{-4} mol • L^{-1} 时,是否有沉淀生成？

(2) 当混合溶液中 Cl$^-$ 的浓度多大时,开始生成沉淀？

(3) 当混合溶液中 Cl$^-$ 的浓度为 6.0×10^{-2} mol • L^{-1} 时,残留于溶液中 Pb^{2+} 的浓度为多少？

13. 某溶液中含有 Fe^{3+} 和 Zn^{2+},浓度均为 0.050 mol • L^{-1},若欲将两者分离,应如何控制溶液的 pH 值。

14. 已知 [Zn (CN)$_4$]$^{2-}$ 的 $K_f = 5.0 \times 10^{16}$,ZnS 的 $K_{sp} = 2.93 \times 10^{-25}$。在 0.010

$mol \cdot L^{-1}$ 的 $[Zn(CN)_4]^{2-}$ 溶液中通入 H_2S 至 $c(S^{2-}) = 2.0 \times 10^{-15}$ $mol \cdot L^{-1}$,是否有 ZnS 沉淀产生?

15. 计算下列反应的平衡常数,并判断反应进行的方向(设各反应物质的浓度均为 1 $mol \cdot L^{-1}$)。

(1) $[Cu(NH_3)_4]^{2+} + Zn^{2+} \Longrightarrow [Zn(NH_3)_4]^{2+} + Cu^{2+}$

(2) $PbCO_3(s) + S^{2-} \Longrightarrow PbS(s) + CO_3^{2-}$

四、思考题

1. 稀溶液定律的内容如何?对具有相同质量摩尔浓度的非电解质溶液、AB 型及 A_2B 型强电解质溶液来说,凝固点高低的顺序应如何进行判断?

2. 请根据稀溶液依数性解释下列现象。

(1) $CaCl_2$ 、P_2O_5 等常用做干燥剂;

(2) 冬天在内燃机水箱中加乙二醇防冻;

(3) 盐碱地上栽种的植物难以生长。

3. 酸碱质子理论如何定义酸和碱?什么叫做共轭酸碱对?

4. 写出下列各物质的共轭酸

(1) HCO_3^- ;(2) S^{2-} ;(3) PO_4^{3-} ;(4) H_2O ;(5) NH_3 ;(6) OH^-

5. 写出下列各种物质的共轭碱

(1) $H_2PO_4^-$;(2) HF ;(3) HS^- ;(4) HCN ;(5) $HClO$;(6) H_2CO_3

6. 根据酸碱质子理论,下列物质哪些是酸?哪些是碱?哪些是两性物质?

HCN , $HCOO^-$, CO_3^{2-} , HCO_3^- , H_3AsO_4 , NH_3 , HS^- , H_2O , $H_2PO_4^-$, H_2S

7. 为什么某酸越强,则其共轭碱越弱,或某酸越弱,其共轭碱越强?共轭酸碱对的 K_a 与 K_b 之间有何定量关系?

8. 为什么计算多元弱酸溶液中的 H^+ 浓度时,可近似地用一级解离平衡进行计算?

9. 什么是离子积?什么是溶度积?它们之间有何联系?

10. 如何从化学平衡观点来理解溶度积规则?试用溶度积规则解释下列事实。

(1) $CaCO_3$ 溶于稀 HCl 溶液中;

(2) $Mg(OH)_2$ 溶于 NH_4Cl 溶液中;

(3) ZnS 能溶于盐酸和稀硫酸中,而 CuS 不溶于盐酸和稀硫酸中,却能溶于硝酸中。

11. 要使沉淀溶解,可采用哪些措施?举例说明。

12. 胶体分散系有哪些特性?

13. 胶体的电泳、电渗现象是怎样产生的?

14. 什么是聚沉作用?使溶胶聚沉的方法有哪些?为什么在江河流入海处,流水所携带的大量泥沙会在海口形成三角洲?

15. 将 12 mL 0.01 $mol \cdot L^{-1}$ KCl 溶液与 100 mL 0.005 $mol \cdot L^{-1}$ $AgNO_3$ 溶液混合制备 $AgCl$ 溶胶,试写出其胶团的结构。

➡️ **第4章**

电 化 学

化学反应可以分为两大类：一类是反应物之间没有电子转移，原子或离子的氧化数没有发生改变，这类反应称为非氧化还原反应，如酸碱反应、沉淀反应、配位反应等。另一类是反应物之间有电子转移，某些原子或离子的氧化数发生了改变，这类反应称为氧化还原反应。如果将氧化还原反应中的反应物不互相接触，不直接转移电子，而是通过导体实现电子的转移，则会产生电流，这时氧化还原反应就与电流相联系。对于吉布斯自由能降低的氧化还原反应，能自发进行；对于吉布斯自由能升高的氧化还原反应，不能自发进行，但可通过外电源提供电能迫使反应发生，这些氧化还原反应都称为电化学反应。电化学是研究电和化学反应相互关系的科学，在工业生产和科学研究中起着重要的作用。

4.1 氧化还原反应

4.1.1 氧化还原反应的基本概念

人们最早把与氧化合或失去氢的反应叫做氧化反应，而把从氧化物中去除氧或结合氢的反应叫做还原反应。例如：

氧化反应：$\qquad 2Cu + O_2 \longrightarrow 2CuO$

还原反应：$\qquad CuO + H_2 \longrightarrow Cu + H_2O$

有些反应没有涉及氢、氧，因此，这个定义有较大的局限性。19世纪中叶，人们在化学中引入了原子价（或化合价）的概念，来表现在化合物中各原子同其他原子结合的能力。20世纪初，由于建立了化合价的电子理论，人们把失电子的过程叫做氧化，得电子的过程叫做还原。例如：

$$Fe + Cu^{2+} \longrightarrow Fe^{2+} + Cu$$

反应中电子由 Fe 转移给 Cu^{2+}，Fe 失去了电子被氧化，Cu^{2+} 得到电子被还原。但是，在一些反应中，如：

$$H_2 + Cl_2 \longrightarrow 2HCl$$

并没有明显的得失电子关系，为了更广泛而深入地认识氧化还原反应，人们在价键理论和电负性的基础上提出了"氧化数"的概念，用来描述元素的氧化或还原状态，并用以表示氧化还原反应中电子的转移关系。

1970 年，IUPAC 把氧化数定义为：元素的氧化数是该元素一个原子的荷电数，这种荷电数是将成键电子指定给电负性较大的元素而求得的（元素的电负性是原子在分子中吸引成键电子能力的量度）。简单地说，元素的氧化数就是化合物中某元素所带电荷的数值，它可以是正数、负数，也可以是分数或零。一般认为，由于化合物中组成元素的电负性不同，原子之间相互成键时，电子对总要偏向电负性大的一方，因此化合物中电负性大的元素具有负的值，而电负性小的元素具有正的氧化数。例如在 NaCl 中，氯元素的电负性比钠元素大，因而 Na 的氧化数为 +1，Cl 的氧化数为 −1。又如在 NH_3 分子中，三对成键的电子都归电负性大一些的氮原子所有，则 N 的氧化数为 −3，H 的氧化数为 +1。元素的氧化数通常根据以下规则确定：

① 单质中元素的氧化数等于零；

② 多原子分子中所有元素氧化数的代数和等于零；

③ 单原子离子的氧化数等于它所带的电荷数，多原子离子中所有元素氧化数的代数和等于该离子所带电荷数；

④ H 元素在化合物中的氧化数一般为 +1，但在金属氢化物中，如 NaH、CaH_2 分子中，H 的氧化数为 −1。电负性最大的 F 元素氧化数总是 −1。O 元素在化合物中的氧化数一般为 −2，但在过氧化物中，如 H_2O_2、Na_2O_2 中为 −1，在超氧化物中 KO_2 分子中为 $-\frac{1}{2}$。据此可以确定复杂分子中任一元素的氧化数。

根据氧化数的概念，在一个化学反应中，氧化数升高的过程称为氧化，氧化数降低的过程称为还原，反应中氧化与还原一定同时发生。这种反应前后元素氧化数发生改变的一类反应称为氧化还原反应，如：

$$\overset{0}{H_2} + \overset{+2}{Fe}O = \overset{0}{Fe} + \overset{+1}{H_2}O$$

反应中得到电子、氧化数降低的物质为 FeO，称为氧化剂；失去电子、氧化数升高的物质为 H_2，称为还原剂。

在有些反应中，氧化数的升高和降低都发生在同一个化合物中，这种氧化还原反应称为自氧化还原反应；其中，当氧化数改变发生在同一种元素中时，称歧化反应，例如：

$$\overset{0}{Cl_2} + H_2O = H\overset{+1}{Cl}O + H\overset{-1}{Cl}$$

一半氯是氧化剂，一半氯是还原剂。

在氧化还原反应中，氧化剂（氧化态）在反应过程中氧化数降低，其产物具有较低的氧化数，转化为还原态；还原剂（还原态）在反应过程中氧化数升高，其产物具有较高的氧化数，转化为氧化态。同一元素的氧化态和还原态物质构成的共轭体系称为氧化还原电对，简称电对，可用"氧化态/还原态"表示，如 Cu^{2+}/Cu 电对、Cl_2/Cl^- 电对。

4.1.2 氧化还原反应方程式的配平

4.1.2.1 反应方程式的配平原则

质量守恒——使元素各自的原子总数在反应式的左右两边相等；

电荷守恒——使所有氧化剂氧化数的降低值之和等于所有还原剂氧化数的增加值之和,或反应过程中氧化剂所夺得的电子数必须等于还原剂失去的电子数。此外,还有介质离子电荷数的守恒。

4.1.2.2 反应方程式配平方法

(1) 离子-电子法

离子-电子法是不同酸碱介质反应方程式配平的主要方法。下面以酸性介质中 MnO_4^- 与 $C_2O_4^{2-}$ 的反应为例说明离子-电子法配平氧化还原反应方程式的具体步骤。

第一步,首先以离子形式写出基本反应式。例如:

$$MnO_4^- + C_2O_4^{2-} \longrightarrow Mn^{2+} + CO_2$$

第二步,任何一个氧化还原反应都是由两个半反应组成,因此可以将这个反应式分成两个未配平的半反应式。

$$C_2O_4^{2-} \longrightarrow CO_2$$
$$MnO_4^- \longrightarrow Mn^{2+}$$

第三步,调整计量系数并加一定数目的电子使半反应两侧的原子数和电荷数都相等。

$$C_2O_4^{2-} \longrightarrow 2CO_2 + 2e$$

由于反应是在酸性介质中进行的,在另一个半反应中,反应物中有氧原子参加,因此,应用 H^+ 和 H_2O 来配平,在少氧的一侧加上相应的 H_2O,而在多氧的一侧加上 2 倍 H_2O 的 H^+,使反应式两侧的原子数相等。

$$MnO_4^- + 8H^+ \longrightarrow Mn^{2+} + 4H_2O$$

此时,半反应左侧的电荷数为 $(-1)+(+8)=+7$,右侧的电荷数为 $+2$,因此应在半反应式的左侧加入 5 个电子,以使半反应左右两侧的电荷数相等。

$$MnO_4^- + 8H^+ + 5e \longrightarrow Mn^{2+} + 4H_2O$$

第四步,根据氧化剂获得的电子数和还原剂失去的电子数必须相等的原则,用适当的系数乘以两个半反应,在 $C_2O_4^{2-}$ 的半反应中乘以 5,在 MnO_4^- 的半反应中乘以 2,然后将两个半反应式相加、整理,即得到一个配平的离子反应式:

$$2MnO_4^- + 5C_2O_4^{2-} + 16H^+ \longrightarrow 2Mn^{2+} + 10CO_2 + 8H_2O$$

若反应是在碱性介质中进行,则应在半反应中加入 OH^-,并利用水的电离平衡使两侧的氧原子数和电荷数均相等。

离子-电子法虽然只能用于配平离子反应式,但是不需要知道具体的氧化数,因此可以方便地用于用氧化数法难以配平的反应式,而且对于学习和掌握书写半反应式的方法也有帮助。但是,对于气相或固相反应式的配平,离子-电子法无能为力。

例 4.1 求下列离子中铬、铵的氧化数。

(1) $Cr_2O_7^{2-}$;(2) NH_4^+。

解 (1) 已知氧的氧化数为 -2,设铬的氧化数为 x,则

$$2x + 7 \times (-2) = -2$$
$$x = +6$$

即 $Cr_2O_7^{2-}$ 中铬的氧化数为 $+6$。

(2) 已知氢的氧化数为 $+1$,设氮的氧化数为 x,则

$$x + 4 \times (+1) = +1$$
$$x = -3$$

即 NH_4^+ 中氮的氧化数为 -3。

例 4.2 求下列分子式中铁、氯的氧化数。

(1) Fe_3O_4;(2) $HClO_4$。

解 (1) 已知氧的氧化数为 -2,设铁的氧化数为 x,则

$$3x + 4 \times (-2) = 0$$
$$x = +\frac{8}{3}$$

即 Fe_3O_4 中铁的氧化数为 $+\dfrac{8}{3}$。

(2) 已知氢的氧化数为 $+1$,氧的氧化数为 -2,设氯的氧化数为 x,则

$$x + 4 \times (-2) + 1 = 0$$
$$x = +7$$

即 $HClO_4$ 中氯的氧化数为 $+7$。

例 4.3 用氧化数法配平

$$As_2S_3 + HNO_3 \longrightarrow H_2SO_4 + H_3AsO_4 + NO$$

解 此反应中氧化数发生变化的有关原子是砷、硫和氮,砷的氧化数从 $+3$ 升高到 $+5$,硫的氧化数从 -2 升高到 $+6$,氮的氧化数从 $+5$ 降低到 $+2$,根据组成可以得知 H_2SO_4 前系数至少是 3,H_3AsO_4 前系数至少是 2。

$$\overset{+3}{As_2}\overset{-2}{S_3} + \overset{+5}{HNO_3} \longrightarrow H_2\overset{+6}{S}O_4 + H_3\overset{+5}{As}O_4 + \overset{+2}{N}O$$

因此,HNO_3 作为氧化剂,氧化数降低 3,As_2S_3 作为还原剂,氧化数升高 $(+2) \times 2 + (+8) \times 3 = 28$,所以最小公倍数为 $3 \times 28 = 84$。

故 As_2S_3 前的系数为 3,HNO_3 前的数为 28,H_2SO_4、H_3AsO_4 和 NO 的系数也确定了,根据 H、O 平衡,在反应式左边加上 4 个 H_2O 即可。

$$3As_2S_3 + 28HNO_3 + 4H_2O =\!=\!= 9H_2SO_4 + 6H_3AsO_4 + 28NO$$

例 4.4 用离子—电子法配平(碱性介质)

$$MnO_4^- + SO_3^{2-} \longrightarrow MnO_4^{2-} + SO_4^{2-}$$

解 两个半反应为

$$MnO_4^- + e \longrightarrow MnO_4^{2-}$$
$$SO_3^{2-} + 2OH^- - 2e \longrightarrow SO_4^{2-} + H_2O$$

根据得失电子相等,只要在上述还原半反应中乘 2,然后两式相加即可。

$$2MnO_4^- + SO_3^{2-} + 2OH^- =\!=\!= 2MnO_4^{2-} + SO_4^{2-} + H_2O$$

(2) 氧化数法

氧化数法配平氧化还原反应方程式的具体步骤如下:

第一步,根据实验确定反应物和产物的化学式,写出基本反应式,例如:

$$KMnO_4 + 2NaCl + H_2SO_4 \longrightarrow Cl_2 + MnSO_4 + K_2SO_4 + Na_2SO_4$$

第二步,找出氧化剂和还原剂,算出它们的氧化数变化值。

上式中氯气以双原子分子的形式存在,$NaCl$ 的化学计量数至少为 2。因此,锰的氧化数改变了 5,氯的氧化数改变了 2。

$$\overset{+7}{K}MnO_4 + 2\underset{(-1)\times2}{Na}Cl + H_2SO_4 \longrightarrow \overset{0}{Cl_2} + \overset{+2}{Mn}SO_4 + K_2SO_4 + Na_2SO_4$$

第三步,使氧化剂和还原剂氧化数变化值相等。

根据氧化剂中氧化值降低的数值与还原剂中氧化值升高的数值相等的原则,找出最小公倍数,在各化学式前乘以相应的系数,上述反应中的最小公倍数为 10,乘以相应的系数得到:

$$2KMnO_4 + 10NaCl + H_2SO_4 \longrightarrow 5Cl_2 + 2MnSO_4 + K_2SO_4 + 5Na_2SO_4$$

第四步,配平反应前后氧化值没有变化的原子数。一般应先配平除氢和氧以外的其他原子数,然后再检查两边的氢原子数。必要时可以加水进行平衡。因上式中右边没有氢原子,左边有 16 个氢原子,所以应加上 8 个水分子以使氢和氧原子数平衡,将箭头改写为等号。

$$2KMnO_4 + 10NaCl + 8H_2SO_4 === 5Cl_2 + 2MnSO_4 + K_2SO_4 + 5Na_2SO_4 + 8H_2O$$

最后核对氧原子数,方程两侧的氧原子数相等,说明反应方程式已经配平。

综上所述,氧化数法配平氧化还原反应方程式的步骤可以归纳为:"三根据三确定、核实、更改"。即根据氧化数的改变确定氧化剂、还原剂和反应介质;根据氧化数降低与升高的总数确定基本系数;根据质量守恒确定反应介质及其产物化学式的系数;核实结果正确,更改箭头为等号。

氧化数法的优点是简单、快速,既适用于水溶液中的氧化还原反应,也适用于非水体系的氧化还原反应。但对于 $MnO_4^- + C_3H_7OH \longrightarrow Mn^{2+} + C_2H_5COOH$ 这一类氧化数比较难于确定的反应,用氧化数法配平反应方程式有一定困难,需要采用离子-电子法配平氧化还原反应方程式。

4.2   原电池

4.2.1   原电池的组成

对于氧化还原反应

$$Zn + CuSO_4 === Cu + ZnSO_4$$

或

$$Zn(s) + Cu^{2+}(aq) === Cu(s) + Zn^{2+}(aq) , \ \Delta_r G_m^{\ominus}(298.15 \ K) = -212.55 \ kJ \cdot mol^{-1}$$

由反应的吉布斯自由能变可知,该氧化还原反应不仅可以自发进行,而且推动力很大。由于这一反应中氧化剂与还原剂直接接触,两种物质直接发生电子转移,电子不能产生定向运动形成电流,化学能以热能形式散失到环境中。如果采用一种特殊装置——原电池(图4.1),则利用该反应可实现化学能向电能的转变。

图 4.1 中,将锌片放入装有 $ZnSO_4$ 溶液的烧杯中,将铜片放入装有 $CuSO_4$ 溶液的烧杯中,用盐桥将两只烧杯中的溶液连接起来(盐桥是一支 U 型管子,里面装有饱和的 KCl 或 KNO_3 的琼脂溶液),再用导线连接锌片和铜片。在导线中间接一只电流计,就可看到电流计指针发生偏转,说明金属导线中有电流通过。这种利用氧化还原反应将化学能直接转变成电能的装置称为原电池。铜-锌原电池最初是英国科学家丹尼尔(J. F. Daniell)发明的,

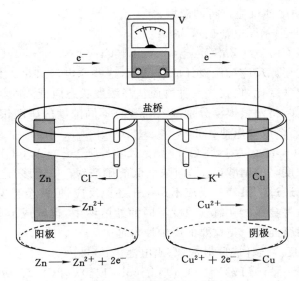

图 4.1　原电池装置示意图

又称为丹尼尔电池。人们利用原电池原理已经设计出多种化学电源,如铅酸电池、锌锰电池、镍氢电池、锂离子电池等。

图 4.1 中可以看出原电池由三部分组成:两个半电池、盐桥和导线。半电池又称为电极,由电极和相应的电解质溶液组成,如丹尼尔原电池中的锌棒和 $ZnSO_4$ 溶液,铜棒和 $CuSO_4$ 溶液。每个半电池都由同一元素的不同氧化数物种组成,氧化数高的称氧化态,如 Cu^{2+},Zn^{2+},氧化数低的称还原态,如 Cu,Zn。在一定条件下,氧化态物种和还原态物种可以相互转化。丹尼尔电池中两个半电池反应可以表示如下:

$$Zn - 2e \longrightarrow Zn^{2+}$$

$$Cu^{2+} + 2e \longrightarrow Cu$$

这种可逆的氧化还原半反应可用一通式表示为:

$$氧化态 + ne \longrightarrow 还原态$$

式中 n 为电极反应中转移的电子计量数。这种由同一种元素的氧化态与对应的还原态物种所组成的电极称为氧化还原电对,并用符号"氧化态/还原态"表示。例如丹尼尔原电池中,两个半电池的电对可分别表示为 Zn^{2+}/Zn 和 Cu^{2+}/Cu。在原电池中,负极进行的是氧化反应,正极进行的是还原反应,两电极进行的总反应叫电池反应。

4.2.2　原电池的表达简式

为了研究工作的方便,电化学中规定了一套原电池的书写方法。主要规定如下:

① 负极写左边,正极写右边,溶液写中间,溶液中有关离子的浓度,气态物质的气体分压都应注明,所有这些内容写成一横排(为简化起见,本章中用浓度代替活度,压强代替逸度)。

② 凡是两相界面用"|"或","表示,两种溶液间如用盐桥连接,则在两溶液中用"‖"表示盐桥。

③ 气体或同种金属的不同价态离子不能直接构成电极,必须依附于惰性导电体材料如 Pt 或石墨等做成的电极上,并注明种类。

④ 必要时可注明电池反应进行的温度。

按照上述规定,丹尼尔原电池表示为:

$$25\ ℃,(-)Zn\ |\ ZnSO_4(c_{Zn^{2+}}=1)\ \|\ CuSO_4(c_{Cu^{2+}}=1)Cu(+)$$

理论上任何氧化还原反应都能设计成原电池,这些原电池又称为化学电池。还有一种原电池总反应不是化学变化,仅仅是一种物质从高浓度状态向低浓度状态转移,这一类原电池称为浓差电池,例如:将两根银棒分别浸入到装有不同浓度的硝酸银溶液烧杯中,中间用盐桥连接,便构成了一个浓差电池:

$$(-)Ag\ |\ AgNO_3(c')\ |\ |\ AgNO_3(c'',c''>c')\ |\ Ag(+)$$

电池总反应是浓度高的硝酸银(c'')向浓度低的硝酸银(c')迁移,这个过程也是自发的,外电路中同样有电流通过。虽然总反应不是氧化还原反应,但两个半反应一个是氧化反应,另一个是还原反应。将金属放在氧气浓度不同的盐溶液中,也构成了一个氧浓差电池。氧浓差电池是促成金属腐蚀的一类重要的腐蚀原电池。

例 4.5 把下列反应设计成原电池,写出电池表达式

$$Cu+Cl_2(1×10^5\ Pa)=\!=\!=Cu^{2+}(1\ mol\cdot L^{-1})+2Cl^-(1\ mol\cdot L^{-1})$$

解 正极发生还原反应,负极发生氧化反应,因此,正极半反应为:

$$Cl_2(1×10^5\ Pa)+2e=\!=\!=2Cl^-(1\ mol\cdot L^{-1})$$

负极半反应为: $$Cu-2e=\!=\!=Cu^{2+}(1\ mol\cdot L^{-1})$$

铜电极做负极,写左边,氯电极做正极,写右边,中间用盐桥连接,故该原电池的表达式为:

$$(-)Cu\ |\ Cu^{2+}(1\ mol\cdot L^{-1})\ \|\ (Cl^-(1\ mol\cdot L^{-1})\ |\ Cl_2(1×10^5\ Pa)\ |\ Pt(+)$$

4.2.3 电极的种类

任何氧化半反应和还原半反应都可以设计成电极,因此,电极种类很多,结构各异,按照组成电极材料性质不同,将原电池的电极分成以下四种类型:

① 金属/金属离子电极。金属浸在含有该金属离子的可溶盐溶液中组成的电极,如:$Zn\ |\ Zn^{2+}$($c_{Zn^{2+}}$)。

② 气体/离子电极。在气液界面上,气态产物发生氧化还原反应的电极,由于气体不导电需借助惰性导电材料(本身不被氧化或还原,如铂、石墨),使气体吸附在惰性导电材料表面,如:$Pt\ |\ H_2(g)\ |\ H^+$(c_{H^+})。

③ 金属/金属难溶盐或氧化物阴离子电极。金属插入其难溶盐(氧化物)与难溶盐(氧化物)具有相同阴离子的溶液中所组成的电极,如:$Ag\ |\ AgCl(s)\ |\ Cl^-$(c_{Cl^-}),$Hg\ |\ HgO(s)\ |\ OH^-$(c_{OH^-})。

④ 氧化还原电极。是将惰性导电材料(铂或石墨)放在一种溶液中,这种溶液含有同一元素不同氧化数的两种离子,如:$Pt\ |\ Fe^{3+}$($c_{Fe^{3+}}$),Fe^{2+}($c_{Fe^{2+}}$)。

4.3 电极电势及其应用

4.3.1 电极和电极电势的形成

原电池能够产生电流,说明在原电池的两电极之间存在着电势差,也说明了每一个电极

都有自己的电势,那么,电极电势是如何产生的呢?

德国科学家能斯特(W. H. Nernst)对电极电势产生的机理做了较好的解释:由于金属晶体是由金属原子、金属离子和自由电子所组成,当把金属插入含有该金属盐的溶液时(如将锌棒插入硫酸锌溶液中),初看起来似乎不起什么变化,实际上会同时发生两种相反的过程。可能有以下两方面原因:一方面,受到极性水分子的作用以及本身的热运动,金属晶格中的金属离子 M^{n+} 有进入溶液成为水合离子而把电子留在金属表面的倾向,金属越活泼,金属离子浓度越小,这种倾向越大。另一方面,溶液中的金属离子 M^{n+} 也有从金属表面获得电子而沉积在金属表面上的倾向,金属越不活泼,溶液中金属离子浓度越大,这种沉积倾向越大。在一定条件下,当金属溶解的速率与金属离子沉积的速率相等时,就建立了如下的动态平衡:

$$M^{n+}(aq) + ne \longrightarrow M(s)$$

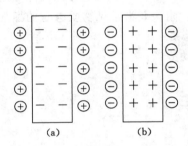

图 4.2　双电层示意图

当金属溶解的倾向大于金属离子沉积的倾向,达到平衡时,金属表面带负电,靠近金属的溶液带正电。这样,在金属表面和溶液的界面处就形成了一个带相反电荷的双电层,如图 4.2(a)所示。相反,若金属离子沉积的倾向大于金属溶解的倾向,平衡时,金属表面带正电,靠近金属的溶液带负电,形成了如图 4.2(b)所示的双电层结构(相当于一个电容器)。这种在金属和它的盐溶液之间因形成双电层而产生的电势差称电极电势,用符号 φ 表示,又称为电极绝对电势。电极电势大小主要取决于电极的本性,并受温度、介质和离子浓度等因素影响。

只要组成原电池的两个电极电势不同,那么两个电极之间就存在电势差,这个差值就构成了电池的电动势 E。

4.3.2　标准氢电极和标准电极电势

既然电极电势的大小反映了金属得失电子能力的大小,如果能确定电极电势的绝对值,就可以定量地比较金属在溶液中的活泼性。但迄今为止,人们尚无法测定电极电势的绝对值(绝对电势)。这正如人们无法测量某地方高度的绝对值,而只能测量其相对值(以海平面作为零点)一样,电化学中也选择一个参比电极来测定电极的相对电势。电化学中最重要的参比电极是标准氢电极。

标准氢电极是将镀有一层海绵状铂黑的铂片浸入氢离子活度(即氢离子有效浓度)为 1 的溶液中,并不断通入压力为 100 kPa 的纯氢气,使铂黑吸附氢气至饱和。其示意图见图 4.3。

标准氢电极用下式表示:

$$Pt \mid H_2(p = 100\ kPa) \mid H^+(c = 1)$$

电极反应为:

$$H^+ + e \longrightarrow \frac{1}{2}H_2$$

在电化学中人为规定在任何温度下标准氢电极的电

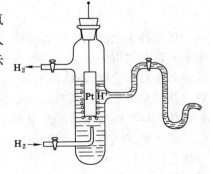

图 4.3　标准氢电极示意图

极电势为零。这样选用标准氢电极作为参比电极,与待测电极组成原电池,可测量电极电动势。如果电池中标准氢电极为负极,则该电极的电势为原电池的电动势;电池中标准氢电极为正极,则该电极的电势为原电池电动势的负值。电动势用符号 φ 表示,称为相对电势。

例如,欲测锌电极的标准电极电势(相对电势),可将标准锌电极与标准氢电极组成原电池:

$$(-)Zn \mid Zn^{2+}(c = 1 \text{ mol} \cdot L^{-1}) \parallel H^+ (c = 1) \mid H_2(p = 100 \text{ kPa}) \mid Pt(+)$$
$$E^\ominus = 0.761\,8 \text{ V}$$

由于标准氢电极作正极,所以锌电极的电势为负:

$$\varphi^\ominus_{Zn^{2+}/Zn} = -E^\ominus = -0.761\,8 \text{ V}$$

当组成电极的各物质均处于标准状态时(即:固体或液体纯相时,其摩尔分数 $X_i = 1$;溶液中的浓度 $c = 1 \text{ mol} \cdot L^{-1}$;气相物质的分压为 $p_i = 100 \text{ kPa}$),电极的电极电势称为标准电势,用 $\varphi^\ominus$ 表示。正极和负极标准电势分别用 $\varphi^\ominus_正$ 和 $\varphi^\ominus_负$ 表示。附录8为常见物质电对的标准电极电势。$\varphi^\ominus$ 值与半反应的书写无关,也与半反应的方向无关。

两个标准电极相对电势的差值就构成了电池的标准电动势:

$$E^\ominus = \varphi^\ominus_正 - \varphi^\ominus_负$$

两个电极相对电势的差值等于电池的电动势 E,即

$$E = \varphi_正 - \varphi_负$$

4.3.3 电极电势的能斯特方程

化学反应实际上经常在非标准状态下进行,电极电势的大小,除与电极本身有关外,还与溶液中各物质的浓度、气体的分压、溶液酸度及温度有关。能斯特根据化学反应等温式及反应的吉布斯自由能变化与电动势和电极电势的关系,推导得出任意状态下电极的电势。

对于一般电极反应式:

$$Ox + ne \longrightarrow Red$$

则有

$$
\begin{aligned}
\varphi &= \varphi^\ominus + \frac{RT}{nF}\ln\frac{c(Ox)}{c(Red)} \\
&= \varphi^\ominus + \frac{2.3RT}{nF}\lg\frac{c(Ox)}{c(Red)} \\
&= \varphi^\ominus + \frac{0.059}{n}\lg\frac{c(Ox)}{c(Red)}
\end{aligned}
\tag{4.1}
$$

此式称为电极电势的能斯特方程。式中,n 表示电极反应中电子的化学计量数,常称为电子转移数或得失电子数,$\varphi^\ominus$ 为标准电极电势。$c(Ox)$、$c(Red)$ 分别是电极反应氧化态和还原态物质的浓度,还包括半反应式中所有参与的反应物质,并以半反应式中各自的计量系数为指数的乘积。当反应式中出现分压为 p_i 的气体时,则在公式中应以 ($p_i/p^\ominus$) 代替浓度。纯固体和纯液体的浓度为常数,被认为是1。

例 4.6 当 $c(H^+) = 10 \text{ mol} \cdot L^{-1}$,计算电对 $Cr_2O_7^{2-}/Cr^{3+}$ 的电极电势(其他各物质处于标准状态)。

解 电极反应式为:

$$Cr_2O_7^{2-} + 14H^+ + 6e \longrightarrow 2\,Cr^{3+} + 7H_2O$$

代入电极电势能斯特方程得

$$\varphi\,(Cr_2O_7^{2-} / Cr^{3+}) = \varphi^{\ominus}\,(Cr_2O_7^{2-} / Cr^{3+}) + \frac{0.059}{6}lg\frac{c\,(Cr_2O_7^{2-})\cdot c^{14}\,(H^+)}{c^2\,(Cr^{3+})}$$

$$= 1.23 + \frac{0.059}{6}lg\,10^{14}$$

$$= 1.37\,(V)$$

例 4.7　已知 298 K 时，$\varphi^{\ominus}\,(Cu^{2+}\mid Cu) = 0.341\,9$ V，计算该温度下，$c(Cu^{2+}) = 0.001$ mol $\cdot$ L^{-1} 时铜电极的电势。

解
$$Cu^{2+} + 2e \longrightarrow Cu$$

$$\varphi(Cu^{2+}/Cu) = \varphi^{\ominus}\,(Cu^{2+}/Cu) + \frac{0.059}{2}lg\,c(Cu^{2+})$$

$$= 0.341\,9 + \frac{0.059}{2}lg\,0.001$$

$$= 0.253\,4\,(V)$$

从本题可以看出，氧化态或还原态物质离子浓度的改变对电极电势有影响，但一般情况下影响不大。铜离子浓度由标准状态 $c(Cu^{2+}) = 1$ 减小到 $c(Cu^{2+}) = 0.001$ 时，其电极电势的变化不到 0.1 V，可见，电极电势的改变很小。

4.3.4　可逆电池的电动势与氧化还原反应的吉布斯函数变

4.3.4.1　E 与 ΔG 的关系式

原电池是将化学能转化为电能的装置，可以对外做功。电池做了功，其吉布斯自由能减少。在恒温、恒压下，原电池所做的最大电功等于氧化还原反应吉布斯自由能的减少。而电功等于电量 Q 乘以电池电动势 E，即：

$$-\Delta_r G_m = W$$
$$W = QE$$
$$W = nFE$$

式中，F 为法拉第常数，其值为 96 500 C $\cdot$ mol^{-1}（C 表示库仑），即 1 mol 电子所带电量，n 为电池反应中电子转移数。所以

$$\Delta_r G_m = -nFE \tag{4.2}$$

当原电池处于标准状态时，原电池的电动势就是标准电动势 $E^{\ominus}$，相应的吉布斯函数变为标准吉布斯函数变 $\Delta_r G_m^{\ominus}$。

式（4.2）可写成

$$\Delta_r G_m^{\ominus} = -nFE^{\ominus} \tag{4.3}$$

4.3.4.2　电动势的能斯特方程

对于任意浓度下的丹尼尔原电池：

$$(-)Zn \mid ZnSO_4\,(c_{Zn^{2+}}) \parallel CuSO_4\,(c_{Cu^{2+}}) \mid Cu(+)$$

反应方程式为

$$Zn(s) + Cu^{2+}(aq) = Cu(s) + Zn^{2+}(aq)$$

在等温等压下，根据化学平衡等温方程式，系统吉布斯自由能的变化 $\Delta_r G_m$ 应为

$$-\Delta_r G_m = RT \ln K^\ominus - RT \ln \frac{c(\text{Zn}^{2+})}{c(\text{Cu}^{2+})} \tag{4.4}$$

$K^\ominus$ 为反应标准平衡常数，c 为物质浓度。

将式(4.2)代入得

$$nFE = RT \ln K^\ominus - RT \ln \frac{c(\text{Zn}^{2+})}{c(\text{Cu}^{2+})}$$

$$E = \frac{RT}{nF} \ln K^\ominus - \frac{RT}{nF} \ln \frac{c(\text{Zn}^{2+})}{c(\text{Cu}^{2+})} \tag{4.5}$$

当参加电池反应的各物质处于标准状态时(浓度为 1，气体分压为 100 kPa)，式(4.5)变为

$$E^\ominus = \frac{RT}{nF} \ln K^\ominus \tag{4.6}$$

$E^\ominus$ 为标准电动势，在非标准状态下式(4.5)可写为

$$E = E^\ominus - \frac{RT}{nF} \ln \frac{c(\text{Zn}^{2+})}{c(\text{Cu}^{2+})}$$

$$= E^\ominus - \frac{2.3RT}{nF} \lg \frac{c(\text{Zn}^{2+})}{c(\text{Cu}^{2+})}$$

$$= E^\ominus - \frac{0.059}{n} \lg \frac{c(\text{Zn}^{2+})}{c(\text{Cu}^{2+})} \tag{4.7}$$

化学反应等温方程式：
$$\Delta_r G_m = \Delta_r G_m^\ominus + RT \ln Q$$
$$-nFE = -nFE^\ominus + RT \ln Q$$

25 ℃时
$$E_{池} = E_{池}^\ominus - \frac{0.059\ 2\ \text{V}}{n} \lg Q \tag{4.8}$$

例 4.8 将反应：$\text{Zn} + \text{Hg}_2\text{SO}_4(\text{s}) \longrightarrow \text{ZnSO}_4 + 2\text{Hg}$ 设计成原电池，写出电极反应，电池符号及电池电动势计算公式。

解 负极：$\text{Zn} - 2\text{e} \longrightarrow \text{Zn}^{2+}$

正极：$\text{Hg}_2\text{SO}_4 + 2\text{e} \longrightarrow 2\text{Hg} + \text{SO}_4^{2-}$

电池符号：$(-)\text{Zn} \mid \text{Zn}^{2+} \parallel \text{SO}_4^{2-} \mid \text{Hg}_2\text{SO}_4(\text{s}) \mid \text{Hg}(+)$。

电池电动势计算公式

$$E = E^\ominus - \frac{0.059}{2} \lg[c(\text{SO}_4^{2-}) \cdot c(\text{Zn}^{2+})]$$

4.3.5 电极电势的应用

电极电势是电化学中重要的概念，可用以解释各种电化学现象。除前述可用以计算原电池的电动势及相应的氧化还原反应的吉布斯函数变、系统对环境所做的功以外，还可以比较氧化剂和还原剂的相对强弱，判断氧化还原反应进行的方向和程度。

4.3.5.1 判断氧化还原反应自发进行的方向

电极电势的大小反映电对中氧化态物质和还原态物质在水溶液中氧化还原能力的相对强弱。电极电势值越小，则电极电对中的还原态物质越易失去电子，还原能力越强，其对应的氧化态物质就越难得到电子，氧化能力越弱；反之，电极电势值越大，则该电极电对中的氧化态物质越易得电子，氧化性越强，还原态物质越难失去电子，还原能力越弱。

在恒温恒压下，一个氧化还原反应能否自发进行，即可用组成原电池的电动势 E 来判

断氧化还原反应进行的方向：

$$E = \varphi_{正} - \varphi_{负} \begin{cases} E > 0, \Delta_r G_m < 0, \text{反应正向进行} \\ E < 0, \Delta_r G_m > 0, \text{反应逆向进行} \\ E = 0, \Delta_r G_m = 0, \text{反应达到平衡} \end{cases}$$

一个自发进行的氧化还原反应中，反应物中氧化剂做正极，还原剂做负极，只要正极的电极电势大于负极的电极电势、组成的原电池的电动势大于零，电池反应就能自发地进行。反之，若组成原电池的电动势小于零，则该氧化还原反应是非自发的。因此，可以用电极电势的值判断氧化还原反应自发进行的方向。

电池反应处于标准状态时，可用标准电极电势或标准电动势判断；当电池反应处于非标准状态时，先根据能斯特方程计算反应电动势，然后再做判断。

例 4.9 已知 $\varphi^{\ominus}(Cu/Cu^+) = 0.521$ V，$\varphi^{\ominus}(Cu^+/Cu^{2+}) = 0.153$ V，问反应

$$2Cu^+ \Longrightarrow Cu + Cu^{2+}$$

能否自发进行，即 Cu^+ 能否发生歧化反应？

解 若反应 $2Cu^+ \Longrightarrow Cu + Cu^{2+}$ 自发进行，则由这个反应设计的原电池的电动势应大于 0。这个反应中 Cu^+ 既是氧化剂，又是还原剂。做氧化剂时，它的还原产物是 Cu，做还原剂时，它的氧化产物是 Cu^{2+}，因此正负极半反应分别为

正极反应： $\qquad\qquad Cu^+ + e \longrightarrow Cu$

负极反应： $\qquad\qquad Cu^+ - e \longrightarrow Cu^{2+}$

由于 $E^{\ominus} = \varphi^{\ominus}_{正} - \varphi^{\ominus}_{负} = 0.521 - 0.153 = 0.368$ (V) > 0，所以上述反应能自发进行。又由于 $\varphi^{\ominus}_{正} > \varphi^{\ominus}_{负}$，因此 Cu^+ 能发生歧化反应。

4.3.5.2 氧化还原反应进行的程度

理论上，任何一个氧化还原反应都可以自发进行，并设计成原电池。利用能斯特方程式和标准电极电势表可以算出平衡常数，判断氧化还原反应进行的程度。从式(4.6)可以看出，反应标准平衡常数 $K^{\ominus}$ 与各物质的浓度（分压）无关，只与反应中得失的电子数 n 及标准电动势 $E^{\ominus}$ 有关。$E^{\ominus}$ 越大，$K^{\ominus}$ 值也越大，表示正向反应可以充分地进行，甚至可以进行到接近完全；$E^{\ominus}$ 越小，$K^{\ominus}$ 值也越小，表示正向反应趋势很小，正向反应进行得不完全。

例 4.10 25 ℃时，电池 $Zn | Zn^{2+}[c(Zn^{2+}) = 1] \| Cu[c(Cu^{2+}) = 0.01] | Cu$ 的标准电动势为 1.103 V，求该电池电动势和反应标准平衡常数。

解 电池反应 $\qquad\qquad Zn + Cu^{2+} \Longrightarrow Cu + Zn^{2+}$

$$E = E^{\ominus} - 0.059/2 \lg \frac{c(Zn^{2+})}{c(Cu^{2+})} = 1.073 \text{ (V)}$$

由式(4.6)，$E^{\ominus} = (RT/nF)\ln K^{\ominus}$ 得 $\qquad E^{\ominus} = (0.059/2)\lg K^{\ominus}$

$$\lg K^{\ominus} = 2E^{\ominus}/0.059 = 37.39$$

$$K^{\ominus} = 2.14 \times 10^{37}$$

标准平衡常数非常大，说明该反应进行得十分完全，这么大的标准平衡常数用化学方法是难以准确测出的，而用电化学方法可以准确测出，表明了电化学方法的优越性。

4.3.5.3 测定难溶盐的溶度积常数($K_{sp}^{\ominus}$)

难溶盐的溶度积 K_{sp} 实质就是难溶盐溶解过程的平衡常数。如果将难溶盐溶解形成离

子的反应设计成原电池,则可用原电池电动势计算 $K_{sp}^{\ominus}$。

例 4.11 已知 298 K 时,$\varphi^{\ominus}(AgCl/Ag) = 0.222$ V,$\varphi^{\ominus}(Ag^+/Ag) = 0.799$ V,求 AgCl 的溶度积常数($K_{sp}^{\ominus}$)。

解 溶解过程为: $AgCl \longrightarrow Ag^+ + Cl^-$

反应的平衡常数即为 $K_{sp}^{\ominus}$。

可设计成如下电池:

正极反应: $Ag^+ + e \longrightarrow Ag$

负极反应: $Ag - e + Cl^- \longrightarrow AgCl$

总反应为: $Ag^+ + Cl^- \rel\!\!= AgCl$

$$E^{\ominus} = \varphi^{\ominus}(Ag/Ag^+) - \varphi^{\ominus}(Ag/AgCl) = 0.799 - 0.222 = 0.577 \ (V)$$

$$E^{\ominus} = 0.059 \lg \frac{1}{c(Cl^-)c(Ag^+)} = -0.059 \lg K_{sp}^{\ominus}$$

$$\lg K_{sp}^{\ominus} = \frac{-E^{\ominus}}{0.059} = -9.78$$

$$K_{sp}^{\ominus} = 1.7 \times 10^{-10}$$

4.4 电解与电化学技术

4.4.1 电解与电解定律

电解是使电流通过电解质溶液(或熔融电解质),在两极上分别发生氧化和还原反应的过程,实现上述过程的装置称为电解池或电解槽。电解过程实现了电能向化学能的转化。电解池是由两个电极、电解质溶液和外接电源所组成,电极用导线和直流电源相连接。电解池中与外电源负极相连接的一极称为阴极,与电源正极相连接的一极称为阳极,以示与原电池相区别,如图 4.4 所示。

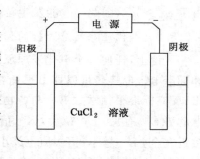

图 4.4 电解装置示意图

当两极与外电源接通后,电子一方面从电源的负极沿导线进入电解池的阴极;同时电子又从电解池的阳极离开,沿导线流回电源的正极。由于电子只能在电子导体中运动,不能进入溶液,而溶液则是靠离子来导电,因此在电极和溶液两相界面上必然发生电子转移过程,才能使电解池形成一个电流回路,使电解过程连续不断地进行。在阴极上溶液的离子或分子接受电子进行还原反应,阳极上溶液的离子或分子失去电子而进行氧化反应。

阳极反应: $2Cl^- - 2e \longrightarrow Cl_2$

阴极反应: $Cu^{2+} + 2e \longrightarrow Cu$

总反应为: $2Cl^- + Cu^{2+} \rel\!\!= Cl_2 + Cu$

$\Delta_r G_m^{\ominus}(298.15 \ K) = 175.7 \ kJ \cdot mol^{-1}$,$\Delta_r G_m^{\ominus} > 0$,因此反应不能自发进行,必须在外界电流作用下,反应才能进行。

英国科学家法拉第(M. Faraday)在总结大量实验结果的基础上,于 1833 年提出了关于电解的两条基本定律,统称"法拉第电解定律"。法拉第电解定律是电化学中的重要定律,在电化生产中经常用到它。

① 电解时在电极上析出或溶解的物质的质量和电流强度、通电时间成正比,或者表述为在电极上析出的物质的质量和通过电解液的总电荷量成正比。这就是法拉第电解第一定律。它说明在电极上分离出来的物质的质量 m 和电流强度 I 以及通电时间 t 的乘积成正比。即

$$m = KIt \text{ 或 } m = KQ$$

式中 Q 为析出质量为 m 的物质所需要的电量。K 为电化当量,电化当量的数值随着被析出的物质种类不同而不同。某种物质的电化当量在数值上等于通过 1 库仑电量时析出的该种物质的质量,其单位为 $kg \cdot C^{-1}$。

② 当通过各电解液的总电量 Q 相同时,在电极上析出(或溶解)的物质的质量 m 同各物质的化学当量 C(即原子量 M 与原子价 n 之比值)成正比。电解第二定律也可表述为:物质的电化学当量 K 同其化学当量 C 成正比,称为"法拉第电解第二定律"。

$$K = \frac{1}{F} \cdot \frac{M}{n}$$

式中 F 为法拉第常数,其原数值等于电极上析出 1 g 当量物质时,通过电极电量的库仑数。

将两个定律联立可得:

$$m = \frac{M}{nF}Q$$

4.4.2 分解电压

既然电解反应是相应的原电池反应的逆过程,在电解池的两电极上发生的电极反应,也应是相应的原电池的电极反应的逆过程。例如,在碱性电解液中氢氧原电池:

负极反应: $\quad\quad\quad\quad H_2 - 2e \longrightarrow 2H^+$

正极反应: $\quad\quad\quad\quad \frac{1}{2}O_2 + H_2O + 2e \longrightarrow 2OH^-$

电解水时,有

阴极反应: $\quad\quad\quad\quad 2H^+ + 2e \longrightarrow H_2$

阳极反应: $\quad\quad\quad\quad 2OH^- - 2e \longrightarrow \frac{1}{2}O_2 + H_2O$

由于方向发生变化,原电池的正极反应,电解池中变成了阴极反应,由于两个反应物种相同,因此两个反应具有相同的平衡电势。因此对于任何电解反应而言,任一指定电极物质的析出电势的理论值,就应该等于相应电极电对的平衡电势($\varphi_{\text{平}}$),可以根据相应的标准电极电势及电极物质的浓度,用能斯特方程来计算,电解池的理论分解电压($E_{\text{理}}$)等于对应原电池的电动势。

当一外加电压施加于一自发电池时,理论上只要外加电压 $E_{\text{外加}}$ 稍微大于可逆电池电动势,电池反应就逆向进行,原电池就变为电解池,就可促使非自发反应电解发生氧化还原反应。但实际上,向电解池的两个电极间加上电压,当电压稍微大于理论分解电压时,通常并不能使电解顺利进行,这时通过电解池的电流密度很小,接近于零。欲使电解开始,需要逐渐提高外加电压。当外加电压增加到某一阈值后,电解才能正常进行,表现在通过电解池的电流密度迅速增大。图 4.5 为电压与电流密度的关系曲线,可以看出随外加电压的增加,开

始电流密度很低,表明电解并未开始,当外加电压达某一阈值(D)之后,电流密度迅速上升,曲线出现一个突跃,表明电解实际开始。这样一个保证电解真正开始,并能顺利进行下去的所需的最低外加电压称为实际分解电压($E_实$)。实际分解电压的大小,主要取决于被电解物质的本性,也与其浓度有关。当外加于两极间的电压为分解电压时,电解池两个电极上的电势分别称为阳极和阴极的析出电势。通常情况下,实际分解电压总是大于理论分解电压,差值部分就是超电压。

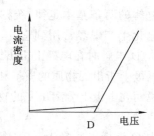

图 4.5　电流与电流密度
的关系曲线

例如,电解 $0.1\ mol \cdot L^{-1}\ NaOH$ 溶液,该电解池的理论分解电压为 1.23 V,可以发现,在外加电压逐渐增加到 1.23 V 时,电流仍很小,电极上没有气泡产生;当电压增加到 1.7 V 时,电流开始剧增,再往后随电压的增加,电流直线上升。同时两电极上有明显的气泡产生,电解顺利进行,这个电压就是实际分解电压。

4.4.3　电极的极化和超电势

实际分解电压与理论分解电压之间的偏离,反映了在阴、阳极上产物析出时的实际电极电势(或称析出电势)与理论电势之间的偏离。

当电流通过电极时,电极的平衡状态被破坏,电极的电势发生变化,使电极电势偏离平衡电势,这种偏离叫电极的极化。产生极化的根本原因是电化学反应速度跟不上外路中电子的传输速度,使得电荷在电极上累积。极化主要有浓差极化和电化学极化。

4.4.3.1　浓差极化

电极反应由一系列性质不同单元步骤组成的复杂过程,包括以下过程:

液相传质——反应粒子向电极表面附近迁移;

前置转化——反应粒子在电极发生反应前的某种转化;

电子转移——反应粒子在电极表面得失电子;

后置转化——反应产物在电极表面或电极表面液层发生某种转化;

新相生成——反应产物生成新相。

浓差极化是由于液相传质速率缓慢所引起的。在电解过程中,如果反应在电极上放电的速率较快,而溶液中反应粒子扩散速率较慢时,电极附近该粒子的浓度比溶液中其他区域的低。对于阴极还原反应,根据能斯特方程可知,其电势减小;对于阳极反应,当反应粒子浓度减小时,电极电势增大,因而使实际需要的外加电压增大。通过搅拌电解液和升高温度,可增大离子扩散速率,使浓差极化现象得到一定程度的消除。

4.4.3.2　电化学极化

电化学极化是由于反应粒子的电子转移反应速率迟缓而引起电极电势偏离平衡电势的现象,这种极化是由反应本性决定的,无法消除。

极化作用使电极反应的实际电势偏离按能斯特方程计算的理论电势,原电池和电解池工作时都发生极化。极化作用使电解过程中加在负极的电势比理论电势更负,加在正极的电势比理论电势更正,这个差值即为电极超电势,负极超电势、正极超电势分别用 η_c、η_a 表

示,因此有下列关系式:

$$\varphi_c = \varphi_{c,\Psi} - \eta_c$$

$$\varphi_a = \varphi_{a,\Psi} + \eta_a$$

正极超电势和负极超电势之和称超电压,考虑超电压和溶液欧姆压降的存在,有如下关系:

$$E_{外加} = E_{理} + \eta_c + \eta_a + IR$$

所以,分解电压总是比理论分解电压要大。

在原电池中,由于正极发生还原反应,负极发生氧化反应,原电池的工作电压有如下关系:

$$E_{工作} = E_{理} - \eta_c - \eta_a - IR$$

所以,原电池的工作电压比理论电动势要小。

电解产物不同,超电势数值也不同。除 Fe、Co、Ni 以外,金属析出过程的超电势一般很小,多数可忽略不计。而有气体生成的电极的超电势一般较大,特别是析出氢和氧的超电势更应受到重视。同一电解产物在不同材料的电极上析出的超电势也是不同的。此外,电流密度愈大,超电势愈大。温度升高则可以减低超电势的数值。

4.4.4　电解池中两极的电解产物

在讨论分解电压、超电压和析出电势的基础上,可以归纳出电解过程中在电极上放电的一般规律,由此可估计预测电解的产物。在电解质溶液中,除了电解质的离子外,还有由水电离产生的 H^+ 和 OH^- 离子。因此,可能在阴极上放电的正离子通常有金属离子(包括金属络离子,含氧酸根)和 H^+,而在阳极上可能放电的负离子,包括酸根离子和 OH^- 离子。当用锌、镍、铜等金属做阳极板时,往往还会发生阳极板金属被氧化成相应的金属离子的反应,即所谓阳极溶解。在这些可能发生的电极过程中,究竟哪一种电解反应会优先发生,这可根据各种电解产物的实际析出电势高低来判断。因为在阳极上发生的是氧化反应,优先在阳极上放电的物质必然是电解液中最易于失去电子的物质,也就是体系中可能在阳极放电的粒子中实际析出电势最低(最负)的还原态物质(即还原能力强的物质),将优先在阳极放电而被氧化。而在阴极上发生的是还原反应,体系中所有可能在阴极放电的物质中,实际析出电势最高(最正)的氧化态物质(即氧化能力强的物质)必将优先在阴极放电,得到电子而被还原。而电解池中各种可能放电物质的实际析出电势,可由其理论析出电势及其在电极上放电时的超电势估算出来。据此不难判断电解的实际产物。一般而言,可简单归纳如下:

(1) 阳极产物

① 当用石墨(或其他非金属惰性物质)做电极,电解卤化物、硫化物等盐类时,体系中可能在阳极放电的负离子主要是 OH^- 离子及相应的卤素负离子(X^-)或硫负离子(S^{2-}),这种情况下阳极产物通常是卤素 X_2 或硫 S(单质)析出。

② 当用石墨或其他惰性物质做电极,电解含氧酸盐的水溶液时,体系中可能在阳极放电的负离子主要是 OH^- 离子及相应的含氧酸根离子。此时阳极通常是 OH^- 离子放电,析出氧气。

③ 当用一般金属(很不活泼的金属如 Pt)做阳极进行电解时,通常发生阳极溶解:$M(s) \longrightarrow M^{n+} + ne$。

（2）阴极产物

① 当电解活泼金属（电势序中位于铝前面的金属）的盐溶液时，在阴极上是 H^+ 优先放电，析出氢气。

② 当电解不活泼金属（电势序中位于氢后面的金属）的盐溶液时，在阴极发生金属离子放电，析出相应的金属。

③ 当电解不太活泼的金属（电势序中位于氢前面不太远的金属，如铁、锌、镍、钴、锡、铅等）的盐溶液时，在阴极上究竟是 H^+ 离子还是金属离子优先被还原，受多方面因素影响，需要通过能斯特方程计算出理论析出电势并考虑到可能出现的超电势，估算出 H^+ 离子和相应金属离子的实际析出电势，进行比较，才能得出确定的结论。但是由于电解溶液中电解质的浓度（即相应金属离子浓度）通常要远大于 H^+ 浓度，而且析出氢的超电势较大，通常要比析出金属的超电势大得多。因此这种情况下，往往是金属离子优先在阴极放电，得到相应的金属。

4.4.5 电解的应用

由于电解能提供极强的氧化能力和还原能力，并能通过改变电化学因素（如电流密度、电极电势、电催化活性）选择性地控制、调节反应的方向、限度、速率，因而广泛应用于电化学合成（无机合成、有机合成）、金属提取与精炼、材料表面处理（如阳极氧化、电镀、电化学抛光）、电解加工等领域。

4.4.5.1 电解生产

以食盐为原料，用电解法生产烧碱（氢氧化钠）、氯气、氢气和由此生产一系列氯产品（例如盐酸、高氯酸钾、次氯酸钙、光气、二氧化氯等）的无机化学工业称为氯碱工业。自 19 世纪 90 年代以来，至今已有 100 余年的历史。氯与烧碱都是重要的基础化工原料，广泛用于化工、冶金、造纸、纺织、石油等工业，以及作为漂白、杀菌、饮水消毒之用，在国民经济和国防建设中占有重要的地位。氯碱工业是电化学工业中最大的两大工业之一，另一个是铝电解工业。

电解时，以钛基二氧化钌做阳极，铁做阴极，电极反应为：

阳极反应： $2\,Cl^- - 2e \longrightarrow Cl_2$

阴极反应： $2H_2O + 2e \longrightarrow H_2 + 2OH^-$

考虑没有参与反应的 Na^+，总的反应为：

$$2NaCl + 2H_2O \Longrightarrow H_2 + Cl_2 + 2NaOH$$

反应同时产生三种产物，氯气、氢气和烧碱，氯气和烧碱是重要的化工原料，氢气可以作为能源使用，也可与氯气反应制备盐酸。由于反应在水溶液中进行，阳极还会发生析氧反应：

$$4OH^- - 4e \longrightarrow O_2 + 2H_2O$$

由于 $\varphi^\ominus(Cl^-/Cl_2) = 1.358\,3\,V$，$\varphi^\ominus(OH^-/O_2) = 0.401\,V$，从平衡电势看，在热力学上析氧反应占优势，但由于析氧反应的超电势很高，而析氯的超电势很小，因此在动力学上来看，析氯反应占优势，反应产物中以氯气为主。

4.4.5.2 金属的精炼

金属的精炼是利用不同元素的阳极溶解或阴极析出难易程度的差异而提取纯金属的技

术。电解时用高温还原得到的粗金属铸成正极,用含有欲制金属的盐溶液做电解液,控制一定电势使溶解电势比精炼金属正的杂质存留在阳极或沉积在阳极泥中(其中往往含有贵金属),用其他方法分离回收。而溶解电势比精炼金属负的杂质则溶入溶液,不在阴极上析出,从而在阴极上可得到精炼的高纯金属。利用电解精炼的金属有铜、金、银、铂、镍、铁、铅、锑、锡、铋等。

例如,电解法精炼铜时,用 $CuSO_4$ 做电解液,粗铜板(含有 Zn、Fe、Ni、Ag、Au 等杂质)做阳极,薄的纯铜片(预先经过提纯的紫铜片)做阴极,一般在不超过 0.4 V 的电压下进行电解。随着电解的进行,阳极板的粗铜及其中夹杂的少量活泼金属杂质(如 Fe、Zn、Ni 等)都溶解(即阳极溶解)了,以离子形式进入溶液,而粗铜中所含的不活泼金属杂质(如 Au、Ag 等贵重金属)则不溶解,但也从阳极板上掉下来,以极细的微粒沉积在阳极附近的电解池底部,叫做阳极泥。从阳极泥中可以富集回收贵重金属。而进入溶液中的活泼金属离子如 Zn^{2+}、Ni^{2+}、Fe^{2+}、Fe^{3+} 等由于其本身较 Cu^{2+} 更难被还原,相对浓度又低,则不会在阴极上得到电子还原成金属析出,故在阴极上只有 Cu 析出,这样在阴极上沉积得到的是纯度很高的纯铜(含铜量>99.9%),达到电解提纯的目的。

4.4.5.3 电镀

电镀就是利用电解原理在某些金属表面上镀上一薄层其他金属或合金的过程,是利用电解作用使金属或其他材料制件的表面附着一层金属膜的工艺。电镀时,镀层金属或其他不溶性材料做阳极,待镀的金属制品做阴极,镀层金属的阳离子被还原形成镀层。电镀的目的是在基材上镀上金属镀层,改变基材表面性质或尺寸。电镀能增强金属的抗腐蚀性(镀层金属多采用耐腐蚀的金属)、增加硬度、防止磨耗,提高导电性、润滑性、耐热性和表面美观。

例如镀锌,把被镀零件做阴极,金属纯锌做阳极,电镀液常用氧化锌、氢氧化钠和添加剂等配制而成。ZnO 在 NaOH 溶液中主要形成 $Na_2[Zn(OH)_4]$,习惯写成锌酸钠 Na_2ZnO_2。电镀的过程即阳极锌溶解(失电子)成锌离子 Zn^{2+},同时在阴极(零件)表面沉积出镀锌层,电镀效果的好坏往往决定于镀液的成分。镀锌有时加入氰化物,它与 Zn^{2+} 离子有很强的配合能力,生成 $[Zn(CN)_4]^{2-}$ 配离子,可以降低 Zn^{2+} 离子浓度,使之镀层光亮、致密、美观。但是氰化物有剧毒,其废液造成环境污染。近年来正在进行各种"无氰电镀"的研究,并在许多工厂投入了生产。此外,近年来又发展了复合电镀,在其电解液中加入添加剂(如硼化物等)以增强镀层的耐磨性能。

4.4.5.4 电抛光

利用金属表面微观凸点在特定电解液中和适当电流密度下,首先发生阳极溶解的原理进行抛光的一种电解加工,又称电抛光,英文简称 ECP。这种加工方法是法国的雅克(P. A. Jacquet)于 1931 年发明的,不久之后在工业中得到应用。电抛光是金属或半导体表面精加工方法之一,用以提高金属表面光洁度,特别适用于形状复杂的表面和内表面加工,光洁度可以在原有的基础上提高 1~2 级。电抛光时,以工件做阳极,由于阳极表面比较粗糙,通电后表面凸起部分的溶解速率大于凹面部分的溶解速率,从而使工件表面达到平滑光亮的目的。抛光时常用铅、石墨、耐酸铜、铂等做阴极,抛光的工件不同所选的抛光电解液也不同。例如,在钢铁工件抛光时,铅板做阴极,工件做阳极,放入含有磷酸、硫酸和铬酐(CrO_3)的电解液中进行电解。其阳极反应为:

$$Fe - 2e \longrightarrow Fe^{2+}$$

Fe^{2+} 离子与溶液中的 $Cr_2O_7^{2-}$ 离子发生氧化还原反应为：

$$6Fe^{2+} + Cr_2O_7^{2-} + 14H^+ = 6Fe^{3+} + 2Cr^{3+} + 7H_2O$$

Fe^{3+} 进一步与溶液中 HPO_4^{2-} 离子、SO_4^{2-} 离子形成磷酸氢盐 $[Fe_2(HPO_4)_3]$ 和硫酸盐 $[Fe_2(SO_4)_3]$。由于阳极附近盐的浓度不断增加，在金属表面形成一种黏性薄膜。这种薄膜的导电性不好，并能使阳极电极增大，同时在金属凸凹不平的表面上黏性薄膜厚度分布不均匀，凸起部分薄膜较薄，凹处部分薄膜较厚，因而阳极表面各处的电阻有所不同，凸起部分电阻较小，电流密度较大，这样就使凸起的部分比凹处部分溶解较快，于是粗糙的表面得以整平。这种薄膜还有另一个作用，就是在阳极溶解的同时，其表面形成一层氧化物薄膜，使金属处于轻微的钝化状态，阳极溶解不致过快。

阴极主要是氢离子和铬酸根离子的还原反应：

$$2H^+ + 2e \longrightarrow H_2$$

$$Cr_2O_7^{2-} + 14H^+ + 6e \longrightarrow 2Cr^{3+} + 7H_2O$$

电抛光工艺一般都采用直流电源，但目前在某些电解液中，采用低压交流电抛光工件时，其工件同时做阴、阳两极，尤其对铸铁件的抛光，能得到较好的表面光洁度。直流电抛光失效的电解液，还可供交流电抛光用。此外，抛光效果还与电解液的选择有关。使用含铬酐 CrO_3 的电解液时，由于含铬物质对人体有毒害，目前改用无毒物质做电解液来抛光已见成效。生产上用 $KClO_3$ 和 $NaClO_3$ 做抛光电解液，其抛光效果比较好。

4.4.5.5 阳极氧化

阳极氧化是将金属或合金的制件作为阳极，采用电解的方法使其表面形成氧化物薄膜。金属氧化物薄膜可改变制件表面状态和性能，如表面着色，提高耐腐蚀性，增强耐磨性及硬度，保护金属表面等。例如铝阳极氧化，将铝及其合金置于相应电解液（如硫酸、铬酸、草酸等）中作为阳极，在特定条件和外加电流作用下，进行电解。阳极的铝或其合金氧化，表面上形成氧化铝薄层，其厚度为 $5\sim20~\mu m$，硬质阳极氧化膜可达 $60\sim200~\mu m$。阳极氧化后的铝或其合金，提高了其硬度、耐磨性和耐热性。硬质阳极氧化膜熔点高达 $2~320~K$，具有优良的绝缘性，耐击穿电压高达 $2~000~V$，还增强了抗腐蚀性能。氧化膜薄层中具有大量的微孔，可吸附各种润滑剂，适合制造发动机气缸或其他耐磨零件；膜微孔吸附能力强可着色成各种美观艳丽的色彩。有色金属或其合金（如铝、镁及其合金等）都可进行阳极氧化处理，这种方法广泛用于机械零件，飞机、汽车部件，精密仪器及无线电器材，日用品和建筑装饰等方面。

4.5 金属的腐蚀与防腐

金属在周围环境的作用下，由于发生化学作用或电化学作用而引起材料退化与破坏叫做金属腐蚀。按照金属腐蚀的起因不同，可分为化学腐蚀和电化学腐蚀。金属和环境介质直接发生化学反应而发生的腐蚀现象称为化学腐蚀。金属在高温下和干燥的气体接触，或与非电解质液体（如苯、石油）接触都会发生化学腐蚀。例如，在高温轧制、铸压过程中钢铁制品表面会产生氧化铁皮碎片。电化学腐蚀是金属在导电的电解质溶液中发生电化学反应而发生的腐蚀现象，在腐蚀过程中有腐蚀电流产生，例如金属在海水、土壤和潮湿大气中发生的腐蚀。

金属腐蚀与防护在国民经济中占有重要的地位,因为金属腐蚀直接关系到人民的生命财产安全,关系到工农业生产和国防建设。国民经济各部门大量使用金属材料,而金属材料在绝大多数情况下与腐蚀性环境介质接触而发生腐蚀,因此,腐蚀与防护是很重要的问题。

4.5.1 腐蚀的分类与腐蚀机理

4.5.1.1 腐蚀的分类

金属化学腐蚀的分类受各种不同因素的影响,金属腐蚀过程的形式千差万别,这些因素分为外部因素和内部因素。外部因素包括介质的组成、温度、压力、pH 值、材料的受力情况等;内部因素包括金属材料的化学组成、晶型、组织结构状态、金属表面的结构状态等。不同的影响因素会引发不同的腐蚀,因此腐蚀有许多不同的分类方法,具体如下。

① 按腐蚀反应历程分为化学腐蚀和电化学腐蚀。金属腐蚀以电化学腐蚀为主。

② 按腐蚀的形态分为全面腐蚀和局部腐蚀。局部腐蚀又可分为电偶腐蚀、点腐蚀、缝隙腐蚀、晶间腐蚀、选择性腐蚀、应力腐蚀和腐蚀疲劳等。

③ 按腐蚀环境分为自然环境中的腐蚀和工业环境中的腐蚀。自然环境中的腐蚀如大气腐蚀、海水腐蚀、土壤腐蚀。工业环境中的腐蚀包括工业上各种电解质中的腐蚀、工业水和工业气体中的腐蚀。

当金属和电解质溶液接触时,由于形成原电池而发生电化学腐蚀,形成的原电池称为腐蚀原电池。在这种腐蚀电池中,负极上进行氧化反应,通常叫做阳极;正极上进行还原反应,通常叫做阴极。

金属在腐蚀介质中发生电化学腐蚀的根本原因是腐蚀介质中存在能够发生阴极反应的物质,它吸收阳极氧化反应过程产生的电子,使原电池反应源源不断地进行。没有阴极反应,阳极反应也会停止。由于大多数电化学腐蚀反应都在水溶液中进行,水溶液中有氢离子和氧气,因此存在两个重要的阴极过程——氢离子还原反应和氧气还原反应:

$$2H^+ + 2e \longrightarrow H_2$$

$$O_2 + H_2O + 4e \longrightarrow 4OH^-$$

$$NO_3^- + 4H^+ + 3e \longrightarrow NO + H_2O$$

$$Cr_2O_7^{2-} + 14H^+ + 6e \longrightarrow 2Cr^{3+} + 7H_2O$$

$$Cu^{2+} + 2e \longrightarrow Cu$$

$$Fe^{3+} + 3e \longrightarrow Fe$$

4.5.1.2 腐蚀机理

(1) 析氢腐蚀原理

在酸性介质中,金属腐蚀时,阴极反应为氢离子的还原反应,腐蚀过程中有氢气析出,这种腐蚀称为析氢腐蚀。例如钢铁在潮湿的空气中发生的腐蚀。钢铁暴露在潮湿的空气中时,其表面会形成一层极薄的水膜。空气中 CO_2、SO_2 等气体溶解在水膜中,使其呈酸性。而通常的钢铁并非纯金属,常含有不活泼的合金成分(如 Fe_3C)或能导电的杂质。它们星罗棋布地镶在铁质的基体上,形成许多微小的腐蚀电池(微电池)。铁为阳极,Fe_3C 或杂质为阴极(图 4.6)。

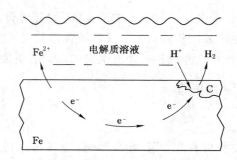

图 4.6 钢铁析氢腐蚀示意图

由于阴、阳极彼此紧密接触,电化学腐蚀作用得以不断进行。阳极的铁被氧化成 Fe^{2+} 进入水膜,同时电子移向阴极,H^+ 在阴极(C 或其他杂质)得到电子,被还原成氢气析出。水膜中的 Fe^{2+} 和由水解离出的 OH^- 结合,生成 $Fe(OH)_2$。其反应如下:

阳极反应: $$Fe - 2e \longrightarrow Fe^{2+}$$
$$Fe^{2+} + 2H_2O \longrightarrow Fe(OH)_2 + 2H^+$$

阴极反应: $$2H^+ + 2e \longrightarrow H_2$$

总反应: $$Fe + 2H_2O \Longrightarrow Fe(OH)_2 + H_2$$

$Fe(OH)_2$ 进一步被空气中的 O_2 氧化成 $Fe(OH)_3$。

$$4Fe(OH)_2 + 2H_2O + O_2 \Longrightarrow 4Fe(OH)_3$$

$Fe(OH)_3$ 及其脱水产物 Fe_2O_3 是红褐色铁锈的主要成分。当介质的酸性较强时,钢铁越易发生析氢腐蚀。

(2) 吸氧腐蚀原理

当钢铁表面的介质呈中性或酸性很弱时,则主要发生吸氧腐蚀。这是一种"吸收"氧气的电化学腐蚀。此时溶解在水膜中的氧气是氧化剂。在阴极上,O_2 得到电子被还原成 OH^-;在阳极上,铁被氧化成 Fe^{2+}。其反应式如下:

阳极反应: $$Fe - 2e \longrightarrow Fe^{2+}$$

阴极反应: $$O_2 + 2H_2O + 4e \longrightarrow 4OH^-$$

总反应: $$Fe + O_2 + 2H_2O \Longrightarrow 2Fe(OH)_2$$

$Fe(OH)_2$ 进一步被空气中的 O_2 氧化成 $Fe(OH)_3$,所得的产物与析氢腐蚀产物相似。由于 O_2 的氧化能力比 H^+ 强,故在大气中金属的电化学腐蚀一般是以吸氧腐蚀为主。

吸氧腐蚀是电化学腐蚀的主要形式,几乎是无处不在。只要是处在天然的大气环境中,总会含有一定的水汽和氧气。而只要环境中有水汽和氧气,就可能发生吸氧腐蚀。而析氢腐蚀只有当环境中酸性较强时才会发生,而且在发生析氢腐蚀时,一般也同时伴有吸氧腐蚀,后者甚至比前者更甚。

4.5.2 金属的耐腐蚀性能

影响金属腐蚀的因素很多,既与金属本身的因素有关,如金属的活泼性,电极的极化,金属材料的组成、结构、状态等;又与金属接触的环境有关,如环境的酸度、湿度、温度、杂质等。

4.5.2.1 金属的本性

金属发生腐蚀时,被腐蚀的金属总是做阳极,发生氧化反应,因此越活泼的金属越易被腐蚀。由于金属放电时极化很小,所以当阴极反应相同时,不同金属的腐蚀速率就决定于阳极的理论电极电势。比如金属锂、钠、钾的电极电势小,金属很活泼,抗腐蚀能力就差,不能在空气中稳定存在;铜、银、金等的电极电势大,就不易受到腐蚀。值得注意的是有些金属如 Al、Cr、Ni 等电极电势值较小,在大气中却很稳定,在含有氧化剂的介质中也不易腐蚀。这是因为这些金属表面能自动生成一层致密氧化膜,它紧密而牢固地覆盖在金属表面上,阻止金属与介质接触,使金属不再受到腐蚀。这种现象叫做钝化。

当电流通过金属电极时,将发生电极的极化。极化作用使腐蚀电池阳极电势正移,阴极电势负移,因此金属腐蚀时电池的电压为

$$V = (\varphi_{阴,平} - \eta_{阴}) - (\varphi_{阳,平} + \eta_{阳})$$

这就使腐蚀电池电压降低,腐蚀电池的电流减小,因而降低了金属的腐蚀速率。如果没有极化作用,金属的腐蚀速率会大几十倍甚至几百倍。所以增加极化作用是减慢金属腐蚀的一个重要因素。

除此之外,在腐蚀电池中,阴极和阳极面积的相对大小,对腐蚀速率影响也很大。当阴极对阳极的面积比率增加时,做阳极的金属腐蚀速率明显增大。比如用铁铆钉连接的铜板和叠在一起的铁板与铜板,当与腐蚀介质接触时,铁铆钉的腐蚀速率会大于铁板的腐蚀速率,所以要避免大阴极与小阳极的连接方式。

4.5.2.2　环境因素

环境的酸度对金属的腐蚀速率是有明显影响的。这是因为金属周围介质的 pH 值改变会影响金属表面膜的生成或者溶解,从而影响金属的腐蚀速率。介质 pH 值对金属腐蚀速率的影响大致分几种类型,如图 4.7 所示。

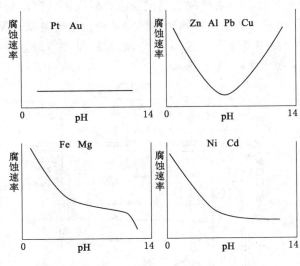

图 4.7　pH 值对金属腐蚀速率的影响

从图 4.7 可知,电极电势高的金属,如 Pt、Au 腐蚀速率不随介质 pH 值变化。Zn、Al、Pb、Cu 等在酸碱介质中均不稳定,因为它们的氧化物在酸碱中均溶解,不能形成保护膜。Fe、Mg、Ni 等及氧化物溶于酸,但不溶于碱,当 pH 值增大时,腐蚀速率就降低了。

如果介质是潮湿空气、酸性较强或浓度较大的电解质溶液,金属腐蚀就快。沿海地区空

气湿度大,空气中含有盐分,工矿区空气中含有较多的酸性氧化物如 CO_2、SO_2、NO_2 等,金属腐蚀更为严重。升高温度可减少电极的极化,因此,也能使腐蚀速率加大。

一般金属中都含有杂质,杂质的电极电势通常较主体金属的电极电势更大一些,因此,当杂质和金属构成腐蚀电池时,杂质就成为阴极,促使金属腐蚀。例如纯净的金属锌在硫酸溶液中腐蚀较慢,但其中含有很少杂质就会大大加快锌的腐蚀速率。

总之,影响金属腐蚀速率的因素很多,在解决实际问题时应根据具体情况进行分析。

4.5.3　金属腐蚀的防护

金属腐蚀的问题,除从金属材料本身着手外,还应考虑金属材料所处的环境,进而寻求解决在特定条件下金属材料的耐腐蚀问题。

根据金属的腐蚀机理,可采取相应的防腐措施,目前常采用的有以下几种方法:

4.5.3.1　电化学保护法

电化学防护的实质是被保护金属作为腐蚀电池的一极,通以电流使它进行极化,可以分为阴极保护和阳极保护。

（1）阴极保护法

阴极保护是一种用于防止金属在电介质（海水、淡水及土壤等介质）中腐蚀的电化学保护技术,该技术的基本原理是对被保护的金属表面施加一定的直流电流,使其产生阴极极化,当金属的电势负于某一电势值时,腐蚀的阳极的溶解过程就会得到有效抑制。根据提供阴极电流的方式不同,阴极保护又分为外加电流法和牺牲阳极法两种,前者是将外部交流电转变成低压直流电,通过辅助阳极将保护电流传递给被保护的金属结构物,从而使腐蚀得到抑制。后者是将一种电位（电势）更负的金属或合金（如镁、铝、锌等）与被保护的金属结构物连接在一起,通过电位比较负的金属不断地腐蚀溶解所产生的电流来保护金属结构物。

外加电流保护法主要用于地下管道、地下金属设备、某些冷却器、冷凝器、热交换器等的防腐。外加电流阴极保护法如图 4.8 所示。

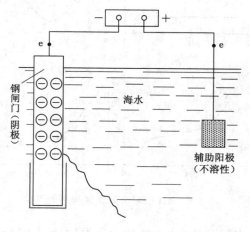

图 4.8　外加电流阴极保护示意图

牺牲阳极保护法常用于蒸汽锅炉的内壁、海船的外壳、石油输送管道和海底设备等。牺牲阳极的面积通常占被保护金属表面积的 $1\%\sim5\%$,分散在被保护金属的表面。如在海轮的水线下部分及靠近船尾推进器附近镶嵌一定数量的锌(或锌镁合金)块,海水作为电解质,比铁活泼的锌块作为阳极被腐蚀,船体(钢铁基体)作为阴极被保护。它是防止金属腐蚀有效的方法之一。

(2) 阳极保护法

阳极保护与阴极保护法正好相反,被保护的金属连接到电源的正极,通以电流进行阳极极化,金属发生钝化,使金属溶解速率急剧减小,这种方法称为阳极保护法。阳极保护法是一门较新的防腐技术,其独特优点是耗电小,适用于某些强腐蚀性介质。主要用于不锈钢的浓硫酸系统、碳钢的氨水贮槽等,应用范围不如阴极法广泛。

4.5.3.2　改变环境

改变环境,其目的在于改变介质的性质,降低或消除介质对金属的腐蚀作用,通常采用的方法有:去除介质中有害成分,加入缓蚀剂,调节介质 pH 值等。

① 去除介质中的有害成分。消除或减小介质中有害成分,如锅炉用水的除氧,常用联氨(N_2H_4)除氧剂。

$$N_2H_4 + O_2 = 2H_2O + N_2$$

还可以用 Na_2SO_3 做除氧剂,可以除去锅炉用水中的 O_2,达到防腐目的。

$$2Na_2SO_3 + O_2 = 2Na_2SO_4$$

② 加入少量缓蚀剂。在腐蚀介质中,加入某些物质,可显著地阻止金属腐蚀或降低腐蚀速率,这种物质称缓蚀剂。缓蚀剂的加量一般在 $0.1\% \sim 1\%$ 之间。缓蚀剂的种类很多,有分别用于酸性、中性、碱性溶液中的,也有用于气相的缓蚀剂。习惯上根据缓蚀剂的组成把缓蚀剂分为无机缓蚀剂、有机缓蚀剂两大类。无机缓蚀剂(如具有氧化性的含氧酸盐:铬酸盐、重铬酸盐、硝酸盐、亚硝酸钠等)在溶液中能使钢铁钝化形成钝化膜,使金属表面与腐蚀介质隔开,从而减缓腐蚀。也有些非氧化性的无机缓蚀剂(如 $NaOH$、Na_2CO_3、Na_2SiO_3、Na_3PO_4 等)能与金属表面阳极溶解下来的金属离子发生作用,生成难溶物,覆盖在金属表面上形成保护膜。如:

$$Fe^{2+} + 2OH^- = Fe(OH)_2$$
$$3Fe^{2+} + 2PO_4^{3-} = Fe_3(PO_4)_2$$

有机缓蚀剂包括乌洛托品、若丁、二甲苯硫脲、亚硝酸二异丙胺等。有机缓蚀剂对金属的缓蚀作用是由于金属刚开始溶解时表面带负电,能将缓蚀剂的正离子或分子吸附在表面上,覆盖了金属表面或活性部位,从而起到保护金属的作用。

③ 调节介质 pH 值。锅炉用水以及工业用冷却水,如果含有酸性物质,pH 值偏低(pH <7)可能产生腐蚀。钢铁在酸性介质中也不易生成保护膜。为了使钢铁不受腐蚀,需提高介质的 pH 值。常用的方法有加氨或胺,例如加氨可以中和水中 CO_2,提高介质 pH 值。

4.5.3.3　涂层保护法

在金属表面上施用覆盖层是防止金属腐蚀最普遍、最重要的方法。覆盖层的作用在于使金属制品与外界介质隔离开,以阻止金属制品的腐蚀。保护层可以是金属镀层也可以是非金属镀层,还有用化学方法生成的保护层等。金属保护层覆盖金属表面的方法很多,除前面讨论过的电镀(如镀铬、锌、镍、铜、银等)外,还有化学镀、非金属保护层、化学方法生成的保护层等。

（1）化学镀

化学镀是指用合适的还原剂,将镀液中的金属离子还原成金属沉积在镀件表面上。如选用不同的还原剂可获得镍、铜、金、钯等各种镀层。另外还有喷镀,即借助压缩空气把熔融的金属用喷枪喷成雾状喷射到被镀物的表面,用来喷镀的金属有铝、锌、锡、铅等。渗镀是把钢铁表面进行合金化处理,将某些金属渗入基体金属,渗入元素有锌、铝、钡、硅等。浸镀是将保护的物品浸入另一种熔融的液态金属中,短时间内取出,另镀锌、锡、铝等。近年来还发展了一种新型物理保护层法——真空镀,包括蒸发镀、磁控溅射镀、离子镀等,可以镀铅、镁、锡、不锈钢、TiN、TiC 等。金属镀层作为保护层的例子很多,如大家所熟悉的白铁和马口铁。白铁是镀锌铁,马口铁是镀锡铁。白铁在工业、民用上应用广泛,如水桶、炉桶、金属包皮等都常用白铁板制成。而马口铁多用于罐头工业。

（2）非金属保护层

非金属保护层,如涂料(旧名油漆)、塑料、搪瓷等。我国已能生产多种防腐涂料。近年来又发展了塑料涂覆,它比喷漆更为先进,附着力强,在防腐工艺中得到了广泛的应用。搪瓷又称珐琅,是类似于玻璃的物质,它是将钾、钠、钙、铝等金属的硅酸盐和硼砂在金属基体上煅烧而成。搪瓷具有许多优异的性能,如耐蚀时间长、耐污染性好、耐冲击性好,并且具有良好的装饰性。

（3）化学方法生成的保护层

① 发蓝

用化学方法使钢铁零件表面形成一层氧化膜的过程称发蓝或发黑。碱性发蓝是把钢铁件放在浓碱和氧化剂的混合溶液中加热氧化,使金属表面生成一层致密的 Fe_3O_4 薄膜。反应式如下：

$$3Fe + NaNO_2 + 5NaOH = 3Na_2FeO_2 + H_2O + NH_3$$

$$8Na_2FeO_2 + NaNO_3 + 6H_2O = 4Na_2Fe_2O_4 + 9NaOH + NH_3$$

$$Na_2FeO_2 + Na_2Fe_2O_4 + 2H_2O = Fe_3O_4 + 4NaOH$$

钢铁零件的合金成分不同,氧化膜色泽也有所差别。

无碱发蓝[以 $Ca(NO_3)_2$、MnO_2、H_3PO_4 组成发蓝液]是近年发展的新的表面处理技术。生成的氧化膜由磷酸钙、氧化铁组成,呈黑色,目前已得到较为广泛的应用。

发蓝膜常用做精密光学仪器零件上的装饰防护层,如照相机的透镜快门板及光圈叶片的黑色处理,弹簧铜、薄钢片等也常进行发蓝处理。

② 磷化

经过热处理的钢铁工件表面清洗后放入磷酸盐溶液中加热到一定温度,在金属表面生成一层难溶磷酸盐薄膜,这个过程叫磷化。磷化反应是在磷酸锰、铁酸式盐、硝酸锌盐的溶液中进行的,反应如下：

$$3M(H_2PO_4)_2 \xrightarrow{\Delta} M_3(PO_4)_2 + 4H_3PO_4$$

$$Fe + 2H_3PO_4 = Fe(H_2PO_4)_2 + H_2$$

$$Fe + Fe(H_2PO_4)_2 = 2FeHPO_4 + H_2$$

$$Fe + 2FeHPO_4 = Fe_3(PO_4)_2 + H_2$$

形成的磷化膜主要成分是 $Fe_3(PO_4)_2 \cdot nH_2O$ 和 $M_3(PO_4)_2 \cdot nH_2O$。磷化膜与基体

金属结合十分牢固,抗腐蚀能力为发蓝膜的 2~10 倍,有较高的绝缘性。金属表面上油漆涂层之前一般要经过磷化处理,形成一层薄的磷化膜做底层,使油漆涂层与金属结合更加牢固。

金属的防护方法很多,但究竟采用哪一种还应从金属的性质、对防护的要求和经济核算等方面考虑,也可以几种方法同时采用。金属腐蚀也有其有利的一面,现在利用腐蚀原理来为生产服务的实例是很多的。例如,印刷电路板的制造要利用金属腐蚀,是在一个表面敷有铜箔的玻璃丝绝缘板上,把需要的图形用感光胶保护,其余部分的铜箔用三氯化铁腐蚀溶液腐蚀,就可以得到线条清晰的印刷电路板。另外晶体管制造中,测定电阻用的钨丝针,也是利用电解腐蚀方法制得的。在工业生产中早已应用电化学腐蚀作用来电抛光各种工件表面,并利用电化学腐蚀原理来进行特种加工。

习 题 四

一、判断题（对的在括号内填"√"，错的在括号内填"×"）

1. 凡是氧化数降低的物质都是还原剂。　　　　　　　　　　　　　　　　（　　　）

2. 电极电势的数值与电池反应中化学计量数的选配及电极反应的方向无关，平衡常数的数值也与化学计量数无关。　　　　　　　　　　　　　　　　　　　　（　　　）

3. 在原电池中增加氧化态物质的浓度，电池电动势增加。　　　　　　　　（　　　）

4. 在电池反应中，电动势越大的反应速率越快。　　　　　　　　　　　　（　　　）

5. 有下列原电池：

$$(-)Cd \mid CdSO_4(1 \text{ mol} \cdot L^{-1}) \parallel CuSO_4(1 \text{ mol} \cdot L^{-1}) \mid Cu(+)$$

若往 $CdSO_4$ 溶液中加入少量 Na_2S 溶液，或往 $CuSO_4$ 溶液中加入少量 $CuSO_4 \cdot 5H_2O$ 晶体，都会使原电池的电动势变小。　　　　　　　　　　　　　　　　　　（　　　）

6. 已知某电池反应 $A + \frac{1}{2}B^{2+} \rightleftharpoons A^+ + \frac{1}{2}B$，而当反应式改写为 $2A + B^{2+} \rightleftharpoons 2A^+ + B$ 时，则此反应的 $E^{\ominus}$ 不变，而 $\Delta_r G_m^{\ominus}$ 改变。　　　　　　　　　　　　　（　　　）

7. 对于电池反应 $Cu^{2+} + Zn \rightleftharpoons Cu + Zn^{2+}$，增加系统 Cu^{2+} 的浓度必将使电池的 E 增大，根据电动势与平衡常数的关系可知，电池反应的 $K^{\ominus}$ 也必将增大。　　　（　　　）

8. 由于 $\varphi^{\ominus}(K^+/K) < \varphi^{\ominus}(Al^{3+}/Al) < \varphi^{\ominus}(Co^{2+}/Co)$，因此在标准状态下，$Co^{2+}$ 的氧化性最强，而 K^+ 的还原性最强。　　　　　　　　　　　　　　　　　（　　　）

9. 标准电极电势表中 $\varphi^{\ominus}$ 值较小的电对中的氧化态物质，都不可能氧化 $\varphi^{\ominus}$ 值较大的电对中的还原态物质。　　　　　　　　　　　　　　　　　　　　　　　（　　　）

10. pH 值的改变可能改变电对的电极电势而不能改变电对的标准电极电势。（　　　）

11. 电解反应中，由于在阳极是电极电势较小的还原态物质先放电，在阴极是电极电势较大的氧化态物质先放电，所以阴极放电物质的电极电势必大于阳极放电物质的电极电势。

　　　　　　　　　　　　　　　　　　　　　　　　　　　　　　　　（　　　）

12. 电极的极化作用所引起的超电势必导致两极的实际电势差大于理论电势差。

　　　　　　　　　　　　　　　　　　　　　　　　　　　　　　　　（　　　）

13. 在电解时，因为阳极发生的是氧化反应，即失电子反应，因此阳极应接在电源的负极上。　　　　　　　　　　　　　　　　　　　　　　　　　　　　　　　（　　　）

14. 普通碳钢在中性或弱酸性水溶液中主要发生吸氧腐蚀，而在酸性较强的水溶液中主要发生析氢腐蚀。　　　　　　　　　　　　　　　　　　　　　　　　　（　　　）

15. 若将马口铁（镀锡）和白铁（镀锌）的断面放入盐酸中，都会发生铁的腐蚀。（　　　）

二、选择题（将正确的答案的标号填入空格内）

1. 下列化合物中 C 元素氧化数相同的是哪种？　　　　　　　　　　　　（　　　）

A. CO、$CHCl_3$、$HCOOH$　　　　　　　B. CO_2、CH_4、CCl_4

C. C_2H_6、C_2H_4、C_2H_2　　　　　　　D. CH_3OH、$HCHO$、$HCOOH$

2. 下列关于氧化数叙述正确的是哪个？　　　　　　　　　　　　　　　　（　　）

　　A. 氧化数是指某元素的一个原子的表观电荷数

　　B. 氧化数在数值上与化合价相同

　　C. 氧化数均为整数

　　D. 氢在化合物中的氧化数皆为 $+1$

3. 对于原电池反应来说，下述正确的是哪种？　　　　　　　　　　　　　（　　）

　　A. 电池反应的 $\Delta_r G_m^{\ominus}$ 必小于零

　　B. 在正极发生的是氧化数升高的反应

　　C. 电池反应一定是自发反应

　　D. 所有的氧化 - 还原反应都可以组成实际的原电池

4. 根据电池反应 $2S_2O_3^{2-} + I_2 \Longrightarrow S_4O_6^{2-} + 2I^-$，将该反应组成原电池，测得该电池的 $E^{\ominus} = 0.455\ V$，已知 $\varphi^{\ominus}(I_2/I^-) = 0.535\ V$，则 $\varphi^{\ominus}(S_4O_6^{2-}/S_2O_3^{2-})$ 为多少？　（　　）

　　A. -0.080　　　B. 0.080　　　C. 0.990　　　D. -0.990

5. 对于电池反应 $Cu^{2+} + Zn \Longrightarrow Zn^{2+} + Cu$，欲增加其电动势，应采取下列哪种措施？

　　A. 降低 Zn^{2+} 浓度　　　　　　　　B. 增加 Zn^{2+} 浓度　　　　（　　）

　　C. 降低 Cu^{2+} 浓度　　　　　　　　D. 同时增加 Zn^{2+}、Cu^{2+} 浓度

6. 有一个原电池由两个氢电极组成，其中一个是标准氢电极，为了得到最大的电动势，另一个电极浸入的酸性溶液[设 $p(H_2) = 100\ kPa$]应为下列哪种溶液？　　　　（　　）

　　A. $0.1\ mol \cdot L^{-1}\ HCl$　　　　　　　B. $0.1\ mol \cdot dm^{-3}\ HAc + 0.1\ mol \cdot L^{-1}\ NaAc$

　　C. $0.1\ mol \cdot L^{-1}\ HAc$　　　　　　　D. $0.1\ mol \cdot L^{-1}\ H_3PO_4$

7. 在原电池中，下列叙述正确的是哪个？　　　　　　　　　　　　　　　（　　）

　　A. 做正极的物质的 $\varphi^{\ominus}$ 值必须大于零

　　B. 做负极的物质的 $\varphi^{\ominus}$ 值必须小于零

　　C. $\varphi_{正}^{\ominus} > \varphi_{负}^{\ominus}$

　　D. 电势较高的电对中的氧化态物质在正极得到电子

8. 关于电动势，下列说法不正确的是哪个？　　　　　　　　　　　　　　（　　）

　　A. 电动势的大小表明了电池反应的趋势

　　B. 电动势的大小表征了原电池反应所做的最大非体积功

　　C. 某些情况下电动势的值与电极电势值相同

　　D. 标准电动势小于零时，电池反应不能进行

9. 某电池的电池符号为 $(-)Pt \mid A^{3+}, A^{2+} \parallel B^{4+}, B^{3+} \mid Pt(+)$，则此电池反应的产物应为下列哪种？　　　　　　　　　　　　　　　　　　　　　　　　　　　　（　　）

　　A. A^{3+}，B^{4+}　　　　B. A^{3+}，B^{3+}　　　C. A^{2+}，B^{4+}　　　D. A^{2+}，B^{3+}

10. 在标准条件下，下列反应均向正方向进行：

$$Cr_2O_7^{2-} + 6Fe^{2+} + 14H^+ \Longrightarrow 2Cr^{3+} + 6Fe^{3+} + 7H_2O$$

$$2Fe^{3+} + Sn^{2+} \Longrightarrow 2Fe^{2+} + Sn^{4+}$$

它们中间最强的氧化剂和最强的还原剂是下列哪一组？　　　　　　　　　（　　）

　　A. Sn^{2+} 和 Fe^{3+}　　　　　　　　B. $Cr_2O_7^{2-}$ 和 Sn^{2+}

　　C. Cr^{3+} 和 Sn^{4+}　　　　　　　　D. $Cr_2O_7^{2-}$ 和 Fe^{3+}

11. 已知 $\varphi^{\ominus}(Ni^{2+}/Ni) = -0.257\ V$,实测镍电极电势 $\varphi(Ni^{2+}/Ni) = -0.201\ V$,则下列表述正确的是哪个？   （   ）

A. Ni^{2+} 浓度大于 $1\ mol \cdot L^{-1}$ 　　B. Ni^{2+} 浓度小于 $1\ mol \cdot L^{-1}$

C. Ni^{2+} 浓度等于 $1\ mol \cdot L^{-1}$ 　　D. 无法确定

12. 下列电对中标准电极电势最大的是哪个？   （   ）

A. $AgCl/Ag$　　　B. $AgBr/Ag$　　　C. AgI/Ag　　　D. Ag^+/Ag

13. 关于电极极化的下列说法中,正确的是哪个？   （   ）

A. 极化使得两极的电极电势总是大于理论电极电势

B. 极化使得阳极的电极电势大于其理论电极电势,使阴极的电极电势小于其理论电极电势

C. 电极极化只发生在电解池中,原电池中不存在电极的极化现象

D. 由于电极极化,使得电解时的实际分解电压小于其理论分解电压

14. 电解含 Fe^{2+}、Ca^{2+}、Zn^{2+} 和 Cu^{2+} 电解质水溶液,最先析出的是哪种金属？

A. Fe　　　　B. Zn　　　　C. Cu　　　　D. Ca　　　（   ）

15. 电解 $NiSO_4$ 溶液,阳极用镍,阴极用铁,则阳极和阴极的产物分别是下列哪组？

A. Ni^{2+},Ni　　　B. Ni^{2+},H_2　　　C. Fe^{2+},Ni　　　D. Fe^{2+},H_2　　（   ）

16. 下列哪种方法不能减轻金属的腐蚀作用？   （   ）

A. 增加金属的纯度　　　　　　　B. 增加金属表面的光洁度

C. 增加金属构件的内应力　　　　D. 降低金属环境的湿度

三、计算及问答题

1. 配平下列反应式：

(1) $FeS_2 + O_2 \longrightarrow Fe_2O_3 + SO_2$

(2) $CuSO_4 + KI \longrightarrow CuI + I_2 + K_2SO_4$

(3) $Zn + HgO + NaOH \longrightarrow Hg + Na_2ZnO_2 + H_2O$

(4) $KMnO_4 \longrightarrow K_2MnO_4 + MnO_2 + O_2\uparrow$

(5) $PbO_2 + Cl^- \longrightarrow Pb^{2+} + Cl_2\uparrow$

(6) $P_4 \longrightarrow PH_3 + HPO_3^-$

(7) $MnO_4^- + Fe^{2+} + H^+ \longrightarrow Mn^{2+} + Fe^{3+} + H_2O$

2. 根据下列原电池反应,分别写出各原电池中正、负电极的电极反应（须配平）。

(1) $3H_2(p = 100\ kPa) + Sb_2O_3 =\!=\!= 2Sb + H_2O$

(2) $Pb^{2+} + Cu(s) + S^{2-} =\!=\!= Pb + CuS(s)$

(3) $MnO_4^- + 5Fe^{2+} + 8H^+ =\!=\!= Mn^{2+} + 5Fe^{3+} + 4H_2O$

(4) $Fe^{2+} + Ag^+ =\!=\!= Fe^{3+} + Ag$

(5) $Zn + Fe^{2+} =\!=\!= Zn^{2+} + Fe$

(6) $2I^- + 2Fe^{3+} =\!=\!= I_2 + 2Fe^{2+}$

(7) $Ni + Sn^{4+} =\!=\!= Ni^{2+} + Sn^{2+}$

(8) $5Fe^{2+} + 8H^+ + MnO_4^- =\!=\!= Mn^{2+} + 5Fe^{3+} + 4H_2O$

3. 将上题各氧化还原反应组成原电池,分别用符号表示各原电池。

4. 在 pH $=4.0$ 时,下列反应能否自发进行? 试通过计算说明之(除 H^+ 及 OH^- 外,其他物质均处于标准条件下)。

(1) $Cr_2O_7^{2-}(aq) + 14H^+(aq) + 6Br^-(aq) \rightleftharpoons 3Br_2(l) + 2Cr^{3+}(aq) + 7H_2O(l)$

(2) $2MnO_4^-(aq) + 16H^+(aq) + 10Cl^-(aq) \rightleftharpoons 5Cl_2(g) + 2Mn^{2+}(aq) + 8H_2O(l)$

5. 将锡和铅的金属片分别插入含有该金属离子的溶液中并组成原电池(图式表示,要注明浓度)

(1) $c(Sn^{2+}) = 0.010\ 0\ mol \cdot L^{-1}$, $c(Pb^{2+}) = 1.00\ mol \cdot L^{-1}$;

(2) $c(Sn^{2+}) = 1.00\ mol \cdot L^{-1}$, $c(Pb^{2+}) = 0.100\ mol \cdot L^{-1}$ 。

分别计算原电池的电动势,写出原电池的两电极反应和电池总反应式。

6. 将下列反应组成原电池(温度为 298.15 K):

$$2I^-(aq) + 2Fe^{3+}(aq) \rightleftharpoons I_2(s) + 2Fe^{2+}(aq)$$

(1) 计算原电池的标准电动势;

(2) 计算反应的标准摩尔吉布斯函数变;

(3) 用图式表示原电池;

(4) 计算 $c(I^-) = 1.0 \times 10^{-2}\ mol \cdot L^{-1}$ 以及 $c(Fe^{3+}) = c(Fe^{2+})/10$ 时原电池的电动势。

7. 由标准钴电极(Co^{2+}/Co)与标准氯电极组成原电池,测得其电动势为 1.64 V,此时钴电极为负极。已知 $\varphi^{\ominus}(Cl_2/Cl^-) = 1.36$ V,问:

(1) 标准钴电极的电极电势为多少?(不查表)

(2) 此电池反应的方向如何?

(3) 当氯气的压力增大或减小时,原电池的电动势将发生怎样的变化?

(4) 当 Co^{2+} 的浓度降低到 $0.010\ mol \cdot L^{-1}$ 时,原电池的电动势将如何变化? 数值是多少?

8. 反应 $Sn^{2+} + 2Fe^{3+} \rightleftharpoons Sn^{4+} + 2Fe^{2+}$ 中,各离子的浓度均为 $1\ mol \cdot L^{-1}$,根据电极电势判断反应的方向,并计算此反应的 $\Delta_r G_m^{\ominus}$ (用浓度代替活度)。

9. 已知下列电对的标准电极电势,计算 AgBr 的溶度积。

$$Ag^+(aq) + e \longrightarrow Ag(s)\ ,\ \varphi^{\ominus}(Ag^+/Ag) = 0.799\ V$$

$$AgBr(s) + e \longrightarrow Ag(s) + Br^-(aq)\ ,\ \varphi^{\ominus}(AgBr/Ag) = 0.073\ V$$

10. 将氢电极插入 $0.1\ mol \cdot L^{-1}$ 的醋酸溶液中,并保持氢气的分压为 180 kPa ,把铅电极插入 $0.16\ mol \cdot L^{-1}$ 的 KIO_3 溶液中,该溶液与 $Pb(IO_3)_2$ 固体接触,测得此电池的电动势为 0.366 V,试计算 $Pb(IO_3)_2$ 的 K_{sp} 。已知 $K_{sp}(HAc) = 1.8 \times 10^{-3}$, $\varphi^{\ominus}(H^+/H_2) = 0$ V, $\varphi^{\ominus}(Pb^{2+}/Pb) = -0.13$ V,氢电极为正极。

11. 已知 $\quad MnO_4^- + 8H^+ + 5e \rightleftharpoons Mn^{2+} + 4H_2O$, $\varphi^{\ominus} = 1.49$ V

$\qquad\qquad MnO_2 + 4H^+ + 2e \rightleftharpoons Mn^{2+} + 2H_2O$, $\varphi^{\ominus} = 1.21$ V

求 $MnO_4^- + 4H^+ + 3e \rightleftharpoons MnO_2 + 2H_2O$ 的 $\varphi^{\ominus}$ 。

12. 向含有 $c(Cu^{2+}) = 1.0\ mol \cdot L^{-1}$ 和 $c(Ag^+) = 1.0\ mol \cdot L^{-1}$ 的混合溶液中加入铁粉。

(1) 何种金属先析出?

(2) 当第二种金属析出时,第一种金属在溶液中的浓度应为多少?

13. 电解铜时,给定电流强度为 5 000 A,电解 2 h 后,理论上能得到多少千克铜?

14. 用铂电极电解 $0.5\ mol \cdot L^{-1}$ Na_2SO_4 的水溶液,测得 25 ℃时阴极电势为 -1.23 V,

溶液 pH 值为 6.5,求阴极超电势值。

15. 用两极反应表示下列物质的主要电解产物。

(1) 电解 $NiSO_4$ 溶液,阳极用镍,阴极用铁;

(2) 电解熔融 $MgCl_2$,阳极用石墨,阴极用铁;

(3) 电解 KOH 溶液,两极都用铂。

四、思考题

1. 什么叫电极电势?什么叫标准电极电势?金属的标准电极电势如何测定?

2. 比较原电池和电解池的结构和原理(从两极名称、电子流方向、两极反应等方面)。

3. 试说明下列现象产生的原因。

(1) 硝酸能氧化铜,而盐酸却不能。

(2) Sn^{2+} 与 Fe^{3+} 不能在同一溶液中共存。

(3) 氟不能用电解含氟化合物的水溶液制得。

4. 为什么说 Cu^{2+} 可以氧化铁,而 Fe^{3+} 又可以氧化铜,这两者之间有无矛盾?

5. 今有一种含有 Cl^-、Br^-、I^- 三种离子的混合溶液,欲使 I^- 氧化成 I_2,又不使 Cl^-、Br^- 离子氧化,在常用氧化剂 $Fe_2(SO_4)_3$ 和 $KMnO_4$ 中应选哪一种?

6. 同种金属及其盐溶液能否组成原电池?若能组成,则盐溶液的浓度必须具有什么条件?

7. 判断氧化还原反应进行的方向、程度的原则是什么?举例说明之。

8. 怎样理解介质的酸性增强,$KMnO_4$ 的电极电势代数值增大、氧化性增强?

9. 试从电极电势[如 $\varphi(Sn^{2+}/Sn)$、$\varphi(Sn^{4+},Sn^{2+})$ 及 $\varphi(O_2/H_2O)$],说明为什么常在 $SnCl_2$ 溶液加入少量纯锡粒以防止 Sn^{2+} 被空气(O_2)氧化?

10. 什么叫做理论分解电压、实际分解电压?实际分解电压为什么高于理论分解电压?

11. 影响电解产物的主要因素有哪些?当电解不同金属的氧化物、硫化物或含氧酸盐的水溶液时,在两极上所得电解产物一般是什么?

12. 用电解法精炼铜,以硫酸铜为电解液,粗铜为阳极,精铜在阴极析出。试说明通过此电解法可以除去粗铜中的 Ag、Au、Pb、Ni、Fe、Zn 等杂质的原理。

13. 通常金属在大气中的腐蚀主要是析氢腐蚀还是吸氧腐蚀?写出腐蚀电池的电极反应。

14. 防止金属腐蚀的方法主要有哪些?各根据什么原理?

15. 试分析含有锌杂质的铁材料和含有铜杂质的铁材料哪一个在空气中更容易损坏?

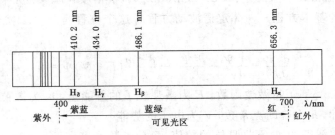

物质结构基础

物质在不同条件下表现出来的性质都与它们的结构有关,结构是基础。因此本章在中学已学过的物质结构知识的基础上,进一步讨论有关原子、分子和晶体结构的有关知识。

5.1 原子结构

5.1.1 氢原子光谱和玻尔氢原子结构模型

将装有高纯度低压氢气的放电管所发出的光通过棱镜,在屏幕上可见到不连续的红、青、蓝紫、紫四条明显的特征谱线,这种谱线是线状的,而且是不连续的,是氢原子光谱在可见光区的四条明显的特征谱线 $H_\alpha H_\beta H_\gamma H_\delta$,如图 5.1 所示。

图 5.1 氢原子光谱图

为什么氢原子会发光呢? 1913 年丹麦物理学家玻尔(N. H. D. Bohr)在前人工作的基础上提出了玻尔氢原子模型,对上述的氢原子光谱给予说明。其要点如下:

(1) 定态轨道概念

氢原子中的电子在原子核外运动时,其运动轨道不是任意的,电子只能在以原子核为中心的某些能量(E_n)确定的圆形轨道上运动。这些轨道的能量状态不随时间而改变,因此被称为定态轨道。不同的定态轨道能量是不同的。离核越近的轨道,能量越低,电子被原子核束缚得越牢;离核越远的轨道,能量越高。

（2）电子跃迁规则

在正常状态下，电子尽可能处于离核较近、能量较低的轨道上，这时原子所处的状态称为基态。当原子受到辐射、加热或通电时，基态电子获得能量，跃迁到离核较远、能量较高的空轨道上，这时原子所处的状态称为激发态。

处于激发态的电子不稳定，要回到离核较近的轨道上，而以光的形式放出能量。发出光的能量等于发生跃迁的两个轨道的能量之差：

$$h\nu = E_2 - E_1$$

通过计算，人们证实了氢原子中的电子从 $n=3$、4、5、6 的轨道跃迁到 $n=2$ 的轨道放出的光的波长正好与氢原子光谱在可见光区的四条谱线 $H_\alpha H_\beta H_\gamma H_\delta$ 的波长一致。氢的轨道能级是不连续的，即量子化的，所以氢原子光谱是不连续的线状光谱。对于电子跃迁到基态轨道（$n=1$）时发射出来的谱线，因波长较短（小于 400 nm），落在紫外线区内，肉眼难以观察到。

玻尔理论成功地解释了氢原子光谱的产生原理。时至今日，玻尔提出的量子化、电子跃迁、基态、激发态的概念仍然有用。但由于玻尔理论是建立在牛顿经典力学理论基础上的，因此有着严重的局限性，对多电子原子光谱等现象无法解释。玻尔理论的缺陷，促使人们去研究和建立了能描述电子内部运动规律的新的量子力学理论。

5.1.2　原子结构的量子力学描述

在光的波粒二象性的启发下，1924 年法国物理学家德布罗意（L. V. de Broglie）预言实物微粒具有波粒二象性，1927 年，克林顿·戴维森（C. Davisson）和雷斯特·革末（L. Germer）应用镍晶体进行电子衍射试验，证实电子具有波动性。

既然原子核外的电子可以被当做一种波，就应该由波动方程来描述电子的运动规律。

1926 年奥地利物理学家薛定谔（E. Schrodinger）根据波粒二象性的概念提出了一个描述微观粒子运动的基本方程——薛定谔波动方程。这个方程是一个二阶偏微分方程，它的形式如下：

$$\left(\frac{\partial^2 \Psi}{\partial x^2} + \frac{\partial^2 \Psi}{\partial y^2} + \frac{\partial^2 \Psi}{\partial z^2}\right) + \frac{8\pi^2 m}{h^2}(E-V)\Psi = 0$$

式中 $\Psi = f(x,y,z)$ 叫做波函数。E 为微观粒子的总能量，m 为微粒的质量，x，y，z 为微粒的空间坐标，h 为普朗克常数，V 为电子的势能。

解薛定谔方程解得的 Ψ 不是具体的数值，而是函数式 $\Psi_{n,l,m}(x,y,z)$，每一个确定的波函数 Ψ 就代表电子的某一种空间运动状态，即可能的原子轨道，$|\Psi|^2$ 表示在空间某处 (x,y,z) 电子出现的概率密度。因此，在量子力学中用波函数来描述微观粒子运动状态。

解薛定谔方程十分复杂，本书略去求解过程，只对求解结果和涉及的几个重要概念进行说明，这对描述核外电子的运动状态十分有用。

5.1.2.1　波函数和原子轨道

既然波函数 Ψ 是空间坐标的函数，其空间图像可以形象地理解为电子运动的空间范围，俗称为"原子轨道"。这里所说的原子轨道与玻尔学说的定态轨道概念不同。量子力学理论认为，核外电子的运动没有具体的轨道，电子只是在一定的范围内运动。

根据波函数绘制出来的原子轨道的角度分布图像有多种,分别命名为 s,p,d,f 等。图 5.2 为几种原子轨道的角度分布剖面图,图中的正负号表示求解波函数的＋、－值,它们代表角度函数的对称性,不代表正负电荷。

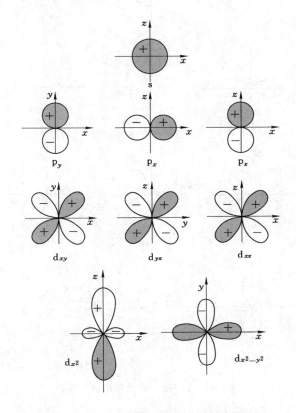

图 5.2　几种原子轨道的角度分布剖面图

5.1.2.2　概率密度和电子云

核外电子高速运动,不能肯定某一瞬间它在空间所处的位置,但可以用统计的方法来判断电子在核外空间某一区域出现机会的多少。这种机会的多少,在数学上称为概率。电子在空间某处单位体积内出现的概率,称为概率密度。量子力学理论证明 $|\Psi|^2$ 的物理意义是电子在空间出现的概率密度。

为了形象地表示电子在原子中的概率分布情况,常用小黑点分布的疏密来表示电子出现概率的大小。黑点越密,表示电子出现的概率越大。这种以黑点的疏密表示概率密度分布的图形称为电子云。图 5.3 为氢原子 1s 电子云的示意图。

类似于原子轨道的角度分布图,也可以作电子云的角度分布图,如图 5.4 所示。

与原子轨道角度分布图相比,形状相似,但电子云角度分布的图形要"瘦"些,且无正负号,均为正值。

图 5.3　氢原子 1s 电子云示意图

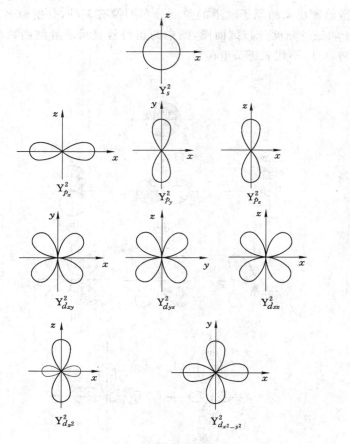

图 5.4　几种电子云角度剖面分布图

5.1.2.3　量子数

要描述原子中各电子的运动状态,就需要确定电子所在的原子轨道离核的远近、原子轨道的形状以及在空间的伸展方向,因此原子轨道需要三个参数(称之为量子数)来描述。另外轨道中的电子还在做不同的自旋运动,因此要描述电子的运动状态,需要四个量子数,即主量子数、角量子数、磁量子数和自旋量子数。

(1) 主量子数(n)

主量子数是描述电子离核远近的参数。根据离核的远近,将原子核外的空间范围分成若干层(称之为电子层),用 n 表示。每一个 n 值代表一个电子层。主量子数(n)可为零以外的正整数,例如 $n=1,2,3,4,\cdots$ 。其中光谱学上依次用 K,L,M,N,$\cdots$ 表示(表 5.1)。

n 确定单电子原子的电子运动的能量。求解 H 原子薛定谔方程得到:每一个对应原子轨道中电子的能量只与 n 有关: $E_n = (-1\,312/n^2) \text{ kJ} \cdot \text{mol}^{-1}$, n 的值越大,电子能级就越高。

n 也是决定多电子原子轨道的能量高低的主要因素之一, n 值越小,各电子层离核越近,其能级越低。

表 5.1 主量子数、电子层及其符号一览表

主量子数（n）	1	2	3	4	5
电子层	第一层	第二层	第三层	第四层	第五层
电子层符号	K	L	M	N	O

（2）角量子数（l）

角量子数用于描述原子轨道的形状。同一电子层内都有若干个不同形状的原子轨道，也可以理解为同一电子层中都有不同形状的亚层。因此指明原子轨道的形状时需要首先确定其所在的层数。n 值确定后，角量子数（l）为零到（$n-1$）的正整数。例如 $l=0,1,2,\cdots,$（$n-1$）。光谱学上依次用 s,p,d,f,g,$\cdots$ 表示，见表 5.2。

表 5.2 角量子数、电子亚层符号一览表

角量子数（l）	0	1	2	3	4	5
电子亚层符号	s	p	d	f	g	h

s 轨道为球形，p 轨道为哑铃形，d 轨道为梅花形。轨道形状如图 5.2 所示。

如电子层 $n=3$，l 值取 0,1,2，即代表在第三电子层有三种不同形状的原子轨道 3s,3p,3d，它们的原子轨道的形状分别为球形、哑铃形和梅花形。

对于多电子原子，l 与 n 共同确定原子轨道的能量。例如，$E(ns) < E(np) < E(nd) < E(nf)$，$E(2p) < E(3p) < E(4p) < E(5p)$。

（3）磁量子数（m）

同一形状的原子轨道在空间的伸展方向不同。磁量子数 m 是用来描述原子轨道或电子云在空间的伸展方向的。

m 的取值决定于 l 值，可取从 $-l$ 到 $+l$（包括零在内）共（$2l+1$）个的整数。每一个 m 值代表一个具有某种空间取向的原子轨道。例如角量子数 l 为 1（哑铃形的 p 轨道）时，磁量子数（m）值只能取 -1，0，$+1$ 三个数值，这三个数值表示哑铃形的 p 原子轨道有三个空间伸展方向不同的原子轨道 p_y、p_z、p_x，其空间伸展方向见图 5.2。

例 5.1 推算 $n=3$ 电子层的原子轨道的数目。

解 $n=3$，$l=0,1,2$；即第三层有三种不同形状的原子轨道。

$l=0$ 时，m 有一种取值 0，即表示 $l=0$ 的亚层上有 1 个球形原子轨道。

$l=1$ 时，m 有 3 种取值，-1（p_y）、0（p_x）、$+1$（p_z），表示 $l=1$ 的亚层上有三个相互垂直的哑铃形原子轨道。

$l=2$ 时，m 有 5 种取值，表示 $l=2$ 的亚层上有 5 个伸展方向不同的梅花形轨道。

因此，第三层共有轨道数为：$1+3+5=9=3^2$，每一个电子层内原子轨道的总数为 n^2。

（4）自旋量子数（m_s）

自旋量子数（m_s）只有 $+1/2$ 或 $-1/2$ 这两个数值，其中每一个数值表示电子的一种自旋方向（如顺时针或逆时针方向）。

综上所述，量子力学对氢原子核外电子的运动状态有了较清晰的描述：在原子中并不存在玻尔模型中的电子运动轨道，各种运动状态的电子在核外空间是呈概率分布

的。微观粒子的运动符合薛定谔波动方程,可用波函数来描述它们的运动状态。解薛定谔方程得到多个可能的解,每一个解代表一个电子的运动状态。电子的运动状态由 n,l,m,m_s 四个量子数决定,主量子数 n 决定了电子的能量和离核远近;角量子数 l 决定了轨道的形状和能量;磁量子数 m 决定了轨道的空间伸展方向;自旋量子数 m_s 决定了电子的自旋运动状态。

5.2 核外电子排布和元素周期系

5.2.1 多电子原子轨道的能级

在已发现的 112 种元素中,除氢以外的原子,都属于多电子原子。在多电子原子中,由于存在着电子之间的相互排斥,因此原子轨道的能级比氢原子中的要复杂。

对于单电子原子轨道的能量由主量子数(n)确定。而对多电子原子来说,原子轨道的能量由主量子数(n)与副量子数(l)共同确定。

对多电子原子中各原子轨道能级的高低主要根据光谱实验确定。根据实验结果,可以归纳以下几条规律。

① 角量子数 l 相同时,n 越大,能量越高。例如:$E(1s) < E(2s) < E(3s)$,$E(2p) < E(3p) < E(4p)$。

② 同一原子同一电子层内,电子间的相互作用造成同层能级的分裂。主量子数 n 相同时,l 越大,能量越高,即各亚层能级的相对高低为:$E(ns) < E(np) < E(nd) < E(nf) < \cdots\cdots$。

③ 同一原子内,n 和 l 都不同时,有能级交错现象。例如:$E(4s) < E(3d) < E(4p)$,$E(5s) < E(4d) < E(5p)$,$E(6s) < E(4f) < E(5d) < E(6p)$。

④ n、l 均相同时,能量相同,称简并轨道。例如:$E(np_x) = E(np_y) = E(np_z)$。

原子轨道能级的相对高低情况,若用图示法近似表示,就是所谓近似能级图。

1939 年美国化学家鲍林(L. K. Pauling)对各元素原子的原子轨道能级图进行分析、归纳,总结出多电子原子中原子轨道能级图,以表示各原子轨道之间能量的相同高低顺序,见图 5.5。

在图中每一个小圆圈代表一个原子轨道。每个小圆圈所在的位置的高低就表示这个轨道能量的高低。图中还根据各轨道能量大小的相互接近情况,把原子轨道划分为若干个能级组。图中实线方框内各原子轨道的能量较接近,构成一个能级组。在元素周期表中"能级组"与周期是相对应的。

通过鲍林近似能级图可以清楚明了地得出多电子原子轨道的能级顺序为:1s;2s、2p;3s、3p;4s、3d、4p;5s、4d、5p;6s、4f、5d、6p;7s、5f、6d、7p,填充顺序:$ns \rightarrow (n-2)f \rightarrow (n-1)d \rightarrow np$。

5.2.2 核外电子分布原理

原子中的电子按一定规则分布在各原子轨道上。各元素原子核外电子的分布,基本上服从以下三个原则:泡利(Pauli)不相容原理、最低能量原理、洪特(Hund)规则。

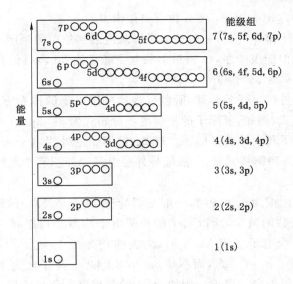

图 5.5　原子轨道近似能级图

（1）泡利（Pauli）不相容原理

1925 年，奥地利物理学家泡利（W. E. Pauli）根据光谱分析结果和元素在周期系中的位置，提出了泡利不相容原理：在同一原子中，不可能有四个量子数完全相同的电子存在。每一个轨道内最多只能容纳两个自旋方向相反的电子。

（2）能量最低原理

多电子原子处在基态时，核外电子的分布在不违反泡利原理的前提下，总是尽先分布在能量较低的轨道，以使原子处于能量最低的状态。例如，氢原子的电子应该处在 1s 轨道而不是 2s 或 2p 轨道。

（3）洪特（Hund）规则

1925 年德国物理学家洪特（F. Hund）根据原子光谱实验数据的总结提出：原子在同一亚层的等价轨道上分布电子时，将尽可能分布在不同的轨道，而且自旋方向相同。这样分布时，原子的能量较低，系统较稳定。

例如：N 原子的基态电子组态为：$1s^2\ 2s^2\ 2p_x^1\ 2p_y^1\ 2p_z^1$。

5.2.3　原子中核外电子的排布

有了原子轨道能级顺序图，再根据泡利不相容原理、洪特规则和能量最低原理，就可以写出元素原子的核外电子分布式来。例如：钪（$_{21}Sc$）原子的电子分布式为：$1s^2\ 2s^2 2p^6 3s^2 3p^6 3d^1 4s^2$。

在 112 种元素中，有 19 种元素（它们是 $_{24}Cr$，$_{29}Cu$，$_{41}Nb$，$_{42}Mo$，$_{44}Ru$，$_{45}Rh$，$_{46}Pd$，$_{47}Ag$，$_{57}La$，$_{58}Ce$，$_{64}Gd$，$_{78}Pt$，$_{79}Au$，$_{89}Ac$，$_{90}Th$，$_{91}Pa$，$_{92}U$，$_{93}Np$，$_{96}Cm$）原子外层电子的分布情况稍有例外。通过这些特例，人们又归纳出一条规律，就是对于同一电子亚层，当电子分布为全充满（s^2、p^6、d^{10}、f^{14}）、半充满（s^1、p^3、d^5、f^7）和全空（s^0、p^0、d^0、f^0）时，原子结构较稳定。亚层全充满分布的例子如：$_{29}Cu$，它的外层电子式分布为 $3d^{10}\ 4s^1$，而不是 $3d^9\ 4s^2$，此外 $_{46}Pd$，$_{47}Ag$，$_{79}Au$ 也有类似情况；亚层半充满的例子如：$_{24}Cr$，它的电子分布式为 $3d^5\ 4s^1$，

而不是 $3d^4 4s^2$ ，此外，$_{42}Mo$、$_{64}Gd$、$_{96}Cm$ 也有类似情况。

书写原子核外电子排布式时，一般按电子层从内层到外层的顺序书写。例如，钛（Ti）原子有 22 个电子，按近似能级顺序，4s 轨道上的电子能量比 3d 轨道低，但是书写电子构型时先写 3d 后写 4s，即 $1s^2 2s^2 2p^6 3s^2 3p^6 3d^2 4s^2$ 。

反应中通常涉及外层电子的转移，所以只表达外层电子的排布方式即可。对主族元素即为最外层电子分布式，例如，氯原子的外层电子分布式为 $3s^2 3p^5$ 。对于副族元素，外层电子指的是最外层 s 电子和次外层 d 电子。例如，锰原子的外层电子构型应该写成 $3d^5 4s^2$ ，而不是 $4s^2$ 。对于镧系和锕系元素，一般除最外层电子以外还需考虑外数（自最外层向内计数）第三层的 f 电子。

当原子失去电子而成为正离子时，一般是能量较高（不是最高）的最外层的电子先失去，而且往往引起电子层数的减少，所以离子的特征电子构型要写出同一层的全部电子分布。例如，Mn 原子失去 2 个电子变成 Mn^{2+} 时，失去的是 2 个 4s 电子而不是 3d 电子。所以，Mn^{2+} 外层电子构型是 $3s^2 3p^6 3d^5$ ，而不是 $3s^2 3p^6 3d^3 4s^2$ 。原子成为负离子时，原子所得的电子总是分布在它的最外电子层上。例如，Cl^- 的外层电子分布式是 $3s^2 3p^6$ 。

5.2.4 元素周期表

现代化学的元素周期律是 1869 年俄国化学家门捷列夫（D. Y. Mendeleev）首创的，他将当时已知的 63 种元素依原子量大小并以表的形式排列，把有相似化学性质的元素放在同一行，这是元素周期表的雏形。以后人们不断改进，提出了各种类型的周期表。元素周期表能概括地反映元素性质的周期性变化规律。现以常用的长式周期表讨论元素周期表与核外电子分布的关系。

（1）周期

元素在周期表中的周期数等于该元素原子的电子层数。各周期内包含的元素数与相应能级组内所容纳的电子数是相应的。例如，第 4 周期的所有元素的原子都含有四个电子层，第四能级组有 4s、4p、3d 共 9 个轨道，因此包含的元素数是 18 个。

（2）区

根据元素原子价电子构型的不同，可以把周期表中的元素所在位置分成 s、p、d、ds 和 f 五个区，见图 5.6。各区元素原子核外电子分布特点见表 5.3。

表 5.3　　　　　　　　　　　　各区元素原子核外电子分布特点

区	原子价层电子构型	最后填入电子的亚层	包括的元素
s	$ns^{1 \to 2}$	最外层的 s 亚层	I A 族，II A 族
p	$ns^2 np^{1 \to 6}$	最外层的 p 亚层	III A～VII A 族，零族
d	$(n-1)d^{1 \to 9} ns^{1 \to 2}$	一般为次外层的 d 亚层	III B～VII B 族、VIII 族（过渡元素）
ds	$(n-1)d^{10} ns^{1 \to 2}$	一般为次外层的 d 亚层，且 d 层全充满	I B，II B 族
f	$(n-2)f^{0 \to 14}(n-1)d^{0 \to 2} ns^2$	一般为外数第三层的 f 亚层（有个别例外）	镧系元素、锕系元素（内过渡元素）

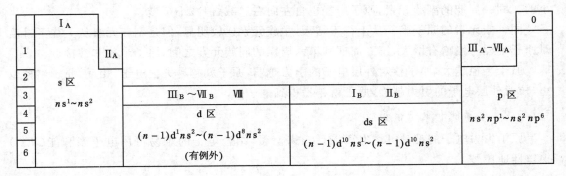

图 5.6　原子外层的电子构型与周期表分区

（3）族

如表 5.3 所示，如果元素原子最后填入电子的亚层为 s 或 p 亚层的，该元素便属于主族元素；如果最后填入电子的亚层为 d 或 f 亚层的，该元素便属副族元素，又称过渡元素（其中填入 f 亚层的又称内过渡元素）。书写时，以 A 表示主族元素，以 B 表示副族元素。如 II_A 表示第二主族元素，III_B 表示第三副族元素。

由此可见，元素在周期表中的位置（周期、区、族），是由该元素原子核外电子的分布所决定的。元素分区、族数与外层电子的关系见表 5.4。

表 5.4　　　　　　　　　　元素分区、族数与外层电子的关系

元　素	族　数
s、p、ds 区	等于最外层电子数
d 区（其中Ⅷ族只适用于 Os、Fe、Ru）	等于最外层电子数 + 次外层的 d 电子数
f 区	都属Ⅲ$_B$族

5.2.5　元素性质的周期性

原子的基本性质如原子半径、电离能、电负性等都与原子的结构密切相关，因而也呈现明显的周期性变化。

5.2.5.1　原子半径

量子力学理论认为，核外电子的运动是按几率分布的，由于原子本身没有鲜明的界面，因此原子核到最外电子层的距离实际上是难以确定的。通常所说的原子半径是根据该原子存在的不同形式来定义的。两个相同原子形成共价键时，其核间距离的一半，称为原子的共价半径；金属单质的晶体中，两个相邻金属原子核间距离的一半，称为该金属原子的金属半径；在单原子分子晶体中，两相邻原子核间距离的一半，称为该原子的范德华半径。

同一周期的主族元素，自左向右，随着核电荷的增加，原子共价半径的总趋势是逐渐减

小的。同一周期的副族元素,原子半径也自左向右递减,但减小缓慢。

同一族元素的原子半径从上往下增大,主族元素比较明显,但是副族元素从上往下过渡时原子半径一般略有增大,第五周期和第六周期的同族元素之间,原子半径非常接近。

原子半径越大,原子核对外层电子的引力越弱,原子就越易失去电子;相反,原子半径越小,核对外层电子的引力越强,原子就越易得到电子。

5.2.5.2 电离能和电子亲和能

原子失去电子的难易可用电离能(I)来衡量,结合电子的难易可用电子亲和能(E_A)来定性地比较。

(1)电离能(I)

气态原子要失去电子变为气态阳离子(即电离),必须克服核电荷对电子的引力而消耗能量,这种能量称为电离能,以符号I表示。

使基态的气态原子失去一个电子形成气态阳离子所需要的能量,称为原子第一电离能(I_1);由氧化数为$+1$的气态阳离子再失去一个电子形成氧化数为$+2$的气态阳离子所需要的能量,称为原子的第二电离能(I_2);其余依次类推。

电离能的大小反映了原子失去电子的难易。元素原子的电离能越小,原子就越易失去电子,金属性越强;反之,元素原子的电离能越大,原子越难失去电子,金属性越弱。

同一周期主族元素,从左向右过渡时,电离能逐渐增大。副族元素从左向右过渡时,电离能变化不十分规律。

同一主族元素从上往下过渡时,原子的电离能逐渐减小。副族元素从上往下原子半径只是略微增大,而且第五、六周期元素的原子半径又非常接近,核电荷数增多的因素起了作用,电离能变化没有较好的规律。

电离能还与电子层结构是否稳定有关,如第ⅡA族元素的第一电离能高于第ⅢA族元素,第ⅤA族的第一电离能高于第ⅥA族元素,其原因为第ⅡA族元素的外电子层结构为ns^2,第ⅤA族的外电子层结构为$ns^2 np^3$,都为稳定结构,失电子困难,所以它们的第一电离能大。惰性气体的原子结构都为全充满状态,不易失去电子,同周期中电离能最大。

(2)电子亲和能(E_A)

与电离能恰好相反,元素原子的第一电子亲和能是指一个基态的气态原子得到一个电子形成气态阴离子所释放出的能量。

元素原子的第一电子亲和能代数值越大,原子就越容易得到电子,反之元素原子的第一电子亲和能代数值越小,原子就越难得到电子。

无论是在周期或族中,主族元素电子亲和能的代数值一般都是随着原子半径的减小而增大的。因为半径减小,核电荷对电子的引力增大,故电子亲和能在周期中从左向右过渡时,总的变化趋势是减小的。主族元素从上往下过渡时,总的变化趋势是略有增大的。

5.2.5.3 电负性

电负性是指分子中元素原子吸引电子的能力。电负性数值越大,原子在分子中吸引电子的能力越强。

元素原子的电负性呈周期性变化。从表 5.5 中可知,同一周期从左向右电负性逐渐增大。同一主族,从上往下电负性逐渐减小;副族元素原子,$III_B \sim V_B$ 族变小,$VI_B \sim II_B$ 族从上往下电负性变大。F 为电负性最大的元素,数值为 4.0;Cs 的电负性数值最小为 0.7。

表 5.5　　　　　　　　　　　　　　　元素的电负性

s 区												p 区				
H 2.0	—				—											
Li 1.1	Be 1.5											B 2.0	C 2.5	N 3.0	O 3.5	F 4.0
Na 0.9	Mg 1.2				d 区					ds 区		Al 1.5	Si 1.8	P 2.1	S 2.5	Cl 3.0
K 0.8	Ca 1.0	Sc 1.3	Ti 1.5	V 1.6	Cr 1.6	Mn 1.5	Fe 1.8	Co 1.9	Ni 1.9	Cu 1.9	Zn 1.6	Ga 1.6	Ge 1.8	As 2.0	Se 2.4	Br 2.8
Rb 0.8	Sr 1.0	Y 1.2	Zr 1.4	Nb 1.6	Mo 1.8	Tc 1.9	Ru 2.2	Rh 2.2	Pd 2.2	Ag 1.9	Cd 1.7	In 1.7	Sn 1.8	Sb 1.9	Te 2.1	I 2.5
Cs 0.7	Ba 0.9	La~Lu 1.0~1.2	Hf 1.3	Ta 1.5	W 1.7	Re 1.9	Os 2.2	Ir 2.2	Pt 2.2	Au 2.4	Hg 1.9	Tl 1.8	Pb 1.9	Bi 1.9	Po 2.0	At 2.2
Fr 0.7	Ra 0.9	Ac 1.1	Th 1.3	Pa 1.4	U 1.4	Np~No 1.4~1.3				—						

在化学反应中,某元素原子如果容易失去电子,就表示它的金属性强;反之,若容易得到电子变为阴离子,就表示它的非金属性强。元素的电负性反映了元素金属和非金属性的强弱。一般而言,电负性大于 2.0 的元素为非金属元素,小于 2.0 的元素为金属元素。

5.3　化学键与分子间力

分子内存在一种把原子结合为分子的相互作用力,称之为化学键。其主要包括离子键、共价键、金属键三种类型(金属键理论将在 5.4.5 讲述)。此外,分子间还存在着一种较弱的相互吸引作用,通常称为分子间力或范德瓦耳斯力。有时分子间或分子内的某些基团还存在氢键。

5.3.1　离子键

1916 年德国化学家柯塞尔(W. Kossel)提出离子键的概念。他认为电负性较小的金属原子和电负性较大的非金属原子靠近时,前者易失去外层电子成正离子,后者易获得电子成负离子。离子键就是由电子转移形成的,即正离子和负离子之间由于静电引力所形成的化学键。离子既可以是单离子,如 Na^+、Cl^-;也可以由原子团形成,如 SO_4^{2-}、NO_3^- 等。

离子键的本质是正、负离子之间的静电引力。因此,影响离子键强弱的因素主要是正负离子半径的大小和正负离子电荷的多少。

由于离子的电荷分布是球形对称的,因此,只要空间条件许可,它可以从不同方向同时吸引若干带有相反电荷的离子,所以,离子键的特征是:既没有方向性,也没有饱和性。

离子键是一种较强的相互作用力,正负离子之间靠静电引力结合在一起,生成离子化合物。离子化合物具有以下性质:

① 熔沸点较高,通常熔点为几百到几千摄氏度,如 NaCl 熔点约 800 ℃,MgO 熔点约 2 800 ℃。

② 硬度较大;

③ 溶于水完全电离,即为强电解质。但必须注意,离子化合物对水的溶解度差别非常大,如 KNO_3、NH_4Cl 等易溶于水,$CaCO_3$、$BaSO_4$ 等难溶于水。即使难溶于水的离子化合物,也非绝对不溶,其溶解部分是完全电离的,所以说离子化合物是强电解质。

④ 熔融态下完全电离。

5.3.2 共价键理论

共价化合物是数目多、成键复杂的一类化合物,包括部分的无机物和有机物。共价键理论主要包括现代价键理论和分子轨道理论。

5.3.2.1 现代价键理论的基本要点

现代价键理论是建立在量子力学基础上的,主要内容有以下两点:

① 两原子接近时,自旋方向相反的未成对电子可以配对,形成共价键。原子有几个未成对电子,一般就只能和几个自旋方向相反的电子配对成键。这说明一个原子形成共价键的能力是有限的,即共价键具有饱和性。例如,N 原子含有三个未成对的价电子,因此两个 N 原子间只能形成三键,即形成 N≡N 分子。

② 共价键的形成即是原子轨道的重叠。原子轨道重叠时,总是沿着重叠最大的方向进行,重叠部分越大,共价键越牢固,但并不是原子轨道沿各个方向的重叠都能达到最大程度。除 s 轨道外,p、d 等轨道都有一定的空间取向,轨道重叠时必须沿着特定的方向进行才能稳定,所以共价键具有方向性。如 H 的 1s 电子和 Cl 的 3p 电子(比如 $3p_x$)配

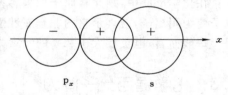

图 5.7 HCl 分子的形成

对形成共价键时,必须沿着 x 轴方向才能达到轨道的最大重叠,形成稳定的氯化氢分子,如图 5.7 所示。方向性决定了分子的空间构型。

5.3.2.2 共价键的键型

根据原子轨道重叠方式的不同,可以把共价键分为 σ 键和 π 键。

σ 键的特点是原子轨道沿两核连线方向以"头碰头"的方式进行重叠,轨道重叠部分沿着键轴呈圆柱形对称,见图 5.8(a)。π 键的特点是两个原子轨道以"肩并肩"的方式重叠,重叠部分对于键轴的一个平面具有镜面反对称,如图 5.8(b)所示。

一般的单键都是 σ 键。在具有双键或三键的两原子之间,常常既有 σ 键又有 π 键。例如 N_2 分子内 N 原子之间就有一个 σ 键和两个 π 键。N 原子的价层电子构型是 $2s^2\,2p^3$,形

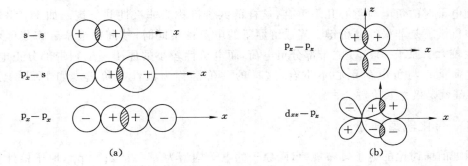

图 5.8　原子轨道重叠方式示意图

成 N_2 分子时用的是 2p 轨道上的三个单电子。这三个 2p 电子分别分布在三个相互垂直的 $2p_x$、$2p_y$、$2p_z$ 轨道内。当两个 N 原子的 p_x 轨道沿着 x 轴方向以"头碰头"的方式重叠形成 σ 键时,垂直于键轴(这里指 x 轴)的 $2p_y$ 和 $2p_z$ 轨道也分别以"肩并肩"的方式俩俩重叠,形成两个 π 键。

一般说来,π 键没有 σ 键牢固,比较容易断裂。因此含双键或三键的化合物(如不饱和烃)比较容易发生化学反应。

5.3.2.3　共价键参数

表征共价键特性的物理量称为共价键参数,例如键长、键角和键能等。这些物理量有助于确定共价型分子的空间构型、分子的极性以及稳定性等。

(1) 键长

分子中两个成键原子两核间的距离称为键长。通常,两个原子之间的键长越短,键越牢固,分子也越稳定。

(2) 键角

在分子中相邻两键之间的夹角称为键角。键角是确定分子几何构型的重要参数。

(3) 键的解离能和键能

标准状态下,将单位物质量的气态分子断裂成气态原子所需要的能量叫做键解离能,以符号 D 表示。

对双原子分子,键解离能可以认为就是该气态分子中共价键的键能。

对于两种元素组成的多原子分子来说,两者不同。例如 NH_3 分子中有三个等价的 N—H 键,但解离有先后,且解离能不同。

$$NH_3(g) \longrightarrow NH_2(g) + H(g),\ D_1 = 435.1\ kJ \cdot mol^{-1}$$

$$NH_2(g) \longrightarrow NH(g) + H(g),\ D_2 = 397.5\ kJ \cdot mol^{-1}$$

$$NH(g) \longrightarrow N(g) + H(g),\ D_3 = 338.9\ kJ \cdot mol^{-1}$$

N—H 键的键能为三个解离能的平均值,即 $D = 390.5\ kJ \cdot mol^{-1}$。

通常,键能越大,键越牢固,由该键构成的分子也就越稳定。

5.3.2.4　键的极性

键的极性是由于成键原子的电负性不同而引起的。当成键原子的电负性相同或相近时,核间的电子云密集区域在两核的中间位置附近,两个原子核正电荷所形成的正电荷重心和成键电子对的负电荷重心几乎重合,这样的共价键称为非极性共价键。如 H_2、O_2 分子中的共价键就是非极性共价键。当成键原子的电负性不同时,核间的电子云密集区域偏向电负性较大的原子一端,使之带部分负电荷,而电负性较小的原子一端则带部分正电荷,键的正电荷重心与负电荷重心不重合,这样的共价键称为极性共价键。如 HCl 分子中的H—Cl键就是极性共价键。

5.3.3 杂化轨道理论

根据前面讨论的电子排布规律,碳原子的电子构型为 $1s^2\ 2s^2\ 2p_x^1\ 2p_y^1$,原子核外只有两个占据着 p_x 和 p_y 原子轨道的未成对电子。根据价键理论,每个碳原子的两个未成对电子最多只能形成两个共价键,而且这两个共价键应该形成 $90°$ 的键角。经实验测知,CH_4 分子的空间结构为正四面体,即形成了 4 个共价键,键角为 $109°28'$。可见电子配对的价键理论不足以解释一般多原子分子的价键形成和几何构型问题。1931 年美国化学家鲍林(L. Pauling)提出了杂化轨道理论。

5.3.3.1 杂化轨道理论的基本要点

杂化轨道理论认为:

① 在形成分子时,中心原子中能量相近的、不同类型的原子轨道可以重新组成一组能量相等的新轨道,这种新的原子轨道称为杂化轨道。杂化轨道成键能力增强。

② 形成杂化轨道的过程称为原子轨道的杂化。杂化轨道数目等于参加组合的原子轨道数。

5.3.3.2 杂化轨道的类型

原子轨道可以有多种不同的杂化方式。常见的杂化方式有以下几种。

（1）sp 杂化

同一原子内由一个 ns 轨道和一个 np 轨道发生的杂化,称为 sp 杂化。杂化后组成的轨道称为 sp 杂化轨道。杂化后生成了两个新的 sp 杂化轨道。

杂化轨道的形状为一头大,一头小,如图 5.9(a)所示。

两个 sp 杂化轨道的伸展方向正好互成 $180°$,亦即在同一直线上,如图 5.9(b)所示。

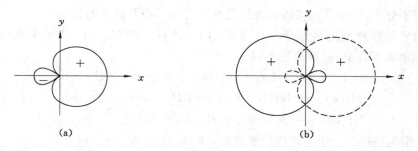

图 5.9　sp 杂化轨道
(a) sp 杂化轨道的形状；(b) 两个 sp 杂化轨道的空间伸展方向

实验测知,气态 $BeCl_2$ 是一个直线形的共价分子。Be 原子位于两个 Cl 原子的中间,键角 $180°$,两个 Be—Cl 键的键长和键能都相等。

基态 Be 原子的价层电子构型为 $2s^2$，表面看来似乎是不能形成共价键的。但杂化理论认为，成键时 Be 原子中的一个 2s 电子可以被激发到 2p 空轨道上去，使基态 Be 原子转变为激发态 Be 原子（$2s^1 2p^1$），如图 5.10 所示。

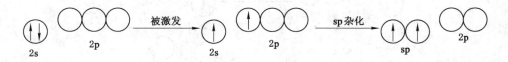

图 5.10　Be 原子的 sp 杂化轨道

与此同时，Be 原子的 2s 轨道和这个刚跃进电子的 2p 轨道发生 sp 杂化，形成两个能量等同的 sp 杂化轨道，形状与伸展方向与图 5.9 相同。成键时，Be 原子的两个杂化轨道以杂化轨道大的一头分别与两个 Cl 原子的 p 轨道头碰头重叠而形成两个 σ 键，见图 5.11，因此 $BeCl_2$ 分子为直线形构型。

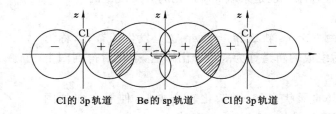

图 5.11　$BeCl_2$ 分子成键示意图

（2）sp^2 杂化

同一原子内由一个 ns 轨道和两个 np 轨道发生的杂化，称为 sp^2 杂化。杂化后组成的轨道称为 sp^2 杂化轨道。

sp^2 杂化轨道的形状和 sp 杂化轨道的形状类似。

杂化轨道的空间伸展方向互为 120°夹角，如图 5.12 所示。

实验测知，气态氟化硼（BF_3）具有平面三角形的结构，图 5.13 所示。B 原子位于三角形的中心，三个 B—F 键是等同的，键角为 120°。

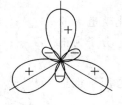
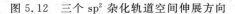

图 5.12　三个 sp^2 杂化轨道空间伸展方向

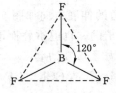

图 5.13　BF_3 的平面三角形结构

基态 B 原子的价层电子构型为 $2s^2 2p^1$，表面看来似乎只能形成一个共价键。但杂化轨道理论认为，成键时 B 原子中的一个 2s 电子可以被激发到一个空的 2p 轨道上去，使基态的

B 原子转变为激发态的 B 原子（$2s^1 2p^2$）；与此同时，B 原子的 2s 轨道与各填有一个电子的两个 2p 轨道发生 sp^2 杂化，形成三个能量等同的 sp^2 杂化轨道（图 5.14）。

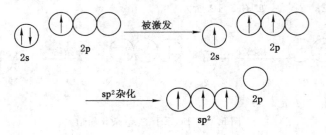

图 5.14　B 原子的 sp^2 杂化轨道

成键时以杂化轨道大的一头与 F 原子的成键轨道重叠而形成三个 σ 键，键角为 120°，BF_3 分子中的四个原子都在同一平面上。

乙烯分子中的 C 原子也是采取 sp^2 杂化的方式成键的。

（3）sp^3 杂化

同一原子内由一个 ns 轨道和三个 np 轨道发生的杂化，称为 sp^3 杂化。杂化后组成的轨道称为 sp^3 杂化轨道，杂化后得到四个 sp^3 杂化轨道。

sp^3 杂化轨道的形状也和 sp 杂化轨道类似，伸展方向如图 5.15 所示，为正四面体结构，键角为 109°28′。

CH_4 分子的 C 是采用 sp^3 杂化形式成键的。杂化理论认为，激发态 C 原子（$2s^1 2p^3$）的 2s 轨道与三个 2p 轨道可以发生 sp^3 杂化，从而形成四个能量等同的 sp^3 杂化轨道（图 5.16）。

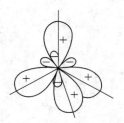

图 5.15　sp^3 杂化轨道
的空间伸展方向

图 5.16　C 原子的 sp^3 杂化轨道

杂化轨道的伸展方向如图 5.15 所示。成键时，以杂化轨道大的一头与 H 原子的 s 轨道重叠而形成四个 σ 键。因此，CH_4 分子为正四面体结构，如图 5.17 所示。

除 CH_4 分子外，CCl_4、CF_4、SiH_4、$SiCl_4$ 等分子中心原子也是采取 sp^3 杂化的方式成键的。

（4）不等性 sp^3 杂化

由实验可知，NH_3 分子为三角锥形结构，键角为 107°18′，见图 5.18；H_2O 分子的结构为 V 型结构，键角为 104°40′，见图 5.19。这两种特殊的结构用价键理论无法解释清楚，也与上述的杂化理论不

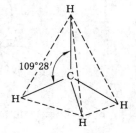

图 5.17　甲烷的正
四面体结构

完全符合。经过研究后人们认为，NH_3 分子和 H_2O 分子的中心原子是采取 sp^3 不等性杂化方式成键的。

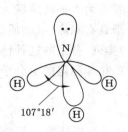

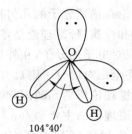

图 5.18　NH_3 分子的空间构型　　　　　图 5.19　H_2O 分子的空间构型

N 原子的价层电子构型为 $2s^2\,2p^3$，成键时这四个价电子轨道发生 sp^3 杂化形成了四个 sp^3 杂化轨道。其中三个 sp^3 杂化轨道各有一个未成对电子，一个 sp^3 杂化轨道为一对电子所占据（图 5.20）。

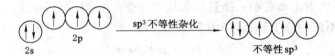

图 5.20　NH_3 分子的 sp^3 不等性杂化

成键时有三个 sp^3 杂化轨道分别与三个 H 原子的 1s 轨道重叠，形成三个 N—H 键；其余一个 sp^3 杂化轨道上的电子对没有参加成键。这一对孤电子因靠近 N 原子，其电子云在 N 原子外占据着较大的空间，对三个 N—H 键的电子云有较大的静电排斥力，使键角从 $109°28'$ 被压缩到 $107°18'$，以至 NH_3 分子呈三角锥形。由于孤电子对的电子云比较集中于 N 原子的附近，因而其所在的杂化轨道含有较多的 s 轨道成分，其余三个杂化轨道则含有较多的 p 轨道成分，使这四个 sp^3 杂化轨道不完全等同。这种产生不完全等同轨道的杂化称为不等性杂化。

至于 H_2O 分子，O 原子的价层电子构型为 $2s^2\,2p^4$，成键时这四个价电子轨道也是发生 sp^3 不等性杂化（图 5.21），形成了四个不完全等同的 sp^3 杂化轨道。其中两个 sp^3 杂化轨道各有一个未成对电子，其电子分别与两个 H 原子的 1s 电子形成两个 O—H 键；其余两个 sp^3 杂化轨道各为一对孤电子所占据。这两对孤电子因靠近 O 原子，其电子云在 O 原子外占据着更大的空间，对两个 O—H 键的电子云有更大的静电排斥力，使键角从 $109°28'$ 被压缩到 $104°40'$，以至 H_2O 分子的空间结构为 V 型。

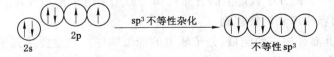

图 5.21　H_2O 分子的 sp^3 不等性杂化

5.3.4　分子轨道理论

　　价键理论在描述分子的几何构型方面有其独到之处,容易为人们所掌握。但是,有许多分子的结构和性质,价键理论是难以解释的。例如,O_2 分子具有顺磁性(物质的磁性实验发现,凡有未成对电子的分子,在外加磁场中必顺着磁场方向排列,分子的这种性质叫顺磁性,反之,电子完全配对的分子则具有反磁性),氢气放电管中存在着稳定的氢分子离子 H_2^+ 等。为了克服价键理论所遇到的困难,分子轨道理论应运而生。

　　分子轨道理论的主要要点:

　　① 原子在形成分子时,所有电子都有贡献,分子中的电子不再从属于某个原子,而是在整个分子空间范围内运动。在分子中电子的空间运动状态可用相应的分子轨道波函数 Ψ 来描述,Ψ 称为分子轨道。

　　② 分子轨道可以由形成分子的原子轨道线性组合而成;分子轨道总数等于组成分子的各原子轨道数目的总和。以双原子分子为例,两个原子轨道相互作用产生两个分子轨道,一个是成键分子轨道(两个原子轨道正正或负负叠加),其能量较未成键时低;另一个是反键分子轨道(两个原子轨道正负叠加),能量比未成键时高。如 H_2 分子中 H 原子 1s 轨道经组合后形成两个能量不同的分子轨道,如图 5.22 所示。

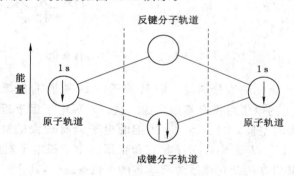

图 5.22　氢原子轨道和分子轨道

　　③ 根据原子轨道组合方式不同,可将分子轨道分为 σ 轨道和 π 轨道。

　　两个原子的 s 轨道线性组合成成键分子轨道 σ_s 和反键分子轨道 σ_s^*;两个 p 轨道的组合有两种方式,两个原子的 p_x 轨道沿 x 轴头碰头重叠,产生一个成键分子轨道 σ_{p_x} 和反键分子轨道 $\sigma_{p_x}^*$。两个原子的 2 个 p_y 轨道之间及 2 个 p_z 轨道之间分别以肩并肩的方式发生重叠,分别形成成键分子轨道 π_{p_y}、π_{p_z} 及反键分子轨道 $\pi_{p_y}^*$、$\pi_{p_z}^*$。

　　④ 不同的原子轨道要组合成分子轨道,必须满足能量相近、轨道最大重叠和对称性匹配等条件。

　　⑤ 分子中的电子在分子轨道上的分布规律与原子中电子排布规律相同,即遵循能量最低原理、泡利不相容原理和洪特规则。

　　每个分子轨道都有相应的能量,分子轨道的能级顺序目前主要从光谱实验的数据确定。对于第二周期元素形成的同核双原子分子,其分子轨道的能级有两种不同的能级高低顺序。对于 O 和 F,由于 2s 与 2p 能级相差较大,它们的 2s 与 2p 之间无作用,能级顺序为 σ_{2p_x} $< \pi_{2p_y} = \pi_{2p_z}$,即

$$\sigma_{1s} < \sigma_{1s}^* < \sigma_{2s} < \sigma_{2s}^* < \sigma_{2p_x} < \pi_{2p_y} < \pi_{2p_z}^* = \pi_{2p_z}^* < \sigma_{2p_x}^*$$

对于 Li、B、C、N，由于 2s 与 2p 能量相差较小，它们的 2s 与 2p 之间有作用，能级顺序为 $\pi_{2p_y} = \pi_{2p_z} < \sigma_{2p_x}$，即

$$\sigma_{1s} < \sigma_{1s}^* < \sigma_{2s} < \sigma_{2s}^* < \pi_{2p_y} = \pi_{2p_z} < \sigma_{2p_x} < \pi_{2p_y}^* = \pi_{2p_z}^* < \sigma_{2p_x}^*$$

若按价键理论，O_2 分子的结构应为：

$$:\ddot{O}:\ \ :\ddot{O}: \qquad\qquad\qquad\qquad O=O$$

电子式   分子结构式

亦即 O_2 分子是以双键结合的，分子中无未成对电子，应具有反磁性。但磁性实验说明 O_2 分子具有顺磁性，而且光谱实验还指出 O_2 分子中确实含有两个自旋平行的未成对电子。

若按照分子轨道理论来处理，O_2 分子的电子构型（图 5.23）为：

$$O_2\left[(\sigma_{1s})^2(\sigma_{1s}^*)^2(\sigma_{2s})^2(\sigma_{2s}^*)^2(\sigma_{2p_x})^2(\pi_{2p_y})^2(\pi_{2p_z})^2(\pi_{2p_y}^*)^1(\pi_{2p_z}^*)^1\right]$$

正是由于 $(\pi_{2p_y}^*)^1$ 和 $(\pi_{2p_z}^*)^1$ 两个自旋平行的单电子，使得由实验测得 O_2 具有顺磁性。

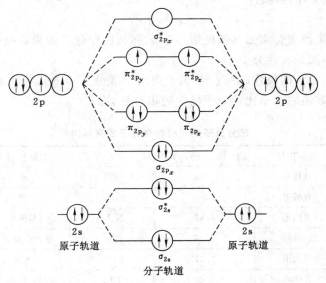

图 5.23 O_2 分子轨道能级及电子排布示意图

5.3.5 分子的极性与极化

5.3.5.1 极性分子与非极性分子

每个分子都有带正电荷的原子核和带负电荷的电子，由于正、负电荷数量相等，整个分子是电中性的。但是对每一种电荷（正电荷或负电荷）量来说，都可以设想各电荷中心集中于某点上，就像任何物体的重量可被认为集中在其重心上一样。把电荷的这种集中点叫做"电荷中心"。分子的正、负电荷中心重合于一点，整个分子不存在正负两极，即分子不具有极性，这种分子叫做非极性分子（如 H_2、O_2、N_2、BF_3、CH_4 等分子）；分子的正、负电荷中心不重合在同一点上，分子中就有正、负两极，分子具有极性，叫做极性分子（如 HCl、H_2O 等分子）。分子是否为极性分子，与原子间键的极性有关，另外还与分子的几何构型有关。

① 对于双原子分子来说,分子的极性与键的极性一致。有极性键的分子一定是极性分子,极性分子内一定含有极性键。由此可知,相同原子的双原子分子(如 H_2 分子)为非极性分子;不同原子的双原子分子(如 HCl 分子)为极性分子。

② 对于多原子分子来说,情况稍复杂。分子是否有极性,不能单从键的极性来判断。因为含有极性键的多原子分子可能是极性分子,也可能是非极性分子,要视分子的组成和分子的几何构型而定。例如,H_2O 分子中 O—H 键为极性键,而且由于 H_2O 分子不是直线形分子,H_2O 分子中正、负电荷中心不重合,因此,水分子是极性分子。而在二氧化碳 (O=C=O) 分子中,虽然 C=O 键为极性键,由于 CO_2 是一个直线形分子,两个 C=O 键的极性互相抵消,整个 CO_2 分子中正、负电荷中心重合,所以 CO_2 分子是非极性分子。

5.3.5.2   分子的偶极矩

分子的偶极矩是一个描述分子极性的物理量,用来衡量分子极性的大小。

偶极矩(μ)等于分子中电荷中心(正电荷中心或负电荷中心)上的电荷量(q)与正、负电荷中心间距离(l)的乘积:

$$\mu = q \cdot l$$

某种分子如果经实验测知其偶极矩等于 0,那么这种分子即为非极性分子;反之偶极矩不等于 0 的分子,就是极性分子。

偶极矩越大,分子的极性越强。表 5.6 列出了部分分子的偶极矩和分子的空间构型。可以根据偶极矩数值的大小比较分子极性的相对强弱。

表 5.6   部分分子的偶极矩和分子的空间构型

分子式	空间构型	$\mu/(10^{-30} \cdot C \cdot m)$	分子式	空间构型	$\mu/(10^{-30} \cdot C \cdot m)$
H_2	直线形	0	H_2S	V 形	3.67
N_2	直线形	0	H_2O	V 形	6.17
HF	直线形	6.37	NH_3	三角锥形	4.90
HCl	直线形	3.57	BF_3	平面三角形	0
HBr	直线形	2.67	CH_4	正四面体形	0
HI	直线形	1.40	$CHCl_3$	四面体形	3.37
CO_2	直线形	0	CCl_4	正四面体形	0

5.3.5.3   分子的极化率

分子中的原子核和电子始终处于运动状态,但保持着大致不变的相对位置。由于分子的运动,分子是可变形的,分子的变形性与分子的大小有关。分子越大,包含的电子越多,其变形性越大。在外加电场作用下,由于同极相斥,异极相吸,非极性分子原来重合的两极被分开;极性分子原来不重合的两极被进一步拉大。这种正、负两极被分化的过程称为极化,见图 5.24。

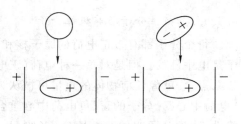

图 5.24   分子在电场中的极化

极化率表明分子在外加电场作用下的变形性能。分子在电场中的极化率越大,分子的变形性越大。同类分子中,相对分子质量越大,分子的变形性越大,极化率越大。表 5.7 列出一些分子的极化率数值。

表 5.7　　　　　　　　　　　　　一些物质的极化率　　　　　　　　单位:$10^{-10} \cdot C \cdot m^2 \cdot V^{-1}$

化学式	极化率 α	化学式	极化率 α	化学式	极化率 α	化学式	极化率 α
He	0.203	H_2	0.81	HCl	2.56	CO	1.93
Ne	0.392	O_2	4.55	HBr	3.49	CO_2	2.59
Ar	1.63	N_2	1.72	HI	5.20	NH_3	2.34
Kr	2.46	Cl_2	4.50	H_2O	1.59	CH_4	2.60
Xe	4.0	Br_2	6.43	H_2S	3.64	C_2H_6	4.50

5.3.6　分子间作用力和氢键

5.3.6.1　分子间作用力

在一定条件下,气态物质能凝聚成液态,液态物质也能凝聚成固态,说明物质的分子与分子之间存在着相互吸引力,这种力称为分子间力。分子间力是较化学键弱的一种力,其结合能大约只有几个到几十个千焦/摩尔。荷兰物理学家范德华(J. Van der Waals)首先提出并研究了这种力,故分子间力也称为范德华力。范德华力一般包括三种作用力。

(1) 取向力

极性分子由于有固有偶极,当极性分子相互靠近时,同极相斥,异极相吸,分子将发生转动而取向,如图 5.25 所示,取向的分子间以静电相互作用而稳定。由于固有偶极的取向而产生的作用力称为取向力。

(2) 诱导力

当非极性分子与极性分子靠近时,由于极性分子的诱导作用,非极性分子的正负电荷重心发生变化产生诱导偶极,这种诱导偶极与极性分子固有偶极的作用叫诱导力,如图 5.26所示。极性分子之间也会产生诱导,偶极矩增大,也存在诱导力。

图 5.25　极性分子相互作用示意图　　图 5.26　极性分子与非极性分子相互作用示意图

(3) 色散力

在非极性分子中,在一段时间内,总的来说,其电荷是对称分布的,所以其正、负电荷中心是重合的,分子没有极性。但是,由于每个分子中的电子都在不断地运动,原子核都在不停地振动,使电子云与原子核之间经常发生瞬时的相对位移,使分子的正、负电荷中心暂时不重合,产生瞬时偶极,如图 5.27 所示。

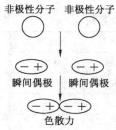

每一个瞬时偶极存在的时间尽管是极为短暂的,但由于电子和原子核时刻都在运动,瞬时偶极不断地出现,使得异极相邻的状态不断地重现。非极性分子之间只要接近到一定距离,就始终存在着一种持续不断的相互吸引作用。分子之间由于瞬时偶极而产生的作用力称为色散力。极性分子和非极性分子之间以及极性分子之间也存在色散力。

总之,在非极性分子之间只有色散力;在非极性分子和极性分子之间有色散力和诱导力;在极性分子之间有色散力、取向力和诱导力。由此可见,色散力存在于一切分子之间。对大多数分子来说,色散力是分子间主要的作用力。三种力的相对大小一般为:色散力≫取向力＞诱导力。任何分子间都存在色散力,色散力与分子的变形性有关。分子内的原子半径越大,电子云越易变形,分子间的色散力越大。例如 I 原子半径大,I_2 分子变形性也大,所以分子间色散力强,I_2 为固态;Cl 原子半径小,Cl_2 分子变形性小,所以分子间色散力较弱,在常温下 Cl_2 为气态。

图 5.27　非极性分子间作用力

5.3.6.2　氢键

在氢化物中 NH_3、H_2O、HF 的熔、沸点明显偏高,原因是这些分子之间除有分子间力外,还有氢键。

氢原子与电负性大的原子 X(如 F、O、N)结合时,使氢原子带部分正电荷,能够与另一电负性大的原子 Y 或 X 结合形成聚集体,这种结合作用叫氢键。

氢键的通式可用 X—H … Y 表示。式中 X 和 Y 代表 F、O、N 等电负性大而原子半径较小的非金属原子,X 和 Y 可以是两种相同的元素,也可以是两种不同的元素。

氢键与分子间力最大的区别在于氢键具有饱和性和方向性。在大多数情况下,一个连接在 X 原子上的 H 原子只能与一个电负性大的 Y 原子形成氢键,键角大多接近 180°。

现以 HF 为例说明氢键的形成。在 HF 分子中,由于 F 的电负性(4.0)很大,共用电子对强烈偏向 F 原子一边,而 H 原子核外只有一个电子,其电子云向 F 原子偏移的结果,使得它几乎呈质子状态。带正电荷的氢原子使附近另一个 HF 分子中含有孤电子对并带部分负电荷的 F 原子充分靠近它,从而产生静电吸引作用。这种静电吸引作用力就是氢键。

很多物质含有氢键,例如,水、醇、胺、羧酸、蛋白质等。不仅同种分子之间可以存在氢键,某些不同种分子之间也可能形成氢键。例如 NH_3 与 H_2O 之间:

$$
\begin{array}{ccc}
\text{H} & & \text{H}\\
| & & |\\
\text{H—N-----H—O} & \text{或} & \text{H—N—H-----O—H}\\
| & & |\\
\text{H} & & \text{H}
\end{array}
$$

氢键的键能一般在 $42\ kJ \cdot mol^{-1}$ 以下,比共价键的键能小得多,而与分子间力更为接近些。

5.3.6.3　分子间力和氢键对物质性质的影响

分子间力的作用能虽然比化学键键能约小 1～2 个数量级,但对由共价型分子所组成的物质的一些物理性质影响很大。

（1）对物质的熔点和沸点的影响

一般来说，液态物质分子间力越大，汽化热就越大，沸点就越高；固态物质分子间力越大，熔化热就越大，熔点就越高。结构相似的同系物，分子量越大，分子越易变形极化，产生的瞬间偶极越大，色散力越大，分子的熔点和沸点越高。如烷烃（C_nH_{2n+2}）的熔点与沸点随分子量和分子体积加大而依次增加。

分子间有氢键的物质熔化或汽化时，除了要克服纯粹的分子间力外，还必须提高温度，额外地供应一份能量来破坏分子间的氢键，所以这些物质的熔点、沸点比同系列氢化物的熔点、沸点高。NH_3、H_2O、HF 由于分子间存在氢键，使得其沸点远高于同系列化合物的沸点。

（2）对溶解度的影响

"相似相溶"是一个简单而有用的经验规律，即极性物质易溶于极性溶剂，非极性物质易溶于非极性溶剂，溶质与溶剂的极性越近，越易互溶。例如 I_2 不易溶于水，易溶于苯或四氯化碳。因为碘与苯和四氯化碳都是非极性分子，有着相似的分子间力，而水为极性分子。一般的无机盐因为分子极性强而溶于水，而许多的有机物因为分子没有极性或极性太弱而不溶于水。

如果溶质分子与溶剂分子之间可以形成氢键，则溶质的溶解度增大。例如乙醇在水中的溶解度比较大，就是这个缘故。

5.4　晶体的结构和类型

物质通常呈气、液、固三种聚集状态。固体又可分为晶体和非晶体两种。自然界中，大多数固体物质是晶体。根据晶格结点上粒子种类及粒子间结合力不同，晶体又可分为离子晶体、原子晶体、分子晶体和金属晶体等基本类型。

5.4.1　晶体结构

5.4.1.1　晶体的结构特征

晶体与非晶体相比较，晶体通常有如下特性：

① 有一定的几何外形。从外观看，晶体一般都具有一定的几何外形。如图 5.28 所示，食盐晶体是立方体，石英（SiO_2）晶体是六角柱体，方解石（$CaCO_3$）晶体是棱面体。非晶体如玻璃、松香、石蜡、动物胶、沥青等，则没有一定的几何外形，所以又叫无定形体。

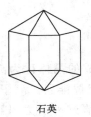
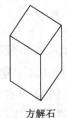

食盐　　　　　　　石英　　　　　　方解石

图 5.28　几种晶体的外形

② 有固定的熔点。在一定压力下,将晶体加热,只有达到某一温度(熔点)时,晶体才开始熔化。在晶体没有全部熔化之前,即使继续加热,温度仍保持恒定不变,这时所吸收的热能都消耗在使晶体从固态转变为液态,直至晶体完全熔化后,温度才继续上升。这说明晶体都具有固定的熔点。而非晶体则不同,加热时先软化成黏度很大的物质,随着温度的升高黏度不断变小,最后成为流动性的熔体。从开始软化到完全熔化的过程中,温度是不断上升的,没有固定的熔点,例如松香在 50~70 ℃之间软化,70 ℃以上成为熔体。

③ 某些性质的各向异性。一块晶体的某些性质,如光学性质、力学性质、导热导电性、溶解作用等,从晶体的不同方向去测定时,常常是不同的。例如云母特别容易沿着某一平面的方向裂成薄片;石墨晶体在平行于石墨层方向的电导率比垂直于石墨层方向的电导率要大得多。晶体的这种性质称为各向异性,而非晶体是各向同性的。

5.4.1.2　晶体的内部结构

(1) 晶格

晶体的外部特征是由它的微观内在结构特征所决定的。用 X 射线研究晶体的结构发现,晶体是由在空间排列得很有规律的微粒(离子、原子或分子)组成的。为了便于研究晶体中微粒的排列规律,法国物理学家布拉维(A. Bravais)提出:把晶体中规则排列的微粒抽象为几何学中的点,并称为结点。这些结点的总和称为空间点阵。沿着一定的方向按某种规则把结点连接起来,则可以得到描述各种晶体内部结构的几何图像——晶体的空间格子(简称为晶格)。按照晶格结点在空间的位置,晶格可有各种形状。

(2) 晶胞

在晶格中存在着某个单元,由于它在空间上、下、左、右、前、后的重复排列而形成整个晶体,这种单元称为晶胞。即晶格中最小的重复单位称为晶胞。晶胞在空间连续重复延伸就成为晶格。

5.4.1.3　单晶体和多晶体

晶体可分为单晶体和多晶体两种。单晶体是由一个晶核(微小的晶体)各向均匀生长而成的,其晶体内部的粒子基本上按照某种规律整齐排列。例如:单晶、冰糖、单晶硅就是单晶体。单晶体要在特定的条件下才能形成,因而在自然界较少见(如宝石、金刚石等),但可人工制取。通常所见的晶体是由很多单晶颗粒杂乱地聚结而成的,尽管每颗小单晶的结构是相同的,是各向异性的,但由于单晶之间排列杂乱,各向异性的特征消失,使整个晶体一般不表现各向异性,这种晶体称为多晶体。多数金属和合金都是多晶体。

5.4.2　离子晶体

5.4.2.1　离子晶体的特征和性质

正、负离子以离子键结合而成的晶体称为离子晶体。离子晶体中,晶格结点上的粒子是离子,阳、阴离子有规则地交替排列。离子晶体中晶格结点上阴、阳离子间静电引力较大,破坏离子晶体就需要克服这种引力,因而离子晶体物质一般熔点较高,硬度较大。但离子晶体物质性脆,延展性差,原因是当离子晶体物质受机械力作用时,晶格结点上离子发生了位移,晶体结构即被破坏。离子晶体物质一般易溶于水,其水溶液或熔融态都具有优良的导电性,但在固体状态时,由于离子被限制在晶格的一定位置上,几乎不导电。

几乎所有的盐类和碱性氧化物都是离子化合物,属于离子晶体。

5.4.2.2　离子晶体中最简单的结构类型

离子晶体有许多类型,常见的为以下三种。

(1) NaCl 型

氯化钠晶体就是一种典型的离子晶体。以 NaCl 晶体为例[图 5.29(a)],晶胞形状为立方体,Na^+ 和 Cl^- 按一定的规则在空间交替排列着,每一个 Na^+ 的周围有六个 Cl^-,而每一个 Cl^- 的周围也有六个 Na^+。通常把晶体内(或分子内)某一离子周围最接近的离子数目,称为该离子的配位数。如 NaCl 晶体的配位数是 6,Na^+ 离子和 Cl^- 数目比为 1∶1,其化学组成习惯上以 NaCl 表示。NaCl 型晶体还有 AgCl、MgO、KCl 等。

(2) CsCl 型

CsCl 的晶胞也为立方体[图 5.29(b)]。每个离子 Cs^+ 或 Cl^- 处于立方体的中心,被分布在立方体的八个顶点上的八个异号离子所包围。所以在 CsCl 型晶体中,阴、阳离子的配位数为 8。属于 CsCl 型晶体的还有 CsBr、CsI 等。

(3) ZnS 型

ZnS 的晶胞也为立方体[图 5.29(c)]。但其格点分布较复杂。ZnS 型晶体中阴、阳离子的配位数为 4,属于 ZnS 型晶体的有 AgI、BeO、CdS 等。

离子晶体中配位数的多少与晶体中阴、阳离子的半径比(r^+/r^-)有关,这里不予讨论。

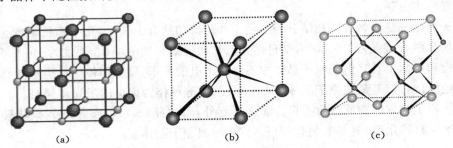

图 5.29　离子晶体结构

(a) NaCl 晶体;(b) CsCl 晶体;(c) ZnS 晶体

5.4.2.3　晶格能

标准状态下,拆开单位物质的量的离子晶体使之成为气态阳离子和气态阴离子所需吸收的能量,称为该离子晶体的晶格能(U)。

晶格能是表征离子晶体的重要参数。对晶体构型相同的离子化合物,离子电荷数越多,核间距越短,晶格能就越大。熔化或压碎离子晶体要消耗能量,晶格能大的离子晶体,必然是熔点较高,硬度较大。表 5.8 列举了几种离子晶体的晶格能与物理性质的对应关系。

利用晶格能数据可以解释和预测离子晶体物质的某些物理性质。晶格能值大小可作为衡量某种离子晶体稳定性的标志,晶格能(U)越大,该离子晶体越稳定。

表 5.8　　　　　　　　　　　　　几种离子晶体的物理性质与晶格能

化合物	NaCl	BaO	SrO	CaO	MgO
离子电荷	1	2	2	2	2
核间距/pm	279	277	257	240	210
晶格能/(kJ·mol^{-1})	785	3 054	3 223	3 401	3 791
熔点/℃	801	1 918	2 430	2 614	2 852
硬度	2.5	3.3	3.5	4.5	5.5

5.4.3　原子晶体

有一类晶体物质,晶格结点上排列的是原子,原子之间通过共价键结合。凡靠共价键结合而成的晶体统称为原子晶体。例如金刚石就是一种典型的原子晶体,见图 5.30。由于共价键具有饱和性和方向性,所以在原子晶体中,每一个原子周围的原子数目决定于原子能够形成共价键的数目。在金刚石晶体内,一个碳原子处于正四面体的中心,以 sp^3 杂化轨道与相邻的四个碳原子结合,成为正四面体的结构。由于每个碳原子都形成四个等同的 C—C 键(δ 键),把晶体内所有的碳原子联结成一个整体,因此在金刚石内不存在独立的小分子。

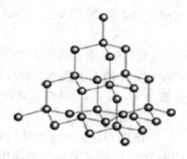

图 5.30　金刚石的晶体结构

原子晶体都是以共价键相结合的。由于共价键的结合力强,因此原子晶体熔点高、硬度大。例如金刚石熔点为 3 550 ℃,是自然界已知物中最坚硬的单质,硬度为 10,故金刚石常用做钻探和切割工具。由于原子晶体中不存在带电的离子,物质即使熔化也不能导电,所以是电的绝缘体。但是某些原子晶体如 Si、Ge、Ga 等可作为优良的半导体材料。

属于原子晶体的物质为数不多。除金刚石外,单质硅(Si)、单质硼(B)、碳化硅(SiC)、石英(SiO$_2$)、碳化硼(B$_4$C)、氮化硼(BN)等,亦属原子晶体。

5.4.4　分子晶体

晶格结点上排列的是分子,以分子间力(范德华和氢键)结合而成的晶体称为分子晶体。但分子内的原子是通过共价键结合的。干冰(固态 CO$_2$)就是一种典型的分子晶体。如图 5.31 所示,在 CO$_2$ 分子内原子之间以共价键结合成 CO$_2$ 分子,然后以整个分子为单位,占据晶格结点的位置。

由于分子晶体中分子之间都是以分子间力相结合的,而分子间力比离子键、共价键要弱得多,所以分子晶体物质一般熔点、沸点较低,硬度小。常温时大多数都以气态或液态存在,即使固态,其挥发性也较大。例如,白磷的熔点为 44.1 ℃,天然硫黄的熔点为

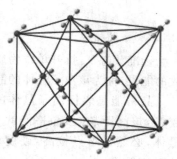

图 5.31　干冰的晶体结构

112.8 ℃；有些分子晶体物质，如干冰（固态 CO_2），在常温常压下即以气态存在；有些分子晶体物质（如碘、萘等）甚至可以不经过熔化阶段而直接升华。由于分子晶体中晶格结点上的微粒是分子，所以它是电的不良导体。

通常，稀有气体、大多数非金属单质（如氢气、氮气、氧气、卤素单质、磷、硫黄等）和非金属之间的化合物（如 HCl、CO_2 等）以及大部分有机化合物，在固态时都是分子晶体。

5.4.5　金属晶体和金属键

由金属原子或金属正离子排列在晶格结点上，以金属键结合而形成的晶体称为金属晶体。绝大多数金属元素的单质和合金都属于金属晶体。

金属键的理论模型有自由电子模型（也称电子海模型）和金属键的量子力学模型（即能带理论）。

（1）自由电子模型

20 世纪初德国物理学家德如德（P. K. L. Drude）和荷兰物理学家洛伦兹（H. A. Lorentz）就金属及其合金中电子的运动状态，提出了自由电子模型。他们认为金属原子电负性、电离能较小，价电子容易脱离原子的束缚，因此在金属内部交替排列着金属原子、金属阳离子以及从金属原子上脱落下来的自由移动的电子，见图 5.32。原子、金属阳离子与自由电子之间产生了一种强烈的作用力（结合力），此作用力被称为金属键。金属键没有方向性和饱和性。

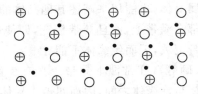

○ 表示中性原子；⊕ 表示金属阳离子；• 表示自由电子

图 5.32　金属键的自由电子模型示意图

自由电子的存在使金属具有良好的导电性和传热性，已知导电率最高的物质是金属铜、银、金；自由电子可吸收可见光，并将能量向四周散射，使得金属具有光泽；由于自由电子的流动性，当金属受到外力时，金属原子间容易相对滑动，因此金属具有良好的延展性，可延压成薄片，拉成细丝等；为了形成稳定的金属结构，金属原子将尽可能采取最紧密的方式堆积起来，所以金属一般密度较大，如铜的密度为 $8.9 \text{ g} \cdot \text{cm}^{-3}$。

（2）金属键的能带理论

能带理论是 20 世纪 30 年代形成的晶体量子理论。能带理论把金属晶体看做一个大分子，应用分子轨道理论来描述金属晶体内电子的运动状态。其基本内容如下：

① 在金属晶体内部，价电子作为自由电子，不隶属于任何一个特定的原子，可以在金属晶体内金属原子间运动，是所谓的离域电子。

② 原子的体积很小，即使很小的一块金属，所含的原子数目也大得惊人。例如，一立方厘米的金属锂晶体，所含的 Li 原子数目将近 4.6×10^{22} 个。根据 n 个原子轨道可以组成 n 个分子轨道的原则，对 Li 原子的 2s 原子轨道来说，就会有 4.6×10^{22} 个 2s 原子轨道组成

$4.6×10^{22}$个能量稍有差别的分子轨道。每两个相邻分子轨道的能量差极微小，因此这些能级实际上已经分不清楚。因此，就把由 n 条能级相同的原子轨道组成能量几乎连续的 n 条分子轨道总称能带。由 2s 原子轨道组成的能带就叫做 2s 能带。

　　③ 按照组合能带的原子轨道能级以及电子在能带中分布的不同，金属晶体可以有不同的能带(如金属锂中的 1s 能带和 2s 能带)。由充满电子的原子轨道能级所形成的低能量能带叫做满带。例如金属锂($1s^2\,2s^1$)的 $1s^2$ 能带就是满带。未充满电子的高能量能带叫做导带。

　　原子中各个能级间有能量差别，金属晶体中各个能带之间也有能量差别，这使相邻能带之间一般都有间隙，此间隙叫带隙。在相邻原子轨道间隙之中，电子是不能停留的；同样在金属晶体能带的带隙中，电子也不能停留。带隙是电子的禁区，所以又叫禁带。如果禁带不太宽，电子获得能量后，可以从满带越过禁带而跃迁到导带上去；如果禁带很宽，这种跃迁就很困难，甚至不可能实现。

　　④ 金属的紧密堆积结构使金属原子核间距一般都很小，使形成的能带之间的带隙一般也都很小。尤其是当金属原子相邻亚层原子轨道之间能级相近时，形成的能带会出现重叠现象。

　　能带理论可以用来阐明金属的一些物理性质。在外加电场作用下，金属导体内导带中的电子在能带中做定向运动，形成电流，所以金属能够导电；光照时导带中的电子可以吸收光能跃迁到能量较高的能带上，当电子跃回时把吸收的能量又发射出来，使金属具有金属光泽；局部加热时，电子运动和核的振动可以传热，使金属具有导热性；受机械力作用时，原子在导带中自由电子的润滑下可以相互滑动，而能带并不因此被破坏，所以金属具有良好的延展性。

　　能带理论不仅应用于金属晶体，也能用来阐述其他晶体的导电性能。

　　非金属绝缘体由于电子都在满带上，而且禁带较宽，即使有外电场的作用，满带的电子也难以越过禁带而跃迁到导带上去，因而绝缘体不能导电。

　　还有一类物质(如锗、硅、硒等)，在常温下导带上只有少量激发电子，因此导电性能不好。它们的导电能力介于导体与绝缘体之间，因而叫做半导体。半导体在温度升高时，由于禁带较窄，满带中的电子容易被激发，能够越过禁带跃迁到导带上去，从而起到增强导电能力的作用。而一般金属导体由于禁带宽，升高温度时不仅不能使满带中的电子跃入导带，以增加导带中的电子数目，相反，由于金属原子和金属阳离子的振动加剧，使导带中自由电子的流动受阻，从而减弱了导电能力。

　　以上四种基本晶体的结构特征和宏观性质归纳于表 5.9 中。

表 5.9　　四种基本晶体类型的结构特征和宏观性质对比表

晶体类型	晶格结点上的粒子	粒子间的作用力	晶体的一般性质	实　　例
离子晶体	阳、阴离子	静电引力	熔点较高、略硬而脆，除固体电解质外，固态时一般不导电(熔化或溶于水时能导电)	氯化钠、氧化钙等
原子晶体	原子	共价键	熔点高、硬度大、不导电	金刚石、单质硅、单质硼、碳化硅(SiC)、石英(SiO_2)等
分子晶体	分子	分子间力、氢键	熔点低、易挥发、硬度小、不导电	干冰、氮气、氧气等
金属晶体	金属原子金属阳离子	金属键	导电性、导热性、延展性好，有金属光泽、密度大	铜、银、合金

5.4.6　混合型晶体

以上四种晶体，每一种晶体内晶格结点上粒子之间的作用力都是相同的，是最简单、最基本的四种类型晶体。还有一些晶体，晶体内可能同时存在着若干种不同的作用力，具有若干种晶体的结构和性质，这类晶体就称为混合型晶体。石墨晶体就是一种典型的混合型晶体。

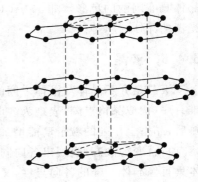

石墨晶体具有层状结构。如图 5.33 所示，处在平面层的每一个碳原子采用 sp² 杂化轨道与相邻的三个碳原子以 σ 键相连接，形成由无数个正六角形连接起来的、相互平行的平面网状结构层。每个碳原子还剩下一个 p 电子，其轨道与杂化轨道平面垂直，这些互相平行的 p 轨道相互重叠形成遍及整个平面的离域的大 π 键，大 π 键中的电子沿层面方向的活动能力很强，有类似金属键的性质（石墨可做电极材料）。石墨层内相邻碳原子之间的距离为 142 pm，以共价键结合。相邻两层间的距离为 335 pm，相对较远，层与层之间引力较弱，与分子间力相当。正由于层间结合力弱，当石墨晶体受到石墨层相平行的力的作用时，各层较易滑动，裂成鳞状薄片，故石墨可用做铅笔芯和润滑剂。

图 5.33　石墨的层状结构

由上可知，石墨晶体内既有共价键，又有金属键性质，层间结合是范德瓦耳斯力，因此称为混合型晶体。

5.4.7　晶体的缺陷

晶体内每一个粒子的排列完全符合某种规律的晶体称为理想晶体。但是，这种完美无缺的晶体是不可能形成的。由于晶体生成条件（如物质的纯度、溶液的浓度和结晶温度等）难以控制到理想的程度，实际制得的真实晶体，无论外形上、内部结构上都会有这样那样的缺陷。晶体缺陷的种类繁多，若按几何形式分类有：点缺陷、线缺陷、面缺陷和体缺陷等。下面以最常见的点缺陷为例来介绍晶体缺陷。

点缺陷是指晶格结点粒子发生局部错乱的现象。如晶体内某些晶格结点位置上缺少粒子，使晶体内出现的空穴缺陷[图 5.34 中 a]；晶体内组成晶体的某些粒子被少量其他粒子取代造成的杂质粒子缺陷[图 5.34 中 b]；晶体内组成晶体粒子堆积的空隙位置被外来粒子所填充[图 5.34 中 c]出现的间隙粒子缺陷。

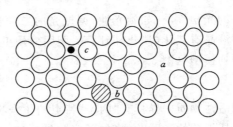

图 5.34　几种常见的点缺陷

晶体缺陷一般对晶体的化学性质影响较小，而对晶体的一些物理性质如导电性、磁性、光学性能及机械性能影响很大。这是由于晶体缺陷会引起晶格变形，使晶体结构发生变化，从而使晶体的一些性能发生变化。这些变化有不利的，但也有有利的。实际应用中，有的晶体材料需要克服晶体缺陷，更多的晶体材料需要人们有计划、有目的地制造晶体缺陷，使其性质产生各种变化，以满足多种需要。例如，纯铁中加入少量碳或某些金属可制得各种性能优良的合金钢；纯锗中加入微量镓或砷，可以强化锗的半导体性能。杂质缺陷还可使离子型晶体具有绚丽的色彩。如 α - Al_2O_3 中掺入 CrO_3 呈现鲜艳的红色，常称"红宝石"，可用做激光器的晶体材料等。

5.4.8　液晶

液晶是介于晶体与液体之间的一种介晶状态，不同于一般的固体、液体。晶体中粒子三维有序，构成晶格点阵，表现为各向异性，如光学、介电、介磁等性质在各个方向上不同。受热后，晶格上排列的粒子动能增加，振动加剧。当压力恒定时，达到固态-液态平衡温度（即熔点），就变为液态，表现出各向同性。有些物质被加热熔解后，得到混浊液体，这种混浊液体具有像晶体一样的各向异性，又具有像液体一样的流动性和连续性，再加热到一定温度以后，就变成透明的液体。这种有序的流体就是液晶。液晶是奥地利植物学家莱尼茨尔（F. Reinitzer）于 1888 年在研究植物中的苯甲酸胆固醇酯时首次发现的。液晶常分成热致液晶和溶致液晶两大类。

5.4.8.1　热致液晶

热致液晶是由于加热某些晶体而形成的液晶，包括三类：

① 近晶型液晶。由棒状或片状分子组成，分子排列成层，每层中分子长轴平行，但排列松紧紊乱，层间距离近乎相等，长轴与层平面垂直或呈一定角度，分子只在层内自由滑动。在 X 射线作用下，只有单方向的衍射现象。黏度很大，对外界温度、电磁场不够敏感，用途不大。

② 向列型液晶。分子呈细长形，分子的长轴彼此平行或近于平行，但分子能够上下、左右、前后运动，不呈层状。在 X 射线作用下，只显示出模糊的衍射。黏度低，对热、电磁场、切应力和图像都比较敏感，用途十分广泛。向列型液晶的电光效应是制造液晶显示器的物理基础。

③ 胆甾型液晶。形成这类液晶的分子多是胆固醇衍生物，分子呈扁平状排列成层，层内分子长轴彼此平行，分子长轴平行于层平面，但不同层的分子长轴不平行，其取向变化形成螺旋结构。

胆甾型液晶具有独特的光学性质，如旋光性，偏振光的二向性，液晶态的颜色随温度不同而变化等。典型胆甾型液晶有氯化（溴化）胆固醇，胆固醇的壬酸酯、油酸酯等以及它们的混合物。三类液晶分子排列模型见图 5.35。

5.4.8.2　溶致液晶

溶致液晶是由像表面活性物质一样具有"两亲"特点的化合物与极性溶剂组成的二元或多元系统。两亲化合物包括简单的脂肪酸盐（如硬脂酸钠），离子型或非离子型表面活性物质，以及与生命体密切相关的复杂的类脂化合物（如卵磷脂）。当两亲化合物与水混合时，水

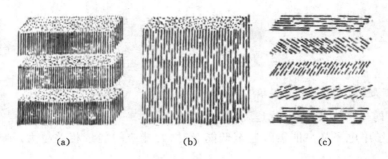

图 5.35　液晶分子排列模型示意图
(a) 近晶型结构；(b) 向列型结构；(c) 胆甾型结构甾

分子进入固体晶格中，分布在亲水基的双层之间，破坏了晶体取向的有序而呈现出液晶特征，随着水量增加可以呈现出不同的液晶态。比如：

$$晶体 \underset{-H_2O}{\overset{+H_2O}{\rightleftharpoons}} 液晶 \underset{-H_2O}{\overset{+H_2O}{\rightleftharpoons}} 液晶 \underset{-H_2O}{\overset{+H_2O}{\rightleftharpoons}} 液晶 \underset{-H_2O}{\overset{+H_2O}{\rightleftharpoons}} 胶团 \underset{-H_2O}{\overset{+H_2O}{\rightleftharpoons}} 溶液$$

（层状）　　（六方）　　（六方）

　　高分子液晶是具有类似于低分子液晶有序结构的一类化合物。它与分子链的结构和组成有关。高分子主链或侧链中含有可形成液晶的单体时，一般也可显示出液晶的特点。近晶型结构中，链节平行排列，且链节的质心分层做层状排列；向列型结构中，链节近似于平行的单轴排列。当高分子的侧链含有可形成液晶的单体时，各层中侧链平行排列而呈梳子状，类似近晶型结构，高分子主链呈无规则状态，位于侧链的有序排列之间。某些生物高分子液晶显示出生物组织的功能，为人工合成具有特定生物活性的生物膜提供可能性。近年来，高分子液晶发展迅速。

　　液晶显示材料具有明显的优点：驱动电压低，功耗微小，可靠性高，显示信息量大，彩色显示，无闪烁，对人体无危害，生产过程自动化，成本低廉，可以制成各种规格和类型、便于携带的液晶显示器。由于这些优点，用液晶材料制成的计算机终端和电视可以大幅度减小体积等。液晶显示技术对显示显像产品结构产生了深刻影响，促进了微电子技术和光电信息技术的发展。

　　液晶还被广泛用来做光记录材料、光存储材料、滤光器件、光致变色材料、分离功能材料等。此外，液晶高分子已经进入家电领域，用于微波炉、医疗器械、音响设备、体育器材等。再如，胆甾型液晶膜对温度很敏感，可以制成电子体温计，可以测量仪器仪表的工作温度，也可以进行无损探伤，检查精密器件的裂缝或空隙，测定晶体二极管的焊接温度和超小型电路内部的过热现象，检测薄膜电容器的微孔，测试集成电路的接点等等；在医学上，还可以诊断肿瘤、动脉血栓，为手术提供准确部位。某些胆甾型液晶吸收不同有机溶剂的气体可显示出不同的颜色，且灵敏度极高，在环境检测和保护中很有应用价值。

习 题 五

一、判断题（对的，在括号内填"√"，错的填"×"）

1. 电子具有波粒二象性，就是说它一会儿是粒子，一会儿是电磁波。（　　）

2. 当原子中电子从高能级跃迁至低能级时，两能级间能量相差越大，则辐射出的电磁波的波长越长。（　　）

3. 电子云的黑点表示电子可能出现的位置，疏密程度表示电子出现在该范围的机率大小。（　　）

4. 当主量子数 $n = 2$ 时，角量子数 l 只能取1。（　　）

5. p 轨道的角度分布图为"8"形，这表明电子是沿"8"轨迹运动的。（　　）

6. 原子同一层中的 3 个 p 轨道的能量、形状和大小都相同，不同的是在空间的取向。（　　）

7. 价电子层排布含 ns^2 的元素都是碱土金属元素。（　　）

8. 多电子原子轨道的能级只与主量子数 n 有关。（　　）

9. 原子核外有几个未成对电子，就能形成几个共价键。（　　）

10. 对多原子分子来说，其键的键能就等于它的离解能。（　　）

11. s 轨道和 p 轨道成键时，只能形成 σ 键。（　　）

12. $\mu = 0$ 的分子，其化学键一定是非极性键。（　　）

13. sp^2 杂化轨道是由某个原子的 1s 轨道和 2p 轨道混合形成的。（　　）

14. 所有含氢的化合物的分子之间都存在着氢键。（　　）

15. 稀有气体是由原子组成的，属原子晶体。（　　）

二、选择题（将正确的答案的标号填入空格内）

1. 量子力学的一个轨道是什么？（　　）

A. 与玻尔理论中的轨道实质相同，只是轨道半径和能量的计算方法不同而已

B. 指 n 和 l 具有一定数值时的一个波函数

C. 指 n、m 和 l 具有一定数值时的一个波函数

D. 指 n、m、l 和 m_s 具有一定数值时的一个波函数

2. 对于 s 原子轨道及 s 电子云，下列说法正确的是哪种？（　　）

A. 某原子 s 原子轨道的能量随 n 增大而增大

B. s 电子在以原子核为中心的球面上出现，但其运动轨迹测不准

C. s 轨道的 $l = 0$，有自旋方向相反的两原子轨道

D. s 轨道的波函数图形为球形，说明电子在空间各方向出现的机会相等

3. 下列成套的量子数不能描述电子运动状态的是哪组？（　　）

A. 3，1，1，1/2　　　　　　　　B. 4，3，-3，$-1/2$

C. 2，1，1，1/2　　　　　　　　D. 3，3，0，$-1/2$

4. 某元素的最外层只有一个 $l=0$ 的电子,则该元素不可能是哪个区的元素? （ ）

A. s 区元素　　　B. p 区元素　　　C. d 区元素　　　D. ds 区元素

5. 下列元素中外层电子构型为 ns^2np^5 的是哪个? （ ）

A. Na　　　　　B. Mg　　　　　C. Si　　　　　D. F

6. 已知某元素 +2 价离子的电子分布式为 $1s^2\,2s^2\,2p^6\,3s^2\,3p^6\,3d^{10}$,该元素在周期表中所属的分区为 （ ）

A. p 区　　　　　B. d 区　　　　　C. ds 区　　　　　D. f 区

7. 下列原子中哪个的第一电离能最大? （ ）

A. Al　　　　　B. K　　　　　C. B　　　　　D. Cl

8. 下列哪个系列恰好是电负性减小的顺序? （ ）

A. K Na Li　　　B. Cl C N　　　C. B Mg K　　　D. N P S

9. 下列分子构型中以 sp^3 杂化轨道成键的是哪种? （ ）

A. 直线形　　　B. 平面三角形　　　C. 八面体形　　　D. 正四面体形

10. 下列各物质的分子间只存在色散力的是 （ ）

A. CO_2　　　　B. H_2S　　　　C. SiF_4　　　　D. CH_3OCH_3

11. 下列化学键中极性最强的是哪个? （ ）

A. F—H　　　　B. C—H　　　　C. O—H　　　　D. N—H

12. 下列哪个分子的沸点最低? （ ）

A. HF　　　　　B. HCl　　　　　C. HBr　　　　　D. HI

13. 下列物质中哪种不是晶体? （ ）

A. 金刚石　　　B. 食盐　　　　C. 玻璃　　　　D. 干冰

14. 石墨属于什么型晶体? （ ）

A. 原子型晶体　　B. 分子型晶体　　C. 离子型晶体　　D. 混合型晶体

15. 关于液晶,下列说法正确的是哪个? （ ）

A. 它是固体　　　　　　　　　B. 它是液体

C. 具有各向同性　　　　　　　D. 分子形状为狭长状

三、计算及问答题

1. 在下列各组量子数中,恰当填入尚缺的量子数。

(1) $n=$ ___　　$l=2$　　$m=0$　　$ms=+1/2$

(2) $n=2$　　$l=$ ___　　$m=-1$　　$ms=-1/2$

(3) $n=4$　　$l=2$　　$m=0$　　$ms=$ ___

(4) $n=2$　　$l=0$　　$m=$ ___　　$ms=+1/2$

2. 量子数 $n=3$, $l=1$ 的原子轨道的符号是怎样的? 该类原子轨道的形状如何? 有几种空间取向? 共有几个轨道? 可容纳多少个电子?

3. 写出下列原子和离子的电子排布式。

(1) $_{29}Cu$ 和 Cu^{2+}　　(2) $_{26}Fe$ 和 Fe^{3+}　　(3) $_{47}Ag$ 和 Ag^+　　(4) $_{17}Cl$ 和 Cl^-

4. 填充下表

原子序数	电子分布式	外层电子构型	周期	族	区
12					
	$1s^2\,2s^2\,2p^4$				
		$4d^5\,5s^1$			
			4	ⅥB	

5. 不参看周期表,试推测下列每一对原子中哪一个原子具有较高的第一电离能和较大的电负性值?

(1) 19 和 29 号元素原子;

(2) 37 和 55 号元素原子;

(3) 37 和 38 号元素原子。

6. 符合下列电子结构的元素,分别是哪一区的哪些(或哪一种)元素?

(1) 最外层具有两个 s 电子和两个 p 电子的元素。

(2) 外层具有 6 个 3d 电子和 2 个 4s 电子的元素。

(3) 3d 轨道全充满,4s 轨道只有 1 个电子的元素。

7. 比较并简单解释 BBr_3 与 NCl_3 分子的空间构型。

8. 某一元素的 M^{3+} 离子的 3d 轨道上有 3 个电子,则

(1) 写出该原子的核外电子排布式;

(2) 用量子数表示这 3 个电子可能的运动状态;

(3) 指出原子的成键电子数,画出其价电子轨道电子排布图;

(4) 写出该元素在周期表中所处的位置及所处分区;

9. 根据键的极性和分子的几何构型,判断下列分子哪些是极性分子? 哪些是非极性分子?

Br_2　　HF　　H_2S(V 形)　　CS_2(直线形)　　$CHCl_3$(四面体)　　CCl_4(正四面体)

10. 下列各物质中哪些可溶于水? 哪些难溶于水? 试根据分子的结构,简单说明之。

(1) 甲醇(CH_3OH)　　　　　　(2) 丙酮(CH_3COCH_3)　　(3) 氯仿($CHCl_3$)

(4) 乙醚($CH_3CH_2OCH_2CH_3$)　　　(5) 甲醛($HCHO$)　　　　(6) 甲烷(CH_4)

11. 乙醇和二甲醚(CH_3OCH_3)的组成相同,但前者的沸点为 78.5 ℃,而后者的沸点为 -23 ℃。为什么?

12. 判断下列各组中两种物质的熔点高低。

(1) NaF、MgO　　　(2) BaO、CaO　　　(3) SiC、SCl_4　　　(4) NH_3、PH_3

13. 试判断下列各种物质各属何种晶体类型,并写出熔点从高至低的顺序。

(1) KCl　　　(2) SiC　　　(3) HI　　　(4) BaO

14. 试判断下列各组物质熔点的高低顺序,并作简单说明。

(1) SiF_4、$SiCl_4$、$SiBr_4$、SiI_4　　　(2) PF_3、PCl_3、PBr_3、PI_3

15．根据所学晶体结构知识，填充下表。

物质	晶格结点上的粒子	晶格结点上粒子间的作用力	晶体类型	预测熔点（高或低）
N_2				
SiC				
Cu				
冰				
$BaCl_2$				

四、思考题

1．波函数与概率密度有何关系？

2．一个原子轨道要用哪几个量子数来描述？试述各量子数的物理意义及取值要求？

3．多电子原子的轨道能级与氢原子的有什么不同？

4．多电子原子的电子分布规律有哪些？

5．元素的周期与能级组之间存在何种对应关系？元素的族序数与核外电子结构有何对应关系？元素是怎样分区的？各区包括哪些族元素？

6．简单说明电离能与电负性的含义及其在周期系中的一般递变规律？它们与金属性、非金属性有何联系？

7．以 N_2 的形成为例，说明共价键的形成条件？为什么说共价键具有饱和性和方向性？

8．举例说明什么叫 σ 键？什么叫 π 键？它们有哪些不同？

9．什么叫等性杂化？什么叫不等性杂化？各举一例加以说明。

10．何为极性分子和非极性分子？分子的极性与化学键的极性有何联系？

11．晶体的类型主要决定于什么？晶格结点上粒子之间的作用力与化学键有什么区别？各类型晶体所表现的主要物理性质如何？

12．离子的电荷和半径对典型的离子晶体性能有何影响？离子晶体的通性有哪些？

13．在分子晶体和原子晶体中原子之间都是以共价键结合的，为什么分子晶体和原子晶体的性质有很大不同？

14．金属键是怎样形成的？如何用金属键理论说明金属具有光泽、传热、可塑性等性质？

15．试用能带理论说明金属导体、半导体和绝缘体的导电性能。

➡第 6 章

化 学 与 材 料

　　材料是社会进步和经济发展的物质基础与先导,材料科学技术的发展是人类进步的里程碑。从石器时代、青铜时代、铁器时代发展到现在的信息时代,从超级市场五光十色的生活用品到航天航空,都依赖于新材料的发展。材料科学技术的每一次重大突破,都会引起生产技术的革命,大大加速社会发展的进程。例如,19 世纪发展起来的现代钢铁材料,推动了机器制造工业的发展,为现代社会的物质文明奠定了基础;20 世纪 60 年代以锗、硅单晶材料为基础的半导体器件和集成电路的突破,对社会生产力的提高起到了不可估量的推动作用。因此,材料科学技术的发展,给社会和人民生活带来巨大的变化,把人类文明推向前进。

　　本章在简要介绍材料发展历史的基础上,结合单质及化合物的性质介绍金属材料、无机非金属材料、高分子材料和复合材料等四类材料以及纳米材料和功能材料。

6.1　材料概述

6.1.1　材料发展历程

　　所谓材料(Material),是指那些在一定工作条件下满足其使用要求的形态和物理性能的物质。材料的发展与人类社会的发展息息相关,从某种意义上说,人类文明史可以称之为世界材料发展史。正是形形色色的材料构成了世间万物,人类的发明创造丰富了材料世界,而材料的不断更新与发展推动了人类社会的进步。目前,世界上传统材料已有几十万种,而新材料的品种正在以每年大约 5% 的速度增长;世界上现有 1 200 多万种人工合成的化合物,而且还以每年 7 000 多种的速度增长,其中相当一部分将成为工业化生产的新材料,为人类社会和科学技术的发展服务。历史学家将人类社会划分为不同的时代,往往是根据各时期有代表性的材料来划分的。

　　迄今为止,人类使用材料的历史已经历了 7 个时代,即石器时代、铜器时代、铁器时代、水泥时代、钢时代、硅时代和新材料时代。材料的发展也从第一代天然材料、第二代烧炼材料、第三代合成材料、第四代设计型材料到第五代智能材料。

公元前 10 万年,人类开始利用石材制造各种打猎和耕作的工具,形成了石器时代。

公元前 6000 年,人类根据长期的体验,创造了冶金术,开始了用天然矿石冶炼金属,在西亚出现了铜制品;发展到公元前 3000 年,出现了铜合金(添加锡、铅的青铜),形成了(青)铜器时代。

大约在公元前 1500 年,人类借助风箱,发明了在高温下用木炭还原优质铁矿石生产铁的方法,并在半熔状态下进行锻造制作各种器具和武器,开创了铁器时代。

材料发展史上的第一次重大突破,是人类学会用黏土烧结制成容器。中国大约在公元前 8000～6000 年新石器时代早期开始制作陶器。公元前 4000 年左右,古巴比伦的城市已采用砖来筑城。

随着金属冶炼技术的发展,在公元元年左右,人类掌握了通过鼓风提高燃烧温度的技术,发现一些高温烧制的陶器,由于局部熔化而变得更加坚硬,完全改变了陶器多孔与透水的缺点而成为瓷器。

到了 17 世纪,炼铁生产趋向大型化。欧洲在中世纪出现了高炉,燃料还原剂由木炭改为煤炭,从 18 世纪进而改为焦炭,以焦炭为燃料的炼铁术在欧洲得到推广应用,高炉的规模逐渐扩大,产量也随之增加。随后,当人类发现钢铁在高温下也具有高强度这一事实后,便出现了以钢铁为结构材料,将蒸汽的热能转变为机械能的蒸汽机。从此,人类开始掌握了人工产生机械动力的方法,用来开动机械设备进行大规模生产,这使人类的思想和社会结构发生了巨大变革。钢铁的使用标志着社会生产力的发展,人类开始由农业经济社会进入所谓工业经济的文明社会。人们称这个时期为钢时代。

钢铁材料的广泛应用,导致了大规模的机械化生产,极大地丰富了人类社会的物质文明,引起了第一次产业革命,即工业革命。

第二次产业革命,就是起源于 19 世纪 70 年代的工业技术革命,其主要标志是:内燃机、电动机代替蒸汽机,新炼钢方法的迅速推广,电力的广泛应用和化学方法的采用。产业结构也随之发生变化,以钢铁材料的生产及应用为代表的冶金、机械制造等重工业部门,逐渐在工业生产中占据优势。

伴随钢时代的发展,电子技术的发展极大地提高了物质文明,现代人类社会几乎各种工业领域都享受到这一发展所带来的硕果。1906 年,美国发明家福雷斯特(L. Forest)制成了世界上第一只三极管,开创了电子管时代,出现了无线电报、电话、导航、测距、雷达、电视等产品,甚至出现了"ENIAC"第一代电子计算机。

20 世纪中叶,随着硅、锗半导体材料的出现,人类进入了硅时代。1956 年,美国贝尔电话实验室的巴丁(J. Bardeen)、肖克莱(W. B. Shockley)和布拉坦(W. H. Brattain)等合作发明了晶体管,晶体管逐渐代替了电子管。到了 1959 年,人们利用单晶硅开始工业化生产集成电路,使得电子产品不断微型化和家庭化。

进入 20 世纪 90 年代,人类不断发展和研制新材料,这些新材料具有一般传统材料所不可比拟的优异性能或特定性能,是发展信息、航天、能源、生物、海洋开发等高技术的重要基础,也是整个科学技术进步的突破口。人类从此进入了新材料时代。新材料按其在不同高技术领域中的用途可分为三大类,即信息材料、新能源材料以及在特殊条件下使用的结构材料和功能材料,如砷化镓等新的化合物半导体材料,用于信息探测传感器的碲镉汞、锑化铟、硫化铅等敏感类材料,石英型光导纤维材料,铬钴合金光存储记录材料,非晶体太阳能电池材料,超导材料,高温陶瓷材料,高性能复合结构材料,高分子功能材料特别是纳米材料等等。新材料的广泛使用给社会带来了有目共睹的进步。

21世纪科学技术的进步、人类生活水平的提高对材料科学技术提出了更高的要求,特别是由于世界人口迅速增加,资源迅速枯竭,生态环境不断恶化,对材料生产技术的开发与有效利用提出了许多新要求。在这种背景下,知识经济的蓬勃发展与信息的网络化正促进着材料科学技术突飞猛进。以半导体材料和光电子材料为代表的信息功能材料仍是最活跃的领域;可再生能源的加速开发、核能的新发展、最重要的节能材料——超导材料的室温化、作为能源使用的磁性材料的继续发展、对贮能材料的高度重视、提高燃效减少污染的燃料电池的开发等,将使能源功能材料取得突破性进展;以医用生物材料、仿生材料和工业生产中的生物模拟为代表的生物材料在生命科学的带动下将有很大发展;智能材料与智能系统将支撑未来高技术的发展,而备受重视;随着资源的枯竭、环境的恶化,环境材料日益受到重视;高性能结构材料的研究与开发将是永恒的主题。纳米材料科学技术将成为21世纪的主导新技术之一,2000年1月美国提出的"国家纳米技术计划"认为,纳米技术可导致下一代工业革命,因为这一技术涉及材料、能源、信息、医学、航空航天以及国家安全的各个方面,除纳米材料外,还有纳米电子学、光电子学和磁学、纳米医学,目前纳米技术已成为全世界科学技术的热点。

材料是人类社会进步的里程碑,材料的研究和应用促进了人类社会的进步,而人类社会的不断发展刺激了材料的不断创新。

6.1.2 材料的分类

材料品种繁多,数以十万计。为了便于认识和应用,学者们从不同角度对其进行了分类。按化学成分、生产过程、结构及性能特点,材料可分为三大类,即金属材料、无机非金属材料、有机高分子材料。三大材料相互交叉、相互融合,由三大材料中任意两种或两种以上复合而成的材料称为复合材料。如果把复合材料作为一类便可称为四大类材料。

金属材料包括两大类:钢铁材料和非铁(有色)金属材料。这是目前用量最大、使用最广的材料。除钢铁外,其他金属材料一般统称为非铁金属材料,主要有铝、铜、钛、镍及其合金等。铝、铜合金用得最多,铝合金主要用于航空航天等部门。

无机非金属材料主要包括陶瓷、水泥、玻璃及非金属矿物材料。陶瓷是应用历史最悠久、应用范围最广泛的非金属材料。传统的陶瓷材料由黏土、石英、长石等组成,主要作为建筑材料使用。新型陶瓷材料主要以 Al_2O_3、SiC、Si_3N_4 等为主要组分,已用做航天器的热绝缘涂层、发动机的叶片等,还作为先进的功能材料,用于制作电子元件和敏感元件。

有机高分子材料又称为高分子聚合物,按用途可分为塑料、合成纤维和橡胶三大类,塑料通常又分为通用塑料和工程塑料。通用塑料主要用来制造薄膜、容器和包装用品,在塑料生产中占70%,聚乙烯就是其代表。工程塑料主要指力学性能较高的聚合物,俗称尼龙的聚酰胺、聚碳酸酯是这类材料的代表,聚碳酸酯有良好的绝缘性,常用做计算机、打印机的外壳,电子通信设备中的连接元件、接线板和控制按钮等。近年来,功能高分子材料得到了迅速发展,如即将取代液晶材料的有机电致发光材料等。

复合材料就是由两种或两种以上不同原材料组成,使原材料的性能得到充分发挥,并通过复合化而得到单一材料所不具备的性能的材料。按基体可分为金属基、有机高分子材料基、无机非金属基复合材料,按强化相可分为颗粒增强和纤维增强复合材料。为了提高纤维的弹性,开发了硼纤维、碳纤维、耐热氧化铝纤维等;为了改善树脂的耐热性,对金属基复合材料也开始研究。

当然材料还有很多种分类方法,例如,按使用性能分类,可分为结构材料和功能材料;按结构分类,可分为晶态材料(单晶、多晶、微晶、液晶、孪晶)、非晶态材料、准晶态材料;按物理性质分类,可分为导电材料、绝缘材料、半导体材料、高温材料、高强度材料、磁性材料、超导材料、透光材料等;按物理效应分类,可分为光电材料、压电材料、激光材料、热电材料、声光材料、铁电材料、智能材料、磁光材料、非线性光学材料等。

6.1.3　化学与材料发展的关系

6.1.3.1　材料科学的诞生和发展

材料科学是根据工程的需要,在物理学和化学这两门基础学科及其理论的基础上,形成的一种学科交叉的边缘学科。在很长一段时间内,材料的研究是分别在固体物理、晶体学、无机化学、高分子化学以及冶金、陶瓷、化工等领域中进行的,而相互间缺少联系,未形成统一的科学体系。传统的材料研究是以经验、技艺为基础的,材料的研制主要依靠配方筛选和性能测试,这只能对材料的宏观性能提供某种定性的解释,而不能准确地预示材料的性能,因而不能准确地指明新材料开发的方向。科学技术的迅速发展,现代工程对材料提出了许多新的要求,沿用传统的方法已不可能研制出具有独特性能的新材料。在这样的情况下,人们逐步重视对材料的基础理论研究。

化学是在原子、分子水平上研究物质的组成、结构、性能、变化及其应用的学科,化学的发展使人们了解到材料内部结构的重要性;物理学的发展,不断深化人们的这一认识,并为人们深入了解材料内部结构与性能之间的关系提供了各种精密可靠的实验仪器,逐步揭示了许多材料行为的微观机制,从而奠定了统一的材料科学的基础。在 20 世纪 50 年代,材料科学终于诞生,而到 20 世纪 70 年代,材料科学才真正发展成为一门新的学科。

新兴的材料科学以物理学、化学及相关理论为基础,根据工程对材料的需要,设计一定的工艺过程,把原料物质制备成可以实际应用的材料和元器件,使其具备规定的形态和形貌,如晶体、单晶、纤维、薄膜、陶瓷、玻璃、复合体、集成块等;同时具有指定的光、电、声、磁、热学、力学、化学等功能,甚至具备能感应外界条件变化并产生相应反应和执行行为的机敏性和智能性。

新材料,尤其是在功能材料的发展中,存在着大量的化学和物理问题。例如,金属转向合金、半导体掺杂、等离子喷涂等,都会超出纯物理范围;而聚合物类物质从其诞生时开始,便不只是个化学问题。近年来对诸如钇、钡、铜复合氧化物之类的高温(液氮温区)超导材料的合成和性能测试、结构和超导性之间关系的研究等,都需要化学和物理学的配合和支持。因此,化学和物理学以及它们的实验和理论就构成了材料科学的基础,而材料科学的发展又进一步生长出材料化学和材料物理这两个新兴的边缘学科。

6.1.3.2　材料化学的兴起和内涵

现代科学技术本身的发展,以及它所面临的要解决的课题和任务,需要各学科之间紧密的联合和相互理解。学科的生长和发展,就是在不断地改革、开放、互相交叉、渗透中进行的,材料化学的兴起就是一个很好的例证。借助近代物理学,化学得到迅速发展,化学成为一门中心学科。经过几百年的努力,化学家开发出的人工天然化合物与合成的化合物已超过1 200万种以上,而且还以每年增加7 000多种的速度递增着,从而为新材料的开发储备了足够的化合物,因此可以说化学是材料发展的源泉。化学家对于物质的结构和成键的复杂性有着深刻的理解,并掌握着精湛的化学反应实验技术,这些在探索和开发具有新组成、新结构和新功能的材料方面,可以大有作为。例如在新材料的研制中,可以进行分子设计和分子剪裁;可以设计新的反应步骤和控制反应过程;可以在极端条件下进行反应,合成在常规条件下无法合成的新化合物。

现代科学技术的发展,对材料提出了新的要求,材料科学的深入发展,为化学研究开辟了一个新的领域,促进了作为应用化学前沿领域的材料化学的形成;高技术产业和国防建设对新材料的需求,为材料化学的发展提供了新的机遇。

材料化学是构成材料科学的重要组成部分。材料化学的学科内容包括采用新技术和工艺方法制备新材料,对材料组成和微观结构进行表征,对材料性能进行测试。

用量子化学等理论可以进一步深入揭示材料的宏观性能和微观结构的关系,从而按照预定性能去设计中间产物和最终产物的组成和结构,剪裁其物理和化学性质,设计新的反应步骤及工艺方法,合成新物质和新材料,以不断满足微电子技术发展所需要的超纯、超净、超精细的新型材料和空间技术发展所需要的耐高温和热冲击的高强度材料,以及海洋技术发展所需要的耐高压和耐腐蚀材料。

采用现代化的研究方法和分析手段,如电子显微镜、电子(离子)探针、光电子能谱、X射线结构分析、热分析等来研究物质的组成、结构(电子结构、晶体结构、显微结构)与性质、性能的关系,为材料的改性和新材料的制备提供依据。例如1990年,贝尔实验室使用精确到足以探查单个原子的扫描隧道显微镜对Al-Co-Cu合金的原子切片进行表面探查,可以在电视屏幕上显示每个原子清晰投影图像,证实准晶体的确实存在,向传统晶体学理论提出了挑战,而且为新材料的发展提供了更为宽阔的领域。

通过对材料性能的测试和分析研究,才能了解材料的结构与它们物理性能之间的关系,为材料的开发和应用提供依据。

6.1.3.3 材料的化学工艺和材料化过程

在材料工业生产中,从原料到材料要经过化学过程和材料化过程。例如,用含有不纯物质的天然原料硅砂(SiO_2)制造半导体材料硅片,首先将碳在电炉中还原二氧化硅制得高纯度硅粉,这种工艺称为化学工艺,也是一种化学过程;接着通过采取熔体固化法制得高纯度的单晶硅,最后加工成硅片,这个过程称为材料化过程,属于材料工艺过程。

化学过程或化学反应是物质在分子水平上相互转化的一种过程;为了适应某种使用目的而需给予系统某种物性和强度所进行的种种操作或加工,都属于材料化过程。把由化学过程制得的高纯度粉体,按其使用目标的不同,制成一定的形态:单晶、非晶态(玻璃)、多晶体等;而且还要根据需要,制成薄膜、纤维、致密或多孔等多种形态。

新材料之所以能作为功能材料或结构材料而广泛应用,与材料工艺技术的进步有着密切的关系。人们巧妙地利用材料过程,对即便是化学组成相同的物质也可以制得性能用途完全不同的新材料。材料过程中所使用的方法,除了传统的已广泛使用的固相高温烧结的陶瓷工艺和热压工艺,提拉、坩埚下降、在熔盐中培养单晶生长方法,蒸发和溅射等制膜方法以外,根据新材料发展的需要,又发展了各种合成的新技术,如为了制备薄膜,发展了外延技术、金属有机化学蒸汽沉积和急冷高转速制备非晶态薄膜等技术。此外,还有利用离子注入法进行掺杂;利用溶胶－凝胶法和辉光放电法制备超细粉末;利用固态电解法制备高纯度稀土金属;利用极端条件(超高压、超低真空、超高温、超低温、失重、高能粒子轰击、爆炸冲击与强辐照等)进行合成的技术。近年来,利用分子束外延等微观加工技术制备的超晶格,正揭开发展第三代半导体材料的序幕。

综上所述,材料是一切科学技术的物质基础,而各种材料主要来源于化学制造和化学开发,材料化学在材料科学的发展中诞生和成长,并在整个科学技术体系中占有特别重要的位置。因此,材料化学既是化学的一个分支,又是材料科学的一个重要组成部分。

6.2 金属元素化学与金属材料

金属及合金具有许多可贵的加工性能和使用性能,在国民经济和科学技术各领域得到了广泛的应用。本节在化学反应的基本原理和物质结构的基础上,具体讨论金属及合金的一些重要性质,简单介绍有关工程上常用的金属及合金材料、新型金属材料。

6.2.1 金属单质的物理性质

迄今为止,在人类可能探测的宇宙范围内,已发现 112 种化学元素,其中地球上天然存在的元素 92 种,人工合成元素 20 种。112 种元素按其性质可以分为金属元素和非金属元素,其中金属元素 90 种,非金属元素 22 种。有些元素的性质介于金属和非金属元素之间,如位于周期表 p 区对角线的 B-Si-As-Te-At 等元素,称为半金属或类金属。

根据颜色,通常把金属分为黑色金属和有色金属。黑色金属包括铁、锰、铬及其合金;有色金属系指铁、锰、铬元素以外的所有金属。

根据密度的大小,金属又可分为轻金属和重金属。密度小于 $5\ \mathrm{g \cdot cm^{-3}}$ 的金属称为轻金属,如铝、镁、钾、钙、锶、钡、钛等。密度大于 $5\ \mathrm{g \cdot cm^{-3}}$ 的金属称为重金属,如铜、铅、锌、镍、锑、锡、钴、铋、铜、汞等。

此外,像银、金以及铂族元素(钌、铑、钯、锇、铱、铂),其化学性质特别稳定,在地壳中含量很少,往往伴生于其他矿物中(铂族金属主要伴生于铜镍矿床中),开采和提取都比较困难,所以一般价格较贵,称为贵金属。另外,在自然界含量很少,分布分散,发现较晚,或提取困难,在工业上应用较晚的金属,如锂、铷、铯、铍、镓、铟、铊、锗、锆、铪、铌、钽、铼及稀土元素称为稀有金属。

由于金属晶体具有紧密堆积结构和自由电子的存在,使金属具有许多共同的物理性质,如延展性、导电性、导热性等。此外,过渡金属水合离子往往都有颜色。结合物质结构知识,下面着重讨论金属单质的延展性、熔点、沸点、硬度、导电性以及过渡金属水合离子颜色的一般变化规律。

6.2.1.1 延展性

金属具有延性,可抽成丝;同时金属又具展性,可压成薄片。也就是说金属具有良好的机械加工性能。金属的延展性可用金属键理论来说明。当金属受外力作用时,金属晶体中各层粒子间易发生相对滑动,但是,由于自由电子的不停运动,各层之间仍然保持金属键的联系,虽然金属发生变形,但不致断裂,故而表现出良好的延展性。

6.2.1.2　熔点、沸点、硬度

图6.1、图6.2及图6.3分别列出了一些单质的熔点、沸点和硬度的数据。

IA	IIA	IIIB	IVB	VB	VIB	VIIB	VIII	VIII	VIII	IB	IIB	IIIA	IVA	VA	VIA	VIIA	0
H₂ -259.34																	He -272.2*
Li 180.54	Be 1278											B 2079	C 3550	N₂ -209.86	O₂ -218.4	F₂ -219.82	Ne -218.67
Na 97.81	Mg 618.8											Al 660.37	Si 1410	P 41.1	S 112.8	Cl₂ -100.98	Ar -109.8
K 63.65	Ca 839	Sc 1541	Ti 1660	V 1890	Cr 1857	Mn 1244	Fe 1535	Co 1495	Ni 1455	Cu 1083.4	Zn 419.58	Ga 29.78	Ge 937.4	As 817①	Se 217	Br₂ -7.2	Kr -156.6
Rb 38.89	Sr 769	Y 1522	Zr 1852	Nb 2468	Mo 2610	Tc 2172	Ru 2310	Rh 1966	Pd 1554	Ag 961.93	Cd 320.9	In 156.61	Sn 231.9681	Sb 630.74	Te 449.5	I₂ 113.5	Xe -111.9
Cs 28.40	Ba 725	La 918	Hf 2227	Ta 2996	W 3410	Re 3180	Os 2700	Ir 2410	Pt 1772	Au 1064.43	Hg -38.842	Tl 303.3	Pb 327.502	Bi 271.3	Po 254	At 302	Rn -71

①系在加压下。

图6.1　单质的熔点（单位为℃）

IA	IIA	IIIB	IVB	VB	VIB	VIIB	VIII	VIII	VIII	IB	IIB	IIIA	IVA	VA	VIA	VIIA	0
H₂ -252.87																	He -268.934
Li 1342	Be 2970①											B 2550②	C 3830~3930②	N₂ -195.8	O₂ -182.962	F₂ -219.62	Ne -246.048
Na 882.9	Mg 1090											Al 2467	Si 2355	P(白) 280	S 444.674	Cl₂ -34.6	Ar -185.7
K 760	Ca 1484	Sc 2836	Ti 3287	V 3380	Cr 2672	Mn 1962	Fe 2750	Co 2870	Ni 2732	Cu 2567	Zn 907	Ga 2403	Ge 2830	As 613③	Se 684.9	Br₂ 58.78	Kr -152.30
Rb 686	Sr 1384	Y 3338	Zr 4377	Nb 4742	Mo 5560	Tc 4877	Ru 3900	Rh 3727	Pd 2970	Ag 2212	Cd 765	In 2080	Sn 2270	Sb 1950	Te 989.8	I₂ 184.35	Xe -107.1
Cs 669.3	Ba 1640	La 3464	Hf 4602	Ta 5425	W 5660	Re 5627	Os >5300	Ir 4130	Pt 3827	Au 2808	Hg 356.68	Tl 1457	Pb 1740	Bi 1560	Po 962	At 337	Rn -61.8

注：①系在减压下；②升华；③系在加压下。

图6.2　单质的沸点（单位为℃）

IA	IIA	IIIB	IVB	VB	VIB	VIIB	VIII	VIII	VIII	IB	IIB	IIIA	IVA	VA	VIA	VIIA	0
H₂																	He
Li 0.6	Be 4											B 9.5	C 10.0	N₂	O₂	F₂	Ne
Na 0.4	Mg 2.0											Al 2~2.9	Si 7.0	P 0.5	S 1.5~2.5	Cl₂	Ar
K 0.5	Ca 1.5	Sc	Ti 4	V	Cr 9.0	Mn 5.0	Fe 4~5	Co 5.5	Ni 5	Cu 2.5~3	Zn 2.5	Ga 1.5	Ge 6.5	As 3.5	Se 2.0	Br₂	Kr
Rb 0.3	Sr 1.8	Y	Zr 4.5	Nb	Mo 6	Tc	Ru 6.5	Rh	Pd 4.8	Ag 2.5~4	Cd 2.0	In 1.2	Sn 1.5~1.8	Sb 3.0~3.3	Te 2.3	I₂ 1.2	Xe
Cs 0.2	Ba	La	Hf	Ta 7	W	Re	Os 7	Ir 6~6.5	Pt 4.3	Au 2.5~3	Hg	Tl	Pb 1.5	Bi 2.5	Po	At	Rn

*以金刚石等于10的莫氏硬度表示。这是按照不同矿物的硬度来区分的，硬度大的可以再硬度小的物体表面刻出线纹。这十个等级是：1. 滑石，2. 岩盐，3. 方解石，4. 萤石，5. 磷灰石，6. 冰晶石，7. 石英，8. 黄玉，9. 刚玉，10. 金刚石。

图6.3　单质的硬度

从图 6.1 可以看出,金属单质的熔点差别很大。Ⅵ_B族附近金属单质的熔点较高,熔点最高的金属是钨(3 410 ℃)。自第Ⅵ_B族向左右两边延伸,单质的熔点趋于降低。汞的熔点最低,为−38.84 ℃,铯的熔点为 28.40 ℃。通常说的耐高温金属是指熔点等于或高于铬的熔点(1 857 ℃)的金属。

金属单质的沸点变化(图 6.2)大致与熔点的变化类似。钨是沸点最高的金属,而汞是沸点最低的金属。

从图 6.3 可以看出,硬度较大的金属也位于Ⅵ_B族附近。铬是硬度最大的金属(其莫氏硬度为 9.0),而位于Ⅵ_B族两边的金属单质的硬度趋于减小。

单质的上述物理性质的变化主要决定于它们的晶体类型、晶格中粒子间的作用力和晶格能。表 6.1 中列出了部分金属元素单质的晶体类型。

表 6.1　　　　　　　　　　　　部分金属元素单质的晶体类型

第Ⅰ族	第Ⅱ族	第Ⅲ族	第Ⅳ族	第Ⅴ族	第Ⅵ族
Li 金属晶体	Be 金属晶体				
Na 金属晶体	Mg 金属晶体	Al 金属晶体			
K 金属晶体	Ca 金属晶体	Ga 金属晶体	Ge 原子晶体		
Rb 金属晶体	Sr 金属晶体	In 金属晶体	Sn 灰锡 原子晶体 白锡 金属晶体	Sb 黑锑 分子晶体 灰锑 层状结构晶体	
Cs 金属晶体	Ba 金属晶体	Tl 金属晶体	Pb 金属晶体	Bi 层状结构晶体	Po 金属晶体

从表 6.1 可以看出,固态金属单质除锗、灰锡、锑、铋外,都属于金属晶体,因此,它们的熔点、沸点、硬度等的变化规律实际上是由金属键的强弱决定的。对于不同的金属,金属键的强弱存在较大的差别,这与金属的原子半径、核最外层电子的作用力以及原子中参与成键的价电子数的多少有关。每一周期开始的碱金属,其原子半径是同周期中最大的,价电子数最少,核电荷是同周期中最少的,最外层电子的作用力较小,金属键较弱,故熔点较低。除锂外,钠、钾、铷、铯的熔点都在 100 ℃以下。它们的硬度、密度也都较小。从Ⅱ_A族的碱土金属开始向右进入 d 区的副族金属,由于原子半径逐渐减小,参与成键的价电子数增多(d 区元素的次外层 d 电子也可作为价电子),有效核电荷数增大以及最外层电子的作用力逐渐增强,金属键也增强,熔点、沸点逐渐升高。Ⅵ_B族元素原子的价电子数目(包括最外层的 s 电子和次外层的 d 电子),即未成对电子数最多,均可参与成键,又由于原子半径较小,所以这些金属单质的熔点、沸点最高。Ⅵ_B族以后,参与成键的价电子数又逐渐减少,因而金属的熔点、沸点又逐渐降低。部分 ds 区及 p 区金属,其晶体类型由金属晶体向分子晶体过渡,这些金属的熔点也逐渐降低。

6.2.1.3 导电性

金属都能导电,是电的良导体。处于 p 区对角线附近的金属如锗,导电能力介于导体与绝缘体之间,是半导体。从一些金属单质的电导率数据(图 6.4)可以看出,银、铜、金、铝是良好的导电材料,而银与金较昂贵、资源稀少,仅用于某些电子器件连接点等特殊地方;铜和铝则广泛应用于电器工业中。铝的电导率为铜的 60% 左右,但密度不到铜的一半;再则铝的资源十分丰富,在相同的电流容量下,使用铝制电线比铜线质量更轻,因此常用铝代替铜来制造导电材料,特别是高压电缆。

	IA	IIA	IIIB	IVB	VB	VIB	VIIB	VIII			IB	IIB	IIIA	IVA	VA	VIA	VIIA	0
1	H₂																	He
2	Li 10.8	Be 28.1											B 5.6×10^{-11}	C 7.273×10^{-2}	N₂	O₂	F₂	Ne
3	Na 21.0	Mg 24.7											Al 37.74	Si 3.0×10^{-5}	P 1×10^{-15}	S 5×10^{-19}	Cl₂	Ar
4	K 13.9	Ca 29.8	Sc 1.78	Ti 2.38	V 5.10	Cr 7.75	Mn 0.6944	Fe 10.4	Co 16.0	Ni 16.6	Cu 59.59	Zn 16.9	Ga 5.75	Ge 2.2×10^{-6}	As 3.00	Se 1×10^{-4}	Br₂	Kr
5	Rb 7.806	Sr 7.69	Y 1.68	Zr 2.38	Nb 8.00	Mo 18.7	Tc 13	Ru 22.2	Rh 8.488	Pd	Ag 68.17	Cd 14.6	In 11.9	Sn 9.08	Sb 2.56	Te 3×10^{-4}	I₂ 7.7×10^{-13}	Xe
6	Cs 4.888	Ba 3.01	La 4.63	Hf 3.023	Ta 7.7	W 18	Re 5.18	Os 11	Ir 19	Pt 9.43	Au 48.76	Hg 1.02	Tl 5.6	Pb 4.843	Bi 0.9363	Po	At	Rn

图 6.4 金属元素单质的电导率(单位:MS・m^{-1})

应当指出,金属的纯度以及温度等因素对金属的导电性能有相当重要的影响。金属中杂质的存在将使金属的电导率大为降低,所以用做导线的金属往往是相当纯的。例如按质量分数计,一般铝线的纯度均在 99.5% 以上,铜在 99.9% 以上。温度的升高,通常能使金属的电导率下降,对于不少金属来说,温度相差 1 K,电导率将变化约 0.4%。金属的这种导电的温度特性也是有别于半导体的特性之一。

金属键理论可以很好地解释金属的导电性能。金属晶体中存在的自由电子是引起金属导电的根本原因,即金属是属于电子导体。对于金属中微粒排列十分规整的理想晶体来说,在外电场的作用下,晶体内的自由电子几乎可以无阻碍地定向运动。但当金属晶体存在其他杂质原子(缺陷)时,对电子的运动有阻碍作用,金属的导电性下降。温度升高,这种阻碍作用更为显著,金属的导电性将会降低。

6.2.2 金属单质的化学性质

由于金属的电负性较小,在化学反应中总是倾向于失去电子,因此金属单质最突出的化学性质是还原性。金属单质的还原性与金属的活泼性虽然并不完全一致,但总的变化趋势还是服从元素周期律的。

在短周期中,从左到右由于一方面核电荷数依次增多,原子半径逐渐缩小,另一方面最外层电子数依次增多,同一周期从左到右金属单质的还原性逐渐减弱。在长周期中总的递变情况和短周期是一致的。但由于副族金属元素的原子半径变化没有主族的显著,且最外层电子数相同(一般为 $n\text{s}^2$),所以同周期单质的还原性变化不甚明显,而是彼此较为相似。在同一主族中自上而下,核电荷数增加,原子半径也增大,金属单质的还原性一般增强;而副族的情况较为复杂,单质的还原性一般自上而下反而减弱(ⅢB 除外),可简单表达成如图 6.5 所示。

图 6.5　元素周期表中金属元素的还原性变化示意图

现就金属与氧的作用和金属的溶解性为例分别说明如下。

6.2.2.1　金属与氧的作用

s 区金属十分活泼,具有很强的还原性。它们很容易与氧化合,与氧化合的能力基本上符合周期系中元素金属性的递变规律。

s 区金属在空气中燃烧时除能生成正常的氧化物(如 Li_2O 、 BaO 、 MgO)外,还能生成过氧化物(如 Na_2O_2 、 BaO_2)。

钾、铷、铯以及钙、锶、钡等金属在过量的氧气中燃烧时还会生成超氧化物(如 KO_2 、 BaO_4 等)。

过氧化物和超氧化物都是固体储氧物质,它们与水剧烈反应会放出氧气,又可吸收 CO_2 并产生 O_2 气,所以较易制备的 KO_2 常用于急救器或装在防毒面具中。

$$2Na_2O_2(s) + 2CO_2(g) = 2\,Na_2CO_3(s) + O_2(g)$$
$$4KO_2(s) + 2H_2O(g) = 3O_2(g) + 4KOH(s)$$
$$4KO_2(s) + 2CO_2(g) = 2K_2CO_3(s) + 3O_2(g)$$

p 区金属的活泼性一般远比 s 区金属的要弱。锡、铅、锑、铋等在常温下与空气无显著作用。铝较活泼,容易与氧化合,但在空气中铝能立即生成一层致密的氧化物保护膜,阻止氧化反应的进一步进行,因而在常温下,铝在空气中很稳定。

d 区(第Ⅲ副族与 Mg 相似除外)和 ds 区金属的活泼性也较弱。同周期中各金属单质活泼性的变化情况与主族的相类似,即从左到右一般有逐渐减弱的趋势,但这种变化远没有主族明显。例如,对于第 4 周期金属单质,在空气中一般能与氧气作用。在常温下钪在空气中迅速氧化,钛、钒对空气都较稳定;铬、锰能在空气中缓慢被氧化,但铬与氧气作用后,表面形成的 Cr_2O_3 也具有阻碍进一步氧化的作用,铁、钴、镍在没有潮气的环境中与空气中氧气的作用并不显著,镍也能形成氧化物保护膜;铜的化学性质比较稳定,而锌的活泼性较强,但锌与氧气作用生成的氧化锌薄膜也具有一定的保护功能。

在金属单质活泼性的递变规律上,副族与主族有不同之处。在副族金属中,同周期间的相似性较同族间的相似性更为显著,且第 4 周期中金属的活泼性较第 5 和第 6 周期金属的为强,或者说副族金属单质的还原性往往有自上而下逐渐减弱的趋势。例如,对于第Ⅰ副族,铜(第 4 周期)在常温下不与干燥空气中的氧气化合,加热时则是生成黑色的 CuO,而银(第 5 周期)在空气中加热也并不变暗,金(第 6 周期)在高温下也不与氧气作用。

6.2.2.2　金属的溶解

金属的还原性还表现在金属单质的溶解过程中。这类在水溶液中的氧化还原反应可以用电极电势予以说明。

s区金属的标准电极电势代数值一般甚小,用 H_2O 做氧化剂即能将金属溶解(金属被氧化为金属离子)。但铍和镁由于表面形成致密的氧化物保护膜而对水较为稳定。

p区(除锑、铋外)和第 4 周期 d 区金属(如铁、镍)以及锌的标准电极电势虽为负值,但其代数值比 s 区金属要大,能溶于盐酸或稀硫酸等非氧化性酸中而置换出氢气。而第 5、6 周期 d 区和 ds 区金属以及铜的标准电极电势则多为正值,这些金属单质不溶于非氧化性酸(如盐酸或稀硫酸)中,其中一些金属必须用氧化性酸(如硝酸)予以溶解(此时氧化剂已不是 H^+ 了)。一些不活泼的金属如铂、金需用王水溶解,这是由于王水中的浓盐酸可提供配合剂 Cl^- 而与金属离子形成配离子,从而使金属的电极电势代数值大为减小的缘故。

$$3Pt + 4HNO_3 + 18HCl = 3H_2[PtCl_6] + 4NO(g) + 8H_2O$$

$$Au + HNO_3 + 4HCl = H[AuCl_4] + NO(g) + 2H_2O$$

铌、钽、钌、铑、锇、铱等不溶于王水中,但可溶解于浓硝酸和浓氢氟酸组成的混合酸。

应当指出,p 区的铝、镓、锡、铅以及 d 区中的铬,ds 区的锌还能与碱溶液作用。例如:

$$2Al + 2NaOH + 2H_2O = 2NaAlO_2 + 3H_2(g)$$

$$Sn + 2NaOH = Na_2SnO_2 + H_2(g)$$

这与这些金属的氧化物或氢氧化物保护膜具有两性有关,或者说由于这些金属的氧化物或者氢氧化物保护膜能与过量 NaOH 作用生成配离子(例如,AlO_2^- 实质上可以认为是配离子 $[Al(OH)_4]^-$ 的简写)。

6.2.3 金属的钝化

上面曾提到一些金属(如铝、铬、镍等)与氧的结合能力较强,但实际上在一定的温度范围内,它们还是相当稳定的。这是由于这些金属在空气中氧化生成的氧化膜具有显著的保护作用,或称为金属的钝化。粗略地说金属的钝化主要是指某些金属和合金在某种环境条件下丧失了化学活性的行为。最容易产生钝化作用的有铝、铬、镍和钛以及含有这些金属的合金。

金属由于表面生成致密的氧化膜而钝化,不仅在空气中能保护金属免受氧的进一步作用,而且在溶液中还因氧化膜的高电阻有阻碍金属失电子的倾向,引起了电化学极化,从而使金属的析出电势值变大,金属的还原性显著减弱。铝制品可作为炊具,铁制的容器和管道能被用于贮运浓 HNO_3 和浓 H_2SO_4,就是由于金属的钝化作用。

金属的钝化,必须满足如下两个条件:首先,金属所形成的氧化膜在金属表面必须是连续的,即所生成的氧化物的体积必须大于因氧化而消耗的金属的体积。s 区金属(除铍外)氧化物的体积小于金属的体积,这些氧化膜是不可能连续的,对金属没有保护作用,而大多数其他金属氧化物的体积大于金属的体积,有可能形成保护膜。其次,氧化膜本身的特性是钝化的充分条件。氧化膜的结构必须是致密的,且具有较高的稳定性,氧化膜与金属的热膨胀系数相差又不能太大,使氧化膜在温度变化时不至于剥落下来。例如,钼的氧化物 MoO_3 膜在温度超过 520 ℃时就开始挥发;钨的氧化物 WO_3 膜较脆,容易破裂,这些氧化膜也不具备保护性的条件。而铬、铝等金属,不仅氧化膜具有连续的致密结构,而且氧化物具有较高的稳定性。利用铬的这种优良抗氧化性能而制成不锈钢(钢铁中铬的质量分数超过 12%),其原因也就在于此。

金属的钝化对金属材料的制造、加工和选用具有重要的意义。例如,钢铁在 570 ℃以下经发黑处理所形成的氧化膜 Fe_3O_4 能减缓氧原子深入钢铁内部,而使钢铁受到一定的保护作用;但当温度高于 570 ℃时,氧化膜中增加了结构较疏松的 FeO ,所以钢铁一般对高温抗氧化能力较差。如果在钢中加入铬、铝和硅等,由于它们能生成具有钝化作用的氧化膜,有效地减慢了高温下钢的氧化,一种称为耐热钢的材料就是根据这一原理设计制造的。

6.2.4　金属和合金材料概述

金属作为一种材料使用,具备许多可贵的使用性能和加工性能,其中包括良好的电、热传导性能,高的机械强度,较为广泛的温度使用范围,良好的铸造、锻压和切削加工等性能。金属材料在国民经济以及科学技术各领域得到十分广泛的应用,即使在新材料发展层出不穷的今天,金属材料产量和使用面上依然占有极为重要的地位! 我国锡、铅、钒、钼、铁和锌等的蕴藏量名列世界前茅,钛、锑、钨和稀土金属的蕴藏量居世界第一位,为金属材料的利用提供了丰厚的物质基础。但是工程上实际使用的金属材料不都是纯金属,绝大多数是合金。这是因为纯金属远不能满足工程上的众多的性能要求,而且从经济角度上说,制取纯金属并不可取。

合金是由两种或两种以上的金属单质(或金属与非金属元素)组成的,它具有金属所应有的特征。钢就是由铁和碳两种元素组成的合金。古代青铜(铜和锡的合金)的使用,可以将使用合金的年代追溯得很早。合金的结构比纯金属要复杂得多,根据合金中组成元素之间相互作用的情况不同,一般可将合金分为三种结构类型:相互起化学作用的形成金属化合物;相互溶解的形成金属固溶体;并不起化学作用的形成机械混合物。

6.2.4.1　金属化合物

当合金中加入的溶质原子数量超过了溶剂金属的溶解度时,除能形成固溶体外,同时还会出现新的相,这第二相可以是另一种组成的固溶体,而更常见的是形成金属化合物。金属化合物种类很多,从组成元素来说,一类由金属元素与金属元素所组成,如 Mg_2Pb , $CuZn$ 等。另一类是由金属元素与非金属元素组成,如硼、碳和氮等非金属元素与 d 区金属元素形成的化合物,分别称为硼化物、碳化物和氮化物。

IV_B、V_B 和 VI_B 族金属与原子半径小的碳、氮、硼等形成的间隙化合物,由于熔点和硬度特别高,因而称为硬质合金,其高强度是因合金中半径小的原子填充在金属晶格的间隙中,这些原子的价电子可以进入金属原子的空轨道形成一定程度的共价键,金属原子的空轨道数越多,合金的共价程度就越大,间隙结构越稳定。硬质合金保持良好的热硬度及抗腐蚀性,被广泛用于切削金属的刀具、地质钻头、金属的模具以及各种耐磨部件等。例如,WC-Co 硬质合金用于耐磨、抗冲击工具;TiC-Ni-Co 合金主要用于切削钢;在钛钙硬质合金中加入碳化铌或碳化钽,可明显提高合金的热硬性和耐磨性,并广泛用于切削钢和铸铁的刀具;碳化钛具有高硬度、高熔点、高抗温氧化、密度小、成本低等特点,是一种在航空、舰船、兵器等重要工业部门获得应用的非常重要的合金。

6.2.4.2　金属固溶体

一种溶质金属(或非金属)溶解到另一种溶剂金属的晶体中形成的均匀的固态溶液称为金属固溶体。金属固溶体是一种均匀的组织,且保持着溶剂金属的晶格类型。按照溶质原子在晶格中所处位置的不同,金属固溶体又可分为置换固溶体和间隙固溶体。

在置换固溶体中,溶剂金属的晶格保持不变,溶质原子部分地取代了溶剂原子在格点上的某些位置,如图6.6(b)所示。当溶质金属与溶剂金属的晶格类型、原子半径、电负性以及原子的外层电子构型相近时,易形成置换固溶体。例如铜和银,铜和锌,铁与钒、铬、锰、镍、钴等元素都能形成置换固溶体。

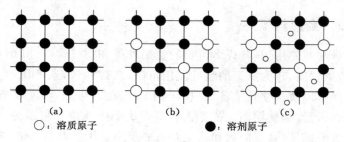

(a)   (b)   (c)

○:溶质原子   ●:溶剂原子

图6.6　金属固溶体与纯金属的格点对比

(a) 纯金属的晶格;(b) 置换固溶体的晶格;(c) 间隙固溶体的晶格

在间隙固溶体中,溶剂金属的晶格也保持不变,溶质原子分布在溶剂金属晶格的间隙中,如图6.6(c)所示。只有当溶质原子半径特别小时,如C、N和B等元素的原子才能与许多副族金属单质形成间隙固溶体。例如C溶于γ-Fe中形成间隙固溶体(称为奥氏体)。

无论形成哪种固溶体,由于不同的元素的原子半径及化学性质不同,当溶剂金属晶体中溶入其他元素后,都会造成固溶体的晶格变形,称为畸变。它们能阻碍外力对材料引起的形变,因而使固溶体的强度、硬度都比纯金属高,同时也使延展性、导电性比纯金属差。如钢的强度、硬度高于纯铁,而延展性比纯铁差。

6.2.4.3　机械混合物

两种金属在熔融状态时互熔,但在凝固时各组分分别结晶。整个固态合金不完全均匀,而是成分不同的微细晶体的机械混合物。这种合金的熔点比组分金属低,其机械性能(如硬度等)一般是各组分的平均值。焊锡是机械混合物的一个例子,它是由锡和铅组成的合金。

6.2.5　常见金属和合金材料

6.2.5.1　钢

钢是用得最多的合金材料。纯铁很软,不能满足工程上的要求。将生铁中的S、P和Si等杂质除去,并将C的含量调到规定范围便得到钢。钢的种类很多,根据其化学成分可分为碳素钢和合金钢。

碳素钢基本上是铁和碳的合金。根据含碳量的不同,分为低碳钢、中碳钢和高碳钢。低碳钢中碳的质量分数低于0.25%,这种钢韧性好,强度低,焊接性能好,主要用于制造薄铁皮、铁丝和铁管等。中碳钢中碳的质量分数在0.25%~0.6%之间,强度较高,韧性及加工性能较好,用于制造铁轨、车轮以及在建筑领域。高碳钢中碳的质量分数在0.6%~1.7%之间。这种钢硬而脆,经热处理后有较好的弹性,用于制造弹簧、刀具和医疗器具等。

合金钢是在普通碳素钢的基础上添加适量的一种或多种合金元素而构成的铁碳合金。根据添加元素的不同,并采取适当的加工工艺,可获得高强度、高韧性、耐磨、耐腐蚀、耐低温、耐高温、无磁性等特殊性能。合金钢的种类很多,下面介绍不锈钢、锰钢等常见合金钢。

铬是ⅥB族元素,它的熔点高、硬度大,属于高熔点金属。铬的主要用途是制造各种合金。钢中加入铬能大大提高钢的硬度、弹性、耐热性和耐蚀性。铬是不锈钢获得耐蚀性的基本元素。含铬$12\%\sim18\%$的钢称为不锈钢,它在氧化性介质(如大气、硝酸)中,可以很快形成Cr_2O_3的保护膜而使内部免遭腐蚀。在不锈钢中加入铝和镍,有利于提高不锈钢的机械性能(铝能提高强度和耐磨性,镍能增加弹性、塑性和韧性)、耐热性和在非氧化性介质(如稀H_2SO_4、HCl 和 H_3PO_4 等)中的耐腐蚀性。

锰是质硬性脆的银白色金属,其电极电势介于铝和锌之间,是比较活泼的金属。能与稀酸剧烈反应放出氢气,加热时能与氧、卤素、碳、氮、磷和硫等非金属元素直接化合。锰主要用于生产合金钢。含锰$10\%\sim15\%$的锰钢具有高硬度、高强度及耐蚀性,用来制造粉碎机、钢轨和自行车轴承等。锰在炼钢中常用做脱氧、脱硫剂。硫是铁和钢中的有害元素,高温下形成的低熔点FeS会引起钢的热脆性。金属锰可从FeS中置换出铁,自身成为MnS而转入渣中将硫除去。其反应如下:

$$Mn + FeS \rule[0.5ex]{1.5em}{0.4pt} MnS + Fe$$

6.2.5.2　铝及铝合金

铝具有良好的导电、导热性能,铝表面生成的氧化膜十分稳定,具有保护作用,藉阳极氧化制作的人工氧化膜,其耐蚀性更高。铝主要用于制作建筑材料、导电材料以及食品包装等。铝合金中的加入元素主要有镁、锰、铜、锌和硅等。

铝合金通过一定温度的热处理后快速冷却,产生的过饱和固溶体,放置一段时间后,会逐渐析出金属化合物,此时合金的强度将有显著的提高,这种现象称为时效硬化。含有铜、镁为主的铝合金(例如铜、镁、锰的质量分数分别为$3.8\%\sim4.9\%$,$12\%\sim18\%$,$0.3\%\sim0.9\%$)通过上述处理后所得的硬铝在飞机制造工业中用做蒙皮、构件和铆钉等,也可以用来制造内燃机活塞、汽缸等。

6.2.5.3　铜及铜合金

铜具有良好的延展性和导电性,大量用于制造电机、电线和电讯设备。铜合金中加入的主要元素有Zn、Sn、Be 和 Ni 等。铜合金有良好的高温和低温加工性能,良好的导电性、导热性和耐腐蚀性。

黄铜是由铜和锌组成的合金,一般铜的质量分数为$60\%\sim90\%$,锌的质量分数为$10\%\sim40\%$。黄铜在空气中的耐腐蚀性特别好,但在海水中不耐腐蚀。主要用于制造精密仪器、钟表零件、炮弹弹壳等。

青铜是铜锡合金,其成分为Cu的质量分数$80\%\sim90\%$,Sn的质量分数$3\%\sim14\%$,Zn的质量分数5%。青铜的硬度大、耐磨、耐腐蚀、铸造性能好。主要用于制造金属铸件、高压轴承和船舶螺旋桨。青铜中加入其他合金元素也可形成特殊青铜。近年来,把许多含铝、锰、硅的铜基合金也称青铜。

6.2.5.4　镁及镁合金

镁的密度仅为$1.738\,g\cdot cm^{-3}$,是工业上常用的金属中最轻的一种。纯镁的机械强度很低。镁的化学性质活泼,在空气中极易被氧化,且镁的氧化膜结构疏松,不能起保护作用。纯镁的主要用途是配制合金,其次用于化学工业和制造照明弹、烟火等。镁合金中的加入元素主要有铝、锌和锰等。

在一定的含量范围中,铝和锌的加入都能使镁合金的晶粒细化,强度提高;锰的加入可提高材料的抗蚀能力。镁合金的密度小,单位质量材料的强度(比强度)高,能承受较大的冲击载荷,具有优良的机械加工性能,一般用于制造仪器、仪表零件、飞机的起落架轮,纺织机械中的线轴、卷线筒以及轴承体等。

6.2.5.5 钛及钛合金

纯钛具有较高的熔点和强度,密度为 $4.54 \text{ g} \cdot \text{cm}^{-3}$,尤其是单位质量材料的强度特别高,且可以在极为广阔的温度范围内保持其机械强度。由于钛表面能形成致密的氧化膜,使其呈钝化态,在 $600 ℃$ 以下具有良好的抗氧化性,对海水及许多酸具有良好的耐蚀性。因此,近几十年来钛及其合金已成为工业上最重要的耐腐蚀金属材料之一,用于制造超音速飞机、船舶和化工厂的耐腐蚀设备等。由于钛的耐蚀性好,比重小,且表面与生物体组织相容性好并和生物界面结合牢固,因此是理想的植入材料,医疗上用钛制作人造骨骼。

钛合金中的加入元素主要有铝、钒、铬、钼、锰和铁等,这些合金元素能与钛形成置换固溶体或金属化合物而使合金强度提高。炼钢时,常用钛做脱氧剂,钛也能与硫形成稳定的 TiS_2,使钢中的硫分布均匀,大大改善了钢的机械性能。钛还能与溶解于钢水中的氮反应生成稳定的 TiN。钛也能吸收氢气,是炼钢中常用的除气剂。经钛除气后的钢锭,组织致密,性能有很大的改善。在钢中添加 1% 的钛制成的钛钢,坚韧而有弹性,硬度大,耐撞击,在国防工业中应用很广。铝的加入还能改善合金的抗氧化能力,钼可显著提高合金对盐酸的耐蚀性,锡能提高合金的抗热性。钛合金是制造飞机、火箭发动机、人造卫星外壳和宇宙飞船船舱等的重要结构材料。例如,火箭发动机外壳材料广泛使用的钛合金中铝和钒的质量分数分别为 6% 和 4%。因此,钛和钛合金已成为一种极有发展前途的新型结构材料。

6.2.5.6 低熔金属及低熔合金

从图 6.1 可见,I_A 族、II_B 族及 p 区金属单质的熔点大都较低。由于 I_A 族金属太活泼,p 区的镓、铟、铊等资源稀少,所以常用的低熔点金属及合金主要有汞、锡、铅、锑、铋等。

汞的熔点($-38.84 ℃$)低,室温下呈液态,在 $0 \sim 200 ℃$ 范围内体积膨胀系数均匀,又不润湿玻璃,因而常作为温度计、气压计的液柱。汞也可作为恒温设备中的电开关接触液。当恒温器加热时,汞膨胀并接通了电路从而使加热器停止加热;当恒温器冷却时,汞便收缩,断开电路使加热器继续工作。锌、镉、汞的晶体结构都较特殊,尤其是汞。汞的晶体结构较不规则,晶格变形较大,晶格点阵上微粒之间距离也较大,相互作用力较小,这大概是汞熔点低的原因。汞容易与多种金属形成合金,汞的合金叫做汞齐。

汞有一定的挥发性,汞的蒸气有毒。由于汞的密度较大($13.546 \text{ g} \cdot \text{cm}^{-3}$),又是液体,使用时如果不小心,就容易溅失。对溅失的汞滴,必须谨慎地收集起来。由于锡容易与汞形成合金,锡箔能被汞润湿,可以用来回收遗留在缝隙处的汞。汞与硫黄也容易直接化合,因此把滴散的汞回收以后,在可能尚留有汞的地方应撒上一层硫黄,使其生成硫化汞。汞与铁几乎不生成汞齐,所以除瓷瓶外,汞也可以用铁罐来储运。

铋的某些合金的熔点在 100 ℃ 以下。例如,由质量分数 50％ 的 Bi,25％ 的 Pb,13％ 的 Sn 和 12％ 的 Cd 组成的伍德(Wood)合金,其熔点为 71 ℃,用于自动灭火设备、锅炉安全装置及信号仪表等。由质量分数为 37％ 的 Pb 和 63％ 的 Sn 组成的合金,熔点为 183 ℃,用于制造焊锡。铅很软,在铅中加入锑可以增加铅的硬度和强度。锑的质量分数为 12％ 的铅合金较硬,可用于制造枪弹等。一种铅、锑和锡的质量分数分别为 80％、15％ 和 5％ 的合金,熔点为 240 ℃,不仅易于熔铸,硬度较大,而且当它凝固时体积会膨胀,用于熔铸铅字可以得到字迹清晰的字模。锡中加入适量锑而组成的轴承合金(锡、锑和铜的质量分数分别为 82％、14％ 和 4％),质硬且耐磨,是制造轴承的良好材料。

还有一种熔点仅为 −12.3 ℃ 的液体合金,钾和钠的质量分数分别为 77.2％ 和 22.8％,目前用做原子能反应堆的冷却剂。

6.2.6　新型金属材料

新型金属材料种类繁多,它们都属于合金。

6.2.6.1　形状记忆合金

形状记忆合金有一个特殊转变温度,在转变温度以下,金属晶体结构处于一种不稳定结构状态,在转变温度以上,金属结构是一种稳定结构状态。一旦把它加热到转变温度以上,不稳定结构就转为稳定结构,合金就恢复了原来的形状。即合金好像"记得"原先所具有的形状,故称这类合金为形状记忆合金。形状记忆合金为什么能具有这种不可思议的"记忆力"呢?目前的解释是因这类合金具有马氏体相变。凡是具有马氏体相变的合金,将它加热到相变温度时,就能从马氏体结构转变为奥氏体结构,完全恢复原来的形状。

形状记忆合金由于具有特殊的形状记忆功能,所以被广泛地用于卫星、航空、生物工程、医药、能源和自动化等方面。例如,宇宙飞船(如 1969 年美国阿波罗 11 号)要携带许多精密仪器,而容积有限,为了将体态庞大的抛物面形天线带上飞船,可用镍钛合金在 40 ℃(合金的转变温度)以上制成所需形状的天线,然后冷却到 40 ℃ 以下用外力揉成小团,送到太空后在阳光照射下达到 40 ℃ 以上可恢复为原来的抛物面形状。

形状记忆合金问世以来,引起人们极大的兴趣和关注,迄今发现的具有形状记忆效应的合金种类已有几十种,但已经实用化的主要还是最早研究成功的 Ni-Ti 合金,称为镍钛脑。它的优点是可靠性强、功能好,但价格高。铜基形状记忆合金如 Cu-Al-Zn 和 Cu-Al-Ni,价格只有 Ni-Ti 合金的 10％,但可靠性差。铁基形状记忆合金刚性好,强度高,易加工,价格低,很有开发前途。我国有丰富的钛、镍等资源,为发展形状记忆合金提供了良好的条件。

总之,形状记忆合金具有传感和驱动的双重功能,故可广泛应用于各种自动调节和控制装置,实际上这就是一种智能材料,在高技术领域中具有十分重要的作用,可望在核反应堆、加速器、太空实验室等高技术领域大显身手。

6.2.6.2　储氢合金

氢是 21 世纪将要开发的新能源之一。氢能源的优点是发热值高、没有污染、资源丰富。

氢气燃烧将放出大量热能,其反应如下:

$$H_2(g) + \frac{1}{2}O_2(g) \Longrightarrow H_2O(l) \text{ , } \Delta_r H_m^\ominus = -286 \text{ kJ} \cdot \text{mol}^{-1}$$

每千克氢气燃烧产生的热能是煤的 4 倍以上。燃烧产物是水,没有任何污染气体产生。氢来源于水的分解,可以利用光能或电能分解水,而水是取之不尽的。

$$2H_2O(l) \xrightarrow{\text{光解或电解}} 2H_2(g) + O_2(g)$$

氢若作为常规能源必须解决氢的储存和输送问题。传统上氢采用气态或液态储存,前者在高压下把氢气压入钢瓶,后者在 -253 ℃低温下将氢气液化,然后灌入钢瓶,但运送笨重的钢瓶很不方便。

储氢合金是利用金属或合金与氢形成氢化物而把氢储存起来。金属晶体都是紧密堆积的结构,结构中存在许多四面体和八面体空隙,可以容纳半径较小的氢原子。在储氢合金中,一个金属原子能与 2 个、3 个甚至更多的氢原子结合,生成金属氢化物。但不是每一种储氢合金都能作为储氢材料,具有实用价值的储氢材料要求储氢量大,金属氢化物既容易形成,稍稍加热又容易分解,室温下吸、放氢的速度快,使用寿命长和成本低。目前正在研究开发的储氢合金主要有两大系列:镁系储氢合金如 MgH_2、Mg_2Ni;稀土系储氢合金如 $LaNi_5$,为了降低成本,用混合稀土(Mm)(稀土总量大于98%,铈大于 48% 的轻稀土)代替 La,推出了 MmNiMn、MmNiAl 等储氢合金;钛系储氢合金如 TiH_2、$TiMn_{1.5}$。

储氢合金用于氢动力汽车的试验已获成功。随着石油资源逐渐枯竭,氢能源终将代替汽油、柴油驱动汽车,并一劳永逸消除燃烧汽油、柴油产生的污染。储氢合金的用途不限于氢的储存和输送,它在氢的回收、分离、净化及氢的同位素的吸收和分离等其他方面也有具体的应用。

6.3 非金属元素化学与无机非金属材料

目前已知的 22 种非金属元素除氢外都集中在周期表的右上方,以硼、硅、砷、碲、砹为界。非金属元素虽然仅占元素总数的五分之一,但在自然界的总量却超过了四分之三。空气和水完全由非金属组成,地壳中氧质量分数为 49.13%,硅质量分数为 29.50%。因此,非金属元素化学的涵盖面很大,非金属材料的范围也很广。

6.3.1 非金属单质的物理性质

非金属元素一般具有较大的电负性,除稀有气体以单原子分子存在外,其他非金属单质都至少由两个原子以共价键结合而成。由单原子或双原子构成的非金属单质多为分子晶体,例如零族元素单质和卤素单质、氢气、氧气、氮气等;由许多个原子构成的非金属单质多为原子晶体或过渡型(层状、链状)晶体,例如金刚石和硅是原子晶体,硼也近似于原子晶体,石墨是过渡型层状结构晶体,磷、砷、硫和硒具有多种晶体结构。同种元素具有的不同结构的晶体叫同质异构体。非金属单质的晶体类型见表 6.2,部分非金属单质的分子结构或晶体结构见图 6.7。

表 6.2 非金属单质的晶体类型

第Ⅰ族 H₂ 分子晶体	第Ⅲ族	第Ⅳ族	第Ⅴ族	第Ⅵ族	第Ⅶ族	第零族 He 分子晶体
	B 近于原子晶体	C 金刚石 原子晶体 石墨 层状结构晶体 C₆₀ 分子晶体	N₂ 分子晶体	O₂ 分子晶体	F₂ 分子晶体	Ne 分子晶体
		Si 原子晶体	P 白磷 分子晶体 黑磷 层状结构晶体	S 斜方硫、单斜硫 分子晶体 弹性硫 链状结构晶体	Cl₂ 分子晶体	Ar 分子晶体
			As 黄砷 分子晶体 灰砷 层状结构晶体	Se 红硒 分子晶体 灰硒 链状结构晶体	Br₂ 分子晶体	Kr 分子晶体
				Te 灰碲 链状结构晶体	I₂ 分子晶体	Xe 分子晶体
					At	Rn 分子晶体

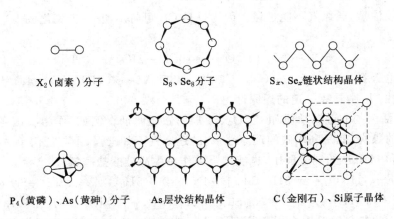

图 6.7 部分非金属单质的分子结构或晶体结构示意图

非金属单质的熔点、沸点、硬度,按周期表呈现明显的规律:两边(左边的 H₂,右边的稀有气体、卤素等)的较低,中间(C,Si 等原子晶体)的较高。这完全与它们的晶体结构相对应。例如硅,由于每个原子以 sp³ 杂化轨道形成具有金刚石型结构的原子晶体,整个晶体由共价键联系着,晶体较牢固,熔点、沸点高,硬度大。但随后的元素原子由于未成对电子数逐渐减少,不

再以 sp^3 杂化轨道形成原子晶体。常见的单质磷为黄磷(又称为白磷)和红磷。黄磷晶体是由单个的 P_4 分子通过分子间力结合形成的分子晶体。红磷的晶体结构还没有十分肯定,有人认为它是链状结构晶体。在一定条件下黄磷也可转变成一种黑色的同素异构体,叫做黑磷。黑磷具有石墨状的层状结构,并有导电性。常见的单质硫(正交硫、单斜硫)晶体是由单个的 S_8 分子通过分子间力结合而成的分子晶体。将约 250 ℃ 的液态硫迅速倾入冷水中,硫就凝结成可以拉伸的弹性物质,叫做弹性硫(S_x)。弹性硫具有链状结构。自硅至磷(以及其后的硫、氯、氩),由于单质的晶体结构从原子晶体突然变到分子晶体,晶体中晶格微粒间的作用力骤然变小(由原子晶体中的强大共价键变为分子晶体中的弱小分子间力),单质的熔点、沸点急剧降低。另一规律是:稀有气体、卤素(氧族和氮族也基本如此)的熔点、沸点从上到下逐渐升高,这与同族元素单质从上到下分子体积增大(从而色散力增大)的方向相一致。所以稀有气体的熔点、沸点是同周期单质中最低的,氦的熔点、沸点又是所有物质中最低的。N_2,Ar,He 等常用做低温介质和保护气氛。

6.3.2　非金属单质的化学性质

与金属单质不同,非金属单质的特性是易得电子,呈现氧化性,且其性质递变基本上符合周期系中非金属性递变规律及标准电极电势 $\varphi^{\ominus}$ 的顺序。但除 F_2、O_2 外,大多数非金属单质既具有氧化性又具有还原性,在实际中有重要意义的可分成下列四个方面。

① 较活泼的非金属单质如 F_2、O_2、Cl_2、Br_2 具有强氧化性,常用做氧化剂。其氧化性强弱可用 $\varphi^{\ominus}$ 定量判别,对于指定反应既可以从 $\varphi_{正} > \varphi_{负}$,也可从反应的 $\Delta G < 0$ 来判别反应自发进行的方向。

例如,我国四川生产井盐,盐卤水约含碘 $0.5 \sim 0.7 \text{ g} \cdot \text{cm}^{-3}$,若通入氯气可制碘,这是由于

$$Cl_2 + 2I^- =\!=\!= 2Cl^- + I_2$$

这时必须注意,通氯气不能过量。因为过量 Cl_2 可将 I_2 进一步氧化成 IO_3^- 而得不到预期的产品 I_2:

$$5Cl_2 + I_2 + 6H_2O =\!=\!= 10Cl^- + 2IO_3^- + 12H^+$$

从电极电势看,这是由于 $\varphi^{\ominus}(Cl_2/Cl^-) = 1.358 \text{ V} > \varphi^{\ominus}(IO_3^-/I_2) = 1.195 \text{ V}$,$Cl_2$ 具有较强的氧化性,I_2 则具有一定的还原性。

② 较不活泼的非金属单质如 C、H_2、Si 常用做还原剂。例如,作为我国主要燃料的煤或用于炼铁的焦炭,就是利用碳的还原性;硅的还原性不如碳强,不与任何单一的酸作用,但能溶于 HF 和 HNO_3 的混合酸中,也能与强碱作用生成硅酸盐和氢气:

$$3Si + 18HF + 4HNO_3 =\!=\!= 3H_2[SiF_6] + 4NO(g) + 8H_2O, \quad \varphi^{\ominus}(SiF_6^{2-}/Si) = -1.24 \text{ V}$$

$$Si + 2NaOH + H_2O =\!=\!= Na_2SiO_3 + 2H_2(g), \quad \varphi^{\ominus}(SiO_3^{2-}/Si) = -1.73 \text{ V}$$

较不活泼的非金属单质在一般情况下还原性不强,不与盐酸或稀硫酸等作用。但 I_2、S、P、C、B 等单质均能被浓硝酸或浓硫酸氧化生成相应的氧化物或含氧酸。例如:

$$S + 2HNO_3(浓) =\!=\!= H_2SO_4 + 2NO(g)$$

$$C + 2H_2SO_4(浓) =\!=\!= CO_2(g) + 2SO_2(g) + 2H_2O$$

③ 大多数非金属单质既具有氧化性又具有还原性,其中 Cl_2、Br_2、I_2、P_4、S_8 等能发生歧化反应。

以 H_2 为例,高温时氢气变得较为活泼,能在氧气中燃烧,产生无色但温度较高的火焰称为氢氧焰。氢氧焰可用于焊接钢板、铝板以及不含碳的合金等。在一定条件下,氢气和氧气的混合气体遇火能发生爆炸,因此工程或实验室中使用氢气时要注意安全。

但是,氢气与活泼金属反应时则表现出氧化性。例如:

$$2Li + H_2 \stackrel{\triangle}{=\!=\!=} 2LiH$$

$$Ca + H_2 \stackrel{\triangle}{=\!=\!=} CaH_2$$

又如,氯气与水的作用生成盐酸和次氯酸($HClO$),是典型的歧化反应:

$$\overset{0}{Cl_2} + H_2O =\!=\!= \overset{-1}{HCl} + \overset{+1}{HClO}$$

溴(液)、碘(固)与水的反应和氯(气)与水的作用相似,但依 Cl_2、Br_2、I_2 的顺序,反应的趋势或程度依次减小。这与卤素的标准电极电势 $\varphi^{\ominus}$ 的数值自 Cl_2 到 I_2 依次减小相吻合。

卤素极易溶于碱溶液,可以看做是由于碱的存在,促使上述卤素(以 Cl_2 为例)与水反应的平衡向右移动所致。Cl_2 与 NaOH 溶液的反应可表示为

$$Cl_2 + 2NaOH =\!=\!= NaCl + NaClO + H_2O$$

④ 一些不活泼的非金属单质如稀有气体、N_2 等通常不与其他物质反应,常用做惰性介质或保护气体。

6.3.3 无机化合物的物理性质

无机化合物的种类很多,情况比单质要复杂一些。结合元素周期律和物质结构理论,尤其是晶体结构,以常遇到的卤化物、氧化物为代表,讨论它们的熔点、沸点等物理性质及有关规律。

6.3.3.1 卤化物的熔点、沸点

卤化物是指卤素与负电性比卤素小的元素所组成的二元化合物。卤化物中着重讨论氯化物。

氯化物的熔点和沸点大致分成三种情况:活泼金属的氯化物如 NaCl、KCl、$BaCl_2$ 等的熔点、沸点较高;非金属的氯化物如 PCl_3、CCl_4、$SiCl_4$ 等的熔点、沸点都很低;而位于周期表中部的金属元素的氯化物如 $AlCl_3$、$FeCl_3$、$CrCl_3$、$ZnCl_2$ 等的熔点、沸点介于两者之间,大多偏低。

物质的熔点、沸点主要取决于物质的晶体结构。氯是活泼非金属,它与很活泼金属Na、K、Ba 等化合形成离子型氯化物,晶态时是离子晶体,晶格点上的正、负离子间作用着较强的离子键,晶格能大,因而熔点、沸点较高;氯与非金属化合物形成共价型氯化物,固态时是分子晶体,因而熔点、沸点较低。但氯与一般金属元素(包括 Mg、Al 等)化合,往往形成过渡型氯化物。例如,$FeCl_3$、$AlCl_3$、$MgCl_2$、$CdCl_2$ 等,固态时是层状(或链状)结构晶体,不同程度地呈现出离子晶体向着分子晶体过渡的性质,因而其熔点、沸点低于离子晶体,但高于分子晶体,常易升华。

Ⅰ$_A$ 族元素氯化物(除 LiCl 外)的熔点自上而下逐渐降低,这完全符合离子晶体的规律。而 Ⅱ$_A$ 族元素氯化物,虽都有较高的熔点(说明基本上属于离子晶体,$BeCl_2$ 除外),但自上而下熔点逐渐升高,变化趋势恰好相反,表明还有其他因素在起作用。多数过渡金属及p 区金属氯化物不但熔点较低,且一般说来,同一金属元素的低价态氯化物的熔点比高价态

的要高。例如熔点：$FeCl_2 > FeCl_3$；$SnCl_2 > SnCl_4$。

6.3.3.2　氧化物的熔点、沸点和硬度

氧化物是指氧与电负性比氧小的元素所形成的二元化合物。人类在生产活动中大量地使用各种氧化物，地壳中除氧外丰度较大的硅、铝、铁就以多种氧化物存在于自然界，例如 SiO_2（石英砂）、Al_2O_3（黏土的主要组分）、Fe_2O_3 和 Fe_3O_4 等。

氧化物的沸点的变化规律与熔点基本一致，一些金属氧化物（包括 SiO_2）的硬度见表 6.3。总的说来，与氯化物相类似，但也存在一些差异。金属性强的元素的氧化物如 Na_2O、BaO、CaO、MgO 等是离子晶体，熔点、沸点大都较高。大多数非金属元素的氧化物如 SO_2、N_2O_5、CO_2 等是共价型化合物，固态时是分子晶体，熔点、沸点低。但与所有的非金属氯化物都是分子晶体不同，非金属硅的氧化物（方石英）是原子晶体，熔点、沸点较高。大多数金属性不大强的元素的氧化物是过渡型化合物，其中一些较低价态金属的氧化物如 Cr_2O_3、Al_2O_3、Fe_2O_3、NiO、TiO_2 等可以认为是离子晶体向原子晶体的过渡，或者说介于离子晶体和原子晶体之间，熔点较高、硬度较大。而高价态金属的氧化物如 V_2O_5、CrO_3、MoO_3、Mn_2O_7 等，由于“金属离子”与“氧离子”相互极化作用强烈，偏向共价型分子晶体，可以认为是离子晶体向分子晶体的过渡，熔点、沸点较低。其次，大多数相同价态的某金属的氧化物的熔点都比其氯化物的要高。例如，熔点：$MgO > MgCl_2$、$Al_2O_3 > AlCl_3$、$Fe_2O_3 > FeCl_3$、$CuO > CuCl_2$ 等。

表 6.3　一些金属氧化物和二氧化硅的硬度

氧化物	BaO	SrO	CaO	MgO	TiO₂	Fe₂O₃	SiO₂	Al₂O₃	Cr₂O₃
莫氏硬度	3.3	3.8	4.5	5.5～6.5	5.5～6	5～6	6～7	7～9	9

综上所述，原子型、离子型和某些过渡型的氧化物晶体，由于具有熔点高、硬度大、热稳定性高的共性，工程中可用做磨料、耐火材料、绝热材料及耐高温无机涂层材料等。

6.3.4　无机化合物的化学性质

无机化合物的化学性质涉及范围很广。结合元素周期律和化学热力学，以一些典型的化合物为例，讨论其氧化还原性和酸碱性，并从中了解某些规律及在实际中的应用。

6.3.4.1　氧化还原性

在众多的无机化合物中，下面选择在科学研究和工程实际中有较多应用的 $KMnO_4$、$K_2Cr_2O_7$、$NaNO_2$、H_2O_2 等，联系电极电势介绍氧化还原性、介质的影响及产物的一般规律。

（1）高锰酸钾

锰原子核外的 $3d^5 4s^2$ 电子都能参加化学反应，氧化值为 +1 到 +7 的锰化合物都已发现，其中以 +2，+4，+6，+7 较为常见。

在 +7 价锰的化合物中，应用最广的是高锰酸钾（$KMnO_4$）。它是暗紫色晶体，在溶液中呈高锰酸根离子（MnO_4^-）特有的紫色。

$KMnO_4$ 是一种常用的氧化剂，其氧化性的强弱与还原产物都与介质的酸度密切相关。在酸性介质中它是很强的氧化性，氧化能力随介质酸性的减弱而减弱，还原产物也不同。这也可以从下列有关的电极电势看出：

$$MnO_4^-(aq) + 8H^+(aq) + 5e^- \Longrightarrow Mn^{2+}(aq) + 4H_2O(l), \varphi^\ominus(MnO_4^-/Mn^{2+}) = 1.506 \text{ V}$$

$$MnO_4^-(aq) + 2H_2O(l) + 3e^- \Longrightarrow MnO_2(s) + 4OH^-(aq), \varphi^\ominus(MnO_4^-/MnO_2) = 0.595 \text{ V}$$

$$MnO_4^-(aq) + e^- \Longrightarrow MnO_4^{2-}(aq), \varphi^\ominus(MnO_4^-/MnO_4^{2-}) = 0.558 \text{ V}$$

在酸性介质中，MnO_4^- 可以氧化 SO_3^{2-}、Fe^{2+}、H_2O_2 甚至 Cl^- 等，本身还原为 Mn^{2+}（浅红色，稀溶液为无色）。例如：

$$2MnO_4^- + 5SO_3^{2-} + 6H^+ \Longrightarrow 2Mn^{2+} + 5SO_4^{2-} + 3H_2O$$

在中性或弱碱性溶液中，MnO_4^- 可被较强的还原剂如 SO_3^{2-} 还原为 MnO_2（棕褐色沉淀）：

$$2MnO_4^- + 3SO_3^{2-} + H_2O \Longrightarrow 2MnO_2(s) + 3SO_4^{2-} + 2OH^-$$

在强碱性溶液中，MnO_4^- 还可以被（少量的）较强的还原剂如 SO_3^{2-} 还原为 MnO_4^{2-}（绿色）：

$$2MnO_4^- + SO_3^{2-} + 2OH^- \Longrightarrow 2MnO_4^{2-} + SO_4^{2-} + H_2O$$

（2）重铬酸钾

它是常用的氧化剂。在酸性介质中以 $Cr_2O_7^{2-}$ 形式存在，具有较强的氧化性，可将 Fe^{2+}、NO_2^-、SO_3^{2-}、H_2S 等氧化，而 $Cr_2O_7^{2-}$ 被还原为 Cr^{3+}。分析化学中可借下列反应测定铁的含量（先使样品中所含铁全部还原为 Fe^{2+}）：

$$Cr_2O_7^{2-} + 6Fe^{2+} + 14H^+ \Longrightarrow 2Cr^{3+} + 6Fe^{3+} + 7H_2O$$

近年来 $K_2Cr_2O_7$（或铬酐 CrO_3 固体）可用于快速检测汽车驾驶员是否酒后驾车，大大方便了警察的执法。

在重铬酸盐或铬酸盐的水溶液中存在下列平衡（CrO_4^{2-} 的聚合与 $Cr_2O_7^{2-}$ 的水解）：

$$2CrO_4^{2-}(aq) + 2H^+(aq) \underset{\text{水解}}{\overset{\text{聚合}}{\rightleftharpoons}} Cr_2O_7^{2-}(aq) + H_2O(l)$$

$$\text{（黄色）} \qquad\qquad\qquad \text{（橙色）}$$

加酸或加碱可以使上述平衡发生移动。酸化溶液，则溶液中以重铬酸根离子 $Cr_2O_7^{2-}$ 为主而呈橙色；若加入碱使呈碱性，则以铬酸根离子 CrO_4^{2-} 为主而呈黄色。

（3）亚硝酸盐

亚硝酸盐中的氮的氧化值为 $+3$，处于中间价态，它既有氧化性又有还原性。在酸性溶液中的标准电极电势为

$$HNO_2(aq) + H^+(aq) + e^- \Longrightarrow NO(g) + H_2O(l), \varphi^\ominus(HNO_2/NO) = 0.983 \text{ V}$$

$$NO_3^-(aq) + 3H^+(aq) + 2e^- \Longrightarrow HNO_2(aq) + H_2O(l), \varphi^\ominus(NO_3^-/HNO_2) = 0.934 \text{ V}$$

亚硝酸盐在酸性介质中主要表现为氧化性。例如，能将 KI 氧化为单质碘，NO_2^- 被还原为 NO：

$$2NO_2^- + 2I^- + 4H^+ \Longrightarrow 2NO(g) + I_2 + 2H_2O$$

亚硝酸盐遇较强氧化剂如 $KMnO_4$、$K_2Cr_2O_7$、Cl_2 时，会被氧化为硝酸盐：

$$Cr_2O_7^{2-} + 3NO_2^- + 8H^+ \Longrightarrow 2Cr^{3+} + 3NO_3^- + 4H_2O$$

亚硝酸盐均可溶于水并有毒，是致癌物质。

（4）过氧化氢

H_2O_2 中氧的氧化值为 -1，介于零价与 -2 价之间，H_2O_2 既具有氧化性又具有还原性，并且还会发生歧化（自分解）反应。

H_2O_2 在酸性或碱性介质中都显相当强的氧化性。在酸性介质中，H_2O_2 可把 I^- 氧化为 I_2，并且还可以将 I_2 进一步氧化为碘酸 HIO_3，H_2O_2 则被还原为 H_2O（或 OH^-）：

$$H_2O_2 + 2I^- + 2H^+ \xrightarrow{\quad\quad} I_2 + 2H_2O$$

但遇更强的氧化剂如氧气、酸性高锰酸钾等时，H_2O_2 又呈现还原性而被氧化为 O_2。例如：

$$2MnO_4^- + 5H_2O_2 + 6H^+ \xrightarrow{\quad\quad} 2Mn^{2+} + 5O_2 + 8H_2O$$

实际应用中广泛利用 H_2O_2 的强氧化性进行漂白和杀菌。H_2O_2 作为氧化剂使用时不会引入杂质。H_2O_2 能将有色物质氧化为无色，且不像氯气要损害动物性物质，所以 H_2O_2 特别适用于漂白象牙、丝、羽毛等物质。H_2O_2 溶液具有杀菌作用，质量分数为 3% 的 H_2O_2 溶液在医学上用做外科消毒剂。质量分数为 90% 的 H_2O_2 曾作为火箭燃料的氧化剂。但液态 H_2O_2 是热力学不稳定的，保存时要注意安全，并避免分解。

6.3.4.2 酸碱性

（1）氧化物及其水合物的酸碱性

根据氧化物对酸、碱的反应不同，可将氧化物分为酸性、碱性、两性和不成盐的等四类。不成盐氧化物与水、酸或碱不起反应，例如 CO、NO、N_2O 等。与酸性、碱性和两性氧化物相对应，它们的水合物也有酸性、碱性和两性的。氧化物的水合物不论是酸性、碱性和两性，都可以看做是氢氧化物，即可用一个简化的通式 $R(OH)_x$ 来表示，其中 x 是元素 R 的氧化值。在写酸的化学式时，习惯上总把氢列在前面；在写碱的化学式时，则把金属列在前面而写成氢氧化物的形式。例如，硼酸写成 H_3BO_3 而不写成 $B(OH)_3$；而氢氧化镧是碱，则写成 $La(OH)_3$。

当元素 R 的氧化值较高时，氧化物的水合物易脱去一部分水而变成含水较少的化合物，例如，硝酸 HNO_3（H_5NO_5 脱去 2 个水分子）；正磷酸 H_3PO_4（H_5PO_5 脱去 1 个水分子）等。对于两性氢氧化物如氢氧化铝，则既可写成碱的形式 $Al(OH)_3$，也可写成酸的形式：

$$Al(OH)_3 \xrightarrow{\quad\quad} H_3AlO_3 \xrightarrow{\quad\quad} HAlO_2 + H_2O$$

（氢氧化铝）　　（正铝酸）　　（偏铝酸）

氧化物及其水合物的酸碱性强弱的一般规律：

① 周期系各族元素最高价态的氧化物及其水合物，从左到右（同周期）酸性增强，碱性减弱；自上而下（同族）酸性减弱，碱性增强。这一规律在主族中表现明显，如表 6.4 所示。

表 6.4　　　　　　　周期系主族元素最高价态的氧化物的水合物的酸碱性

	IA	IIA	IIIA	IVA	VA	VIA	VIIA 酸性增强 →
碱性增强	LiOH（中强碱）	Be(OH)$_2$（两性）	H$_3$BO$_3$（弱酸）	H$_2$CO$_3$（弱酸）	HNO$_3$（强酸）		
	NaOH（强碱）	Mg(OH)$_2$（中强碱）	Al(OH)$_3$（两性）	H$_2$SiO$_3$（弱酸）	H$_3$PO$_4$（中强酸）	H$_2$SO$_4$（强酸）	HClO$_4$（极强酸）
	KOH（强碱）	Ca(OH)$_2$（中强碱）	Ca(OH)$_3$（两性）	Ge(OH)$_4$（弱酸）	H$_3$AsO$_4$（中强酸）	H$_2$AsO$_4$（强酸）	HBrO$_4$（强酸）
	RbOH（强碱）	Sr(OH)$_2$（中强碱）	In(OH)$_3$（两性）	Sn(OH)$_4$（两性）	H[Sb(OH)$_6$]（弱酸）	H$_6$TeO$_6$（弱酸）	H$_5$IO$_6$（中强酸）
	CsOH（强碱）	Ba(OH)$_2$（强碱）	Tl(OH)$_3$（弱碱）	Pb(OH)$_4$（两性）			酸性增强

← 碱性增强

副族情况大致与主族有相同的变化趋势,但要缓慢些。以第 4 周期中第Ⅲ～Ⅶ副族元素最高价态氧化物及其水合物为例,它们的酸碱性递变顺序如图 6.8 所示。

碱性增强 →

Sc_2O_3	TiO_2	V_2O_5	CrO_3		Mn_2O_7
$Sc(OH)_3$	$Ti(OH)_4$	HVO_3	H_2CrO_4 和 $H_2Cr_2O_7$		$HMnO_4$
氢氧化钪	氢氧化钛	偏钒酸	铬酸　重铬酸		高锰酸
碱	两性	弱酸	中强酸		强酸

酸性增强 →

图 6.8　第 4 周期中第Ⅲ～Ⅶ副族元素最高价态氧化物及其水合物的酸碱性递变顺序

同一副族,例如,在第Ⅵ副族元素最高价态的氧化物的水合物中,H_2CrO_4(中强酸)的酸性比 H_2MoO_4(弱酸)和 H_2WO_4(弱酸)的要强。

同一族元素较低价态的氧化物及其水合物,自上而下一般也是酸性减弱,碱性增强。例如,$HClO$、$HBrO$、HIO 的酸性逐渐减弱;又如在第Ⅴ主族元素 +3 价态的氧化物中,N_2O_3 和 P_2O_3 呈酸性,As_2O_3 和 Sb_2O_3 呈两性,而 Bi_2O_3 则呈碱性;与这些氧化物相对应的水合物的酸碱性也是这样。

② 同一元素形成不同价态的氧化物及其水合物时,一般高价态的酸性比低价态的要强,如图 6.9 所示。

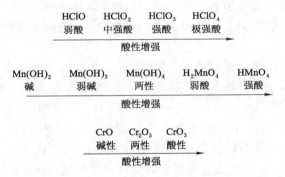

图 6.9　同一元素氧化物及其水合物的酸碱性递变顺序

综上所述,R 的电荷数(氧化值)对氧化物的水合物的酸碱性确实起着重要作用。一般来说,R 为电荷数≤+3 的金属元素(主要是 s 区和 d 区金属)时,其氢氧化物多呈碱性,R 为电荷数 +3～+7 的非金属或金属性较弱的元素(主要是 p 区和 d 区元素)时,其氢氧化物多显酸性,R 为电荷数 +2～+4 的一般金属(p 区、d 区及 ds 区的元素)时,其氢氧化物常显两性,例如 Zn^{2+}、Sn^{2+}、Pb^{2+}、Al^{3+}、Cr^{3+}、Sb^{3+}、Ti^{4+}、Mn^{4+}、Pb^{4+} 等的氢氧化物。

氧化物及其水合物的酸碱性是工程实际中广泛利用的性质之一。例如,耐火材料的选用、炼铁时的成渣反应、三废的处理、金属材料表面处理等许多方面都需要考虑和利用物质的酸碱性。

(2) 氯化物与水的作用

由于很多氯化物与水的作用(过去称水解)会使溶液呈酸性,且按酸碱质子理论,反应的本质是正离子酸与水的质子传递过程。氯化物按其与水作用的情况,主要可分成三类。

① 活泼金属如钠、钾、钡的氯化物在水中解离并水合,但不与水发生反应,水溶液的 pH 值并不改变。

② 大多数不太活泼金属(如镁、锌、铁等)的氯化物会不同程度地与水发生反应,尽管反应常常是分级进行和可逆的,却总会引起溶液酸性的增强。它们与水的反应的产物一般为碱式盐与酸盐。例如:

$$MgCl_2 + H_2O \Longrightarrow Mg(OH)Cl + HCl$$

又如,在焊接金属时,常用氯化锌浓溶液清除钢铁表面的氧化物,主要是利用 $ZnCl_2$ 与水反应而产生的酸性。

较高价态金属的氯化物(如 $FeCl_3$、$AlCl_3$、$CrCl_3$)与水反应的过程比较复杂。但一般仍简化表示为以第一步反应为主(注意,一般并不产生氢氧化物的沉淀)。例如:

$$Fe^{3+} + H_2O \Longrightarrow Fe(OH)^{2+} + H^+$$

值得注意的是 p 区三种相邻元素形成的氯化物,即氯化亚锡、三氯化锑、三氯化铋与水反应后生成的碱式盐,在水中或酸性不强的溶液中溶解度很小,分别以碱式氯化亚锡 [$Sn(OH)Cl$]、氯氧化锑($SbOCl$)、氯氧化铋($BiOCl$)的形式沉淀析出(均为白色):

$$SnCl_2 + H_2O \Longrightarrow Sn(OH)Cl(s) + HCl$$

$$SbCl_3 + H_2O \Longrightarrow SbOCl(s) + 2HCl$$

$$BiCl_3 + H_2O \Longrightarrow BiOCl(s) + 2HCl$$

它们的硫酸盐、硝酸盐也有相似的特性,可用做检验亚锡、三价锑或三价铋盐的定性反应。在配制这些盐类的溶液时,为了抑制其与水反应,一般都先将固体溶于相应的浓酸,再加适量水而成。

③ 多数非金属氯化物和某些高价态金属的氯化物与水发生完全反应。例如,BCl_3、$SiCl_4$、PCl_5 等与水能迅速发生不可逆的完全反应,生成非金属含氧酸和盐酸:

$$BCl_3(l) + 3H_2O \longrightarrow H_3BO_3(aq) + 3HCl(aq)$$

$$SiCl_4(l) + 3H_2O \longrightarrow H_2SiO_3(s) + 4HCl(aq)$$

$$PCl_5(l) + 4H_2O \longrightarrow H_3PO_4(aq) + 5HCl(aq)$$

这类氯化物在潮湿空气中成雾的现象就是由于与水强烈作用而引起的。在军事上可用作烟雾剂,特别是海战时,空气中水蒸气较多,烟雾更浓。生产上可借此用沾有氨水的玻璃棒来检查 $SiCl_4$ 的系统是否漏气。

四氯化锗与水作用,生成胶状的二氧化锗的水合物和盐酸:

$$GeCl_4(l) + 3H_2O \longrightarrow GeO_2 \cdot H_2O(aq) + 4HCl(aq)$$

所得的胶状水合物在水内不久即聚集为粗粒,在空气中脱水得到了二氧化锗晶体。工业上含锗的原料中,使锗形成 $GeCl_4$ 而挥发出来,将精馏提纯的 $GeCl_4$ 与水作用得到 GeO_2,再用纯氢气还原,可以制得纯度较高的锗。最后用区域熔融法进一步提纯,可得半导体材料用的高纯锗(纯度可达 10 个"9",相当于 100 亿个锗原子中只混进了一个杂质原子)。

分子晶体 SF_6(六氟化硫)不但不与水作用,也不与强酸或强碱反应,化学稳定性好、不着火,能耐受高电压而不致击穿,是优异的气体绝缘材料(SF_6 在 -63.8 ℃升华),主要用于变压器及高电压装置中。

(3)硅酸盐与水的作用

硅酸盐绝大多数难溶于水也不与水作用。硅酸钠、硅酸钾是常见的可溶性硅酸盐。将

二氧化硅与烧碱或纯碱共熔,可得硅酸钠,其反应式为

$$SiO_2 + 2NaOH \xrightarrow{熔融} Na_2SiO_3 + H_2O(g)$$

$$SiO_2 + Na_2CO_3 \xrightarrow{熔融} Na_2SiO_3 + CO_2(g)$$

硅酸钠或硅酸钾的熔体呈玻璃状,溶于水所得的黏稠溶液叫做水玻璃。平常所说的水玻璃,就是指硅酸钠的水溶液,俗称泡花碱,在工程中有广泛应用。市售水玻璃常因含有铁盐等杂质而呈蓝绿色或浅黄色。硅酸钠硅酸钠的化学式为 $Na_2O \cdot nSiO_2$,n 为水玻璃模数,是水玻璃的重要参数,一般在 1.5~3.5 之间。

由于硅酸的酸性很弱($K_a^{\ominus} = 1.7 \times 10^{-10}$,比碳酸的酸性还弱),硅酸钠(或硅酸钾)在水中强烈与水作用而使溶液呈碱性,其反应可简化表示为:

$$SiO_3^{2-} + 2H_2O === H_2SiO_3 + 2OH^-$$

水玻璃具有相当强的黏结能力,是工业上重要的无机黏结剂。

6.3.5 导电性与固体能带理论

6.3.5.1 非金属单质的导电性

导体、半导体和绝缘体的主要差别在于电导率的大小。导体非常容易导电,电导率很大,一般大于 $10 \; S \cdot m^{-1}$;绝缘体很难导电,电导率小于 $10^{-11} \; S \cdot m^{-1}$;而半导体则介于中间,电导率为 $10^{-11} \sim 10 \; S \cdot m^{-1}$。

非金属单质中,位于周期表 p 区右上部的元素(如 Cl_2、O_2)及稀有气体元素(如 Ne、Ar)的单质为绝缘体,位于周期表 p 区从 B 到 At 对角线附近的元素单质大都具有半导体的性质,其中硅和锗是公认最好的,其次是硒,其他半导体单质各有缺点,例如,碘的蒸汽压大、硼的熔点高、磷有毒等,因而应用不多。表 6.5 列出了非金属单质的电导率数据。

表 6.5			非金属单质的电导率				单位:MS·m⁻¹	
	I A							0
1	H₂	II A	III A	IV A	V A	VI A	VII A	He
2		Be 28.1	B 5.6×10^{-11}	C 7.237×10^{-2}	N₂	O₂	F₂	Ne
3			Si 3.0×10^{-5}	P 1×10^{-15}	S 5×10^{-19}	Cl₂	Ar
4				As 3.00	Se 1×10^{-4}	Br₂	Kr
5				Te 3×10^{-4}	I₂ 7.7×10^{-13}	Xe
6						At	Rn

非金属元素的化合物中,大多数离子晶体(如 NaCl,KCl,CaO 在固态时)和分子晶体(如 CO_2,CCl_4)都是绝缘体。一些无机化合物和有机化合物是半导体。应用最广的化合物半导体是所谓 III A ~ V A 族的化合物,如 GaAs,InSb,GaP 以及 ZnO,CdS,ZnSe 等。此外,SnO_2,PbS,PbSe 等也是应用较多的半导体。若把一些化合物半导体看成是由单质

半导体衍生而来,则有助于了解半导体的化学键。例如可从下列实例中看出:

$$GeGe \longrightarrow GaAs \longrightarrow ZnSe \longrightarrow CuBr$$
$$(\text{IV}-\text{IV}) \quad (\text{III}-\text{V}) \quad (\text{II}-\text{VI}) \quad (\text{I}-\text{VII})$$

这些具有 8 个价电子的半导体的化学键,是共价键或共价键与离子键(不是金属键)之间的过渡键型(或者说,半导体的化学键除 Ge,Si 等少数共价键外,大多可以看成是由于极化而引起的由离子键向共价键过渡而形成的键)。

与金属的导电情况不同,大多数半导体、绝缘体的电导率随温度升高而迅速增加。这是由于导电本质不同引起的,半导体通常是由于热激发产生价电子和空穴而导电,金属则是由于自由电子的存在而导电。

作为单质半导体的材料要求有很高的纯度。例如,半导体锗的纯度要在 99.999999%(8 个"9")以上。但有时却要掺入少量杂质以改变半导体的导电性能。恰当地掺入某种微量杂质(即掺杂)会大大增加半导体的导电性,这是半导体不同于金属的另一个重要特征。半导体硅和锗中最常用的掺杂元素是第 V 主族元素磷、砷、锑和第 III 主族元素硼等,借此可以制成各种半导体器件,例如晶体管、集成电路、整流器、激光器、发光二极管、光电器件和微波器件等。

6.3.5.2　固体能带理论

金属、半导体和其他许多固体的电子结构可以用固体能带理论来描述。固体能带理论是以分子轨道理论为基础发展起来的,它可以解释金属自由电子模型所不能说明的许多实验规律和事实。例如,固体材料为何有导体、半导体和绝缘体之分,半导体为何具有与导体不同的特征等。

固体能带理论把整个晶体看成一个大分子,金属中能级相同的原子轨道线性组合起来,成为整个金属晶体共有的若干分子轨道,合称为能带(Energy Band),即金属晶体中的 n 个原子中的每一种能量相等的原子轨道重叠所形成的 n 个分子轨道,称为一个能带。分子中电子按电子排布原理分布到各分子轨道中。

以金属钠为例,Na 的电子层结构为 $1s^2\,2s^2\,2p^6\,3s^1$。钠晶体中所有 Na 原子具有相等能量的原子轨道发生组合,形成 4 个具有不同能量范围的能带,即 1s 能带、2s 能带、2p 能带和 3s 能带,如图 6.10(a)所示。1s 能带、2s 能带、2p 能带中的各分子轨道能量较低,电子正好填满,这些能带称为满带。3s 能带能量较高,其中能量较低的一半轨道填满电子,另一半是空的,因此 3s 能带称为未满带或导带。金属晶体中存在这种未满的能带是金属能导电的根本原因。未满带中的电子在外界电场影响下,并不需要消耗多少能量即能跃入该未满带的空的分子轨道中去,使金属具有导电性。

在碱土金属晶体中,3s 能带为满带,3p 能带为空带,如图 6.10(b)所示。由于 3s 能带和 3p 能带的轨道重叠,3s 能带中的电子容易跃迁到空的 3p 能带中。一个满带和一个空带相互重叠的结果好像连接成一个范围较大的未满带一样,因此碱土金属也是导体。

绝缘体不能导电,其原因是只存在满带和空带,且满带和相邻空带之间的能隙较宽($E_g > 5$ eV),如图 6.10(d)所示,在一般电场条件下,难以将满带中的电子激发到空带中,故不能导电。例如,绝缘体金刚石禁带的能隙(E_g)为 5.2 eV,是个典型的绝缘体。

半导体的满带和相邻空带之间的能隙较窄,如图 6.10(c)所示(一般在 1 eV 左右)。例如,半导体硅和锗的禁带的能隙分别为 1.12 eV 和 0.67 eV。当受光或加热时,满带中的部分电子可以跃迁到空带中,空带中有了电子变成导带,原满带缺少电子也形成导带。因此半导体在一定条件下具有导电性。

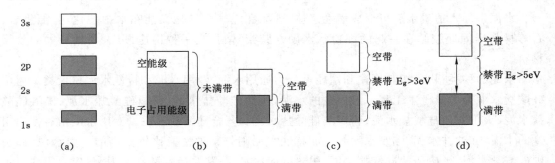

图 6.10　能带结构示意图
(a) 钠;(b) 导体;(c) 半导体;(d) 绝缘体

金属的导电主要是通过未满带中的电子来实现的。温度上升时,由于金属中原子和离子的热振动加剧,电子与它们碰撞的频率增加,电子穿越晶格的运动受阻,从而导电能力降低。因此金属电导率随温度升高而有所下降。绝缘体不能导电主要是因为禁带的宽度较大,一般都大于 5 eV,在一般温度下电子难以借热运动而跃过禁带。半导体则由于禁带宽度较小,一般均小于 2～3 eV,虽然在很低温度时不能导电,但当升高至适当温度(例如室温)时就可有少数电子借热激发,跃过禁带而导电。因此,根据能带理论可以说明导体、半导体和绝缘体导电性的区别。

应当指出,绝缘体与半导体的区别不是绝对的。绝缘体通常情况下是不导电的,但在相当高的温度或高的电压下,满带中的电子可能跃过较宽的禁带,而使绝缘体变为半导体。值得注意,零族元素单质(稀有气体)在高电压下,由于原子中电子被激发而能导电,并能发出各种颜色的光,广泛应用于电光源制造。

6.3.6　无机非金属材料

无机非金属材料是以某些元素的氧化物、碳化物、氮化物、卤素化合物、硼化物以及硅酸盐、铝酸盐、磷酸盐、硼酸盐等物质组成的材料,是除有机高分子材料和金属材料以外的所有材料的统称。在晶体结构上,无机非金属材料的元素结合力主要为离子键、共价键或离子-共价混合键。这些化学键所特有的高键能、高键强赋予这一大类材料高熔点、高硬度、耐腐蚀、耐磨损、高强度和良好的抗氧化性等基本属性,以及宽广的导电性、隔热性、透光性及良好的铁电性、铁磁性和压电性。

无机非金属材料品种和名目极其繁多,用途各异。因此,目前还没有一个统一而完善的分类方法。通常把它们分为普通(传统)和先进(新型)无机非金属材料两大类。传统无机非金属材料是工业和基本建设所必需的基础材料,如水泥是一种重要的建筑材料;耐火材料与高温技术,尤其与钢铁工业的发展关系密切;各种规格的平板玻璃、仪器玻璃和普通的光学玻璃以及日用陶瓷、卫生陶瓷、建筑陶瓷、化工陶瓷和电瓷等与人们的生产、生活休戚相关,它们产量大、用途广。新型无机非金属材料是 20 世纪中期以后发展起来的,具有特殊性能和用途的材料。它们是现代新技术新产业、传统工业技术改造、现代国防和生物医学所不可缺少的物质基础,主要有先进陶瓷、非晶态材料、人工晶体、无机涂层、无机纤维等。

6.3.6.1 水泥

水泥是加入适量水后可形成塑性浆体,既能在空气中硬化又能在水中硬化,并能将砂、石等材料牢固地胶结在一起的细粉状水硬性胶凝材料,是一种用途最广、用量最大的胶凝材料。

水泥的种类很多,按其用途和性能可分为通用水泥、专用水泥和特性水泥三大类。通用硅酸盐水泥为大量土木工程一般用途的水泥,包括硅酸盐水泥、普通硅酸盐水泥、矿渣硅酸盐水泥、火山灰质硅酸盐水泥、粉煤灰硅酸盐水泥和复合硅酸盐水泥。专用水泥指有专门用途的水泥,如油井水泥、砌筑水泥等。而特性水泥则是某种性能比较突出的一类水泥,如快硬硅酸盐水泥、抗硫酸盐硅酸盐水泥、中热硅酸盐水泥、膨胀硫铝酸盐水泥、自应力铝酸盐水泥等。

按其所含的主要水硬性矿物,水泥又可分为硅酸盐水泥、铝酸盐水泥、硫铝酸盐水泥、氟铝酸盐水泥以及以工业废渣和地方材料为主要组分的水泥。目前水泥品种已达 100 多种,但使用最多的仍是普通硅酸盐水泥。普通硅酸盐水泥是由硅酸盐水泥熟料,加入≤15%的活性混合材料或≤10%的非活性混合材料以及适量石膏磨细制成的水硬性胶凝材料。而硅酸盐水泥是指凡以适当成分的生料烧至部分熔融得到的以硅酸钙为主要成分的硅酸盐水泥熟料,加入适量的石膏,磨细制成的水硬性胶凝材料。

6.3.6.2 玻璃

玻璃是指存在玻璃转变温度 T_g 的非晶态材料。玻璃是非晶态固体中最重要的一族,作为非晶态材料,无论在科学研究和实际应用上,与晶体材料相比它都有其独特之处。广义的玻璃包括单质玻璃、有机玻璃和无机玻璃。狭义的玻璃仅指无机玻璃。

玻璃材料具有许多其他材料所不具备的特性,从玻璃的本质结构和性质来看,其中最显著的四个特性为:① 各向同性;② 无固定熔点;③ 介稳性;④ 性质变化的连续性与可逆性。此外,玻璃材料还具有一些良好的理化性能,如良好的光学性能,较高的抗压强度、硬度、耐蚀性及耐热性等。

玻璃按照其组成可分为:① 元素玻璃:单一元素的原子构成的玻璃,如硫玻璃、硒玻璃等。② 氧化物玻璃:借助氧桥形成聚合结构的玻璃,如最常用、产量最大的硅酸盐、硼酸盐、磷酸盐、锗酸盐、砷酸盐、锑酸盐、碲酸盐、铝酸盐、钒酸盐、硒酸盐、钼酸盐、钨酸盐、铋酸盐及镓酸盐玻璃。③ 非氧化物玻璃:氟化物、氯化物等卤化物玻璃,硫化物、硒化物等硫族化合物玻璃,卤氧化物玻璃,氮氧玻璃及金属玻璃等。

玻璃按照其用途可分为:① 建筑玻璃:包括平板玻璃、压延玻璃、钢化玻璃、磨光玻璃、夹层玻璃、真空玻璃等。② 日用轻工玻璃:包括瓶罐玻璃、器皿玻璃、保温瓶玻璃、工艺美术玻璃等。③ 仪器玻璃:高硅氧玻璃、高硼硅玻璃、硼酸盐中性玻璃、高铝玻璃、温度计玻璃等。④ 光学玻璃:无色光学玻璃、有色光学玻璃。⑤ 电真空玻璃:用于电子工业制造玻壳、芯柱、排气管、封装玻璃。⑥ 特种玻璃:主要包括玻璃光纤、溶胶－凝胶玻璃、生物玻璃、微晶玻璃、石英玻璃、光学玻璃、防护玻璃、半导体玻璃、激光玻璃、超声延迟线玻璃及声光玻璃等。

6.3.6.3　陶瓷

陶瓷是在国民经济中有许多重要用途的无机非金属材料。传统概念的陶瓷是指所有以黏土为主要原料,并与其他矿物原料经过破碎、混合、成型、烧成等过程而制得的产品,即常见的日用陶瓷、建筑卫生陶瓷等普通陶瓷。随着社会的发展,出现了一类性能特殊,在电子、航空、航天、生物医学等领域有广泛用途的陶瓷材料,称之为特种陶瓷。所谓陶瓷通常是普通陶瓷和特种陶瓷的总称。

由于各国生产陶瓷的历史和习惯不同,陶瓷至今还没有一致公认的分类,在 1985 年 12 月我国颁布实施的《日用陶瓷分类》(GB 5001—85)中,根据坯体特征将日用陶瓷分为陶器与瓷器。陶器分为粗陶器、普通陶器和细陶器;瓷器分为炻瓷器、普通瓷器和细瓷器。

实际上普通陶瓷大都是按用途来称谓的,常用的一种分类方法是将普通陶瓷分为日用陶瓷、建筑卫生陶瓷、电瓷、化工瓷。特种陶瓷则可分为结构陶瓷和功能陶瓷两大类,按其性质和性能进一步分为热学功能陶瓷、力学性能陶瓷、生物功能陶瓷、化学功能陶瓷、电磁功能陶瓷、光学功能陶瓷、与原子能和核反应有关的功能陶瓷。

普通陶瓷具有很好的耐火性、耐热性、化学稳定性、硬度和抗压能力,但脆性很高,热稳定性差,抗拉强度低。

特种陶瓷是采用高度精选的原料,具有能精确控制的化学组成,按照便于控制的制造技术加工,便于进行结构设计,并具有优异特性的陶瓷。特种陶瓷可分为结构陶瓷和功能陶瓷两大类。结构陶瓷又叫工程陶瓷,因其具有耐高温、高硬度、耐磨损、耐腐蚀、低膨胀系数、高导热性和质轻等优点,被广泛应用于能源、空间技术、石油化工等领域。

6.3.6.4　耐火材料

耐火材料是耐火度(材料在高温作用下达到特定软化程度时的温度)不低于 1 580 ℃的无机非金属材料。尽管各国规定的定义不同,但基本概念是相同的,即耐火材料是用做高温窑炉等热工设备的结构材料,以及工业用高温容器和部件的材料,并能承受相应的物理化学变化及机械作用。

大部分耐火材料是以天然矿石(如耐火黏土、硅石、菱镁矿、白云石等)为原料制造的。采用某些工业原料和人工合成原料(细工业氧化铝、碳化硅、合成莫来石、合成尖晶石等)也日益增多。因此,耐火材料的种类很多。

耐火材料按矿物组成可分为氧化铝质、硅酸铝质、镁质、白云石质、橄榄石质、尖晶石质、含碳质、含锆质耐火材料及特殊耐火材料。按制造方法可分为天然矿石和人造制品。按成型方式可分为块状制品和不定形耐火材料。按热处理方式可分为不烧制品、烧成制品和熔铸制品。按耐火度可分为普通、高级及特级耐火制品。按化学性质可分为酸性、中性及碱性耐火材料。按其密度可分为轻质及重质耐火材料。按其制品的形状和尺寸可分为标准砖、异型砖,特异型砖,管和耐火器皿等。还可按其应用分为高炉用、水泥窑用、玻璃窑用、陶瓷窑用耐火材料等。

6.4　高分子化合物与高分子材料

高分子化合物简称高分子,又称高聚物或聚合物,包括天然高分子化合物和合成高分子化合物两大类。天然橡胶、多糖、多肽、蛋白质和核酸等属于天然高分子化合物,而塑料、合成纤维及合成橡胶等则属于高分子材料,它们是由合成高分子化合物经过加工而制成的。

　　人们虽然早就开始利用天然高分子化合物,但直到 20 世纪 30 年代初才建立了高分子化合物的概念。从此,以研究有机高分子化合物的合成原理、化学转化及化学结构与性能之间关系为主要内容的高分子化学,也从化学中的一个分支演变为一门独立的学科。高分子化学的发展,人类对于塑料、合成纤维、橡胶等的广泛需求以及石油化学工业为高分子化合物的合成提供大量廉价的原料,推动着高分子材料工业突飞猛进。随着合成高分子材料性能的提高,一大批性能更优的高分子材料的出现(例如用于火箭和超音速飞机机身的碳纤维增强的高分子复合材料),特别是高分子半导体、高分子催化剂、生物膜、人工器官等特种高分子材料的开发,使得合成高分子化合物的应用遍及各行各业。

6.4.1　高分子化合物概述

6.4.1.1　高分子化合物的基本概念

　　高分子化合物的分子比低分子化合物的分子要大很多,通常低分子有机化合物的相对分子质量在 1 000 以下,而高分子化合物的相对分子质量在 1 万以上,有的可达上千万。例如:聚氯乙烯的平均相对分子质量为 5 万~15 万,天然橡胶的为 40 万~100万。相对分子质量大是高分子化合物的基本特点之一,也是同低分子化合物的根本区别。由于相对分子质量大,就可以表现出某些特殊性能,如高分子化合物有较好的强度和弹性等。

　　高分子化合物的相对分子质量虽然很大,但其化学组成一般却比较简单,它们的分子往往都是由特定的结构单元通过共价键多次重复结合成高分子链。例如:聚氯乙烯的分子是由许多氯乙烯结合而成:

$$n CH_2{=}CHCl \longrightarrow \cdots\cdots CH_2{-}\underset{Cl}{CH}{-}CH_2{-}\underset{Cl}{CH}{-}CH_2{-}\underset{Cl}{CH}\cdots\cdots$$

可简写为

$$\left[CH_2{-}\underset{Cl}{CH}\right]_n$$

　　像氯乙烯这样能聚合成高分子化合物的低分子化合物,称为单体,组成高分子链的重复结构单元(如 $-CH_2-\underset{Cl}{CH}-$)称为链节,n 为高分子链所含链节的数目,称为聚合度。因此,高分子化合物的相对分子质量 = 聚合度×链节式量。

　　同一种高分子化合物的分子链所含的链节数并不相同,即聚合度不同,因此,高分子化合物实际上是由许多相对分子质量大小不同的分子组成的混合物。一般而言,高分子化合物的相对分子质量就是平均相对分子质量,聚合度就是平均聚合度。高分子化合物中相对分子质量大小不等的现象称为高分子的多分散性(即不均一性),高分子化合物的分散性越大,其性能越差。

6.4.1.2　高分子化合物的特点

高分子化合物同低分子化合物相比,具有以下几个特点:

① 从相对分子质量和组成上看,高分子化合物组成简单,相对分子质量大,具有"多分散性"。

② 从分子结构上看,高分子化合物可归纳为线型和体型两种结构。线型结构中包括链型和支链型(图 6.11)。线型结构的特征是分子链中的原子以共价键相互联结成一条很长的卷曲状态的"链"或分子链中有支叉。体型结构的特征是分子链与分子链之间还有许多共价键交联起来,形成三维空间的网状结构。

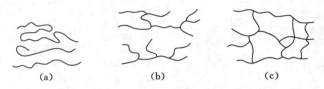

(a)　　　　　　　(b)　　　　　　　(c)

图 6.11　聚合物分子结构的示意图
(a) 线型;(b) 线型(有支链);(c) 体型

③ 从性能上看,高分子化合物由于其相对分子质量很大,分子是由共价键结合而成,分子链很长,因此,有较好的机械强度、绝缘性、耐腐蚀性、可塑性和高弹性。

④ 从物理性质看,高分子化合物在常温常压下主要以固态或液态存在,几乎无挥发性,溶解性也很差,有时只发生溶胀。

6.4.1.3　高分子化合物的命名

高分子化合物有以结构为基础的系统命名,虽较严格但太繁琐,尤其对结构较复杂的高分子化合物很少使用。目前通用的命名有如下两种。

(1) 按原料单体或聚合物的结构特征命名

① 在单体名称前面冠以"聚"字,如由氯乙烯制得的聚合物叫聚氯乙烯,由己二酸、己二胺制得的聚合物叫聚己二酰己二胺等。

② 由两种单体缩聚而成的聚合物,在单体名称(或简单地自单体名称中取一二个字作为简称)后面加"树脂"。如由苯酚和甲醛合成的聚合物称"酚醛树脂",由环氧氯丙烷和双酚 - A 合成的聚合物叫"环氧树脂"。现在"树脂"这个名词的应用范围扩大了,未加工成型的聚合物往往都叫树脂,如聚氯乙烯树脂、聚丙烯树脂等。

(2) 按商品名命名

商品名是为简化命名或商品需要而产生的。例如,将聚甲基丙烯酸甲酯命名为有机玻璃;将聚己二酰己二胺命名为 尼龙 -66 或 锦纶 -66,尼龙或锦纶代表聚酰胺,尼龙后的数字中,前一个数字表示单体二元胺的碳原子数,后一个数字表示单体二元羧酸的碳原子数。用商品名命名,在纤维类高聚物中用得十分普遍。我国习惯以"纶"作为合成纤维商品名的后缀,如涤纶(聚对苯二甲酸乙二醇酯纤维)、氯纶(聚氯乙烯纤维)等。

此外,为解决聚合物名称冗长,读写不便的问题,可对常见的一些聚合物采用国际通用的英文缩写符号。例如,聚氯乙烯用 PVC (polyvinyl chloride)表示(表 6.6)。

表 6.6　　　　　　　　　　　一些聚合物的名称、商品名称、符号及单体

聚 合 物			单 体	
名称	商品名称	符号	名称	结构式
聚氯乙烯	氯纶[①]	PVC	氯乙烯	$CH_2=CHCl$
聚丙烯	丙纶[①]	PP	丙烯	$CH_2=CH-CH_3$
聚丙烯腈	腈纶[①]	PAN	丙烯腈	$CH_2=CHCN$
聚己内酰胺	锦纶 6[①]（或 尼龙－6）	PA6	己内酰胺	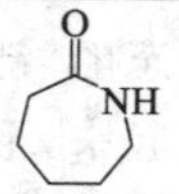
聚己二酰己二胺	锦纶 66[①]（或 尼龙-66）	PA66	己二酸 己二胺	$HOOC(CH_2)_4COOH$ $NH_2(CH_2)_6NH_2$
聚对苯二甲酸乙二醇酯	涤纶[①]	PET	对苯二甲酸 乙二醇	 $HOOC-\bigcirc-COOH$ $HOCH_2CH_2OH$
聚苯乙烯	聚苯乙烯树脂	PS	苯乙烯	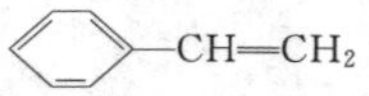 $\bigcirc-CH=CH_2$
聚甲基丙烯酸甲酯	有机玻璃	PMMA	甲基丙烯酸甲酯	$CH_2=CCOOCH_3$ 下 CH_3
聚丙烯腈-丁二烯-苯乙烯	ABS 树脂	ABS	丙烯腈 丁二烯 苯乙烯	$CH_2=CHCN$ $CH_2=CHCH=CH_2$ $\bigcirc-CH=CH_2$ 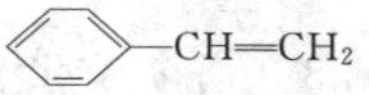

① 均指相应的聚合物为原料纺制成的纤维名称。

6.4.1.4 高分子化合物的分类

高分子化合物的种类很多，且仍在不断增加，主要的分类方法有如下四种：

（1）按来源分类

可把高分子化合物分成天然高分子（如淀粉、天然橡胶等）和合成高分子。

（2）按主链结构分类

① 碳链聚合物：主链完全由碳原子组成。例如：聚乙烯 $\left[CH_2-CH_2\right]_n$；聚氯乙烯

$\left[CH_2-\underset{Cl}{CH}\right]_n$。

② 杂链聚合物：主链除碳原子外，还含有氧、氮、硫等杂原子。例如：聚对苯二甲酸乙二醇酯

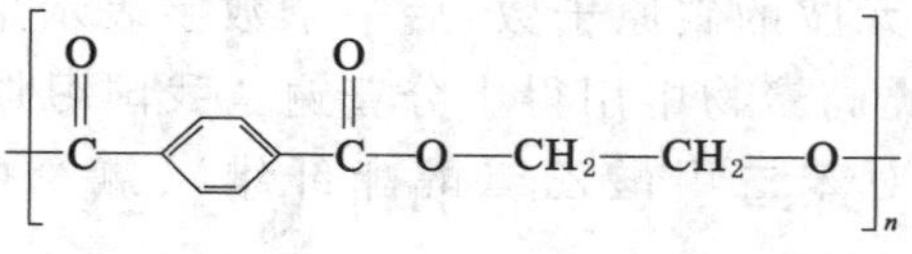

$\left[\overset{O}{\underset{\|}{C}}-\bigcirc-\overset{O}{\underset{\|}{C}}-O-CH_2-CH_2-O\right]_n$；聚己二酰己二胺

$\left[\overset{O}{\underset{\|}{C}}-(CH_2)_4-\overset{O}{\underset{\|}{C}}-NH-(CH_2)_6-NH\right]_n$。

③ 元素有机聚合物:主链中无碳原子,而是由硅、硼、铝与氧、氮、硫、磷等组成,但侧链

是有机基团。例如:聚二甲基硅氧烷(有机硅橡胶) $\left[\begin{array}{c}CH_3 \\ Si-O \\ CH_3\end{array}\right]_n$。

④ 元素无机聚合物

主链和侧链均由无机元素或基团组成。例如:聚二氯磷腈(无机耐火橡胶)

$\left[\begin{array}{c}Cl \\ P=N \\ Cl\end{array}\right]_n$ 。

(3) 按性能和用途分类

可分成塑料、纤维和橡胶三大类。如果再加上涂料、黏合剂和功能高分子则为六大类。

(4) 按功能分类

可分为通用高分子、工程材料高分子、功能高分子、仿生高分子等。

6.4.2　高分子化合物的结构和性能

6.4.2.1　高分子化合物的结构

高分子化合物能够作为材料使用并表现出各种优异的性能,是因为它具有不同于低分子化合物的结构。因此,了解高聚物的结构特征,认识结构与性能的内在联系,具有重要的指导意义。

(1) 高分子化合物的几何形状

高分子化合物的分子结构分为线型和体型两种基本类型,具有线型结构的高分子化合物称为线型高分子化合物,具有体型结构的高分子化合物称为体型高分子化合物。

在线型结构(包括带支链的)高分子物质中有独立的大分子存在,除了分子链可以运动外,分子链中以单键(σ键)相连的相邻两链节之间还可以保持一定的键角而旋转,如图 6.12 所示。因此,一个分子链在无外力作用时会有众多的分子空间形态,而呈伸直状态的极少,绝大部分为卷曲状。若作用以外力时,分子链的形态会发生改变,同时发生物体外形的改变。但当外力去除后,又能借链节的旋转而恢复其卷曲形态。高分子链这种强烈卷曲的倾向称为(分子)链的柔顺性,它对高聚物的弹性和塑性等有重要影响。

而在体型结构的高聚物中没有独立的大分子存在,因而没有柔顺性和相对分子质量的概念,只有交联度的概念。

(2) 高聚物的聚集态

高聚物的性能不仅与高分子的相对分子质量和分子结

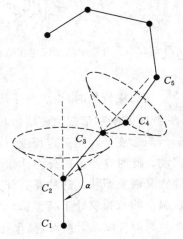

图 6.12　键角固定的高分子
链节的旋转示意图

构有关,也和分子链在空间的堆砌情况即聚集态有关。同属线型结构的高聚物,有的具有很好的高弹性(如天然橡胶),有的则表现出很坚硬(聚苯乙烯),就是由于它们的聚集态不同的缘故。

从结晶状态来看,线型结构的高聚物分为晶态高聚物和非晶态高聚物。晶态高聚物中,分子链作有规则的排列,分子间的作用力较大,故其耐热性和机械强度都比非晶态高聚物高,有一定的熔点。非晶态高聚物没有一定的熔点,其耐热性能和机械强度都比晶态高聚物差。但由于高聚物分子的分子链很长,要使分子链间每一部分都作有序排列是很困难的,所谓的晶态高聚物也只有部分结晶,因此把高聚物中结晶区域称为结晶区,非结晶区域称为非结晶区(图6.13),结晶的多少称为结晶度。例如聚乙烯、聚苯乙烯等高聚物属于部分结晶的高聚物。纤维中结晶区域多,因此其机械强度较好。

体型结构的高聚物,如酚醛塑料、环氧树脂等,由于分子链间有大量的交联,分子链不可能产生有序排列,因而都是非晶态的。

(3) 线型非晶态高聚物的物理形态

线型非晶态高聚物没有一定的熔点,随温度的变化,会呈现三种物理形态:玻璃态、高弹态和黏流态(图6.14)。

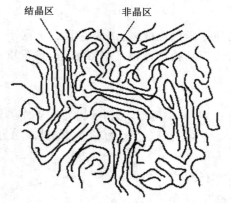

图 6.13　聚合物中结晶区与非结晶区分布示意图

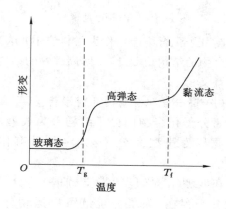

图 6.14　线型非晶态聚合物的物理
形态与温度的关系

当温度较低时,由于分子热运动的能量很低,尚不足以使分子链节或整个分子链产生运动,此时高聚物呈现如玻璃体状的固态,称为玻璃态。常温下的塑料一般处于玻璃态。

当温度升高到一定程度时,链节可以较自由地旋转了,但高聚物的整个分子链还是不能移动。此时在不大的外力作用下,可产生相当大的可逆性形变,当外力去除后,通过链节的旋转又恢复原状。这种受力能产生很大的形变,除去外力后能恢复原状的性能称高弹性。常温下的橡胶就处于高弹态。

当温度继续升高时,高聚物得到的能量足够使整个分子链都可以自由运动,从而成为能流动的黏液,其黏度比液态低分子化合物的黏度要大得多,所以称为黏流态。此时,外力作用下的形变在除去外力后,不能再恢复原状,所以又称为塑性态。塑料等制品的加工成型,即利用此阶段软化而可塑制的特性。室温或略高于室温时处于黏流态的聚合物,通常用做胶黏剂或涂料(如聚醋酸乙烯酯)。

由高弹态向玻璃态转变的温度称为玻璃化温度,用 T_g 表示。由高弹态向黏流态转变的温度称为黏流化温度,用 T_f 表示。T_g 是高聚物的一项重要性质,它的高低不仅可确定该高聚物是适合做橡胶或是适合做塑料,而且还能显示材料的耐热、耐寒性能。表 6.7 列出了一些非晶态高聚物的 T_g 和 T_f 值。

表 6.7   一些非晶态高聚物的 T_g 和 T_f 值

高聚物	T_g/℃	T_f/℃	高聚物	T_g/℃	T_f/℃
聚氯乙烯	81	175	聚丁二烯(顺丁橡胶)	−108	—
聚苯乙烯	100	135	天然橡胶	−73	122
聚甲基苯乙酸甲酯	105	150	聚二甲基硅氧烷(硅橡胶)	−125	250

6.4.2.2 高分子化合物的性能

(1) 弹性和塑性

从表 6.7 可以看出,高聚物的玻璃化温度 T_g 低于室温,而黏流化温度 T_f 高于室温时,这种高聚物处于高弹态,用做材料时可以有弹性。T_g 越低、T_f 越高,则橡胶的耐寒性与耐热性越好,性能越优良。当 T_g 高于室温时,高聚物处于玻璃态,用做材料时可做塑料。

高弹态是非晶态线型高聚物的特征物理状态,只有当分子量增大到足够大时,大分子链能够互相缠绕,又有足够大的链段可以运动,这才出现高弹态,相对分子质量越大,高弹态的温度区间也越大。

玻璃化温度 T_g 是高聚物的链节开始旋转的最低温度。显然,它的高低与分子链的柔顺性和分子链间的作用力大小有关。分子的柔顺性越大,T_g 越低。因链段运动容易,须在更低温度下链段才会被"冻结"成为僵固的玻璃态。链的柔顺性主要受大分子链的侧基空间位阻和链间分子作用力的影响,侧基越大,如苯基,链段运动受阻力越大,柔顺性越低,T_g 值越高。如聚苯乙烯的 T_g 为 100 ℃,聚 α-甲基苯乙烯的侧链上比聚苯乙烯多一个甲基,其 T_g 就为 175 ℃。大分子链中含极性基团或形成氢键,大分子链间吸引力增大,易"冻结",柔顺性降低,T_g 值升高。聚合物的结晶度提高,也会导致 T_g 升高。T_f 的高低则对于高聚物的加工成型有着十分重要的意义。一般来说,T_f 值越低对加工越有利,但 T_f 较低的高聚物的耐热性往往不理想。

体型高聚物的分子链由于被化学键牢固地交联着,很难变形,因此,当温度改变时不会出现黏流态,交联程度大时甚至不会出现高弹态,而只呈玻璃态。

(2) 机械性能

高聚物机械性能的指标主要有机械强度、刚性以及衡量韧性的冲击强度等。它们主要与分子链之间的作用力的大小等因素有关。

高聚物的平均相对分子质量(或平均聚合度)的增大,有利于增加分子链间的作用力,可使拉伸强度与冲击强度等有所提高。当相对分子质量超过一定值后,不但拉伸强度变化不大,而且会使 T_f 升高而不利于加工;但其冲击强度有时仍可继续增大。

高聚物分子链中含有极性取代基或链间能形成氢键时,都可因增加分子链之间的作用力而提高其强度。例如,聚氯乙烯因含极性基团—Cl,其拉伸强度一般比聚乙烯的要高。又如,在聚酰胺的长链分子中存在着酰胺键(—CO—NH—),分子链之间通过氢键的形成增强了作用,使聚酰胺显示出了较高的机械强度。

适度交联有利于增加分子链之间的作用力。例如,聚乙烯交联后,冲击强度可提高 3～4 倍。但过分交联往往并不利,例如由酚醛树脂制造的塑料(俗称胶木),常因交联程度过高而易于脆裂。

一般说来,在结晶区内分子链排列紧密有序,可使分子链之间的作用力增大,机械强度也随之增高。纤维的强度和刚性通常比塑料、橡胶都要好,其原因就在于制造纤维用的高聚物,特别是经过拉伸处理后,其结晶度是比较高的。结晶度的增加也会使链节运动变得困难,从而降低了高聚物的弹性和韧性,影响了其冲击强度。

主链含苯环等的高聚物,其强度和刚性比含脂肪族主链的高聚物的要高。因此,新型的工程塑料大都是主链含芳环、杂环的。引入芳环、杂环取代基也会提高高聚物的强度与刚性。例如,芳香尼龙 $\left[CO \bigcirc CO - NH \bigcirc NH \right]_n$ 的强度比普通尼龙的要高;聚苯乙烯的强度和刚性通常都超过聚乙烯的。

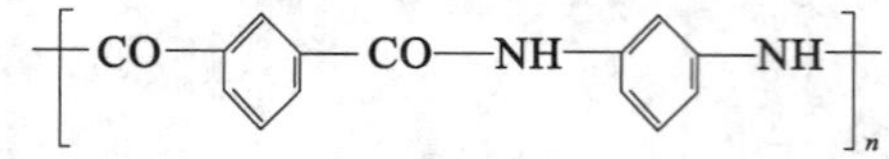

(3) 电绝缘性和抗静电性

组成高分子化合物的化学键绝大多数是共价键,高分子一般不存在自由电子和离子,因此高聚物通常是很好的绝缘体,可作为绝缘材料。高聚物的绝缘性能与其分子极性有关。一般说来,高聚物的极性越小,其绝缘性越好。分子链节结构对称的高聚物称非极性高聚物,如聚乙烯、聚四氟乙烯等。分子链节结构不对称的高聚物称极性高聚物,如聚氯乙烯、聚酰胺等。通常可按分子链节结构与电绝缘性能的不同,可将作为电绝缘材料的高聚物分为下列几种情况:

① 链节结构对称且无极性基团的高聚物,如聚乙烯、聚四氟乙烯,对直流电和交流电都绝缘,可用做高频电绝缘材料。

② 虽无极性基团,但链节结构不对称的高聚物,如聚苯乙烯、天然橡胶等,可用做中频电绝缘材料。

③ 链节结构不对称且有极性基团的高聚物,如聚氯乙烯、聚酰胺、酚醛树脂等,可用做低频或中频电绝缘材料。

分子的极性可用相对介电常数 ε 衡量,表 6.8 中列出了一些常见高聚物的相对介电常数。通常非极性高聚物的 $\varepsilon \approx 2$,弱极性或中等极性高聚物的 $\varepsilon = 2 \sim 4$,强极性高聚物的 $\varepsilon > 4$。

表 6.8　　　　　　　　　常见高聚物的相对介电常数 ε[①]

高 聚 物	ε	高 聚 物	ε
聚四氟乙烯	2.0	聚氯乙烯	3.2～3.6
聚 丙 烯	2.2	聚甲基丙烯酸甲酯	3.3～3.9
低密度聚乙烯	2.25～2.35	硅 树 脂	2.75～4.20
高密度聚乙烯	2.30～2.35	尼龙-66	4.0
聚苯乙烯	2.45～3.10	酚醛树脂	5.0～6.5

① 交变频率为 60 Hz 时的 ε 值。

两种电性不同的物体相互接触或摩擦时,会有电子的转移而使一种物体带正电荷,另一种物体带负电荷,这种现象称为静电现象。对于高聚物材料,一般是不导电的绝缘体,电荷不易漏电,静电现象极普遍。不论是加工过程或使用过程中,均可产生静电。例如,在干燥的气候条件下脱下合成纤维的衣裤时,常可听到放电而产生的轻微噼啪声响,如果在暗处还可以看到放电的光辉;有些新塑料薄膜袋很不易张开,也是静电作用的结果。高聚物一旦带有静电,消除便很慢,如聚四氟乙烯、聚乙烯、聚苯乙烯等带的静电可持续几个月之久,有的电压可达到上千或几万伏。

聚合物的这种现象已被应用于静电印刷、油漆喷涂和经典分离等。但静电往往是有害的,例如腈纶纤维起毛球、吸灰尘;某些干燥场合,静电会引起火灾、爆炸等。因此,人们通常用一些抗静电剂来消除静电。常用的抗静电剂是一些表面活性剂,其主要作用是提高高聚物表面的电导性,使之迅速放电,防止电荷积累。

(4) 溶解性与保水性

固态低分子化合物的溶解是由于溶质分子直接产生溶剂化,进而分散于溶剂中;而高聚物的溶解需经历两个阶段:

① 溶胀:溶剂分子渗入高聚物内部,使高分子链间产生松动,并通过溶剂化使高聚物膨胀成凝胶状。此现象称为溶胀。

② 溶解:高分子链从凝胶表面分散进入溶剂中,形成均一的溶液。

一般链型(包括带支链)的高聚物,在适当的溶剂中常可以溶解;但当链间产生交联而成为体型高聚物时,由于链间形成化学键而增强了作用,通常只发生溶胀而不能溶解。

晶态高聚物由于分子链堆砌较紧密,分子链之间的作用力较大,溶剂分子难以渗入其中,因此,其溶解常比非晶态高聚物要困难。一般需将其加热至熔点附近,待晶态转变为非晶态后,溶剂分子才能渗入,使高聚物逐渐溶解。例如,聚乙烯需在熔点(135 ℃)附近才能溶于对二甲苯等非极性溶剂中。但极性的晶态高聚物却可以在常温下溶解于极性溶剂中。例如,尼龙在常温下可溶于甲酸等极性溶剂中,显然,尼龙能与溶剂形成氢键也是一个重要的原因。

此外,高聚物的溶解性还与其相对分子质量有关,相对分子质量大的高聚物,链间作用力大,显然不利于其溶解。

有些高聚物,分子内含有羟基等强亲水基团。这些高聚物不溶于水,在水中只能溶胀,有惊人的吸水能力。吸水后成凝胶状,在加压下,水分也不易挤出来,这些高聚物称高吸水性树脂。例如,由淀粉和聚氧乙烯制成的保水材料,吸水重量可达自重的 460 倍;0.4 g 含聚丙烯腈水解产物的吸水树脂,可保持 121 g 水分。这些高吸水性的树脂已应用于农业保湿大棚,制作婴儿尿不湿,妇女卫生巾等。

(5) 化学稳定性和老化

化学稳定性通常是指物质对水、酸、碱、氧等化学因素的作用所表现的稳定性。一般高聚物主要由 C—C、C—H、C—O 等牢固的共价键连接而成,含活泼的基团较少,且分子链相互缠绕,使分子链上不少基团难以参与反应,因而一般化学稳定性较高。尤其是还能经受煮沸王水的侵蚀。此外,由于高聚物一般是电绝缘体,因而也不受电化学腐蚀。

高聚物虽有较好的化学稳定性,但不同的高聚物的化学稳定性还是有差异的。一些含—CONH—、—COO—、—CN 等基团的高聚物不耐水，在酸或碱的催化下会与水反应。尤其当这些基团在主链中时，对材料的性能影响更大。

高聚物及其材料的缺点是不耐久，易产生常见的老化现象。老化是指高聚物及其材料在加工、贮存和使用过程中，长期受化学和物理（热、光、电、机械等）以及生物（霉菌）因素的综合影响，发生裂解或交联，导致性能变坏的现象。例如，塑料制品变脆、橡胶龟裂、纤维泛黄、油漆发黏等。

高聚物的老化可归结为链的交联和链的裂解，或简称交联和裂解。裂解又称为降解（指大分子断链变为小分子的过程），它使高聚物的聚合度降低，以致变软、发黏，丧失机械强度。例如，天然橡胶易发生氧化而降解，使之发黏。老化通常以降解反应为主，有时也伴随有交联。交联可使链型高聚物变为体型结构，增大了聚合度，从而使之丧失弹性，变硬发脆。例如，丁苯橡胶等合成橡胶的老化以交联为主。

在引起高聚物老化的诸因素中，以氧、热、光最为重要。通常又以发生氧化而降解的情况为主，且往往是在光、热等因素影响和促进下发生的。

若在高聚物分子链中引入较多的芳环、杂环结构，或在主链或支链中引入硅、磷、铝等无机元素，均可提高其热稳定性。

为了延缓光、氧、热对高聚物的老化作用，通常可在高聚物中加入各类光稳定剂、抗氧剂（芳香族胺类如二苯胺和酚类等）或热稳定剂（如硬脂酸盐等）。

6.4.3　高分子化合物的合成、改性与再利用

6.4.3.1　高分子化合物的合成反应

由小分子单体合成聚合物的化学反应称聚合反应。如果不考虑反应机理只根据单体和聚合物的结构单元在化学组成和共价键结构上的变化，聚合反应可分为加成聚合反应（简称加聚反应）和缩合聚合反应（简称缩聚反应）。

（1）加聚反应

由一种或多种单体相互加成，或由环状化合物开环相互结合成聚合物的反应称加聚反应。在此类反应的过程中不产生其他副产物，生成的聚合物的化学组成与单体基本相同。仅由一种单体聚合而成的，其分子链中只包含一种单体构成的链节，这种聚合反应称均聚反应，生成的聚合物称均聚物。聚乙烯、聚氯乙烯、聚苯乙烯、聚异戊二烯等碳链聚合物都是由加聚反应制得的。

如氯乙烯合成聚氯乙烯：

$$n\,CH_2\!=\!\underset{\underset{Cl}{|}}{CH} \longrightarrow \left[\!\!\begin{array}{c} CH_2\!-\!\underset{\underset{Cl}{|}}{CH} \end{array}\!\!\right]_n$$

由两种或两种以上单体同时进行聚合，则生成的聚合物含有多种单体构成的链节，这种聚合反应称为共聚反应，生成的聚合物称为共聚物。如 ABS 工程塑料，是由丙烯腈（acrylonitrile，以 A 表示）、丁二烯（butadiene，以 B 表示）、苯乙烯（styrene，以 S 表示）三种不同单体共聚而成的：

$$nx\,CH_2\!=\!CH\!-\!CN \;+\; ny\,CH_2\!=\!CH\!-\!CH\!=\!CH_2 \;+\; nz\,CH_2\!=\!CH \longrightarrow$$

$$\left[\!\!\left(CH_2\!-\!\underset{\underset{CN}{|}}{CH}\right)_{\!x}\!\!\left(CH_2\!-\!CH\!=\!CH\!-\!CH_2\right)_{\!y}\!\!\left(CH_2\!-\!\underset{\underset{\bigcirc}{|}}{CH}\right)_{\!z}\right]_n$$

共聚物往往可兼具两种或两种以上均聚物的一些优异性能,因此通过共聚方法可以改善产品的性能。

(2) 缩聚反应

缩聚反应是指由一种或多种单体相互缩合生成高聚物,同时有低分子物质(如水、卤化氢、氨、醇等)析出的反应。所生成的高聚物的化学组成与单体的组成不同(少若干原子)。缩聚物中留有官能团的结构特征,因此多为杂链聚合物。尼龙、涤纶、环氧树脂等都是通过缩聚反应合成的。

例如:己二酸和己二胺合成为尼龙-66 的反应:

$$n\mathrm{H_2N}\!-\!(CH_2)_6\!-\!NH_2 \ + \ n\mathrm{HOOC}\!-\!(CH_2)_4\!-\!COOH \longrightarrow$$

$$\left[\!\!\left.NH_2\!-\!(CH_2)_6\!-\!NH\!-\!\overset{\overset{O}{\|}}{C}\!-\!(CH_2)_4\!-\!\overset{\overset{O}{\|}}{C}\right]_n + 2nH_2O\right.$$

由于缩聚反应的特征是相对分子质量随反应时间而逐渐增大,而单体转化率几乎与反应时间无关,故缩聚反应又称为逐步增长聚合反应。

6.4.3.2　高分子化合物的改性

高分子化合物作为材料可以应用于很多方面,但有时也有缺点。如工程塑料虽然强度高,但价格昂贵;合成橡胶的品种虽多,但性能上都还存在不足之处等等。这些问题均可以通过材料的改性而得以改进。

高分子材料的改性是指通过各种方法改变已有材料的组成、结构,以达到改善性能、扩大品种和应用范围的目的。

天然纤维经硝化可制得塑料、清漆、人造纤维等产品,使其扩大了应用范围;橡胶经硫化,可改善其使用性能;在塑料、橡胶或胶黏材料中添加稳定剂、防老剂,可以延长其使用寿命。以上这些都是材料改性的实例。因此,材料的改性与合成新的高聚物具有同等重要的意义,而且往往更为经济、有效。由此可见,今后一定时期内,对已有高分子材料改性的研究,在高分子科学和材料领域中将成为一个重要的方向。

通常采用的改性方法大体上可分为化学法与物理化学法两大类。

(1) 高分子化合物的化学改性

化学改性是借化学反应改变高分子化合物本身的组成、结构,以达到材料改性的目的。常用的有下列三类反应。

① 交联反应

借化学键的形成,使线型高聚物连接成为体型高聚物的反应称为交联反应。一般经适当交联的高聚物,在机械强度、耐溶剂和耐热等方面都比线型高聚物的有所提高,因而,交联反应常被用于高聚物的改性。

橡胶的硫化即是熟知的一种交联反应。未经硫化的橡胶(常称生橡胶)分子链之间容易产生滑动,受力产生形变后不能恢复原状,其制品表现为:弹性小、强度低、韧性差、表面有黏性,且不耐溶剂。因此,使用价值不大。而硫化则可使橡胶的分子链通过“硫桥”适度交联,形成体型结构。例如：

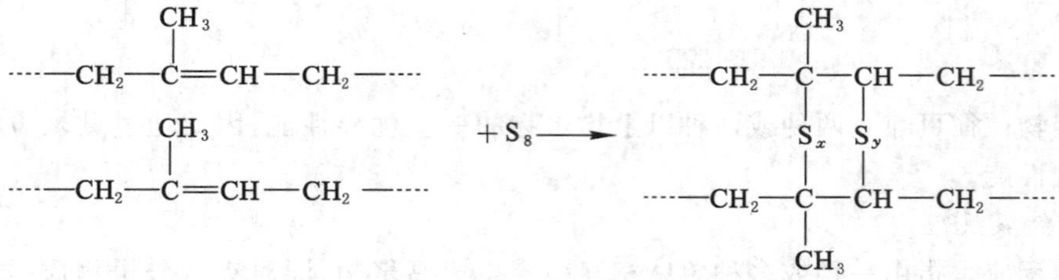

经部分交联后的橡胶,可减少分子链之间的相对滑动,但仍允许分子链的部分延展和伸长,因此既提高了强度和韧性,又同时具有较好的弹性。部分交联还使橡胶在有机溶剂中的溶解变难了,但由于橡胶中仍留有溶剂分子能透入的空间,因此硫化后的橡胶只发生溶胀,具有耐溶剂性。若硫化过度,则溶胀也难发生了。总之,不论天然橡胶或合成橡胶都要进行硫化。目前用于橡胶工业中的硫化剂(即交联剂)已远不止硫黄一种,但习惯上仍将橡胶的交联都称为硫化。

② 共聚反应

由两种或两种以上不同单体通过加聚所生成的共聚物,往往在性能上有取长补短的效果,因而这种共聚反应也常用做聚合物的改性。ABS 工程塑料就是共聚改性的典型实例。ABS 树脂既保持了聚苯乙烯优良的电性能和易加工成型性,又由于其中丁二烯可提高弹性和冲击强度,丙烯腈可增加耐热、耐油、耐腐蚀性和表面硬度,使之成为综合性能优良的工程材料。而且可以根据使用者对性能的要求,改变 ABS 中三者的比例,设计并聚合出合适的分子结构的 ABS 树脂。

③ 官能团反应

官能团反应是化学改性的重要手段。常用的离子交换树脂就是利用官能团反应,在高聚物结构中引入可供离子交换的基团而制得的。离子交换树脂是一类功能高分子,它不仅要求具有离子交换功能,且应具备不溶性和一定的机械强度。因此,先要制备高聚物母体(即骨架),如苯乙烯-二乙烯苯共聚物(体型高聚物),然后再通过官能团反应,在高聚物骨架上引入活性基团。例如,制取磺酸型阳离子交换树脂,可利用上述共聚物与 H_2SO_4 的磺化反应,引入磺酸基($-SO_3H$)。由此所得离子交换树脂简称为聚苯乙烯磺酸型阳离子交换树脂,通常可简写为 $R-SO_3H$(R 代表树脂母体),磺酸基($-SO_3H$)中的氢离子能与溶液中的阳离子进行离子交换。

同理,若利用官能团反应在高聚物母体中引入可与溶液中阴离子进行离子交换的基团,即可得阴离子交换树脂。例如,季胺型阴离子交换树脂 $R-N(CH_3)_3Cl$。

又如,聚氯乙烯虽产量高、用途广,但缺点是连续使用温度不高(仅 65 ℃)。通过氯化处理后,获得的改性产品氯化聚氯乙烯(又称为过氯乙烯,用 CPVC 表示)可提高玻璃化温度,从而改善了 PVC 的耐热性能,连续使用温度可达到 105 ℃,常用做热水硬管。同时氯化后的聚氯乙烯具有良好的溶解性能和黏合性能,可用于制优质清漆涂料、溶液纺丝和胶黏材料等。

(2) 高分子化合物的物理化学改性

高分子材料的物理化学改性是指在高聚物中掺和各种助剂(又称添加剂),将不同高聚物共混或用其他材料与高分子材料复合而完成的改性。可见,它主要是通过混入其他组分来改变和完善原有高聚物的性能的。

① 掺和改性

单一的聚合物一般往往难以满足工艺上所有的要求性能,因此,除少数情况(如食品包装用的聚乙烯薄膜)外,在将聚合物加工或配制成塑料、胶黏材料等高分子材料时,通常要加入填料、增塑剂、防老化剂、着色剂、发泡剂、固化剂、润滑剂、阻燃剂等添加剂,以提高产品质量和使用效果。添加剂中有的用量相当可观,如填料(或称为填充剂)、增塑剂等;有的用量虽少,但作用明显。

② 共混改性

将两种或两种以上不同的高聚物混合形成的共混高聚物(又称为高分子合金)具有纯组分所没有的综合性能。聚合物共混物通常可按塑料-塑料共混、橡胶-橡胶共混、橡胶-塑料共混来分类。其中橡胶与塑料共混的应用尤为突出。例如,丁苯橡胶与聚氯乙烯共混,可以改善聚氯乙烯的耐热、耐磨、耐老化等性能。橡胶与塑料共混的一个突出优点,在于可以使塑料增韧。例如,冰箱门上密封用的橡胶封条,就是聚氯乙烯与氯化聚乙烯共混的实例。橡胶与橡胶共混的实例更多。例如,丁腈橡胶与天然橡胶共混,可以提高天然橡胶的耐油性和耐热性。

③ 复合改性

复合是指由两种或两种以上性质不同的材料组合制得一种多相材料的过程。与共混相比,复合包含的范围更广;共混改性的组分材料仅限于高聚物,而复合改性的对象除高聚物外,还可包括金属材料与无机非金属材料。两种材料经复合改性可得到复合材料。

6.4.3.3　高分子化合物的回收及再利用

由于高分子化合物的化学稳定性好,难以分解,日积月累,会污染环境、危害生态。人们俗称的"白色污染"系指越来越多的废农用塑料膜、塑料袋、泡沫塑料饭盒等废弃物污染。废旧高分子材料的回收和再利用是解决这个问题的有效途径。高分子材料制品中,以塑料制品量最大,因此回收和利用废旧高分子材料,主要是塑料的回收和利用。

目前,有关废旧塑料的回收、利用及相关技术可分为以下五个方面:① 再生利用和改性利用;② 热分解回收化工原料;③ 焚烧回收利用;④ 掩埋处理;⑤ 光降解和微生物降解。我国也已采取措施,减少或禁止使用一次性难降解的塑料包装物,开发并推广使用可降解塑料或纸制品等,探索控制和治理"白色污染"之路。

6.4.4　合成高分子材料

高分子化合物在自然界中是普遍存在的,如天然橡胶、纤维、蛋白质等。高分子化合物的最主要应用是高分子材料。当前,高分子材料、无机材料和金属材料并列为三大材料。高分子材料与其他材料相比,具有密度小、比强度高、耐腐蚀、绝缘性好、易于加工成型等特点。但也普遍存在四个弱点,即强度不够高、不耐高温、易燃和易老化。然而高分子材料由于其品种多,功能齐全,能适应多种需要,加工容易、适宜于自动化生产,原料来源丰富易得、价格便宜等原因,已成为我们日常生活中必不可少的重要材料。功能高分子材料研究的迅速发展,更加扩展了高分子材料的应用范围。据统计,人们对材料的需求量,高分子材料占60%。塑料、橡胶和纤维被称为现代高分子的三大合成材料,而塑料占合成材料总产量的70%。

6.4.4.1　塑料

塑料有几种分类方法,根据塑料制品的用途可分为通用塑料、工程塑料和特殊塑料。根据塑料受热特性可分为热塑性塑料和热固性塑料。

通用塑料是指产量大、价格低、日常生活中应用范围广的塑料,如聚乙烯、聚氯乙烯、聚丙烯、聚苯乙烯等。

工程塑料是指机械性能好,能用于制造各种机械零件的塑料,主要有聚碳酸酯、聚酰胺、聚甲醛、聚砜、酚醛树脂、ABS 塑料等。

特殊塑料是指具有特殊功能和特殊用途的塑料,主要有氟塑料、硅塑料、环氧树脂等。

热塑性塑料在加工过程中,一般只发生物理变化,受热变为塑性体,成型后冷却又变硬定型,若再受热还可改变形状重新成型。其优点是成型工艺简便,废料可回收重复利用。

热固性塑料在成型过程中发生化学变化,利用它在受热时可流动的特性而成型,并延长受热时间,使其发生化学反应而成为不熔溶的网状分子结构,并固化定型。其优点是耐热性高,有较高的机械强度。几种常见塑料的性能及其应用范围简单介绍如下。

(1) 聚氯乙烯

聚氯乙烯具有强极性,绝缘性能好,耐酸碱,难燃,具有自熄性。其缺点是介电性能差,在 $100\sim120\ ℃$ 即可分解出氯化氢,热稳定性差。用于制造水槽,下水管;制造箱、包、沙发、桌布 、窗帘、雨伞、包装袋;还可做凉鞋、拖鞋及布鞋的塑料底等。其结构式:

$$\left[CH_2-CH\right]_n$$
$$\quad\quad\quad\;\; |$$
$$\quad\quad\quad\; Cl$$

(2) 聚乙烯

聚乙烯化学性质非常稳定,耐酸、碱,耐溶剂性能好,吸水性低,电绝缘性能优异,无毒,受热易老化。用于制造食品包装袋、各种饮水瓶、容器、玩具等;还可制各种管材、电线绝缘层等。其结构式:

$$\left[CH_2-CH_2\right]_n$$

(3) 聚酰胺

聚酰胺,俗称尼龙,具有韧性、耐磨、耐震、耐热,具有吸湿性、无毒、拉伸强度大。可用于做尼龙布、尼龙袜子、尼龙绳及医用消毒容器等;代替铜等有色金属,制齿轮、轴承、泵叶、衬套、输油管、电缆护套及汽车零部件等。其结构式:

$$\left[NH-(CH_2)_x-NH-\overset{\displaystyle O}{\overset{\displaystyle \|}{C}}-(CH_2)_y-\overset{\displaystyle O}{\overset{\displaystyle \|}{C}}\right]_n$$

(4) 聚四氟乙烯

聚四氟乙烯,俗称塑料王,化学稳定性好,优异的耐化学腐蚀性(耐王水等强腐蚀剂),优异的耐高、低温性($-200\sim250\ ℃$),绝缘性好,耐磨。其缺点是刚性差、加工困难。可用做工业垫圈、管道、阀门、化工设备耐腐蚀材料,无油润滑条件下做轴承、活塞等,还可做电容器、电缆绝缘材料。其结构式:

$$\left[CF_2-CF_2\right]_n$$

（5）酚醛树脂

酚醛树脂,俗称电木,难溶、难熔、耐热、耐磨、耐腐蚀,机械强度高,刚性好,抗冲击性好。用于制造线路板、插座、插头、电话机、行李车轮、工具手柄、贴面板、三合板、刨花板等。其结构式：

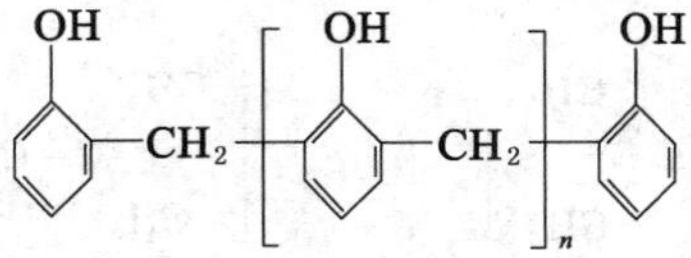

（6）聚碳酸酯

聚碳酸酯,俗称透明金属,坚硬、较高的耐热性和耐寒性（$-138 \sim 220 \, ℃$）、良好的机械性能、电绝缘性好、韧性好、抗冲击性好、透明度高。用于制造继电器盒盖,计算机和磁盘的壳体、荧光灯罩、汽车及透明窗的玻璃等。其结构式：

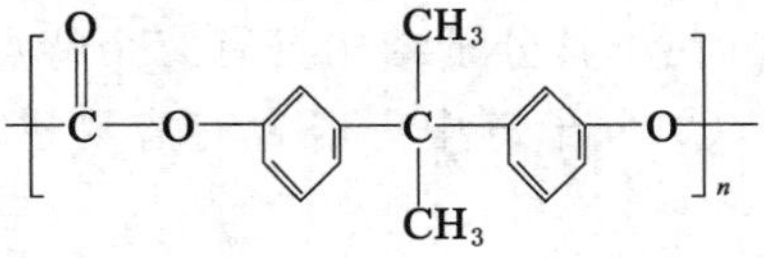

（7）聚砜

聚砜,高硬度、高抗冲强度、抗蠕变性,耐热、耐寒、耐磨、抗氧化性好,尺寸稳定性好,电绝缘性好、透明度很高,但加工性能不好、耐溶剂性差。用于制造机械、电子、电气零件等；还可用于制造航空、航天等部门的零部件。其结构式：

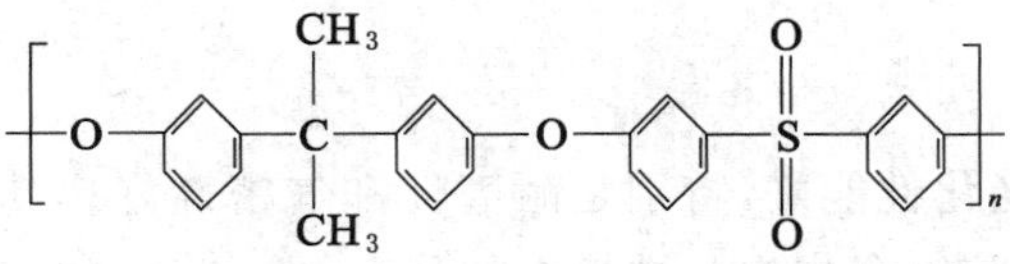

（8）ABS 塑料

ABS 塑料,无毒、无味,易溶于酮、醛、酯等有机溶剂。耐磨性、抗冲击性能好,能耐低温和较高温度,优良的耐气候和耐腐蚀性,容易加工,可以电镀,制品美观实用。用于制造家用电器、箱包、装饰板材、汽车飞机等的零部件。其结构式：

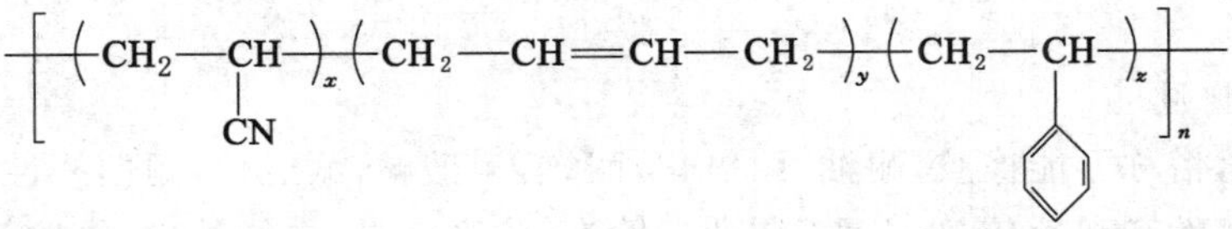

（9）聚甲基丙烯酸甲酯

聚甲基丙烯酸甲酯,俗称有机玻璃,具有透光率高（93%,普通玻璃为 85%）,耐老化,容易加工成型,不容易破裂,容易着色等优点。其缺点是耐磨性差,硬度较低,易溶于有机溶剂等。广泛用于航空、医疗、仪器等领域,常被用来制造透镜、棱镜等光学仪器和汽车、飞机的风挡、仪表以及日用品等。其结构式：

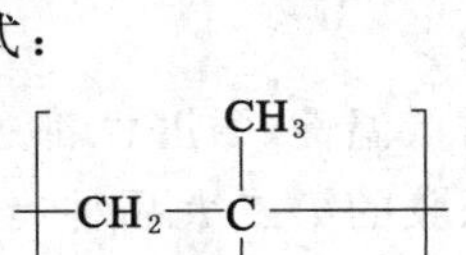

6.4.4.2　橡胶

橡胶可分为天然橡胶和合成橡胶。

天然橡胶主要取自热带的橡胶树,其化学组成是聚异戊二烯。聚异戊二烯有顺式和反式两种构型,它们的结构式分别为

$$\left[\begin{array}{c}CH_2 \qquad CH_2 \\ \diagdown \quad \diagup \\ C=C \\ \diagup \quad \diagdown \\ H \qquad CH_3\end{array}\right]_n \qquad \left[\begin{array}{c}CH_2 \qquad H \\ \diagdown \quad \diagup \\ C=C \\ \diagup \quad \diagdown \\ CH_3 \qquad CH_2\end{array}\right]_n$$

顺式-1,4-聚异戊二烯　　　反式-1,4-聚异戊二烯

顺式是指连续在双键两个碳原子上的—CH_2基团位于双键的同一侧。反式是指连续在双键两个碳原子上的—CH_2基团位于双键的两侧。天然橡胶中约含 98% 的顺式-1,4-聚异戊二烯,因为分子链中基本只含有一种链节结构,故其空间排列比较规整。顺式-1,4-聚异戊二烯,适合做橡胶的关键,在于其分子结构具有三个特点:① 分子链的柔顺性较好;② 分子链间仅有较弱的作用力;③ 分子链中一般含有容易进行交联的基团(如含不饱和双键)。

天然橡胶弹性虽好,但无论在数量上和质量上都满足不了现代工业对橡胶制品的需求。因此,人们仿造天然橡胶的结构,以低分子有机化合物合成了各种各样的合成橡胶。合成橡胶不仅在数量上弥补了天然橡胶的不足,而且各种合成橡胶在某些性能上往往优于天然橡胶,例如耐磨、耐油、耐寒等方面。几种常见的合成橡胶的性能及用途如下。

(1) 丁苯橡胶

丁苯橡胶,耐水、耐老化性能好,特别是耐磨性和气密性好。其缺点是不耐油和有机溶剂,抗撕强度小。丁苯橡胶为合成橡胶中最大的品种(约占 50%),广泛用于制造汽车轮胎、皮带等;与天然橡胶共混可作密封材料和电绝缘材料。其结构式:

$$\left[(CH_2-CH=CH-CH_2)_x(CH_2-CH)_y\right]_n$$

其中 $(CH_2-CH)_y$ 链节连接苯环

(2) 氯丁橡胶

氯丁橡胶,俗称万能橡胶,耐油,耐氧化,耐燃,耐酸碱,耐老化,耐曲挠性都很好;其缺点是密度大,耐寒性和弹性较差。用于制造运输带、防毒面具、电缆外皮、轮胎及用做化工防腐材料等。其结构式:

$$\left[CH_2-\underset{\underset{Cl}{|}}{C}=CH-CH_2\right]_n$$

(3) 顺丁橡胶

顺丁橡胶,其弹性、耐老化性、耐低温性、耐磨性都超过天然橡胶;其缺点是抗撕裂能力差,易出现裂纹。顺丁橡胶为合成橡胶的第二大品种(约占 15%),大约 60% 以上用于制造轮胎。其结构式:

$$\begin{bmatrix} CH_2 & CH_2 \\ | & | \\ C = C \\ | & | \\ H & H \end{bmatrix}_n$$

（4）丁腈橡胶

丁腈橡胶,耐油性十分优良,拉伸强度大,耐磨和耐热性好;其缺点是电绝缘性、耐寒性差,塑性低、难加工。用做机械上的垫圈以及制备飞机和汽车等需要耐油的零件。其结构式：

$$\left[\left(CH_2-CH=CH-CH_2 \right)_x \left(CH_2 - CH \atop \underset{CN}{|} \right)_y \right]_n$$

（5）乙丙橡胶

乙丙橡胶,分子无双键存在,其化学稳定性好,故耐热、耐氧化、耐老化性好,使用温度高,并有良好的电绝缘性。用于制造化工设备的防腐衬里、耐热胶管、垫片、三角胶带、输送带、人力车胎、电绝缘制品等。其结构式：

$$\left[CH_2-CH_2-CH-CH \atop \qquad\qquad\underset{CH_3}{|} \right]_n$$

（6）硅橡胶

硅橡胶,是一种耐热性和耐老化性很好的橡胶,它的特点是既耐高温,又耐低温（—65～250 ℃）,弹性好,耐油,防水,其制品柔软光滑,物理性能稳定,无毒,加工性能好,缺点是机械性能差,较脆,易撕裂。可用于医用材料,如导管,引流管,静脉插管,人造器官等;还可用于高温高压设备的衬垫、飞机、火箭、导弹上的一些零部件及电绝缘材料。其结构式：

$$\begin{bmatrix} CH_3 \\ | \\ Si-O \\ | \\ CH_3 \end{bmatrix}_n$$

6.4.4.3 纤维

纤维可分为两大类：一类是天然纤维,如棉花、羊毛、蚕丝、麻等;另一类是化学纤维。化学纤维又可分为两大类：一类是再生人造纤维,即以天然高分子化合物为原料,经化学处理和机械加工制得的纤维,主要产品有再生纤维素纤维和纤维素酯纤维;另一类是合成纤维,是指用低分子化合物为原料,通过化学合成和机械加工而制得的均匀线条或丝状高聚物。合成纤维具有优良的性能,例如强度大、弹性好、耐磨、耐腐蚀、不怕虫蛀等,因而广泛地用于工农业生产和人们日常生活中。在合成纤维中列为重点发展的是六大纶：锦纶（尼龙）、涤纶、腈纶、维纶、丙纶和氯纶,其中锦纶、涤纶、腈纶的产量约占合成纤维总量的90%以上。

作为合成纤维的条件,高聚物必须是线型结构,且相对分子质量大小要适当（约 10^4 ,太大,黏度过高,不利于纺织;太小,强度差）。其次,还必须能够拉伸,这就要求高分子链应具有极性或键间能有氢键结合,或有极性基团的相互作用。因此,聚酰胺、聚酯、聚丙烯腈均是优良的合成纤维的高分子材料。

随着高科技的发展,现在已制造出很多高功能性（如抗静电、吸水性、阻燃性、渗透性、抗水性、抗菌防臭性、高感光性）纤维及高性能纤维（如全芳香族聚酯纤维、全芳香族聚酰胺纤维、高强聚乙烯醇纤维、高强聚乙烯纤维等)。主要合成纤维的性能及其用途如下。

（1）聚酯类纤维（涤纶）

聚苯二甲酸乙二醇酯纤维，俗称的确良，是产量最大的合成纤维。显著优点是：抗皱、保型、挺括、美观，对热、光稳定性好。润湿时强度不降低，经洗耐穿，可与其他纤维混纺。年久不会变黄。其缺点是不吸汗，而且需高温染色。大约 90% 作为衣料用（纺织品为 75%，编织物为 15%）。用于工业生产的只占总量的 6% 左右，主要用做录音、录像带的基质和电绝缘材料及滤布和传送带等。其结构式：

$$\left[\ \overset{O}{\underset{\|}{C}}-\text{C}_6\text{H}_4-\overset{O}{\underset{\|}{C}}-O-(CH_2)_2-O\ \right]_n$$

（2）聚酰胺类纤维（锦纶或尼纶）

聚酰胺类纤维主要包括以下四种：

① 聚己内酰胺纤维（锦纶-6，尼龙-6）和聚己二酰己二胺纤维（锦纶-66，尼龙-66）：强韧耐磨、弹性高、质量轻，染色性好，较不易起皱，抗疲劳性好。吸湿率为 3.5%～5.0%，在合成纤维中是较大的，吸汗性适当，但容易走样。约一半做衣料用，一半用于工业生产。在工业生产应用中，约 1/3 是做轮胎帘子线。尼龙-66 的耐热性比尼龙-6 的高，做轮胎帘子线很受欢迎。尼龙-6 的结构式：

$$\left[\ NH-(CH_2)_5-CO\ \right]_n$$

尼龙-66 的结构式：

$$\left[\ NH(CH_2)_6NHCO(CH_2)_4CO\ \right]_n$$

② 聚间苯二甲酰间苯二胺纤维（芳纶 1313）：机械性能好，强度比棉花稍大，手感柔软，耐磨，化学稳定性好，耐辐射、耐高温性能好。其独特的耐高温性能，适用于做耐高温过滤材料，防火材料，耐高温防护服，耐高温电缆，烫衣衬布等。其结构式：

$$\left[\ \overset{O}{\underset{\|}{C}}-\text{C}_6\text{H}_4-\overset{O}{\underset{\|}{C}}-NH-\text{C}_6\text{H}_4-NH\ \right]_n$$

③ 聚对苯二甲酰对苯二胺纤维（芳纶 1414）：高强度、质量轻、耐磨。它可作为密封材料上的增强纤维，以提高密封垫圈的耐压性、耐腐蚀性，是近年来纤维材料中发展最快的一类高科技纤维。可用做安全带、运输带、耐热毡、防弹衣、轮胎帘子线、复合材料中的增强材料等。其结构式：

$$\left[\ \overset{O}{\underset{\|}{C}}-\text{C}_6\text{H}_4-\overset{O}{\underset{\|}{C}}-NH-\text{C}_6\text{H}_4-NH\ \right]_n$$

（3）聚丙烯腈类纤维

聚丙烯腈纤维（腈纶），俗名人造羊毛，具有与羊毛相似的特性，质轻，保温性和体积膨大性优良。强韧（与棉花相同）而富有弹性，软化温度高。吸水率低，不适宜作贴身内衣，强度不如尼龙和涤纶。大约 70% 做衣料用（编织物占 60% 左右），用于工业生产的只占 5% 左右。其结构式：

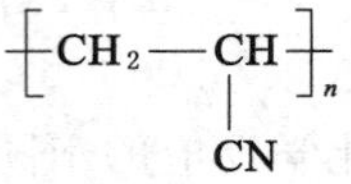

$$\left[CH_2 - \underset{\underset{CN}{|}}{CH} \right]_n$$

（4）聚乙烯醇类纤维

聚乙烯醇纤维，俗称维纶、维尼纶，亲水性好，吸湿率可达 5％，和尼龙相等，与棉花相近。强度与聚酯或尼龙相近，拉伸弹性比羊毛差，比棉花好。70％用于工业生产，其中以布和绳索居多，可代替棉花做衣料用。其结构式：

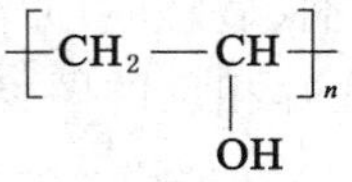

$$\left[CH_2 - \underset{\underset{OH}{|}}{CH} \right]_n$$

（5）聚烯烃类纤维

聚烯烃类纤维包括聚氯乙烯和聚丙烯纤维两种。

① 聚氯乙烯，俗称氯纶，它的抗张强度与蚕丝、棉花相当，润湿时也完全不变。其最大的优点是难燃性和自熄性；缺点是耐热性低，染色不好。几乎都不做衣料用，作过滤网等工业产品约占 50％，室内装饰用占 40％。其结构式：

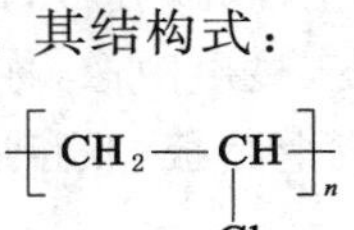

$$\left[CH_2 - \underset{\underset{Cl}{|}}{CH} \right]_n$$

② 聚丙烯纤维，俗称丙纶，是纤维中最轻的，强度好，润湿时强度不降。耐热性较低，不吸湿。30％左右做室内装饰用，30％左右做被褥用棉，医疗用少于 10％，其余的一半用于工业，且大多数做绳索。其结构式：

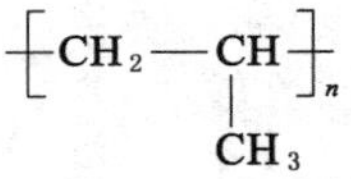

$$\left[CH_2 - \underset{\underset{CH_3}{|}}{CH} \right]_n$$

6.4.5 功能高分子材料

前述的塑料、橡胶、纤维这些通用高分子材料，其应用主要是利用其机械性能，它们往往被称为结构材料。而另外一类形形色色的高分子材料的应用是利用其某种特殊功能，例如离子交换、渗透、导电、发光、对环境因素（光、电、磁、热、pH）的敏感性、催化活性等，这些结构上差异很大的高分子材料统称为功能高分子材料。它是材料科学和高分子科学中的重要研究领域。

功能高分子的特定功能往往是由于在其主链和侧基上具有显示某种特定功能的基团所致。通常可由以下两种方法得到：一是直接聚合法，由含某种特定功能官能团的单体直接聚合而得；二是高分子化学反应法，通过高分子的化学反应，在其主链或侧基上引入某些具有某些特定功能的基团。

20 世纪 80 年代以来，与信息科学相关的功能高分子材料（如高分子液晶，感光、非线性光学及电致发光高分子材料等），以及与生命科学相关的功能高分子材料（如生物吸收性、环境敏感性及药物控制释放高分子材料等）的研究工作空前活跃、发展迅速。

6.4.5.1 感光高分子材料

感光高分子材料即是近 20 多年来获得迅速发展的、与信息科学相关的功能高分子材料之一。在光照射下能迅速发生物理或化学变化,经过一定的处理过程,可以得到记录影像的高分子材料,称为感光高分子材料。

感光高分子材料品种很多,根据化学反应的不同,可将感光高分子分为下列三类:

(1) 光交联型高分子

在光照下,分子链间能发生交联偶合反应的感光性高分子,称为光交联型高分子。这类感光材料已在国内外广泛应用于集成电路制造等。这类反应的典型代表是聚乙烯醇肉桂酸酯,它可溶于丙酮、丁酮、乙酸乙酯等有机溶剂。在紫外光照射下,分子间发生交联反应生成的产物不溶于有机溶剂。当用适当溶剂(显影液)冲洗时,未感光部分被冲洗下来,而感光部分因不溶解而保留下来,结果得到与底片相反的图像(称为负图像)。这类光刻涂层材料称负性光刻胶。

(2) 光分解型高分子

在光照下,高分子侧链上的有机化合物发生分解,这类高分子称光分解型高分子。典型代表是邻重氮醌。邻重氮醌不溶于稀碱液,当经光照后,放出氮气,变成烯酮经水解后可生成羧基,从而使高分子溶于稀碱液中,正性光刻胶就属于这一类,受光照的部分溶于显影液(稀碱液),而未受光照部分则保持不变,显出图像,称为正图像。

正、负性光刻胶可以用于制造集成电路板、照相底片、印刷、激光光盘等很多方面。

(3) 光致变色高分子

在光照后化学结构发生变化前后对可见光的吸收波长不同,显示出颜色变化,停止光照后又恢复原来的颜色。这种用不同的波长光照射能显示出不同颜色变化的高分子,称光致变色高分子。利用这类感光高分子材料可制备各种广色太阳镜、电焊镜、护目镜,各种玻璃窗,军事用伪装材料,密写信息材料等。

6.4.5.2　导电高分子

一般高分子材料都是电绝缘的,但是如果大分子链呈长链共轭体系(大分子链有规律的以单链-双链交替连接),这种共轭体系中有 π 电子的公有化,因而其聚合物具有半导体的特性。

1977 年发现了第一个导电有机高聚物聚乙炔,它具有类似金属的电导率。由于导电高分子材料具有重量轻、易成型、电阻率可调节、组成结构多样化等特点,这引起人们的极大兴趣。随着电子工业、情报信息的发展,对于具有导电功能的高分子材料的需要越来越多。

导电高分子材料可分为两类:一类是复合型导电高分子材料,是指高分子与各种导电性物质通过复合以及表面电导膜等方式构成的材料,例如导电塑料、导电涂料、导电粘胶剂等。这种材料中的合成树脂只起支持体和成型器件的作用,起导电作用的是那些炭黑、金属粉、金属纤维等填充物。这一类功能高分子材料在防静电、消除静电、微波吸收、制作电子元器件中的电极等方面获得了广泛的应用。

另一类是结构导电高分子,是指高分子本身结构或经过掺杂之后具有导电的高分子化合物。此类聚合物当前国内外的研究主要集中在聚乙炔、聚吡咯和聚噻吩等品种上。其应用研究主要着眼于大功能聚合物的蓄电池、高能量密度电容器、微波吸收材料、太阳能电池等的开发。其中聚合物蓄电池、太阳能电池最为引人注目。聚合物蓄电池具有重量轻、体积小、能量密度高、充放电的速度快以及反复充放电可达近万次的优点。据报道,10 年之内聚合物蓄电池将代替铅蓄电池达到工业化生产。这样以聚合物电池为动力,用微型电子计算机进行控制的,能够高速长时间运行的电子汽车,再配上太阳能电池充电,将对人类社会的发展带来深刻的影响。此外,导电高分子用于电子器件、电线、电缆等方面的希望也是很大的。

6.4.5.3　生物医用高分子材料

生物医用高分子材料是和医学、生物学发展相关联材料的总称,因其与医学相关,在生命科学、功能高分子材料及未来高科技材料中占有甚为重要的地位。

生物医用高分子材料要求有较高的生物相容性。生物相容性主要为血液相容性和组织相容性。抗凝血材料的合成,它与血液接触的表面性能研究备受关注。组织相容性材料的热点课题是合成和探索细胞能与之黏附,并能增殖于其上与活体组织成一体的高度生物相容性的材料(或称杂化材料)。

例如,植皮是医疗烧伤患者的必要手段,人工皮肤中有一种就是将烧伤患者自身的表皮细胞散播在组织相容性好且能繁衍增殖的骨胶原——软骨索硫酸酯多孔体膜上,外层用硅橡胶裹覆,使表皮细胞增殖铺覆后进行植皮,待愈合后取下起保护作用的硅橡胶膜。

生物降解吸收性高分子材料是在活体内完成医疗使命后能被水解或酶解为小分子而参与正常代谢的材料。这种材料不仅被用于可吸收缝线,辅助修复材料,而在药物释放和送达系统上也备受青睐。例如,脂肪族聚酯,用于吸收性手术缝线,则可免除拆线之苦。

硬组织生物材料是主要用于骨骼、牙齿、颅骨等支撑或保护软组织器官的结构材料。有前景的研究工作是无机材料与高分子材料的生物复合材料,或能与活体组织浑然成一体的生物陶瓷。作为无机材料的黏结剂,开发无体积收缩的医用黏结剂,在诸如齿科填充材料上颇有意义。

功能高分子的研究正在深入,新的用途还在不断地开发中,预期不远的将来会在更多的领域得到更广泛的应用。

习 题 六

一、判断题（对的，在括号内填"√"，错的填"×"）

1. 就主族元素单质的熔点来说，大致有这样的趋势：中部熔点较高，而左右两边的熔点较低。 （　　）

2. 半导体和绝缘体有十分类似的能带结构，只是半导体的禁带宽度要窄得多。（　　）

3. 活泼金属元素的氧化物都是离子晶体，熔点较高；非金属元素的氧化物都是分子晶体，熔点较低。 （　　）

4. 同族元素的氧化物 CO_2 与 SiO_2，具有相似的物理性质和化学性质。 （　　）

5. 共价化合物呈固态时，均为分子晶体，因此溶、沸点都低。 （　　）

6. 对于碳链聚合物，链节结构不对称的高聚物可以是强极性的，也可以是弱极性的；但链节结构对称的高聚物一定是非极性的。 （　　）

7. 不同于低分子化合物，高聚物的溶解过程通常必须先经历溶胀阶段。 （　　）

8. 就金属单质的熔点来说，大致有这样的趋势：周期表中部的熔点较高，而左右两端的熔点较低。 （　　）

9. 有色金属是指除了黑色金属之外的所有金属及其合金。 （　　）

10. 由尺度为 $1\sim100$ nm 的超微颗粒组成的材料称为纳米材料。 （　　）

11. 置换固熔体与间隙固熔体合金在结构上相同。 （　　）

12. 光导纤维的主要成分是 SiO_2。 （　　）

13. 水泥与水作用生成大量的无定形硅胶，因此水泥石具有较高的强度。 （　　）

14. 非晶态高分子化合物中，分子链无规则堆砌，只有非晶区。而晶态高分子化合物只有部分结晶，即既有结晶区又有非结晶区。 （　　）

15. 离子交换树脂是一类不溶、不熔的体型高分子化合物，它具有活性基团，只能用来处理自来水。 （　　）

二、选择题（将正确的答案的标号填入空格内）

1. 下列物质熔点最高的是哪个？ （　　）

A. SiC　　　　　　B. $SnCl_4$　　　　　　C. $AlCl_3$　　　　　　D. KCl

2. 下列物质酸性最弱的是哪个？ （　　）

A. H_3PO_4　　　　B. $HClO_4$　　　　　C. H_3AsO_4　　　　D. H_3AsO_3

3. 下列物质中具有金属光泽的是哪种？ （　　）

A. TiO_2　　　　　B. $TiCl_4$　　　　　C. TiC　　　　　　D. $Ti(NO_3)_4$

4. 用于合金钢中的合金元素可以是下列哪组？ （　　）

A. Na 和 K　　　　B. Mo 和 W　　　　C. Sn 和 Pb　　　　D. Ca 和 Ba

5. 聚丁二烯分子的平均聚合度为 4500，其分子的平均相对质量是多少？ （　　）

A. 4.9×10^5　　　B. 2.4×10^5　　　C. 1.6×10^4　　　D. 4.5×10^4

6. 下列化合物中，可用来合成加聚物的是哪种？ （　　）

A. $CHCl_3$　　　　　　　　　　B. C_2F_4

C. $CH_2\!=\!CH\!-\!CH\!=\!CH_2$　　　　D. C_3H_8

7. 下列化合物中,可用来合成缩聚物的是哪种?　　　　　　　　　　(　　)

A. CH_3NH_2　　　　　　　　　　B. $HCOOH$

C. $H_2N\!-\!(CH_2)_6\!-\!COOH$　　　D. $HOOC\!-\!\bigcirc\!-\!COOH$

8. 适宜选作橡胶的高聚物应是下列哪种?　　　　　　　　　　　　(　　)

A. T_g 较低的晶态高聚物　　　　　B. 体型高聚物

C. T_g 较高的非晶态高聚物　　　　D. 上述三种答案均不正确

9. 下列高聚物中,分子链的柔顺性最小的是哪种?　　　　　　　　(　　)

A. $\left[CH_2\!-\!CH_2\right]_n$　　　　　　　B. $\left[CH_2\!-\!CH\!=\!CH\!-\!CH_2\right]_n$

C. $\left[CH_2\!-\!\underset{\bigcirc}{CH}\right]_n$　　　　　D. $\left[CH_2\!-\!\underset{CH_3}{CH}\right]_n$

10. 通常符合高聚物溶解性规律的说法是下列哪种?　　　　　　　　(　　)

A. 若相对分子质量大则有利于溶解

B. 相似者相溶

C. 体型结构的高聚物比链型结构的要有利于溶解

D. 高聚物与溶剂形成氢键有利于溶解

11. 经适度硫化处理后的橡胶,性能上得到改善的是下列哪个?　　　(　　)

A. 塑性增加　　　B. 强度增加　　　C. 易溶于有机溶剂　D. 耐溶剂性增加

12. 下列哪种物质是储氢合金?　　　　　　　　　　　　　　　　　(　　)

A. $LaNi_5$　　　　B. $Cu\!-\!Zn\!-\!Al$　　C. TiC　　　　D. $GaAs$

13. 车辆车身可用下列哪种材料制造?　　　　　　　　　　　　　　(　　)

A. 碳纤维树脂复合材料　　　　　　B. 热固性玻璃钢

C. 硼纤维树脂复合材料　　　　　　D. 金属陶瓷

14. Al_2O_3 陶瓷可用做什么?　　　　　　　　　　　　　　　　　(　　)

A. 刀具　　　　　B. 叶片　　　　　C. 磨料　　　　　D. 坩埚

15. 下列制品中不含硅的是哪种?　　　　　　　　　　　　　　　　(　　)

A. 唐三彩　　　　B. 秦兵俑　　　　C. 琉璃瓦　　　　D. 石膏像

三、计算及问答题

1. 比较第Ⅳ主副族元素单质碳(金刚石)和钛:

(1) 原子的外层电子结构;(2) 元素的电负性(相对大小);(3) 晶体类型;(4) 熔点;

(5) 硬度;(6) 常温时的氧化还原性。

2. 金属的超氧化物是固体的储氧物质,它与水反应生成的氧气可模拟为空气成分供人体呼吸用。试通过计算说明 100 g 超氧化钾与水完全反应生成的氧气在标准状态下与体温(37 ℃)条件下可维持人体呼吸多长时间?(设人体呼吸时每分钟需空气 8.0

dm^3 ,不考虑水蒸气分压的影响,不计人体呼出的 CO_2 与 KOH 作用生成的 O_2 量。)

3. 比较下列各项性质的高低或大小次序:

(1) SiO_2 、KI 、$FeCl_3$ 、$FeCl_2$ 的熔点;

(2) 金刚石、石墨、硅的导电性;

(3) SiC 、CO_2 、BaO 晶体的硬度。

4. 渗铝剂 $AlCl_3$ 和还原剂 $SnCl_2$ 的晶体均易潮解,主要是因为均易与水反应,试分别用化学方程式表示之。要把 $SnCl_2$ 晶体配制成溶液,如何配制才能得到澄清的溶液?

5. 比较下列各组化合物的酸性,并指出你所依据的规律?

(1) $HClO_4$ 、H_2SO_3 、H_2SO_4 ; (2) $HCrO_4$ 、$HCrO_3$ 、$Cr(OH)_2$;

(3) H_3PO_4 、H_2SO_4 、$HClO_4$; (4) HClO 、HBrO 、HIO ;

(5) HClO 、$HClO_2$ 、$HClO_3$ 、$HClO_4$ 。

6. 写出反应 $Fe_3C(s) + 2H_2(g) \Longrightarrow 3Fe(s) + CH_4(g)$ 的标准平衡常数 $K^{\ominus}$ 的表达式,并分别讨论该系统在什么条件下有利于钢铁的渗碳? 什么条件下有利于钢铁的脱碳?

7. 命名下列聚合物,并根据其主链结构指出它们属于碳链聚合物、杂链聚合物还是元素有机聚合物?

(1) $\left[CH_2-CH \right]_n$ (苯基) ;(2) $\left[CF_2-CF_2 \right]_n$;(3) $\left[CH_2-\underset{COOCH_3}{\overset{CH_3}{C}} \right]_n$;

(4) $\left[\underset{CH_3}{\overset{CH_3}{Si}}-O \right]_n$;(5) $\left[N-(CH_2)_6-N-\underset{O}{\overset{}{C}}-(CH_2)_4-\underset{O}{\overset{}{C}} \right]_n$ 。

8. 写出下列高聚物的结构(简)式及合成它的单体的结构(简)式。

(1) 聚丙烯腈;(2) 聚氯乙烯;(3) 丁苯橡胶;(4) 尼龙-610;(5) ABS 树脂;

(6) 酚醛树脂;(7) 丁腈橡胶;(8) 聚乙烯醇肉桂酸酯;(9) 芳纶 1313。

9. 试分别指出能否直接使用下列物质作为唯一的单体(原料)进行聚合反应? 若能进行,则写出聚合产物的名称和结构(简)式。

(1) C_2H_6 ;(2) C_2H_4 ;(3) HCHO;(4) $CH_2=\underset{CH_3}{\overset{}{C}}-CH=CH_2$

10. 下列结构的高聚物是由何种单体合成的? 并指出它们各可用做哪一类有机高分子材料?

(1) $\sim\sim\sim CH_2-\underset{Cl}{\overset{}{C}}=CH-CH_2-CH_2-\underset{Cl}{\overset{}{C}}=CH-CH_2-\sim\sim\sim$;

（2） 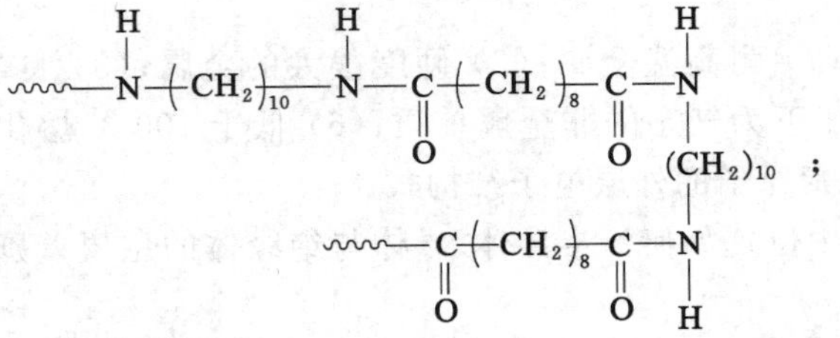
$$\sim\sim N-(CH_2)_{10}-N-C-(CH_2)_8-C-N$$

（结构式，聚酰胺类）

（3） 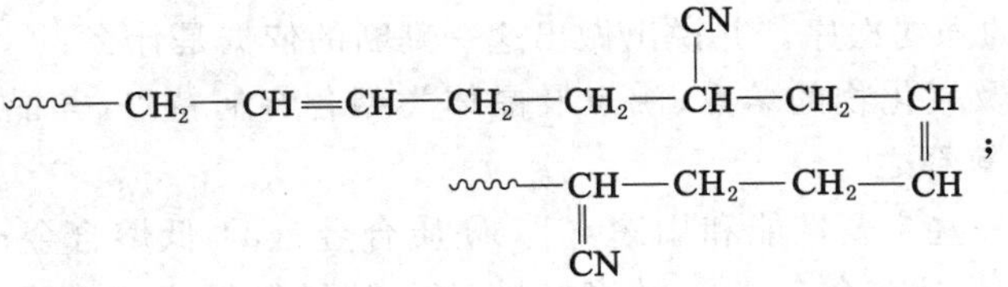
$$\sim\sim-CH_2-CH=CH-CH_2-CH_2-CH-CH_2-CH$$

（结构式，含CN侧基）

（4） 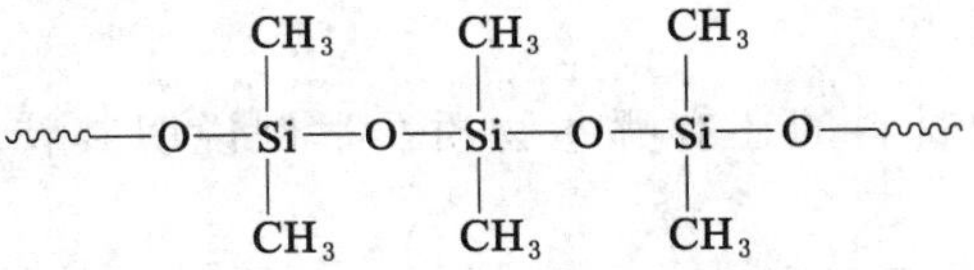
$$\sim\sim-O-Si-O-Si-O-Si-O-\sim\sim$$
（含 CH_3 侧基的硅氧烷结构）。

11. 指出下表中各线型非晶态高聚物在室温下处于什么物理形态？可做什么材料使用？

高聚物	T_g /℃	T_f /℃	(T_g-T_f) /℃
聚苯乙烯	100	135	35
聚甲基丙烯酸甲酯	105	150	45
聚异戊二烯（顺式）	−73	122	195
聚异丁烯	−74	200	274

12. 下列各种聚合物的聚合度是多少？

（1）$\left[NH-(CH_2)_5-CO\right]_n$，平均相对分子质量为 100 000；

（2）$\left[CH_2-CCl_2\right]_n$，平均相对分子质量为 100 000；

（3）$\left[OCH_2CH_2O-CO-\bigcirc-CO\right]_n$，平均相对分子质量为 100 000。

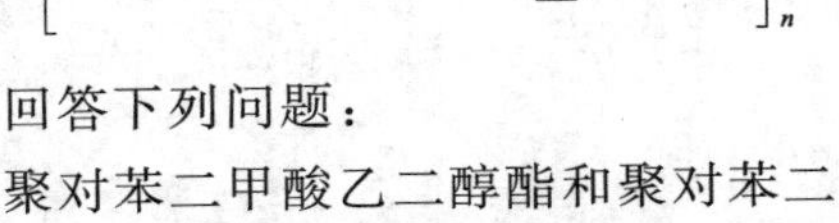

13. 回答下列问题：

（1）聚对苯二甲酸乙二醇酯和聚对苯二甲酸丁二醇酯的柔顺性哪个较好，为什么？

（2）聚甲基丙烯酸甲酯和聚甲基丙烯酸丁酯的玻璃化温度哪个更高，为什么？

（3）尼龙-66 和芳香族聚酰胺的熔点哪个较高，为什么？

14. 分别举一个日程生活中应用正性光刻胶和负性光刻胶的例子。

15. 用最简便的方法鉴别：

（1）聚乙烯与聚氯乙烯；（2）人造羊毛与羊毛；（3）尼龙丝与蚕丝。

四、思考题

1. 列举下列单质各 2～3 种：(1) 耐高温金属；(2) 硬度很大的金属；(3) 良导电金属；(4) 不活泼的金属；(5) 在常温常压下为气态的非金属单质；(6) 低于 100 ℃ 熔化的固态非金属单质，并写出其中一种金属元素原子的外层电子结构式。

2. 半导体元素在元素周期表中位置如何？半导体、导体与绝缘体的主要差别何在？怎样用固体能带理论进行解释？

3. 在金属的热加工中，常用镁、钙、硅、锰或碳(以单质或合金形式)作为脱氧剂。试指出它们在 873 K 时脱氧能力的强弱次序。并说出做出这一判断的依据是什么。

4. 过渡型的金属氯化物及氧化物的熔点、沸点及晶体类型各有何特点(与晶体基本类型相比较)？用晶体极化理论解释之。

5. 分别举出下列材料的一些主要性能和用途：(1) 硬质合金；(2) 低熔合金；(3) 耐热合金；(4) 形状记忆合金；(5) 非晶态合金；(6) 纳米材料；(7) 超导材料；(8) 精细陶瓷；(9) 光导纤维；(10) 聚四氟乙烯。

6. 除耐热合金外，可作为耐热结构材料的还有哪些物质？举例说明其特性和主要应用。

7. 解释高分子化合物老化的含义和老化的原因。

8. 线型非晶态高聚物有哪几种不同的物理形态？这与高聚物的链节运动和分子链运动有什么联系？

9. 各举 1～2 个实例，说明塑料、橡胶、纤维及感光高分子的特性及其应用？

10. 什么是功能高分子，功能高分子分为哪几类？

11. 什么是纳米材料？纳米材料有哪些特殊效应？简述纳米材料的应用。

12. 什么是复合材料？复合材料由哪几部分组成，各起什么作用？

13. 天然硅酸盐、普通水泥和普通玻璃在化学组成上有何共同之处？新型结构陶瓷材料有代表性的化学组成有哪些？

14. 陶瓷材料最大的弱点就是性脆、韧性不足，现有什么方法可以克服这种弱点？

第7章

化学与环境保护

在人类认识和征服自然的过程中,化学为人类创造了极大丰富的物质文明,然而20世纪下半叶世界性人口膨胀、环境恶化、资源短缺、能源匮乏等科技社会的后遗症给人类的生存和生活质量带来负面效应,使得人类本来绿色和平的生态环境变得可谓是"色彩斑斓",黑色的污水、黄色的烟尘、五颜六色的废渣和看不见的无色毒物等,正威胁着人们的健康,破坏着我们赖以生存的地球环境。自然界中从未发现过的人工合成化合物正在高速增加,估计已有96 000种化学物质进入人类环境,威胁着人类生存和健康。

目前全球正面临的十大环境问题:① 大气污染;② 臭氧层破坏;③ 全球气候变化;④ 海洋污染;⑤ 淡水资源紧张和污染;⑥ 土地退化和沙漠化;⑦ 森林锐减;⑧ 生物多样性减少;⑨ 环境公害;⑩ 有害化学品和危险废物。显然,上述众多的环境问题,已经对人类提出了十分严峻的挑战,其中七个问题与化学物质污染有关,另外三个问题与化学污染有间接关系。对环境的污染,化学品及其生产过程的问题是比较严重的。并且环境问题已经从区域性问题演变为全球性问题,因此,需要全世界全人类共同努力,科学技术及工程技术必须进行改革,应将对废弃物的末端治理变为对生产过程的控制,实行清洁生产,大力发展绿色制造业和绿色化学,执行可持续发展战略。

环境污染有不同分类方法。按环境要素,环境污染可分为大气污染、水体污染、土壤污染;按人类活动,环境污染分为工业环境污染、城市环境污染、农业环境污染;按造成污染的性质、来源,环境污染分为化学污染、生物污染、物理污染(噪声、放射性、热、电磁波等)、固体废物污染、能源污染等。

7.1　大气污染及其控制

大气是人类赖以生存的基本条件之一,是由一定比例的氮、氧、二氧化碳、水蒸气和固体杂质微粒组成的混合物。按体积计算,在标准状态下,常定组分:氮气占78.08%,氧气占20.94%,氩气占0.93%;可变组分:二氧化碳占0.03%,水汽0.25%;不定组分:SO_x、NO_x、碳氧化物和臭氧,其中还常悬浮有尘埃、烟粒、水滴、冰晶、花粉、孢子、细菌等固体和液体的气溶胶粒子。各种自然变化往往会引起大气成分的变化。例如,火山爆发时有大量的粉尘和二氧化碳等气体喷射到大气中,造成火山喷发地区烟雾弥漫,毒气熏人;雷电等自然原因引起的森林大面积火灾也会增加二氧化碳和烟粒的含量等等。一般来说,这种自然变化是局部的,短时间的。随着现代工业和交通运输的发展,向大气中持续排放的物质数量越来越多,种类越来越复杂,引起大气成分发生急剧的变化。当大气正常成分之外的物质达到对人类健康、动植物生长以及气象气候产生危害的时候,我们就说大气受了污染。

大气污染通常是指由于人类活动或自然过程引起某些物质进入大气中,呈现出足够的浓度,达到足够的时间,并因此危害了人体的舒适、健康和福利或环境污染的现象。

空气污染一般指近地面或低层的大气污染,有时仅指室内空气的污染。工业化是导致大气污染的主要原因。

7.1.1 几种主要大气污染物及其影响

排入大气的污染物达百余种,其中对人类社会威胁最大的有粉尘、硫氧化物、一氧化碳、氮氧化物、烃类、硫化氢、氨以及含氟气体、含氯气体和放射性物质等,值得注意的是粉尘的高毒性使其成为最危险的污染物。这些污染物主要来源于煤、石油的燃烧,矿石冶炼,汽车尾气,工业废气及核爆炸后散落的放射性物质,偶然排入大气的化学毒剂等。大气污染及其主要污染源见表7.1。

表 7.1 大气污染及其污染源的统计

污染物	污染源	危 害
烟 尘	煤炭、石油的不完全燃烧;采矿、冶金、水泥等生产过程	危害人的呼吸系统
硫氧化物	含硫煤炭、石油燃烧及其他生产过程产生的 SO_2	危害人的呼吸系统和心血管系统;形成酸雨,酸雾危害
氮氧化物	汽车等机动车尾气排放的 NO、NO_2	危害人的血液系统和呼吸系统;形成光化学烟雾危害
碳氧化物	燃料直接燃烧产生的 CO、CO_2	CO 引起中毒;CO_2 排放量增大造成"温室效应"
氯氟碳	氯氟碳(氟利昂)	臭氧层的破坏

7.1.1.1 大气颗粒物

(1) 来源

颗粒物分一次颗粒物和二次颗粒物。由扬尘、火山灰及海洋溅沫等天然污染源和主要来自燃烧过程产生的烟尘和工业生产、开矿、选矿、金属冶炼、固体粉碎加工等人为污染源产生的各类粉尘为一次颗粒物;由大气中某些污染气体组分(如二氧化硫、氮氧化物、碳氢化合物等)之间,或这些组分与大气中的正常组分(如氧气)之间通过光化学氧化反应、催化氧化反应或其他化学反应转化生成的颗粒物为二次颗粒物。煤和石油燃烧产生的一次颗粒物及其转化生成的二次颗粒物污染最为严重。大气中的颗粒物的粒径通常在 $0.02 \sim 100 \ \mu m$ 之间。其中粒径大于 $10 \ \mu m$ 的颗粒,靠自然重力能够降落在发生源附近,称之为降尘;粒径小于 $10 \ \mu m$ 的浮游状颗粒常悬浮于大气中而不降落,以气溶胶形式长时间飘浮在空中,称之为飘尘。

（2）危害

粉尘是大气中危害最久、最严重的一种污染。粒径在 $0.5 \sim 5\ \mu m$ 的飘尘对人体的危害最大，其中直径小于或等于 $2.5\ \mu m$ 的颗粒物，也称可入肺颗粒物 PM2.5。这种肉眼几乎不可见的物质却对空气质量和能见度有重要的影响。目前多个地区已经将 PM2.5 列入未来监测项目。可入肺颗粒物可经过呼吸道吸入而能沉积于肺泡和呼吸道细胞上造成矽肺。沉积在肺部的污染物如被溶解，就会直接侵入血液，造成血液中毒；未被溶解的污染物有可能被细胞所吸收，造成细胞破坏，侵入肺组织或淋巴结而引起尘肺（如煤矿工人吸入煤灰形成煤肺；玻璃厂工人吸入硅酸盐颗粒形成矽肺；石棉厂工人常患石棉肺）。颗粒物可对光产生吸收和散射，降低空气的可见度，减少日光照射到地面的辐射量，对气温有制冷作用；另外，悬浮微粒表面积大，吸附能力强，是携带和传染病菌的媒介，有的浮尘本身还是很好的催化剂，可为化学反应提供反应床，加速产生二次污染物，进一步加重了大气污染。烟尘本身的毒性还可能造成多种疾病，因此消烟除尘是治理大气的重要措施。

7.1.1.2 硫氧化物（SO_x）

（1）来源

硫氧化物主要指 SO_2 和 SO_3，它们主要来自含硫燃料的燃烧（煤含硫 $0.5\% \sim 5\%$，石油含硫 $0.5\% \sim 3\%$），金属冶炼厂、硫酸厂排放的 SO_x 气体，有机物的分解和燃烧及火山喷发等。全世界每年排入大气的 SO_2 约 1.5 亿 t。

（2）危害

SO_2 是无色、有刺激臭味的窒息性气体，吸入 SO_2 含量超 0.2% 的空气，会使嗓子变哑、喘息，甚至失去知觉；SO_2 能使植物产生漂白斑点，损害叶片，从而抑制作物生长甚至降低产量；SO_x 还严重腐蚀和损害建筑物、金属结构及名胜古迹等。如果大气中同时有颗粒物质存在，高浓度 SO_2 被悬浮物吸附后，经颗粒物中铁、锰等催化氧化转变为 SO_3，最终形成 H_2SO_4 及其盐，严重时会造成酸性降雨或煤烟型烟雾事件，所以 SO_2 是酸雨及化学烟雾的成因之一，可见当大气中同时存在硫氧化物和颗粒物质时其危害程度更大。

（3）重大污染事件

发生在 1952 年震惊世界的"伦敦烟雾"事件就是由当地地理气象条件加之大气中粉尘、SO_2 和雾滴"协同"作用的结果。当时伦敦正处于无风有雾和气温逆层的状态，工厂及家庭排出的烟尘，SO_2 急剧上升，燃煤产生的粉尘表面会大量吸附水，成为形成烟雾的凝聚核，这样便形成了浓雾。另外烟煤中粉尘颗粒对 SO_2 的氧化起催化作用：

$$2SO_2 + O_2 \xrightarrow{\text{粉尘},h\nu} 2SO_3$$

SO_3 和大气中水蒸气形成硫酸雾，毒性比 SO_2 大 10 倍。事件开始人们咳嗽不止、喉痛，呼吸困难、高烧。到后期，硫酸雾聚集并沉积于人肺部、血液，造成支气管炎，呼吸困难，危及心脏，4 天导致 4 000 人丧生。1956～1962 年伦敦又发生三次烟雾事件，后经英当局采取除尘、脱硫等治理措施，1962 年后再无发生。

类似环境灾害事件还有发生在 1930 年比利时马斯河谷烟雾事件、1948 年美国多诺拉烟雾事件和 1959 年墨西哥波萨里卡事件。

7.1.1.3 氮氧化物（NO$_x$）

（1）来源

氮氧化合物通常是指 NO 、NO$_2$，主要来自燃料（煤、石油）燃烧、硝酸及氮肥的生产和汽车尾气等。NO$_x$ 浓度较高的气体呈棕黄色，故有"黄龙"之称。

（2）危害

NO 能刺激呼吸系统，并与血红素结合形成亚硝基血红素，NO 与血红素的结合能力是 O$_2$ 的数百倍，NO 中毒造成血液缺氧而引起中枢神经麻痹。NO$_2$ 不仅对呼吸系统有强烈刺激，使血红素硝化，而且对心脏、肝脏、肾脏及造血系统和组织也都影响很大，严重时致死。此外，NO$_2$ 还毁坏棉、尼龙等织物，使柑橘落叶和发生萎黄病等，可见其危害远大于 NO 。NO$_x$ 和 SO$_x$ 一样都是形成酸雨的罪魁祸首。

氮氧化物最严重的危害在于它们在形成光化学烟雾过程中所起的关键作用。光化学烟雾不是某一污染源直接排入的一次污染物，而是氮氧化合物和碳氢化物在阳光下作用的结果，如图 7.1 所示。由工业废气和汽车尾气所释放的氮氧化合物和碳氢化合物等一次污染物，在阳光作用下发生系列化学反应，生成醛、酮、过氧乙酰硝酸酯（简写为 PAN）和其他多种复杂化合物等二次污染物，参与光化学反应过程的一次污染物和二次污染物的混合物所形成的浅蓝色的烟雾，称为光化学烟雾。

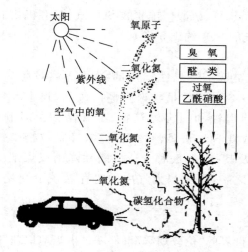

图 7.1　化学烟雾成因及危害示意图

光化学烟雾形成简要步骤如下：

① 空气中的 NO$_2$ 在紫外线作用下分解成 NO 和氧原子，氧原子和大气中 O$_2$ 反应生成 O$_3$ ；

$$NO_2 \xrightarrow{h\nu} NO + [O]$$
$$[O] + O_2 \longrightarrow O_3$$

② O$_3$ 分子同烃类发生系列反应生成酰类游离基和醛或酮；

$$O_3 + 烃 \longrightarrow R\overset{\overset{\displaystyle O}{\|}}{-}C-O\cdot + RCHO \text{ 或 } R_2CO$$

③ 酰类游离基被 NO 还原后再被氧化成过氧化酰类游离基；

$$R-\overset{\overset{\displaystyle O}{\|}}{C}-O\cdot + NO \longrightarrow NO_2 + R-\overset{\overset{\displaystyle O}{\|}}{C}\cdot$$

$$R-\overset{\overset{\displaystyle O}{\|}}{C}\cdot + O_2 \longrightarrow R-\overset{\overset{\displaystyle O}{\|}}{C}-O-O\cdot$$

④ 过氧化酰类游离基与 NO_2 反应生成过氧乙酰硝酸酯（PAN）。

$$R-\overset{\overset{\displaystyle O}{\|}}{C}-O-O\cdot + NO_2 \longrightarrow R-\overset{\overset{\displaystyle O}{\|}}{C}-O-NO_2 (PAN)$$

显然，除 NO_x、O_3 和阳光照射外，空气中存在碳氢化合物也是形成光化学烟雾的重要条件，否则 O_3 和 NO 反应生成 NO_2 和 O_2，反应不断循环，也就不会生成二次污染物。

光化学烟雾的成分非常复杂，具有强氧化性，有强烈的刺激作用，使人眼睛红肿，喉咙疼痛，促使哮喘病患者哮喘发作，能引起慢性呼吸系统疾病恶化、呼吸障碍、损害肺部功能等症状，严重者呼吸困难、视力减退、头晕目眩、手足抽搐。光化学烟雾直接危害树木、作物；臭氧影响植物细胞的渗透性，可导致高产作物的高产性能消失，甚至使植物丧失遗传能力；PAN 影响植物的生长，降低植物抵抗病虫害能力；臭氧、PAN 等还能造成橡胶制品的老化、脆裂，使染料褪色，并损害油漆涂料、纺织纤维和塑料制品等；此外，光化学烟雾还使大气的能见度降低。

（3）重大污染事件

洛杉矶光化学烟雾事件是 20 世纪 40 年代初期发生在美国洛杉矶市的大气污染事件。当时洛杉矶市拥有各种汽车多达 400 多万辆，市内高速公路纵横交错，并且有飞机制造、军工等工业，大量石油烃废气、氮氧化物等废气排放，经太阳光作用发生光化学反应，加之洛杉矶三面环山的地形，光化学烟雾扩散不开，停滞在城市上空，形成污染。自 1943 年开始，一向气候温暖、风景宜人的美国洛杉矶每年从夏季至早秋，只要是晴朗的日子，城市上空就会弥漫着浅蓝色烟雾，使整座城市上空变得浑浊不清。这种烟雾使人眼睛发红，咽喉疼痛，呼吸憋闷、头昏、头痛。1955 年，因洛杉矶型烟雾致使呼吸系统衰竭死亡的 65 岁以上的老人达 400 多人；1970 年，约有 75% 以上的市民患上了红眼病。

7.1.1.4　碳氧化物

（1）CO

① 来源

含碳燃料不完全燃烧或燃后高温下 CO_2 分解均会产生 CO。毫不夸张地说，哪里有燃烧，哪里就有 CO，小到蜡烛燃烧，大到火山喷发。城市中 50% CO 是源于汽车排放。

② 危害

CO 是无色无臭的气体，是窒息性毒气，不易被人察觉，对其须高度警惕。CO 一旦进入人体即与血红蛋白结合成非常稳定的羰基血红蛋白（是一种比氧和血红蛋白结合更稳定的配位化合物），阻碍血红蛋白的输氧功能，轻度中毒使中枢神经机能受损，严重时则昏迷、痉挛甚至致死。

（2）CO_2

① 来源

燃料燃烧量增加,植被、森林遭到破坏使得光合作用消耗的 CO_2 量减少。

② 危害

CO_2 是温室气体之一,引起全球气候变暖。人所处环境含 CO_2 量如果达到 0.4%,就有昏迷、呕吐等病象,如达到 3.6%,则会出现严重病态如窒息、休克,达到 10%,则会死亡。

7.1.1.5　烃类

（1）来源

烃类主要来自汽车油箱的遗漏和尾气以及石油开采、炼油厂的废气。

（2）危害

这些化合物大多是饱和烃,对人体的直接危害不大,但是其中一部分裂解成烯烃。如辛烷裂解成乙烯和丁烯:

$$C_8H_{18}(l) \longrightarrow 2C_2H_4(g) + C_4H_8(g) + H_2(g)$$

不饱和烯烃,很活泼,能与原子氧、NO、O_3 等发生反应,生成光化学烟雾及其他有害物质。如前所述,光化学烟雾具有强热的刺激性和氧化性,能引起眼睛红肿、喉痛、呼吸困难、头晕目眩、手足抽搐、动脉硬化和机能衰退。

7.1.2　全球大气环境问题

各类化学反应造成酸雨、温室效应、臭氧层耗减等全球性综合大气污染问题,并且这些问题关乎全球生态环境和人类的健康。

7.1.2.1　酸雨

未被污染的雨雪是中性的,pH 值近似等于 7,当其被大气中二氧化碳饱和时,略呈酸性,pH 值为 5.65,若被大气中存在的酸性气体所污染,pH 值则小于 5.65。酸雨即指 pH 值小于 5.6 的降水(包括雨、雪、露、冰雹等降水形式),其中以降雨最为常见,所以统称为酸雨。

（1）成因

如前所述,酸雨的罪魁祸首首推硫氧化物和氮氧化物。煤、石油、天然气等矿物燃料燃烧、工业废气和机动车尾气排放等,除向大气排放二氧化碳外,还排放 SO_x、NO_x 等酸性有害气体,其中的 SO_2、NO 可在大气粉尘(含 Fe、Cu、V 等)的催化下氧化或者在大气发生光化学反应生成的 O_3 和 H_2O_2 氧化下生成 SO_3、NO_2,最终在大气中形成 H_2SO_4、H_2SO_3、HNO_3、HNO_2 和 H_2CO_3 等酸性液滴,降落到地面上形成酸雨。

（2）危害

目前西欧、北美和东南亚为全球三大块酸雨地区,中国长江以南也存在连片的酸雨区域。近十余年来,中国的酸雨区不断扩大,目前酸雨区面积已接近国土面积的 1/3。由于酸雨对河湖、植物、土壤等均有影响,破坏了自然生态,势必危及野生动物的生存,乃至整个生态系统的平衡,所以被列为当代全球性重大生态环境保护问题,被专家们视为威胁人类生存的主要公害之一。其危害是跨地区的,甚至是跨国界的全球性的灾难问题。人们称酸雨为"现代空中死神"、"空中恶魔"、"看不见的杀手"。

酸雨给地球的生态系统、生态环境、人类社会的生产和生活都已经带来了严重的破坏和影响,并造成了不可估量的经济损失。主要表现在以下几个方面:

① 酸性物质通过人的呼吸、消化、循环等器官对人体健康造成极大危害,从而引起各种疾病。酸雨可使汞、铅等重金属通过食物链直接进入人体内,可诱发癌症和老年痴呆症;硫酸雾和硫酸盐雾的毒性比 SO_2 要高 10 倍,酸雾可诱发肺水肿和肺硬化等肺部疾病而导致死亡;酸雨中含有的甲醛、丙烯酸等对人的眼睛有强烈的刺激作用;酸性环境可使人体内产生过多的氧化脂,进而导致动脉硬化、心脏病等疾病的概率的增加。

② 使河湖水酸化,渔业减产,并抑制水生生物的生长和繁殖。鱼卵在 pH 值低于 5.0 以下多不能正常孵化,即使孵化骨骼也常是畸形的,加之河湖水酸化后淤泥中的有毒金属溶解加速水生生物的死亡(如瑞典 9 万个湖泊中已有 2 万多个遭到酸雨危害,4 000 多个成为无鱼湖);酸雨可直接杀死水中的浮游生物,减少鱼类的食物来源,使水生生态系统遭破坏,水生生态平衡失调,因而严重影响了水生动植物的正常的生长、发育和种族的繁衍(如美国和加拿大许多湖泊成为死水,鱼类、浮游生物甚至水草和藻类均一扫而光)。

③ 使土壤酸化,导致土壤贫瘠、生物的生产量下降。酸雨使土壤酸化后,抑制有机物的分解和氮的固定,并使大量的钙、镁、钾等营养元素流失,土壤肥力下降,生产力降低;同时大量有害离子进入植物,损害作物的根系以致作物死亡,严重时造成减产或绝收,使生态系统生物的产量明显下降。

④ 使森林衰退。酸雨冲淋植物表面的茎叶,直接或间接伤害植物,并诱发各种病虫害频发,从而造成林木生长缓慢或森林大片死亡。我国每年因酸雨造成木材经济损失 18.02 亿元,森林生态效益经济损失 162.30 亿元。

⑤ 腐蚀建筑物和文物古迹。酸雨是文物古迹、纪念碑和桥梁等建筑物、工业设备和通讯电缆等的腐蚀剂,其腐蚀力很强,在全球造成巨大的经济损失,并使许多古代建筑物遭其腐蚀,面目全非,令人心痛不已(如具有 2 000 多年历史的雅典古城的大理石建筑和雕塑已千疮百孔,层层剥落;重庆嘉陵江大桥,其腐蚀速度为每年 0.16 mm,用于钢结构的维护费每年达 20 万元以上;也有人就北京的汉白玉石雕做过研究,认为近 30 年来其受侵蚀的厚度已超过 1 cm,比在自然状态下快几十倍)。

(3) 治理

酸雨问题早已引起各国注意。1979 年欧洲和北美 35 个国家签订了《长程越界空气污染公约》。美国 1990 年修订《清洁空气法》,确定了控制 SO_2 排放总量的行动纲领。近年来中国政府已开始对酸雨问题进行总体控制,提出消减方案,其控制已被列入国家绿色工程计划。酸雨是由于大气污染造成的,大气污染是全球的共同灾害,各国应该通力合作,酸雨并非顽疾,可防可治。

① 防治酸雨最根本的措施是减少人为硫氧化物和氮氧化物及烟尘颗粒物的排放。

实现这一目标有两个途径:一是调整以矿物燃料为主的能源结构,增加无污染或少污染的能源比例,发展太阳能、核能、水能、风能、地热能等不产生酸雨污染的能源;二是加强技术研究推广,发展高效洁净燃烧技术,积极推广煤炭的净化技术、转化技术,改进燃煤技术,改进污染物控制技术,采取烟气脱硫、脱氮技术等重大措施。

② 施用石灰对于森林、土壤和河湖的酸化进行治理。

③ 利用生物吸收作用作为防治辅助手段。在污染重的地区可栽种一些对二氧化硫有

吸收能力的植物,如垂山楂、洋槐、云杉、桃树、侧柏等。

7.1.2.2 温室效应

温室效应又称"花房效应",是大气保温效应的俗称,是由于低层大气对长波和短波辐射的吸收特性不同而引起的增温现象。大气能使太阳短波辐射到达地面,而大气中的 CO_2、甲烷、氮氧化物等温室气体通过吸收地表向外辐射的长波热辐射线而阻止地表热能耗散,导致地表与低层大气温度增高,因其作用类似于栽培农作物的温室,故名温室效应。

(1) 成因

本来地球上燃料的燃烧所释放出来的 CO_2 与被植物、海洋、江河、湖泊吸收的 CO_2 是保持平衡的,大气中的 CO_2 浓度能维持在一定的范围内,大气对长波和短波辐射的选择性吸收使地球表面保持相对稳定的温度。然而,自工业革命以来,人类向大气中排入的二氧化碳、氟氯烃(CFC)、甲烷、低空臭氧和氮氧化物气体等吸热性强的温室气体逐年增加,大气的温室效应也随之增强,形成一种无形的"玻璃罩",使太阳辐射到地球上的热量无法向外层空间发散,其结果是地球表面变热,引起全球气候变暖等一系列严重问题。

学术界一直公认 CO_2 是导致全球变暖的罪魁祸首。然而经过几十年的观察研究,来自美国 Goddard 空间研究所的美国气候科学家詹姆斯·汉森(J. Hansen)提出新观点,认为温室气体主要不是 CO_2,而是碳粒粉尘等物质。众多的碳粒聚集在对流层中导致了云的堆积,而云的堆积便是温室效应的开始,因为 $40\%\sim90\%$ 的地面热量来自云层所产生的大气逆辐射,云层越厚,热量越不能向外扩散,地球也就越裹越热了。汉森认为,除了碳粒粉尘以外,如对流层中的臭氧(正常的臭氧应集中在平流层中)、甲烷,氟氯烃等气体也能导致温室效应。

(2) 危害

目前温室效应已引起全世界各国关注。

① 影响环境:全球气候变暖;地球上的病虫害增加;会使全球降水量重新分配,冰川和冻土消融,海平面上升;气候反常,海洋风暴增多;土地干旱,沙漠化面积增大,威胁人类的食物供应和居住环境。

② 影响人类生活:海平面的显著上升对沿岸低洼地区及海岛会造成严重的经济损害,美丽的马尔代夫可能将永远消失。此外,农业、海洋生态、水循环等也可能受到不同程度影响。农地积水疟疾肆虐,亚马逊雨林逐渐消失,新的冰川期来临,这些都是科学家对于温室效应即将带来灾难的预测。

温室效应不是全球气候变化的唯一原因。英国气象局科学家于 2010 年 11 月 28 日在寒冷的伦敦进行了有关其全球变暖报告的新闻发布会,公布了最新观测结果:全球仍在变暖但速度放缓。"二氧化碳减排"方案尚未达成共识,全球变暖速度放慢无法用温室效应来解释。这是西方科学家对全球继续变暖的第五次修正。

(3) 治理

为减小温室效应,全球共同努力。

① 全面禁用氟氯碳化物。对于 2050 年为止的地球温暖化估计可以发挥 3% 左右的抑制效果。

② 保护森林和海洋。不乱砍滥伐森林,不让海洋受到污染以保护浮游生物的生存。还

可以通过植树造林,减少使用一次性方便木筷,节约纸张(造纸用木材),不践踏草坪等行动来保护绿色植物,使它们多吸收二氧化碳来帮助减缓温室效应。科学家预测,如果现在开始有节制地对树木进行采伐,到 2050 年,全球暖化会降低 5%。

③ 改善能源结构,提高各种场合的能源利用率。用生物能源等可再生能源替代高污染性的化学能是一项长期工程。

④ 提倡低碳生活方式。如尽量节约用电,少开私家汽车。

7.1.2.3　臭氧层空洞

O_3 主要分布在距地面 $10\sim50$ km 的平流层内,在 25 km 附近浓度最大。臭氧层可遮挡来自太阳的 99% 以上的紫外线辐射,并将能量储存在上层大气,起调节气候的作用,可以说 O_3 层是"地球生命的保护神"。

自 1985 年观测以来,全球大气层臭氧总量锐减,O_3 层变薄,甚至先后在南北两极上空都出现了臭氧层空洞。南极上空的 O_3 空洞面积比北美洲还大,且该空洞面积仍不断扩大。我国科学家也发现在青藏高原上空夏季也存在一个臭氧低谷,且每年以约 0.375% 的速度减少。近年来,科学家又发现欧洲上空北半球臭氧层也在变薄,北极臭氧层已有 2/3 部分受损。2011 年 3 月中国风云三号卫星臭氧总量探测仪在北极上空监测到一个明显的臭氧低值区,北极上空疑现首个臭氧洞,或已延伸到纽约上空,火山灰和冷空气涡可能是"臭氧杀手"。相比之下,南极的臭氧洞却在慢慢闭合。一项来自英国利兹大学的最新研究成果显示,位于南极上空的这个臭氧层空洞去年已完全稳定地闭合了。

(1) 成因

臭氧层空洞及耗减是由于自然变化和人类活动共同影响的结果。人类活动产生的氟氯烃类化学物质和 NO_x 的大幅增加,致使 O_3 生成与耗减平衡被破坏,造成臭氧层变薄甚至出现空洞。

一方面用做制冷剂、除臭剂、发泡剂、清洁剂、杀虫剂、头发喷雾剂等的氟利昂(CF_2Cl_2、$CFCl_3$ 等,简称 CFC)的大量使用及排放,尤其空调冰箱排放严重破坏臭氧层。

氟利昂易挥发,进入大气平流层后受紫外线照射产生的 $Cl\cdot$ 自由基可引发破坏 O_3 的反应。CFC 对 O_3 的破坏反应按自由基取代历程进行:

① CFC 在紫外线作用下发生光分解反应释放出 $Cl\cdot$ 自由基(链的引发)

$$CF_2Cl_2 \xrightarrow{\text{紫外线},h\nu} Cl\cdot + F_2ClC\cdot$$

② $Cl\cdot$ 自由基与 O_3 分子反应使 O_3 耗损(链的增长)

$$Cl\cdot + O_3 \longrightarrow ClO\cdot + O_2$$
$$ClO\cdot + O \longrightarrow Cl\cdot + O_2$$
$$(O_3 \xrightarrow{h\nu} O + O_2)$$

③ $Cl\cdot$ 自由基与大气中的过氧自由基 $HO_2\cdot$ 反应(链的终止)

$$Cl\cdot + HO_2\cdot \longrightarrow HCl + O_2$$

显然 $Cl\cdot$ 自由基本身只作催化剂,但是长时间反复地破坏着 O_3。

另一方面是超音速飞机、宇宙飞行器在臭氧层高度飞行时排出 NO_x 或是汽车尾气排放及核爆炸产生的 NO_x 释放到大气平流层,NO_x 在紫外线下也引发破坏 O_3 的反应:

$$2O_2 \xrightarrow{h\nu} O + O_3$$

$$O_3 + NO \longrightarrow NO_2 + O_2$$
$$NO_2 + O \longrightarrow NO + O_2$$

NO 可循环反应,本质上起催化作用使臭氧层遭到破坏。

(2) 危害

臭氧层破坏的严重后果也是不可忽视的。

① 危害人体健康:据统计,大气中 O_3 每减少 1%,照射到地面的紫外线就增加 2%,皮肤癌发病率将增加 4%左右,白内障眼疾患病率增加,还会损害人的免疫系统。

② 妨碍生物的正常生长。

③ 加快高分子材料的老化。

④ 影响环境:城市光化学烟雾加剧,造成高空平流层变冷和地面变暖。

(3) 治理

1985 年,联合国环境规划署制定了《保护臭氧层的维也纳公约》,1987 年制定了《蒙特利尔协定书》,禁止使用氟氯烃和其他卤代烃,1990 年又修订,于 2010 年全球完全停止氟氯烃的生产和排放。

《2010 年臭氧层消耗科学评估》报告说,1987 年出台淘汰氯氟烃——用于冰箱、气溶胶喷雾和一些包装用泡沫材料中的物质——的国际协定作用很成功。然而联合国 2010 年 10 月关于全球臭氧以及南北极臭氧已经停止损耗的庆功报告余音未尽,北极臭氧洞形成的惊人警报不期而至。

7.1.3　大气污染的防治

防治大气污染是一个庞大的系统工程,需要个人、集体、国家乃至全球各国的共同努力,控制污染源是关键,具体可考虑如下措施:

(1) 改革能源结构,改进燃烧设备和燃烧方法,减少污染物排放量

优先使用无污染能源(如太阳能、风能、水力发电)和低污染能源(如天然气、可燃冰等);对化石燃料进行预处理(如利用原煤脱硫技术可预先除去燃煤中大约 40%～60%的无机硫);改进燃烧技术(如利用液态化燃煤技术加进石灰石和白云石,与二氧化硫发生反应,生成硫酸钙随灰渣排出,并对燃烧后形成的烟气在排放到大气中之前进行烟气脱硫减少燃煤过程中二氧化硫和氮氧化物的排放量)。

此外,在污染物未进入大气之前,使用除尘消烟技术、冷凝技术、液体吸收技术、回收处理技术等消除废气中的部分污染物,均可减少进入大气的污染物数量。

(2) 充分利用大气自净能力进行控制排放

气象条件不同,大气对污染物的容量便不同,对于风力大、通风好、湍流盛、对流强的地区和时段,大气扩散稀释能力强,可接受较多厂矿企业活动。逆温的地区和时段,大气扩散稀释能力弱,便不能接受较多的污染物,否则会造成严重大气污染。因此应对不同地区、不同时段进行排放量的有效控制。

(3) 合理规划工业区

工业合理布局,避免排放大户过度集中,造成重复叠加污染,形成局部地区严重污染事件。

（4）利用吸附、吸收或中和等措施除去有害气体

烟气脱硫方法：

① 湿法：用石灰乳，NH_3 水，碱（$NaOH$ 或 Na_2CO_3）除去 SO_2。

② 干法：用活性炭吸附，用碱或碱性氧化物吸收 SO_2 并除去，用废碱渣处理可以降低费用，"以废治废"。

目前主要用石灰法，可以除去烟气中 $85\%\sim90\%$ 的二氧化硫气体。不过，脱硫效果虽好但成本高。例如，在火力发电厂安装烟气脱硫装置的费用，要达电厂总投资的 25% 之多。这也是治理酸雨的主要困难之一。

（5）控制机动车污染

① 使用清洁燃料：无铅汽油、汽油发动机清洁剂、液化石油气（LPG）、液化天然气（LNG）、乙醇燃料。

② 使用清洁汽车：机内净化（电喷、电子点火）；机外净化（后燃法、催化净化）。

为去除汽车尾气中的烃类、一氧化碳和氮氧化物，可在汽车尾气系统内插入一个"催化转换器"，如图 7.2 所示。常以 Pt、Pd 等贵金属为催化剂使汽车尾气中的碳氢化合物、CO 及氮氧化合物转化为 CO_2 和 N_2，或以 CuO-CrO 为催化剂用 NH_3 还原 NO 和 NO_2。

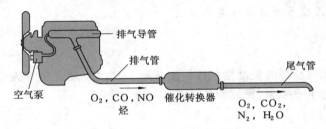

图 7.2　汽车尾气催化转换器示意图

汽车尾气无害化反应：

$$C_nH_m + (n + \frac{m}{4})O_2 \xrightarrow{Pt\text{-}Pd} nCO_2 + \frac{m}{2}H_2O$$

$$CO(g) + NO(g) \xrightarrow{Pt\text{-}Pd} CO_2(g) + \frac{1}{2}N_2(g)$$

$$4NH_3 + 6NO \xrightarrow{CuO\text{-}CrO} 5N_2 + 6H_2O$$

$$8NH_3 + 6NO_2 \xrightarrow{CuO\text{-}CrO} 7N_2 + 12H_2O$$

③ 执行配套法规和标准：目前国内机动车尾气排放标准实施国Ⅲ标准（相当于欧Ⅲ和欧Ⅳ标准），从 2008 年起北京实施欧Ⅲ排放标准，2012 年前后北京将实行国Ⅴ标准。

"十一五"以来，国家不断加大机动车污染防治力度，并已取得初步成效。但 2011 年《中国机动车污染防治年报》公布的"十一五"期间全国机动车污染排放情况显示，我国已连续两年成为世界汽车产销第一大国，机动车污染日益严重，已经是大气环境最突出、最紧迫的问题之一。鉴于机动车污染排放已成为我国空气污染的一个重要来源，生态环境部今后将继续加大工作力度，全面实施机动车氮氧化物总量控制，进一步强化机动车生产、使用全过程的环境监管。

④ 大力发展公交车,控制私家车。

(6) 植树种草,绿化环境

植树造林是一种防治大气污染的极为有效的措施。绿色植物对有害物质的过滤作用和对空气的净化作用功能显著,能阻挡、吸附、粘着粉尘,对硫氧化物、光化学烟雾等有毒气体也有不同程度的吸收能力,是天然的吸尘器;植物的光合作用可以消耗大气中 CO_2 提供 O_2,有效地调节大气中氧与二氧化碳的正常含量;还能防止风沙、调节气温和湿度、维持生态平衡。

《国家环境保护"十二五"规划》发布,2012 年起北京、天津、河北和长三角、珠三角等重点区域以及直辖市和省会城市开展 PM2.5 和臭氧监测,预计 2015 年京津冀灰霾有望大减。

7.1.4　室内空气污染及防治

室内空气质量关乎人体健康,不容忽视。特别是装修污染被称为室内的"隐形杀手",其中的有害物质对女性、儿童和老人的伤害更加严重,装修后闻不到味道不等于没有污染,甲醛超标 4 倍以上才能闻到刺激性的气味,所以为了您和家人的健康,请注意家居、办公场所及公共场所常见污染。

7.1.4.1　室内常见空气污染物及其危害

(1) 甲醛

① 来源

甲醛是一种无色易溶的刺激性气体。刨花板、密度板、胶合板等人造板材、胶黏剂和墙纸是空气中甲醛的主要来源,释放期长达可 3～15 年。

② 危害

甲醛为较高毒性的物质,已被世界卫生组织确定为致癌和致畸性物质,其对人体的危害具长期性、潜伏性、隐蔽性的特点。国家安全标准规定空气中甲醛含量不得超过 0.08 mg·m^{-3}。一旦甲醛超标将引起呼吸道疾病,并可能诱发肺水肿、鼻咽癌、喉头癌等重大疾病;甲醛也可以影响妇女生育能力,可使胎儿畸形、染色体异常甚至诱发癌症,导致白血病。

(2) 苯

① 来源

苯无色、具有特殊芳香气味。空气中苯主要来源于胶水、油漆、涂料和黏合剂、防水材料等。

② 危害

苯已被世界卫生组织确定为强烈致癌物质。苯及苯系物(主要有甲苯、二甲苯及苯乙烯等)被人体吸入后,可出现中枢神经系统麻醉作用;可抑制人体造血功能,使红细胞、白细胞、血小板减少,再生障碍性贫血患率增高,甚至导致白血病;还可导致女性月经异常,胎儿的先天性缺陷等。

(3) 氡

① 来源

氡是一种无色、无味、无法察觉的具有放射性的惰性气体。氡主要来源于水泥、砖沙、大理石、花岗石、瓷砖等建筑材料,地质断裂带处也会有大量的氡析出。氡对人体的辐射伤害占人体所受到的全部环境辐射中的 55% 以上,其发病潜伏期可长达 15～40 年。

② 危害

氡随空气进入人体,或附着于气管黏膜及肺部表面,或溶入体液进入细胞组织,形成体内辐射,诱发肺癌、白血病等。世界卫生组织研究表明,氡是仅次于吸烟引起肺癌的第二大致癌物质。

(4) 氨

① 来源

氨是一种无色而有强烈刺激气味的碱性气体。主要来源于混凝土防冻剂等外加剂、防火板中的阻燃剂等。

② 危害

氨对眼、喉、上呼吸道有强烈的刺激作用,可通过皮肤及呼吸道引起中毒,轻者引发充血、分泌物增多、肺水肿、支气管炎、皮炎,重者可发生喉头水肿、喉痉挛,也可引起呼吸困难、昏迷、休克等,高含量氨甚至可引起反射性呼吸停止。氨被吸入肺后容易通过肺泡进入血液,与血红蛋白结合,破坏运氧功能。

(5) 挥发性有机化合物(TVOC)

① 来源

挥发性有机物(Volatile Organic Compound)常用 VOC 表示,有时也用总挥发性有机物 TVOC 表示,常分为烷类、芳烃类、烯类、卤烃类、酯类、醛类、酮类和其他八类,包括 300 多种(常见的有苯、甲苯、二甲苯、苯乙烯、三氯乙烯、三氯甲烷、萘等),属室内空气中异类污染物。TVOC 主要来源于建筑涂料、室内装饰材料、纤维材料、空调管道衬套材料、胶黏剂及吸烟和烹饪过程产生的烟雾及室外空气污染等。

② 危害

研究表明,即使室内空气中单个 VOC 含量都低于其限含量,但多种 VOC 的混合存在及其相互作用,就使危害强度增大。TVOC 可使视觉、听觉受损;能引起机体免疫水平失调,影响中枢神经系统功能,出现头晕、头痛、嗜睡、无力、胸闷等症状,严重者出现记忆力下降、神经质及抑郁症等;还可能影响消化系统,出现食欲缺乏、恶心等,严重时可损伤肝脏和造血系统。

7.1.4.2　室内空气污染防治

因装修设计、选材的不合理,导致甲醛、苯、TVOC 等污染室内环境,大量病原微生物寄生于室内环境中,均严重影响人体健康。室内空气污染防治不得不引起注意,室内空气治理刻不容缓。

(1) 减小与防治室内空气污染注意事宜

① 慎重选用装修材料

达标材料不等于环保材料,达标材料不是不含有害物质,只是在限量范围内,所以在有限的空间内减少大面积使用一种装饰材料,如用 10 张板材达标不一定用 20 张板材也达标。而且装修材料类别越多,单项累加就有可能会超标。因此选用装修材料时就应严防污染源。尽量选择环保安全、绿色建筑装饰材料,减少化学合成装饰材料的使用(如选用不含甲醛的黏胶剂、大芯板、贴面板等),选用天然制品家具(如竹制、藤制、实木等)。

② 注意经常通风换气

一般情况下,苯的潜伏期为半年以上,甲苯、二甲苯的潜伏期为 1 年以上,危害最大的甲醛的潜伏期能达到 3～15 年,故不能说新居通风几个月就没事。值得引起注意的是有害气体的散发程度与温度紧密相连,夏天开空调、冬天取暖都会在很大程度上影响有害气体的散发,一定注意保持室内空气流通。

③ 合理使用空气清新剂、清洁剂和消毒剂

芳香剂、清洁剂和消毒剂一定程度含有 TVOC 类挥发性有机化合物,所以尽量减少使用,可以考虑柚子皮、柠檬等替代,减少污染。

④ 科学种植花卉

绿色植物对某些有害气体有一定吸收作用,科学选种花卉,可减小室内空气污染。这些花草堪称人类居室"环保卫士",例如,吊兰、龟背竹等对甲醛吸收有特效,铁树能吸收苯。

(2) 治理室内空气污染常用方法

① 光触媒法

该方法主要是利用二氧化钛的光催化性能氧化有机污染物,生成二氧化碳和水。对重度污染具有治理见效快的显著特点,但有可能产生二次污染,且价格也最高。

② 臭氧法

该方法是利用臭氧强氧化性,净化空气,杀除空气中的有害成分。其最大的特点是不会生成任何残留物及二次污染,适于轻度及中度室内空气污染治理。但采用这种技术对居室进行治理时,人要暂时离开房间,避免臭氧中毒。而且使用环境温度不能超过 30 ℃,否则可能产生致癌物质。

③ 高压电负离子法

该法是用一种产生高压电的仪器,使苯、甲醛等有害气体经高压电离,快速氧化成负离子,与空气结合后,还原成氧气、水和二氧化碳。这种办法有见效快、无污染、不留死角的特点。

④ 物理吸附法

利用竹炭、活性炭等能吸收异味、吸附有害气体的原理,来治理室内空气污染。这些炭具有成本低廉,见效快,无毒副作用,但吸附达到饱和不再具有吸附能力时,应注意定期晾晒释放其所吸附的有害物,避免二次污染。

综上所述,室内空气污染一定要综合防治。

7.2 水污染及其控制

世界性人口膨胀和工业发展造成的越来越多的污水废水终于超过了天然水体的承受极限,于是本来是清澈的水体变黑发臭、细菌滋生、有毒物质急剧增加,致使鱼类死亡,藻类疯长,工农业生产受损,更为严重的是人类健康受到威胁。水环境的污染使原来就短缺的水资源更为紧张。水资源的短缺,水体污染及洪涝灾害,使人类面临足以毁灭的水危机。

水体污染指进入水体的外来物质含量超过了该物质在水体本底中的含量,排入水体的污染物超过了水的自净作用,从而使水质恶化,破坏水体原有用途的现象,简称水污染。水污染严重威胁着人类的健康,危及生态系统的平衡。

7.2.1 水体污染物种类、来源及危害

水污染按污染效应可分为毒性污染和耗氧污染;按污染物可分为无机有毒、无机有害、

有机有毒、有机耗氧四类。

7.2.1.1　无机污染物

（1）无机有毒物质

无机有毒物质包括重金属、氰化物、氟化物、亚硝酸盐等。

① 重金属

包括毒性较强的汞、镉、铬、铅、砷（非金属砷毒性与重金属相当，归为一类），也包括毒性一般的镍、锌、铜、钴、锡等。其中镉和汞被我国列为一类污染物。

工厂、矿山排出的污染物常含有重金属进入水体后通过食物链富集，浓度渐渐加大，通过食物或饮水，将重金属摄入人体，而这些重金属又不易排出体外，将会在人体内积蓄，引起慢性中毒。重金属的危害主要是使酶失去活性，即便含量很小也有毒性，造成较大危害。

（ⅰ）汞

来源：汞主要来源于汞制剂厂、用汞仪表厂、水银法制碱工业、含汞催化剂、硫化汞生产、含汞农药、纸浆、造纸杀菌剂、电气设备、汞合金及医药生产等排出的废水。

危害：汞中毒引起神经损害、瘫痪、精神错乱、失明等症状，称为"水俣病"（汞中毒最早发病于日本九州水俣镇，故而得名）。

毒性化学形态：汞及其多种化合物都有毒性，氧化数为 +1 的汞化合物（如甘汞）毒性小，氧化数为 +2 的汞化合物（如河水、海水和生物体内分别主要存在的 $Hg(OH)_2$、$[HgCl_4]^{2-}$ 和 CH_3Hg^+）毒性较大，更值得注意的是无机汞在微生物作用下可转化为毒性更强的有机汞，其中甲基汞毒性更强（甲基汞具有脂溶性强、原型积蓄性高和高神经毒性的特征）：

$$HgCl_2 + CH_4 \xrightarrow{\text{微生物}} CH_3HgCl + HCl$$

国家规定生活用水中汞含量不得超过 $0.001\ mg \cdot dm^{-3}$，烷基汞不得检出。

（ⅱ）镉

来源：主要来源于矿山、冶炼厂、电镀厂、特种玻璃制造厂及化工厂等废水。

危害：镉是毒性最大的重金属元素。镉进入人体后将引起累积性中毒，使多组织器官损伤，损害肾脏，置换骨骼中的钙，导致骨质疏松和骨骼软化变形，严重影响机体对铁质的吸收，严重还会引起肺水肿，甚至致癌、致畸、致突变。1955 年，日本富士山县"骨痛病"即为 Cd^{2+} 累计中毒所致。生活用水中镉含量不得超过 $0.01\ mg \cdot dm^{-3}$。

毒性化学形态：废水中镉主要以 Cd^{2+} 形态存在。

（ⅲ）铬

来源：铬主要来源于铬冶炼、电镀、金属加工、制革、油漆、颜料、印染等工业废水。

危害：$Cr(Ⅵ)$ 对消化道具有刺激性，能引起皮肤溃疡、贫血、肾炎等并可能有致癌作用。无论 $Cr(Ⅵ)$ 或 $Cr(Ⅲ)$ 对鱼类及农作物皆有毒，均被我国列为一类污染物。生活用水中铬含量不得超过 $0.05\ mg \cdot dm^{-3}$。

毒性化学形态：废水中铬主要以 CrO_4^{2-} 和 $Cr_2O_7^{2-}$ 形态存在。$Cr(Ⅲ)$ 是人体的一种微量营养元素［$Cr(Ⅲ)$ 维持体内葡萄糖平衡及脂肪蛋白质代谢平衡，缺铬将引起动脉粥样硬化、心脏病和胆固醇增高］，但过量也有毒害作用。在铬的化合物中毒性 $Cr(Ⅵ) > Cr(Ⅲ) > Cr(Ⅱ)$ 和金属铬。

（ⅳ）铅

来源：铅主要来源于矿山、冶炼厂、电池厂、油漆厂等工业废水。

危害：铅进入机体后，主要以不溶性磷酸盐形式沉淀于骨骼。铅能毒害神经系统和造血系统，引起痉挛、精神迟钝、贫血等，严重导致脑病变而死亡。生活用水中铅含量不得超过 $0.1 \mathrm{mg \cdot dm^{-3}}$。

毒性化学形态：废水中铅主要以 Pb^{2+} 形态存在。

（ⅴ）砷

来源：砷主要来源于冶金、玻璃、陶瓷、制革、燃料和杀虫剂生产等工业废水。

危害：砷进入机体后，与丙酮酸氧化酶的—SH 结合，使酶失活，砷中毒即引起细胞代谢紊乱，肠胃失常、肾功能下降等。无机砷甚至有致癌性，生活用水中砷含量不得超过 $0.04 \mathrm{mg \cdot dm^{-3}}$。

毒性化学形态：砷在废水中存在形态主要为 AsO_3^{3-} 和 AsO_4^{3-}。毒性 $AsO_3^{3-} > AsO_4^{3-}$。

海藻中含有有机砷，且海藻可将摄入的无机砷还原、甲基化为毒性较小的甲基砷化物并将其释放。海水中砷主要以砷酸盐 As（Ⅴ）、亚砷酸盐 As（Ⅲ）、甲砷酸和二甲基次砷酸四种形式存在，海水中砷具有较高毒性。

我国工业废水中主要重金属污染物排放标准见表 7.2。此外铜、锌、镍、钴、锡等过量也会引起人中毒。

表 7.2　　　　　　　　　我国工业废水中主要重金属污染物排放标准

有毒离子	Hg（Ⅱ）	Cd（Ⅱ）	Cr（Ⅵ）	As（Ⅲ）	Pb（Ⅱ）
排放标准/(mg·dm^{-3})	0.05	0.1	0.5	0.5	1.0

② 氰化物

来源：含氰废水主要来源于电镀车间、选矿厂、农药厂、制药厂的废水及焦炉和高炉的煤气洗涤冷却水等。

危害：氰化物剧毒，特别是 CN^- 遇酸性介质即生成无机污染物中毒性最强的 HCN。当水中 CN^- 含量达 $0.3 \sim 0.5 \mathrm{mg \cdot dm^{-3}}$ 鱼类即可致死。CN^- 可与人体内的氧化酶结合，使之失去传递氧的作用，从而使全身细胞缺氧窒息死亡。生活用水中氰化物含量不得超过 0.05 $\mathrm{mg \cdot dm^{-3}}$。

③ 氟化物

来源：含氟废水主要来源于玻璃厂、陶瓷厂、晶体管厂、农药厂、电子工业。

危害：引起地方性氟中毒（氟斑牙、氟骨症）。

④ 亚硝酸盐

来源：由含氮有机物降解产生。

危害：致癌。

(2) 无机有害物质

无机有害物质主要指酸碱及一般无机盐类和氮、磷等植物营养物质。

① 酸碱及一般无机盐

来源：酸性废水主要来源于矿山及工业排水，碱性废水主要来源于碱法造纸、制革、化

纤、炼油、制碱等工业废水。酸、碱废水中和势必伴随无机盐污染。

危害:酸、碱、盐使水的 pH 值改变,增加水中含盐量和硬度,对淡水生物及植物生长不利,同时消耗水中的溶解氧,抑制水中微生物生长,抑制水的自净,严重破坏溪流、池塘和湖泊等生态系统,还会腐蚀排水管道及船舶,导致土壤盐碱化。我国规定酸碱废水 pH 值范围为 6~9。

② 氮、磷等植物营养物质

来源:含有大量氮、磷等的植物营养物质主要来自城市生活污水和某些工业废水的排放。另外如磷灰石、硝石、鸟粪层的开采,化肥的大量使用,也是氮、磷等营养物质进入水体的来源。污水中的氮分为有机氮和无机氮两类,前者是含氮化合物,如蛋白质、多肽、氨基酸和尿素等,后者则指氨氮、亚硝酸态氮,它们中大部分直接来自污水,但也有一部分是有机氮经微生物分解转化作用而形成的。

危害:天然水体中由于过量营养物质(主要是指氮、磷等)的排入,引起各种水生生物、植物异常繁殖和生长,主要是各种藻类的大量繁殖丛生,而藻类的呼吸作用和死亡藻类的分解作用消耗大量的氧,在一定时间内使水体处于严重缺氧状态,以致水生植物大量死亡,水面发黑,水体发臭形成"死湖"、"死河"、"死海",进而变成沼泽,这种现象称为水的富营养化。淡水水体发生的富营养化又称为"水华",海洋发生的富营养化又称为"赤潮"。

过多的植物营养物进入天然水体将恶化水体质量,影响渔业发展和危害人体健康。富营养化的水体中藻类占据的空间越来越大,使鱼类生活的空间愈来愈小;藻类的种类数也逐渐减少,通常藻类以硅藻、绿藻为主转为以蓝藻为主,而蓝藻中有不少种有胶质膜,不适于做鱼饵料,且其中有一些种属是有毒的;藻类过度生长繁殖还将造成水中溶解氧的急剧下降,甚至出现无氧层,严重影响鱼类的生存。

7.2.1.2 有机污染物

(1) 有机有毒物质

有机有毒物质主要是酚类、芳香族化合物(多氯联苯 PCB、多苯芳烃)、有机农药(DDT、六六六有机氯农药)、合成洗涤剂、芳香胺、染料、高分子聚合物等毒性有机物,它们具有难降解、在水中残留时间长、有蓄积性、脂溶性大等特点。

① 酚类

来源:水体中酚污染物主要来源于城市粪便污水、工业排放的含酚废水。

危害:水体遭受酚污染后,严重影响海产养殖业的产量及质量。如某水产资源丰富的海湾遭受酚污染后,原来盛产的贝壳类产量减少,海带腐烂,养殖的牡蛎、扇贝等逐渐死亡。

② 多氯联苯 PCB

来源:PCB(分子式 $C_{12}H_5Cl_5$,结构式: ,$1 \leqslant m+n \leqslant 10$)主要来源于工业排放的废水。

危害:多氯联苯 PCB 对神经、肝脏、骨骼都有严重危害,甚至引起生殖障碍及可能致癌。

(2) 有机耗氧物质

生活污水及食品、造纸、印刷等工业废水中含有大量碳氢化合物(蛋白质、脂肪、纤维等耗氧有机物),在水中被好氧微生物分解为 H_2O 和 CO_2 时需要大量的 O_2,使水中的溶解氧 DO(Dissolved Oxygen)急剧下降,又被厌氧微生物分解导致腐败,使水质恶化造成污染,称为耗氧污染。

① 油类污染物

来源:油类污染物主要来源于家庭和餐馆大量使用的石油化工洗涤剂,水上机动交通运输工具,油船泄漏,及随着石油事业的发展,在石油的开采、炼制、贮运和使用过程中,可能进入水体的原油及其制品。目前通过不同途径排入海洋的石油的数量每年约一千万吨。

危害:大多数合成洗涤剂都是石油化工产品,难以降解,排入河中不仅会严重污染水体,而且会积累在水产物中,人吃后会出现中毒现象;海洋上油井、油船的泄漏,会在水面上形成薄膜,减低水中氧气的溶解量,而油膜自身又要大量消耗水中溶解的氧,使水体严重缺氧,破坏水生生物的生态环境,使渔业减产,污染水产食品,危及人的健康;另外油膜还会堵塞水生生物的表皮和呼吸器官,会造成水生植物及大批海洋动物死亡;若用含油污水灌田,因油黏膜黏附在农作物上而使其枯死;石油进入海洋后不仅影响海洋生物的生长、降低海滨环境的使用价值,破坏海岸设施,还可能影响局部地区的水文气象条件和降低海洋的自净能力。油类物质对水体的污染愈来愈严重,特别是海洋受到的油污染最为严重。2010 年英国石油泄漏和大连海域漏油事件及 2011 年渤海湾蓬莱 19-3 号油田漏油事件都曾造成不可估量的危害。

② 碳氢化合物(蛋白质、脂肪、纤维等耗氧有机物)

来源:主要来源于未经处理的城市生活污水、食品污水、造纸污水、农业污水、都市垃圾及死亡有机质等。

危害:这些碳氢化合物在水中微生物作用下分解,消耗水中溶解的氧气,导致水中缺氧,危及鱼类的生存,并致使需要氧气的微生物死亡,而正是这些需氧微生物因能够分解有机质,维持着河流、小溪的自我净化能力,它们死亡的后果使河流和溪流发黑、变臭、毒素积累从而伤害人畜。

在正常情况下,氧在水中有一定溶解度。溶解氧不仅是水生生物得以生存的条件,而且氧参加水中的各种氧化-还原反应,促进污染物转化降解,是天然水体具有自净能力的重要原因。水体中耗氧有机污染物的主要危害是消耗水中溶解氧,通常以下列指标衡量其含量:

(ⅰ)生化需氧量 BOD (Biochemical Oxygen Demand)

生化需氧量指在好氧条件下水中有机物经微生物分解进行的生物氧化作用在一定时间内所消耗的溶解氧量。

$$BOD = 耗氧量(mg)/水样体积(dm^3)$$

BOD 单位为 $mg \cdot dm^{-3}$。BOD 值越高,水体中有机耗氧污染物越多。当 $BOD < 1 \ mg \cdot dm^{-3}$ 时表示水体清洁,$BOD > 3 \sim 4 \ mg \cdot dm^{-3}$ 时表示水体已受有机物污染。

例 7.1 某水样 $1\ 000 \ dm^3$ 含苯 $1 \ g$,求该水样的 BOD 值。

解
$$2C_6H_6(l) + 15O_2(aq) \Longrightarrow 12CO_2(aq) + 6H_2O(l)$$

$$2 \times 78 \qquad 15 \times 32$$

$$1 \qquad\qquad x$$

$$x = 3.08 \ g$$

$$BOD = 3.08 \times 10^3 \ mg/1\ 000 \ dm^3 = 3.08 \ mg \cdot dm^{-3}$$

微生物分解有机物通常比较缓慢,且与环境温度有关,一般彻底氧化大约需 100 天以上,但通常 20 天后已经变化不大,故 BOD_{20} 可作为最终生化需氧量。

最终生化需氧量的测量太过于费事，目前国内外通常采用在 20 ℃时测量五日内废水污染物的生化耗氧量作为衡量废水中可生化有机物含量的指标，称为五日生化需氧量，记作 BOD_5。

值得一提的是，在五日生化需氧量与最终生化需氧量之间，没有普遍化的相互关系。

(ⅱ) 化学需氧量 COD (Chemical Oxygen Demand)

化学需氧量指用强氧化剂（重铬酸钾、高锰酸钾等）氧化废水中还原性物质时所消耗的氧化剂量换算成的氧气量。以每升水消耗氧的质量表示，单位为 $mg \cdot dm^{-3}$。同样 COD 值越高，水体中有机耗氧污染物越多。

COD 测定简便迅速，可使大多数有机物氧化 85%～95%，甚至可使某些糖类 100%氧化。但氧化范围只包含有机物的碳氢部分，不包括含氮有机物的氮；对长链有机物也只能部分氧化，对许多芳烃和吡啶完全不能氧化，而水体中许多还原态无机物却包含其中，存在严重干扰。

在生化需氧量与化学需氧量之间，没有普遍化的相互关系。BOD 和 COD 都是表示水体中有机污染物的重要指标，生化需氧量与化学需氧量都是对废水污染物的相对缺氧作用的量测，虽不能说明水体中有机物污染物物质，但却可反映有机物污染的程度，是水质管理中的两个重要参数。相对而言生化氧化不如化学氧化彻底。生化需氧量用来测量可生物降解 (Biodegradation) 的污染物需氧量，而化学需氧量则是用来测量可生物降解的污染物需氧量加上不可生物降解却可氧化的污染物需氧量之总需氧量。

(ⅲ) 总需氧量 TOD (Total Oxygen Demand) 和总有机碳 TOC (Total Organic Carbon)

前者指水体中有机物完全氧化所需要的氧的总量，后者指水体中有机碳元素总的含量。TOD 表示当有机物（除含碳外，还含氢、氮、硫等元素）全部被氧化为水、CO、SO_2 等时的需氧量，TOC 包括水体中所有有机物污染物的含碳量，也都是评价水体需氧有机污染物的综合指标。

由于 BOD_5 作为测试指标，测试时间长，不能快速反映水体被需氧有机物污染的程度，所以国外很多实验室都在进行总需氧量和总有机碳的试验，以便寻求它们与 BOD_5 的关系，实现自动快速测定。测定方法是在特殊的燃烧器中，以铂为催化剂，在 900 ℃ 的高温下，使一定待测水样汽化，其中有机物燃烧，然后测定气体载体中氧的减少量，作为有机物完全氧化所需氧量，即 TOD；通过红外线分析仪测定其中 CO_2 的增加量，即 TOC。

7.2.2　水体污染的控制和治理

水体污染的防治是一系统工程。首先考虑如何控制污染源，其次考虑不是消极限排，而是采用怎样的先进工艺合理排放。在城市中，建造污水废水处理厂、废水处理中心，能发挥浓度大、废水集中、协同作用和拮抗作用迅速等规模化、集约化的优势。如 Cr^{3+} 与 NaClO，集中处理时有浓度大的优势，要比分散排放、浓度稀释容易处理得多。

水体污染的大户是工业废水，约占 74%。因此，控制工业废水污染是关键。

7.2.2.1　水体污染的治理原则

① 最根本的是改进生产工艺，发展无公害工艺，尽可能在生产过程中杜绝有毒有害废水的产生。

例如,采用无氰、低铬电镀新工艺以控制电镀工艺中氰、铬的污染;用隔膜电解法代替汞催化法,以避免氯碱工业中汞污染等。

② 提高废水循环利用率,力求少排或不排废水。

城市废水资源化,努力打造节约型社会。一些流量大而污染轻的废水如冷却废水,不宜排入下水道,以免增加城市下水道和污水处理厂的负荷,这类废水应在厂内经适当处理后循环使用。大力发展中水回用工程,城市回用、工业回用、农业回用、地下水回灌溉等。所谓"中水"是相对于上水(给水)、下水(排水)而言的。中水回用技术系指将小区居民生活废(污)水(沐浴、盥洗、洗衣、厨房、厕所)集中处理后,达到一定的标准回用于小区的绿化浇灌、车辆冲洗、道路冲洗、家庭坐便器冲洗等,从而达到节约用水的目的。

③ 加强废水处理,需达到国家排放标准再排放。

含有剧毒物质废水,如含有一些重金属、放射性物质、高浓度酚、氰等废水应与其他废水分流,以便于处理和回收有用物质;一些可以生物降解的有毒废水如含酚、氰废水,经厂内处理后,可按容许排放标准排入城市下水道,由污水处理厂进一步进行生物氧化降解处理;含有难以生物降解的有毒污染物废水,不应排入城市下水道和输往污水处理厂,而应进行单独处理。

7.2.2.2 废水处理方法简介

废水处理就是应用各种技术将废水中的有害物质进行分离,或者将其转化为无害物质,从而达到净水目的。对集中起来的工业废水和生活污水,视不同污染物应采用不同的污水处理方法,按作用原理可分为物理法、化学法、物理化学法和生物法四类。

(1) 物理法

根据污水中所含污染物的相对密度不同,利用过滤、重力沉降、离心分离、浮选、蒸发结晶等方法将悬浮物、胶体物质和油类分离出来,从而使污水得到初步净化。常见处理方法有:

① 过滤法:利用过滤介质分离废水中悬浮物。

② 重力沉降法:利用重力沉降将废水中悬浮物和水分离。

③ 离心分离法:借助离心设备,利用装有废水的容器高速旋转形成的离心力分离去除废水中悬浮物的方法。如处理轧钢废水氧化铁皮。按离心力产生的方式,可分为水旋分离器和离心机两种类型。由于离心转速可控,离心分离效果远远好于重力分离法。

④ 浮选(气浮)法:向废水中鼓入空气,利用废水中悬浮颗粒的憎水性使乳状油粒(粒径在 $0.5 \sim 2.5~\mu m$)黏附在空气泡上,并随气泡上升至水面,形成浮渣而除去。为提高浮选效果,有时还需同时向废水中加入混凝剂或浮选剂,使水中细小的悬浮物黏附在空气泡上,随气泡一起上浮到水面,形成浮渣,使除油效率达到 $80\% \sim 90\%$。

⑤ 蒸发结晶方法:将废水加热至沸腾,通过气化使污染物得到浓缩,再冷却结晶而除去。

(2) 化学法

利用化学反应原理及方法来分离回收废水中呈溶解、胶体状态的污染物,或改变污染的性质,使其变为无害或将其转化为有用产品以达净化目的。常用处理无机废水的化学方法有以下几种:

① 中和法

对含酸>4%~5%、含碱>2%~3%的废水首先回收利用制成产品,至利用价值不大时,再进行中和处理。采用酸碱废水相互中和拮抗、药剂中和(如加入石灰、白云石中和酸性废水,吹入含 CO_2 的烟道气中和碱性废水)、中和滤池等手段,尽可能"以废治废",降低费用。

例如,用石灰中和污水中磷酸盐:

$$3HPO_4^{2-} + 5Ca^{2+} + 4OH^- \longrightarrow Ca_5(OH)(PO_4)_3 \downarrow + 3H_2O$$

② 化学沉淀法

处理含重金属离子废水时,加沉淀剂使之产生难溶于水的沉淀(如氢氧化物、碳酸盐、硫化物等),降低有害离子浓度从而达到排放标准。具体方法有石灰法、钡盐法、硫化物法等。

例如,含砷废水以石灰法和硫化法处理,可使砷分别转化为难溶的砷酸钙或偏亚砷酸钙和硫化物过滤而除去。

$$As_2O_3 + Ca(OH)_2 \longrightarrow Ca(AsO_2)_2 \downarrow + H_2O$$

$$2As^{3+} + 3H_2S \longrightarrow As_2S_3 \downarrow + 6H^+$$

例 7.2　工业废水的排放标准规定 Cd^{2+} 降到 $0.10\ mg \cdot dm^{-3}$ 以下即可排放。若用加消石灰中和沉淀法除去 Cd^{2+},按理论上计算,废水溶液中的 pH 值至少应为多少?

解　废水中的 Cd^{2+} 达到排放时的浓度

$$0.10 \times 10^{-3}\ g \cdot dm^{-3}/112.41\ g \cdot mol^{-1} = 8.9 \times 10^{-7}\ mol \cdot dm^{-3}$$

查附录 7 得 $K_{sp}^{\ominus}[Cd(OH)_2] = 5.3 \times 10^{-15}$。

据溶度积规则,则溶液中 OH^- 最低浓度为

$$c(OH^-) \geqslant \sqrt{\frac{K_{sp}^{\ominus}(Cd(OH)_2)}{c(Cd^{2+})/c^{\ominus}} \times c^{\ominus}} = \sqrt{\frac{5.3 \times 10^{-15}}{8.9 \times 10^{-7}} \times 1.00}\ mol \cdot dm^{-3}$$

$$= 7.7 \times 10^{-5}\ mol \cdot dm^{-3}$$

$$c(H^+)/c^{\ominus} \leqslant \frac{10^{-14}}{7.7 \times 10^{-5}} = 1.3 \times 10^{-10}$$

$$pH > -lg(1.3 \times 10^{-10}) = 9.89$$

即废水溶液中的 pH 值至少达到 9.89 时 Cd^{2+} 浓度降到 $0.10\ mg \cdot dm^{-3}$ 以下可以排放。

在废水处理中,以沉淀反应为主的处理法应用较多。溶度积规则在此类废水处理的有关计算中得以广泛应用。

③ 氧化还原法

利用氧化还原反应处理废水中溶解性有机或无机物,特别是难以降解的有机物(如多数农药、燃料、酚、氰化物及引起色度、臭味的物质),使其变为无害物质。

氧化法:常用氧化剂有氯类(Cl_2、NaClO、漂白粉等)和氧类(空气、O_3、H_2O_2、$KMnO_4$等)。

例如,碱性氯化法处理含 CN^- 废水。在碱性条件下,氯将氰化物氧化为氰酸盐(氰酸盐毒性仅为氰化物的千分之一),过量的氧化剂将氰酸盐进一步氧化为 CO_2 和 N_2,使水质进一步净化:

$$CN^- + 2OH^- + Cl_2 \longrightarrow CNO^- + 2Cl^- + H_2O$$

$$2CNO^- + 4OH^- + Cl_2 \longrightarrow 2CO_2 + N_2 + 2Cl^- + 2H_2O$$

再如,在酸性含铬废水中加入硫酸亚铁,然后加入 NaOH、Cr^{3+}、Fe^{3+} 及未反应的 Fe^{2+}

都沉淀为氢氧化物。而后加热并通入空气,使部分 Fe^{2+} 氧化为 Fe^{3+},进而生成磁性氧化物 $Fe_3O_4 \cdot xH_2O$ 沉淀。由于 Cr^{3+} 与 Fe^{3+} 电荷相同、半径相近,沉淀过程中部分 Fe^{3+} 被 Cr^{3+} 所取代,而后用磁铁将磁性沉淀物吸出而达到净化水的目的。

还原法:常用还原剂有铁屑、硫酸铁、SO_2 等。

例如,用于处理电镀工业排出的含 $Cr(Ⅵ)$ 废水,用还原剂 $FeSO_4$ 或 $NaHSO_3$ 将 $Cr(Ⅵ)$ 还原为 $Cr(Ⅲ)$,然后加碱调节 pH 值使其转化为 $Cr(OH)_3$ 沉淀出去:

$$Cr_2O_7^{2-} + 6Fe^{2+} + 14H^+ \longrightarrow 2Cr^{2+} + 6Fe^{3+} + 7H_2O$$

$$Cr_2O_7^{2-} + 3HSO_3^- + 5H^+ \longrightarrow 2Cr^{3+} + 3SO_4^{2-} + 4H_2O$$

$$Cr^{3+} + 3OH^- \longrightarrow Cr(OH)_3 \downarrow$$

再如,常用铁屑、铜屑、锌粒、肼、$NaBH_4$、$Na_2S_2O_3$ 及 Na_2SO_3 等还原废水中汞,或用耐汞菌可将 $HgCl_2$、HgI_2、$HgSO_4$、$Hg(NO_3)_2$、$Hg(CN)_2$、$Hg(SCN)_2$、$Hg(OAc)_2$、醋酸苯汞、磷酸乙基汞和氯化甲基汞等还原为金属汞。

④ 混凝法

通过加入混凝剂使废水中胶粒聚沉。常用混凝剂有硫酸铝、聚合氧化铝、明矾、聚丙烯酰胺、三氯化铁等。例如,处理含油废水、染色废水、洗毛废水等。

⑤ 电解法

应用电解的基本原理,在废水中插入通直流的电极,使废水中有害物质通过电解过程在阳、阴两极上分别发生氧化和还原反应转化成为无害物质以实现废水净化的方法。

例如,处理氰化镀铬废水(主要含 $[Cd(CN)_4]^{2-}$、Cd^{2+} 和 CN^- 等毒物),先向废水中加入适量 NaCl 和 NaOH,然后电解。阳极产生的 Cl_2 与 NaOH 反应生成 ClO^-,ClO^- 能将 CN^- 氧化为 CO_3^{2-} 和 N_2:

$$Cl_2 + 2OH^- \longrightarrow ClO^- + Cl^- + H_2O$$

$$2CN^- + 5ClO^- + 2OH^- \longrightarrow 2CO_3^{2-} + N_2 \uparrow + 5Cl^- + H_2O$$

(3)物理化学法

常利用吸附、离子交换、膜分解、萃取、气提法等物理化学单元操作技术处理污水中的污染物。常见处理方法有以下几种:

① 吸附法

通过活性炭、硅胶、白土等对污染物进行吸附,使废水中的溶解性有机或无机物吸附到吸附剂上,此法可除去废水中的重金属、酚、氰化物等,还有除色、脱臭等作用,净化效率较高,一般多用于废水深度处理。

② 离子交换法

通过树脂、分子筛等对污染物进行离子交换,先使用阴阳离子交换树脂处理,再用化学试剂洗脱和再生。离子交换法也属于吸附法,只是在吸附过程中,吸附剂每吸附一个离子,同时也放出一个离子。

例如,处理镀铬废水,将含 $Cr(Ⅵ)$ 废水流经离子交换树脂,$HCrO_4^-$ 留在树脂上,然后用 NaOH 溶液淋洗,$HCrO_4^-$ 重新进入溶液而被回收,同时树脂得以再生:

$$ROH + HCrO_4^- \underset{再生}{\overset{交换}{\rightleftharpoons}} RHCrO_4 + OH^-$$

③ 电渗析法

电渗析法属于膜分离技术,是指在直流电作用下,废水通过阴阳离子交换膜所组成的电渗析器时,离子交换膜起到离子选择透过和截阻作用,阴阳离子朝相反电荷的极板方向做定向迁移,阳离子穿透阳离子交换膜,而被阴离子交换膜所阻,阴离子穿透阴离子交换膜,而被阳离子交换膜所阻,从而使阴阳离子得以分离,废水达到浓缩及处理的目的。电渗析法处理废水的特点是不需要消耗化学药品,设备简单,操作方便。此法可用于酸性废水回收,电镀废水和含氰废水处理等。

④ 萃取法

向废水中投加不溶于水或难溶于水的萃取剂,使溶解于废水中的某些污染物转入萃取剂中以净化废水的方法。一般用于处理浓度较高的含酚或含苯胺、苯、醋酸等工业废水。

例如,将醋酸丁酯投入含酚废水中,水中酚即转溶于萃取剂中,然后借助于比重差将萃取剂与废水分离,废水净化同时酚可分离回收利用。

⑤ 反渗透法

反渗透法是一种利用反渗透原理以动力驱动溶液的膜分离方法。通过半透膜对污水进行反渗透,将污水浓缩而抽提纯水。此法常用于海水淡化、含重金属的废水处理,以及废水的深度处理等方面,处理效率达 90% 以上。

(4) 生物法

利用微生物的生化作用,将废水中复杂的有机污染物降解为无害物质,生物处理法分为需氧处理和厌氧处理两种方法。如好氧微生物可将污水中的有机物氧化分解为 CO_2、H_2O、NO_3^-、PO_4^{3-}、SO_4^{2-},厌氧微生物可在无溶解氧的水中将有机物分解为 CH_4、CO_2、N_2 等,从而使污水得到净化。常见处理方法有以下几种:

① 活性污泥法

利用活性污泥中的各类细菌来消化分解含碳、含硫、含氮的多种有机污染物。

② 生物膜法

依靠固定于载体表面上的微生物膜来降解有机物,从而达到净化污水目的。由于生物膜法具有处理效率高,耐冲击负荷性能好,产泥量低,占地面积少,便于运行管理等优点,在城市生活污水处理中应用越来越广。

③ 生物氧化塘法

在氧化池中使用光合细菌,用污水来灌溉作物,让作物和土壤中的微生物来净化污水。

生物法处理各类污水效果良好,价格低廉,应用广泛,且适用于大量污水处理,但因污水水质和水量经常变化,环境温度不稳定等因素导致生物处理效果不稳定。

在实际应用中必须从控制废水的排放入手,将“防”、“治”、“管”三者结合起来,尽可能采取“以废治废”等综合处理方法。

7.3　固体废弃物污染及其资源化

固体废弃物(简称固体废物)是指在人类生活生产中产生的不再具有原有使用价值而被丢弃的固态、半固态物质。它包括工业废弃材料、矿山残渣、城镇渣土、生活垃圾和生物质等。废弃物是一相对概念,往往在一种过程中产生的固体废弃物可以成为另一过程的原料或可以转化为另一产品,即固体废弃物不是完全不可以利用的,通过各种加工处理可以把固体废弃物化为有用的物质和能量,特别是随着高分子合成材料、塑料以及各种包装材料的大量使用,固体废弃物可利用的资源越来越多,所以有人称固体废弃物是"放错了地方的原料"。

目前城市居民的生活垃圾、商业垃圾、市政维护和管理中产生的垃圾,以及工业生产排出的固体废弃物,数量急剧增加,成分日益复杂。世界各国的垃圾以高于其经济增长速度2～3倍的平均速度增长,全世界每年产生的废弃物超过100亿t。

7.3.1 固体废弃物污染的分类及危害

固体废弃物污染是因固体废弃物排入环境所引起的环境质量下降而有害于人类及其他生物的正常生存和发展的现象。

（1）分类

固体废弃物有多种分类方法,为了便于管理,固体废弃物通常按来源分类,且不同国家有不同的分类方法。欧美许多国家将固体废弃物按其来源分为矿业固体废物、工业固体废物、城市垃圾、农业废弃物和放射性固体废弃物五类;日本按其来源将固体废弃物分为产业固体废弃物和一般固体废弃物两类;我国则按固体废弃物来源将其主要分为工矿业固体废弃物、城市生活垃圾和危险废物三类。

危险废物是指国家危险废物名录中所列的废物或者根据国务院环保行政主管部门规定的危险废物鉴别标准认定的危险性的废物。除固态废物外,半固态、液态危险废物在环境管理中通常也划入危险废物一类进行管理。危险废物具有易燃易爆性、腐蚀性、反应性、传染性、放射性等特点。如废旧电池、灯管、各种化学和生物危险品,含放射性废物等均属于危险废物。

（2）危害

固体废物如不加妥善收集、利用和处理,危害极大。若处置不当将会污染大气、水体和土壤,危害人体健康。主要危害有如下几方面:

① 固体废物占地面积大,且长期露天堆放,其有害成分经地表径流和雨水的淋溶、渗透作用造成土壤污染,并呈现不同程度的积累导致土壤成分和结构的改变。重金属渗入土壤被植物吸收再通过食物链富集进入人体内引起中毒。

② 露天堆放的固体废物被地表径流携带进入水体,或是飘入空中的细小颗粒经降雨冲洗沉积及重力沉降进入地表水系,其中有害成分毒害生物,并造成水体严重缺氧或是富营养化,导致鱼类死亡等。

③ 固体废物在运输及处理过程中缺少相应的防护和净化设施,释放有害气体和粉尘,特别是焚烧处理中排出颗粒物、未燃尽的废物及毒性气体等都会污染大气。

④ 有机固体废弃物腐烂滋生病菌成为疾病感染源。

7.3.2 固体废弃物、垃圾的处理利用

目前固体废物排放量日趋增多,对环境造成巨大压力。以我国为例,随着城市化的发展和城市人口的增加,仅城市年排垃圾量已达3亿t之多,并且每年以10%速度增加,而无害化处理率不足10%,使我国不少城市已被垃圾所包围。工业固体废物的量更为可观,因此废物处理极为重要。

7.3.2.1　固体废弃物处理原则

固体废物污染防治力求使固体废物减量化、无害化、资源化。对那些不可避免地产生和无法利用的固体废物需要进行处理处置。

（1）减量化原则

如目前我们把由塑料造成的污染称为"白色污染"，为了防止白色污染继续蔓延，除禁止使用超薄塑料袋，实行"限塑"措施外，同时积极推广使用能迅速降解的淀粉塑料、水溶塑料、光解塑料等。此外，清洁生产是一种真正减量化的方式，即在生产过程中不生产或少生产废物。

（2）无害化原则

固体废物可以通过多种途径污染环境、危害人体健康。因此，必须通过物理、化学、生物等各种不同技术手段对其进行无害化处理。

（3）资源化原则

综合利用固体废物是废物变为资源，可以收到良好的经济效益和环境效益的有效途径。对废旧金属材料、玻璃、纸张、橡胶、塑料等可以再生回收利用成为二次资源。例如，每回收 1 t 废纸可造好纸 850 kg，节省木材 300 kg，比等量生产减少污染 74%；每回收 1 t 塑料饮料瓶可获得 0.7 t 二级原料；每回收 1 t 废钢铁可炼好钢 0.9 t，比用矿石冶炼节约成本 47%，减少空气污染 75%，减少 97% 的水污染和固体废物。显然，综合利用固体废物，除增加原材料、节约投资外，环境效益也是十分明显的。

基于减量化、无害化、资源化的固体废弃物处理原则，化学上提出处理废弃物垃圾的"3R"途径，即减少"Reduce"、再利用"Reuse"和循环利用"Recycle"。

7.3.2.2　固体废弃物处理方法

利用物理、化学、生物、物化及生化等不同方法对固体废弃物进行处理，使其转化为宜运输、便于贮存、可以利用的无害化、资源化物质。

（1）物理处理方法

物理处理方法包括破碎、分选、沉淀、过滤、离心分离等处理方式。

破碎技术是利用冲击、剪切、挤压、摩擦及专用低温破碎和湿式破碎等技术预先对固体废弃物进行破碎处理，以适应焚烧炉、填埋场、堆肥系统对废弃物尺寸要求的一种预处理方法。

固体废物分选是利用物料的诸如磁性和非磁性差别、粒径尺寸差别、比重差别等某种性质差异，采用磁力分选、筛选、重力分选、涡电流分选及光学分选等方法，将有用物充分选出加以利用，将有害物充分分离加以处理，实现固体废物资源化、减量化的一种重要手段。

（2）化学处理方法

化学处理包括焚烧、焙烧、热解、溶出等处理方式。

焚烧法是固体废弃物通过高温分解和深度氧化使大量有害物质无害化的综合处理方法。由于固体废弃物中可燃物的比例逐渐增加，采用焚烧方法处理固体废弃物，利用产生的热能已成为必然的发展趋势。欧洲国家较早采用焚烧方法处理固体废弃物，并设有能量回收系统。日本及瑞士每年把超过 65% 的都市废料进行焚烧而使能源再生。但焚烧法存在投资较大且有二次污染等缺点。

热解法是将难降解的塑料等合成高分子固体废弃物在无氧或低氧条件下高温加热,使高分子裂解产生气体、油状液体和焦等气、液、固三类产物,进而制成液体燃料、活性炭加以利用,达到变废为宝的处理方法。相比焚烧法,热解法显著优点是基建投资少,是更有前途的处理方法。

（3）生物处理方法

生物处理方法是利用微生物对有机固体废物的分解作用使其无害化的一种处理技术,包括好氧分解和厌氧分解等处理方式,目前广泛应用堆肥化、沼气化、废纤维素糖化、废纤维饲料化和生物浸出等方法使有机固体废物转化为肥料、能源和饲料等或从废弃物中提取金属,是固体废物资源化的有效处理方法。

例如,隔绝氧气加热分解生物质制成液体燃料或利用酶技术转化为乙醇成为清洁燃料。再如,通过好氧细菌进行氧化、分解变成腐殖质（生物腐殖质可改善土质,多用于现代农业和有机农业生产中,如厨余垃圾经生化处理变生物腐植酸用于有机草莓种植）、CO_2和水;通过厌氧细菌进行发酵产生 CO 和 CH_4 等气体（ CH_4 等气体可用做能源）。

（4）物化处理方法

固化处理是一种物化处理方法,通过向废弃物中添加固化基材（如水泥固化、沥青固化、玻璃固化、自胶质固化等）,使有害固体废弃物固定或包容在惰性固化基材中的一种无害化处理过程。由于固化产物具有良好的抗渗透性,良好的机械特性及抗浸出性、抗干湿、抗冻融特性,除可直接填埋处理外,也可用做建筑的基础材料或道路的路基材料。

目前固体废弃物处理方法主要采用压实、破碎、分选、固化、焚烧、生物等综合处理。

7.3.2.3　工业废渣处理方法

工业固体废物已成为世界公认的突出环境问题之一。常见工业废渣如表 7.3 所示,这些工业生产使用的矿物原料、燃料、熔烧后的矿渣、炉渣等如不妥善处理,会污染土壤、水系。

表 7.3　　　　　　　　　　　常见工业废渣来源

污染物	主要来源	污染物	主要来源
硫铁矿渣	硫酸厂	煤渣	小氮肥厂、合成氨厂
电石渣、盐泥	化工厂、氯碱厂	铬渣	含铬产品厂
磷石膏	磷肥厂	硼镁渣	硼砂厂
碱渣	炼油厂	提取化工产品后的矿渣	各类化工厂

随着环境问题的日益尖锐,资源日益短缺,工业固体废物的综合利用越来越受到人们的重视。通过回收、加工、循环使用等方式,使这些工业固体废物得以综合利用是减小其环境污染的最根本有效的方法。综合利用工业废渣根据其成分、含量而定。例如,用黄铁矿生产硫酸工艺中焙烧黄铁矿所剩废渣主要为氧化铁和残余的硫化亚铁,还有少量 Cu、Pb、Zn、As 和微量元素 Co、Se、Ga、Ge、Ag、Au 等的化合物,据此可考虑作为高炉炼铁的原料,作为生产水泥的助溶剂,提取其中贵重有色金属,制砖、铺路等。再如湿法磷酸厂的废磷石膏是生产硫酸或水泥的原料。

7.3.2.4　生活垃圾的处理方法

生活垃圾一般可分为可回收垃圾、厨余垃圾、有害垃圾和其他垃圾四大类。目前常采用综合利用、卫生填埋、焚烧和堆肥等垃圾处理方法。可回收垃圾包括纸类、金属、塑料、玻璃等,通过综合处理回收利用可以减少污染,节省资源;厨余垃圾经生物技术处理,每吨可生产0.3 t有机肥料;有害垃圾包括废电池、废日光灯管、废水银温度计、过期药品等,这些垃圾需要特殊安全处理;其他垃圾包括除上述几类垃圾之外的砖瓦陶瓷、渣土、卫生间废纸等难以回收的废弃物,采取卫生填埋可有效减少对地下水、地表水、土壤及空气的污染。

为减少生活垃圾的污染同时有效再利用废弃物,垃圾分类势在必行。在日本,可再利用的商品包装上都有"再生"标志,便于商品消费后根据包装提示分类投放垃圾,回收其中可利用的废旧物资,将厨余垃圾加工为饲料,其余送焚烧场处理大大缩小体积的同时可回收热能用于发电,实在无法利用的采用高压压缩制成垃圾块填海造地。我国《固体废物污染环境防治法》明确规定固体废物的产生者承担污染防治责任,这是建立生活垃圾收费制度的法律依据。国内首部地方"垃圾法"《北京市生活垃圾管理条例》也于 2012 年 3 月 1 日正式施行,北京市将建立计量收费、分类计价的生活垃圾处理收费制度。此外,我国四川一些城市试行垃圾分类收费制,在分类时,重点推进废弃含汞荧光灯、废温度计、废电池等有害垃圾单独收运和处理工作,鼓励居民分开盛放和投放厨余垃圾,逐步建立有机生活垃圾收运体系,实现厨余垃圾单独收集,并进一步加强餐饮业和单位餐厨垃圾分类收集管理,建立餐厨垃圾排放登记制度。

对固体废弃物的再生化、资源化或高附加值化等合理处理和综合利用是改善其污染的有效方式。

习题七

一、判断题(对的,在括号内填"√",错的填"×")

1. 可吸入肺颗粒物属降尘大气颗粒物,对空气质量和能见度有重要的影响。　　　(　　)

2. 硫氧化物危害极大,可引发酸雨和光化学烟雾等大气污染。　　　(　　)

3. NO_x、O_3 和阳光照射是形成光化学烟雾的充分条件。　　　(　　)

4. BOD 值越大,水体中含有的耗氧有机污染物越多。　　　(　　)

5. 水体中的溶解氧值越高,COD 值也越高。　　　(　　)

6. 水体中的 COD 值高,BOD_5 值也一定高。　　　(　　)

7. 危险废物具有易燃易爆性、腐蚀性、反应性、传染性、放射性等特点,所以废旧电池、灯管及各种化学、生物危险品,含放射性废物等危险废物不能随意丢弃,必须进行特殊安全处理。　　　(　　)

8. 焚烧法处理固体废弃物使有害物质绝对无害化,此法安全、经济。　　　(　　)

9. 绿色化学是环境化学的重要组成部分,是环境治理的有效方法之一。　　　(　　)

10. 可持续发展的实质是协调人与自然的关系,从根本上缓解人口增长、资源短缺、环境污染及生态破坏的问题。　　　(　　)

二、选择题(将正确的答案的标号填入空格内)

1. 下列属于光化学烟雾二次污染物的是哪个?　　　(　　)

A. NO_x　　　　B. O_3　　　　C. PAN　　　　D. TVOC

2. 目前尚不需要关注的全球性大气污染问题是哪个?　　　(　　)

A. 酸雨　　　　B. 温室效应　　　　C. 臭氧层空洞　　　　D. 沙尘暴

3. 在臭氧层破坏反应中本质上起催化作用的是下列哪种物质?　　　(　　)

A. O_3　　　　B. NO　　　　C. CO_2　　　　D. NO_2

4. 已知汽车尾气无害化反应:　　　(　　)

$$NO(g) + CO(g) \Longrightarrow \frac{1}{2}N_2(g) + CO_2(g)$$

的 $\Delta_r H_m^{\ominus}$(298.15 K)≪0,采取何种措施利于取得有毒气体 NO 和 CO 的最大转化率?

　　　(　　)

A. 低温低压　　　　B. 高温高压　　　　C. 低温高压　　　　D. 高温低压

5. 水污染以污染效应分为毒性污染和耗氧污染,下列不属于毒性污染物的是哪种?

　　　(　　)

A. 重金属　　　　B. 氰化物　　　　C. 碳氢化合物　　　　D. 酚类

6. 下列常用消毒剂不属于目前用于污水消毒的是哪种?　　　(　　)

A. 石灰　　　　B. 臭氧　　　　C. 液氯　　　　D. 次氯酸钠

7. 下列不属于危险废物的是哪种?　　　(　　)

A. 医院垃圾　　　　B. 含重金属污泥　C. 酸和碱废物　　　D. 有机固体废物

8. 下列哪个不是我国对固体废弃物污染环境的处理原则？　　　　　　　　　　（　　）

A. 减量化　　　　　B. 经济化　　　　　C. 资源化　　　　　D. 无害化

9. 下列由固体废弃物焚烧产生并具有致癌性的有机物质是哪种？　　　　　　（　　）

A. 二噁英　　　　　B. SO_2　　　　　C. 苯并芘　　　　　D. 三氯苯酚

10. 不符合可持续发展战略的科技技术革命是哪个？　　　　　　　　　　　　（　　）

A. 清洁生产　　　　B. 绿色化学　　　　C. 绿色制造业　　　D. 节能减排

三、计算及问答题

1. 设汽车内燃机内温度因燃料燃烧反应达到 1 300 ℃，试利用标准热力学函数估算此温度时反应 $\frac{1}{2}N_2(g) + \frac{1}{2}O_2(g) \rightleftharpoons NO(g)$ 的 $\Delta_r G_m^{\ominus}$ 和 $K^{\ominus}$ 的数值，并联系反应速率简单说明在大气污染中的影响。

2. 到达地球表面的太阳辐射最短波长为 290 nm，问大气中 SO_2 分子在吸收该波长光量子后，能否引起分子中 S—O 键断裂？已知键能为 $5.64 \times 10^5 J \cdot mol^{-1}$。

3. 高层大气中微量臭氧 O_3 吸收紫外线而分解，使地球上的动物免遭辐射之害，但底层 O_3 却是形成光化学烟雾的主要成分之一。底层 O_3 可由以下过程形成：

(1) $NO_2 \longrightarrow NO + O$（一级反应），$k_1 = 6.0 \times 10^{-3} s^{-1}$；

(2) $O + O_2 \longrightarrow O_3$（二级反应），$k_2 = 1.0 \times 10^6 mol \cdot L^{-1} \cdot s^{-1}$。

假设由反应(1)产生原子氧的速率等于反应(2)消耗原子氧的速率，当空气中 NO_2 浓度为 $3.0 \times 10^{-9} mol \cdot L^{-1}$ 时，污染空气中 O_3 生成的速率是多少？

4. 某电镀公司将含 CN^- 废水排入河流。环保监察人员发现，每排放一次氰化物，该段河水的 BOD 就上升 $3.0 mg \cdot dm^{-3}$。假设反应为

$$2CN^-(aq) + \frac{5}{2}O_2(g) + 2H^+(aq) \longrightarrow 2CO_2(g) + N_2(g) + H_2O(l)$$

求 CN^- 在该段河水中的浓度（$mol \cdot dm^{-3}$）。

5. 某工厂排放的废水含 Pb^{2+} 10 $mg \cdot dm^{-3}$，而国家排放标准规定 Pb^{2+} 降到 1.0 $mg \cdot dm^{-3}$ 以下方可排放，可在此 1 m^3 废水中加多少克 Na_2S 固体使 Pb^{2+} 生成 PbS 而满足排放标准排放？

6. 含镉废水通入 H_2S 达到饱和并调整 pH 值为 8.0，请算出水中剩余镉离子浓度（已知 CdS 的溶度积为 7.9×10^{-27}，饱和水溶液中 H_2S 浓度保持在 0.1 $mol \cdot L^{-1}$，H_2S 离解常数 $K_1 = 8.9 \times 10^{-8}$，$K_2 = 1.3 \times 10^{-15}$）。

7. 人体一次性摄入某重金属 100 mg，假定生物半衰期为 10 天，求 100 天后重金属残留量。

四、思考题

1. 化学烟雾分为硫酸烟雾和光化学烟雾两种。什么叫做光化学烟雾？并试填下表比较伦敦型烟雾与洛杉矶型烟雾有何不同？

	伦敦型烟雾	洛杉矶型烟雾
形成条件		
主要污染物		
特征（烟雾类型）		
危害		
治理措施		

2. 某同学提出：

$NO + O_2 \xrightarrow{h\nu} 2NO_2$，$NO_2$ 可导致光化学烟雾或酸雨。而在常温常压下，空气中的 N_2 和 O_2 能长期存在而不化合生成 NO，且热力学计算表明 $N_2(g) + O_2(g) \rightleftharpoons 2NO(g)$ 的 $\Delta_r G_m^{\ominus}(298.15 \text{ K}) \gg 0$，据此事实，利用其逆反应自发特性，即发生反应 $2NO(g) \rightleftharpoons N_2(g) + O_2(g)$，让 N_2 和 O_2 回归自然以消除 NO 污染。

试从热力学和动力学角度解释以此方法减小 NO 污染可行与否？

3. 汽车、飞机的尾气会对大气形成污染的主要原因是什么？你认为减小或消除尾气污染的有效途径有哪些？

4. 请概述家居主要污染物有哪些？如何防治家装污染？

5. 废水中有哪几类污染物？其中主要含有哪些无机污染物？试列举几种对人体危害很大的重金属的主要存在形式和毒害作用。

6. 酸碱废水导致土壤盐碱化后，栽种植物难以生长。试以前面所学渗透现象解释之。

7. 何谓"赤潮"、"水体富营养化"？它们有何危害？

8. 什么是耗氧污染物？说明 COD、BOD 的含义。

9. 曝气是水处理工艺之一，就是向水中不断鼓入空气，使污染水体充分地接触空气，使其中的 Fe^{2+} 氧化成 Fe^{3+}，并形成 $Fe(OH)_3$ 沉淀而除去，其反应为：

$$4Fe^{2+} + 8HCO_3^- + O_2 + 2H_2O \longrightarrow 4Fe(OH)_3 + 8CO_2$$

问利用它能否增加溶解氧，为什么？

10. 你知道有哪些地方应用膜来为人类的生活和生产服务？

11. 什么叫固体废弃物？举例说明固体废弃物如何合理利用。

12. 简述城市垃圾分类的意义。你对城市垃圾收费制有何认识？

13. 你对清洁生产和绿色化学有何认识？你对消除"白色污染"有何认识和建议？限塑后你认为对减小"白色污染"效果如何？

14. 你认为什么是"环境意识"，如何才能提高公民的环境意识？作为新时代大学生对增强全民的"环境意识"应做些什么？

15. 请举例讨论化学在环境保护中的作用。

第 8 章

化 学 与 能 源

　　能源是指能够提供某种形式能量的资源,它不仅包括能提供能量的物质资源,例如煤炭、石油、天然气、氢能等,而且还包括能提供能量物质的运动形式,例如太阳能、风能等。能源与人类的生活和社会的发展有着非常密切的关系,它为人类从事各种活动提供动力和热量,在人类社会发展中起着极为重要的作用。

　　能源主要分为一次能源和二次能源两大类。一次能源是指存在于自然界中的可直接利用其能量的能源,例如风能、太阳直接辐射能、海洋温差、海洋潮汐能、地热能、化石燃料等。二次能源是指需要依靠其他能源来制取的能源,例如电能、氢能、汽油、酒精等有机化学物质等。在一次能源中,又分为再生能源和非再生能源。所谓再生能源是指不随人类的利用而减少的能源,例如风能、海洋能、潮汐能、水能、太阳能等。所谓非再生能源则是指随着人类的利用而减少的能源,例如煤、石油等化石类能源。能源的分类情况列于表 8.1。

表 8.1　　　　　　　　　　　　　　　　**主要的能源和分类**

能源		
一次能源		二次能源
再生能源	非再生能源	
风能、水能、海洋能、潮汐能、植物、直接太阳能、辐射能、地热能等	化石燃料(煤、石油、天然气、油页岩、可燃冰等)、核燃料等	电能、氢能、可燃烧的合成化学物质(例如汽油、柴油、酒精、甲醇、水煤气等)

　　化学在能源的开发和利用中扮演着重要的角色,它与能源科学技术发展的每一重要环节都息息相关。

8.1　化学电源

　　借自发进行的氧化还原反应将化学能直接转变为电能的装置叫做化学电源。化学电源按工作性质可分为:一次电池(原电池)、二次电池(可充电电池)和连续电池。由于化学电池具有较高的能量转换效率、易于提高能量密度和易于小型化的特点,是贮能和供能技术的巨大进步,是化学对人类的一项重大贡献,极大地推进了现代化的进程,改变了人们的生活方式,提高了人们的生活质量。

8.1.1　一次电池

一次电池是放电后不能充电或补充化学物质使其复原的电池。一次电池主要有:锌锰电池、碱性锌锰电池、扣式锌银电池、扣式锂锰电池、扣式锌锰电池、锌空气电池、一次锂锰电池等。

8.1.1.1　锌锰电池

锌-二氧化锰电池(简称锌锰电池),又称勒兰社电池,是法国科学家勒兰社(Leclanche)于1868年发明的。

它以金属锌(Zn)筒做负极,二氧化锰(MnO_2)和石墨棒(导电材料)做正极,电解质溶液采用中性氯化铵(NH_4Cl)和氯化锌($ZnCl_2$)的水溶液,隔离层如果使用淀粉制成,称为糊式锌锰电池;如果隔离层采用浆层纸,则称板式锌锰电池;由于其电解质溶液通常制成凝胶状或被吸附在其他载体上而呈现不流动状态,故又称锌锰干电池。该电池的正极是位于中央的顶盖上有铜帽的石墨棒,在石墨棒的周围由内向外依次是:二氧化锰粉末(黑色)——用于吸收在正极上生成的氨气(以防止产生极化现象);用淀粉调制的氯化铵和氯化锌饱和电解质溶液;锌制筒形外壳做负极。

锌锰电池的图式如下:

$$(-)Zn \mid ZnCl_2 \parallel NH_4Cl(糊状) \mid MnO_2 \mid C(+)$$

其电极反应式为:

负极(锌筒)反应:$Zn(s) \longrightarrow Zn^{2+}(aq) + 2e^-$

正极(石墨)反应:$2MnO_2(s) + 2NH_4^+(aq) + 2e^- \longrightarrow Mn_2O_3(s) + 2NH_3(aq) + H_2O(l)$

总反应:

$$Zn(s) + 2MnO_2(s) + 2NH_4^+(aq) = Zn^{2+}(aq) + Mn_2O_3(s) + 2NH_3(aq) + H_2O(l)$$

干电池的电压大约为1.5 V,由于使用方便、价格低廉,仍是目前使用最广、用量最大的一种电池。但是它的缺点是产生的氨气能被石墨棒吸附,导致电池内阻增大,电动势下降,而且不能充电再生。

8.1.1.2　碱性锌锰电池

碱性锌锰电池是锌锰电池的改良型,在20世纪中期发展起来,其结构与勒兰社电池相似,电池使用氢氧化钾(KOH)或氢氧化钠(NaOH)的水溶液代替NH_4Cl做电解质溶液,负极在内,为膏状胶体,用铜钉做集流体,正极在外,活性物质和导电材料压成环状与电池外壳连接,正、负极用专用隔膜隔开制成电池。

碱性锌锰电池的图式如下:

$$(-)Zn \mid KOH \parallel MnO_2 \mid C(+)$$

其电极反应式为:

负极反应:$Zn(s) + 2OH^-(aq) \longrightarrow Zn(OH)_2(s) + 2e^-$

正极反应:$2MnO_2(s) + H_2O(l) + 2e^- \longrightarrow Mn_2O_3(s) + 2OH^-(aq)$

总反应：$Zn(s) + 2MnO_2(s) + H_2O(l) = Zn(OH)_2(s) + Mn_2O_3(s)$

该种电池的电动势为 1.54 V，放电时间是上述糊式或板式锌锰电池的 5～7 倍，且放电时电压比较稳定，适合于温度比较低的环境中使用。

8.1.1.3　锌汞电池

锌-氧化汞电池常被制作成钮扣大小，又称为钮扣电池。它以锌汞齐为负极，HgO 和碳粉（导电材料）为正极，饱和 ZnO 的 KOH 糊状物为电解质，其中 ZnO 与 KOH 形成 $[Zn(OH)_4]^{2-}$ 配离子。

锌汞电池的图式如下：
$$(-)Zn(Hg) \mid KOH(糊状，含饱和 ZnO) \parallel HgO \mid C(+)$$

其电极反应式为：

负极反应：$Zn(s) + 2OH^-(aq) = Zn(OH)_2(s) + 2e^-$

正极反应：$HgO(s) + H_2O(l) + 2e^- = Hg(l) + 2OH^-(aq)$

总反应：$Zn(s) + HgO(s) + H_2O(l) = Zn(OH)_2(s) + Hg(l)$

该种电池电压为 1.34 V，放电时电压稳定，并有相当高的电池容量和较长的寿命。这些特性对它在通讯设备和科研仪器中的使用有重要价值，被用于手表、计算器、助听器、心脏起搏器等小型装置。

8.1.1.4　锌银电池

锌银电池一般制成钮扣状或矩形状。正极一端填充由氧化银和石墨组成的正极活性材料，负极为锌，电解质溶液为 KOH 浓溶液。

锌银电池的图式如下：
$$(-)Zn \mid KOH \parallel Ag_2O \mid C(+)$$

其电极反应式为：

负极反应：$Zn(s) + 2OH^-(aq) \longrightarrow ZnO(s) + H_2O(l) + 2e^-$

正极反应：$Ag_2O(s) + H_2O(l) + 2e^- \longrightarrow 2Ag(s) + 2OH^-(aq)$

总反应：$Zn(s) + Ag_2O(s) = ZnO(s) + 2Ag(s)$

这种电池的电压一般为 1.6 V。使用寿命较长，放电电压十分平稳，比能量大，被广泛使用于通信、航天、导弹以及小型计算器、手表、照相机中，但是它价格比较昂贵。

8.1.2　二次电池

放电后能通过充电使其复原的电池称为二次电池。二次电池可分为：铅酸蓄电池，镉镍电池、氢镍电池、锂离子电池、二次碱性锌锰电池等。

8.1.2.1　铅酸蓄电池

铅酸蓄电池可放电也可以充电，是 1859 年法国物理学家普兰特（Plante）发现的。用二氧化铅做正极活性物质，铅做负极活性物质，硫酸做电解质溶液，正负电极之间用微孔橡胶或微孔塑料板隔开（以防止电极之间发生短路）；两极均浸入到硫酸溶液中。

铅酸蓄电池在放电时相当于一个原电池，它的简单图式如下：
$$(-)Pb \mid H_2SO_4 \mid PbO_2(+)$$

其电极反应式为：

负极反应：$Pb(s) + SO_4^{2-}(aq) \longrightarrow PbSO_4(s) + 2e^-$

正极反应：$PbO_2(s) + 4H^+(aq) + SO_4^{2-}(aq) + 2e^- \longrightarrow PbSO_4(s) + 2H_2O(l)$

总反应：$Pb(s) + PbO_2(s) + 2H_2SO_4(aq) \Longrightarrow 2PbSO_4(s) + 2H_2O(l)$

当放电进行时，随着 $PbSO_4$ 沉淀的析出和 H_2O 的生成，H_2SO_4 溶液的浓度将不断降低。因此，可用密度计测量硫酸溶液的密度，方便地检查蓄电池的情况。当溶液的密度降到1.18 $g \cdot mL^{-1}$ 时停止使用应进行充电，充电时为电解池，其电极反应如下：

阳极反应：$PbSO_4(s) + 2H_2O(l) \longrightarrow PbO_2(s) + 4H^+(aq) + SO_4^{2-}(aq) + 2e^-$

阴极反应：$PbSO_4(s) + 2e^- \longrightarrow Pb(s) + SO_4^{2-}(aq)$

总反应：$2PbSO_4(s) + 2H_2O(l) \Longrightarrow Pb(s) + PbO_2(s) + 2H_2SO_4(aq)$

当溶液的密度升到 1.28 $g \cdot mL^{-1}$ 时应停止充电，铅酸蓄电池在放电以后，可以利用外界直流电源进行充电。所以该电池可以循环使用，价格低廉，它的主要缺点是笨重。

8.1.2.2 镍镉电池

镍镉电池是一种碱性二次电极，它的负极（阳极）以镉为活性物质，正极（阴极）的活性物质是羟基氧化镍$[NiO(OH)]$。

镍镉蓄电池在放电时也相当于一个原电池，它的简单图式如下：

$$(-)Cd \mid KOH \parallel NiO(OH) \mid C(+)$$

其电极反应为：

负极反应：$Cd(s) + 2OH^-(aq) \longrightarrow Cd(OH)_2(s) + 2e^-$

正极反应：$2NiO(OH)(s) + 2H_2O(l) + e^- \longrightarrow 2Ni(OH)_2(s) + 2OH^-(aq)$

总反应式为：$Cd(s) + 2NiO(OH)(s) + 2H_2O(l) \Longrightarrow 2Ni(OH)_2(s) + Cd(OH)_2(s)$

当放电进行时，碱性溶液的浓度将不断降低，当溶液的密度降到 1.19 $g \cdot mL^{-1}$ 时应停止使用进行充电，充电时为电解池，其电极反应如下：

阳极反应：$2Ni(OH)_2(s) + 2OH^-(aq) \longrightarrow 2NiO(OH)(s) + 2H_2O(l) + 2e^-$

阴极反应：$Cd(OH)_2(s) + 2e^- \longrightarrow Cd(s) + 2OH^-(aq)$

总反应：$2Ni(OH)_2(s) + Cd(OH)_2(s) \Longrightarrow Cd(s) + 2NiO(OH)(s) + 2H_2O(l)$

这种电池的电压一般为 1.4 V，该电池能维持非常恒定的电压，循环寿命长，可达 2 000 ~4 000 次。广泛应用于手提计算机、便携式电动工具、电动剃须刀和牙刷等，还用于飞机、火箭以及人造卫星的能源系统，但是这种电池会带来镉污染问题。

8.1.2.3 氢镍电池

氢镍电池是近几年为克服镍镉电池污染问题而开发的一种新型电池。它以新型储氢材料——钛镍合金或镧镍合金，混合稀土镍合金为负极，镍电极为正极，氢氧化钾溶液为电解质溶液，它的简单图式如下：

$$(-)Ti\text{-}Ni \mid H_2(p) \mid KOH \parallel NiO(OH) \mid C(+)$$

其电极反应为：

负极反应：$H_2(p) + 2OH^-(aq) \longrightarrow 2H_2O(l) + 2e^-$

正极反应：$2NiO(OH)(s) + 2H_2O(l) + 2e^- \longrightarrow 2Ni(OH)_2(s) + 2OH^-(aq)$

总反应：$H_2(p) + 2NiO(OH)(s) \Longrightarrow 2Ni(OH)_2(s)$

这种电池的电压一般为 1.20 V，被称为绿色环保电池，无毒、不污染环境。其突出优点是循环寿命很长,且单位体积所蓄电能(比能量)高,有望成为航天、电子、通讯领域中应用最广的高能电池之一。

8.1.3 连续电池

连续电池在放电过程中可以不断地输入化学物质,使放电可以连续不间断地进行。燃料电池是在电池中的燃料直接氧化而发电的装置,它是一种连续电池,在工作时不断从外界输入氧化剂和还原剂,同时将电极反应物不断排出电池。通常的燃料是氢气、丙烷、甲醇等,氧化剂为纯氧或空气中的氧。最廉价的有氢氧燃料电池和熔融盐燃料电池两种。

8.1.3.1 氢氧燃料电池

这种电池的燃料是氢气,氧化剂是氧气。其电池图示为:

$$(-) \mid H_2(p) \mid KOH \parallel O_2(p) \mid C(+)$$

电极反应为:

负极反应:$2H_2(g) + 4OH^-(aq) \longrightarrow 4H_2O(l) + 4e^-$

正极反应:$O_2(g) + 2H_2O(l) + 4e^- \longrightarrow 4OH^-(aq)$

总反应:$2H_2(g) + O_2(g) \Longrightarrow 2H_2O(l)$

这种碱性氢氧燃料电池早于 20 世纪 60 年代就应用于美国载人宇宙飞船上,也曾用于叉车、牵引车等,但其作为民用产品的前景还评价不一。否定者认为电池所用的电解质 KOH 很容易与来自燃料气或空气中的 CO_2 反应,生成导电性能较差的碳酸盐。另外,虽然燃料电池所需的贵金属催化剂载量较低,但实际寿命有限。肯定者则认为该燃料电池的材料较便宜,若使用天然气做燃料时,它比唯一已经商业化的磷酸型燃料电池(中间的电解质是磷酸)的成本还要低。

8.1.3.2 熔融盐燃料电池

按其所用燃料或熔融盐的不同,有多个不同的品种,如燃料为天然气、CO,熔融盐分为熔融碳酸盐型和熔融磷酸盐型等等,一般要在一定的高温下(确保盐处于熔化状态)才能工作。

熔融磷酸盐燃料电池采用磷酸为电解质,利用廉价的炭材料为骨架。它除以氢气为燃料外,现在还有可能直接利用甲醇、天然气、城市煤气等低廉燃料,与碱性氢氧燃料电池相比,最大的优点是它不需要 CO_2 处理设备。磷酸型燃料电池已成为发展最快的,也是目前最成熟的燃料电池,它代表了燃料电池的主要发展方向。

磷酸盐型燃料电池是最早的一类燃料电池,工艺流程基本成熟,美国和日本已分别建成 4500 kW 及 11 000 kW 的商用电站。这种燃料电池的操作温度为 200 ℃,最大电流密度可达到 150 mA·cm^{-2},发电效率约 45%,燃料以氢、甲醇等为宜,氧化剂用空气,但催化剂为铂系列,目前发电成本尚高,每千瓦小时约 40~50 美分。

下面以 CO 和熔融碳酸盐组成的电池为例,电极反应如下:

负极反应:$2CO(g) + 2CO_3^{2-} \longrightarrow 4CO_2(g) + 4e^-$

正极反应:$O_2(g) + 2CO_2(g) + 4e^- \longrightarrow 2CO_3^{2-}$

总反应:$2CO(g) + O_2(g) = 2CO_2(g)$

该电池的工作温度一般为 650 ℃。熔融碳酸盐型燃料电池一般称为第二代燃料电池,发电效率约 55%,日本三菱公司已建成 10 千瓦级的发电装置。这种燃料电池的电解质是液态的,由于工作温度高,可以承受一氧化碳的存在,燃料可用氢、一氧化碳、天然气等均可,氧化剂用空气。

8.1.3.3 固体氧化物型燃料电池

固体氧化物型燃料电池被认为是第三代燃料电池,其操作温度 1 000 ℃左右,发电效率可超过 60%,目前不少国家在研究,美国西屋公司正在进行开发,它适于建造大型发电站。

燃料电池的能量转化效率高;与传统发电相比较,由于燃料电池不需要用水冷却,可以减少传统发电带来的水体热污染;燃料电池在发电过程中的主要产物是水,对环境无污染,而且发电时噪声很小,是一种环保型的清洁能源。

8.1.4 其他新型电池

8.1.4.1 海水电池

1991 年,我国科学家首创以铝-空气-海水为材料组成的新型电池,用做航海标志灯。该电池以取之不尽的海水为电解质,靠空气中的氧气使铝不断氧化而产生电流。其电极反应如下:

负极反应:$4Al(s) \Longrightarrow 4Al^{3+}(aq) + 12e^-$

正极反应:$3O_2(g) + 6H_2O(l) + 12e^- \Longrightarrow 12OH^-(aq)$

总反应:$4Al(s) + 3O_2(g) + 6H_2O(l) \Longrightarrow 4Al(OH)_3(s)$

这种电池的能量比普通干电池高 20~50 倍。

8.1.4.2 光电化学电池

光电化学电池是利用半导体与液体结制成的电池。光电化学电池起源于 1939 年法国科学家贝克雷尔(A. H. Becqurel)发现在电解质溶液中半导体产生的光电现象。半导体在电解质溶液中表面形成界面势垒(即液体结),分离产生的电子空穴对,在电池的两个电极(即半导体电极和金属对电极)上进行电化学反应,导致产生电或通过电极、溶液的化学变化生成化学产物。光电化学电池一般分为电化学光伏电池、光电解电池和光催化电池三类:

① 电化学光伏电池:电解液中只含一种氧化还原物质,电池反应为阳、阴极上进行的氧化还原可逆反应,光照后电池向外界负载提供电能,电解液不发生化学变化,其吉布斯自由能变化等于零。

② 光电解电池:电解液中存在两种氧化还原离子,光照后发生化学变化,其净反应的吉布斯自由能变化为正,光能有效地转换为化学能。

③ 光催化电池:光照后电解液发生化学变化。其净反应的吉布斯自由能变化为负,光能提供进行化学反应所需的活化能。

光电化学电池具有液相组分,因此又可制成直接储能的光电化学蓄电池,成为一种既能转换太阳光能又能进行能量储存的多途径转换太阳能的光电化学器件,而且半导体在电解液中界面液体结容易形成,可以广泛应用多晶、薄膜型半导体材料,因而具有制作工艺简便、价格低廉等特点。

8.2　化石燃料

化石燃料又叫做矿物燃料、矿石燃料,指埋藏地层中的不同地质年代的动植物遗体经历漫长地质条件的变化,以及温度、压力和微生物的作用而形成的一类可燃性物质。化石燃料可分为固体燃料如煤炭、油页岩、油砂等,液体燃料如石油,气体燃料如天然气,它们通过燃烧以热能的形式给人们提供能量。目前化石燃料在一次能源消费中仍然占有较高的比例。

化石燃料最初是由水和大气中的二氧化碳经光合作用而合成的,太阳能在此过程中转化为化学能而储存在矿物燃料中。化石燃料的形成周期极长,所以数量有限,是不可再生的能源。

8.2.1　煤炭

8.2.1.1　煤的主要成分

煤炭被人们称为"工业的粮食",也有"黑色金子"的美誉。它是埋藏在地下的古生植物在地下受到地热高温、高压和细菌的作用,经过几千万年乃至几亿年的炭化过程,释放出水分、二氧化碳、甲烷等气体后,逐渐演化形成的可燃性固体矿物。根据 BP(英国石油公司)最新统计,截至 2008 年年末全世界煤炭探明储量达 8 260.01 亿 t,中国现有煤炭经济可开发的剩余可采储量为 1 145 亿 t。按照煤化程度从低到高的变化顺序,可以将煤分为泥煤、褐煤、烟煤和无烟煤等。

煤炭是一种由有机物和无机物组成的一种复杂的混合物。煤的大分子是由 3～5 个芳香或氢化芳香环结构单元组成的聚集体,芳香环间以脂肪链或醚桥相连,硫、氮和氧等以杂环、酚或醚的形式存在。有机质元素主要是碳,其次是氢,还有氧、氮和硫等。无机元素多达数十种,例如,钙、镁、铁、铝等常以硫酸盐和碳酸盐形式存在,另外铝、钙、镁、钠、钾也常以硅酸盐形式出现,铁还可以以硫化物和氧化物等的形式存在于煤中。

不同等级的煤,其燃烧热值(即发热量)不同。煤的发热量主要与煤炭中的碳含量和氢含量有关:

$$C(s) + \frac{1}{2}O_2(g) \Longrightarrow CO(g) \ , \Delta_r H_m^{\ominus}(298.15 \ K) = -110.52 \ kJ \cdot mol^{-1}$$

$$C(s) + O_2(g) \Longrightarrow CO_2(g) \ , \Delta_r H_m^{\ominus}(298.15 \ K) = -393.51 \ kJ \cdot mol^{-1}$$

$$H_2(g) + \frac{1}{2}O_2(g) \Longrightarrow H_2O(g) \ , \Delta_r H_m^{\ominus}(298.15 \ K) = -241.82 \ kJ \cdot mol^{-1}$$

通常随着煤中氢元素含量的增加,煤的发热量增大。

煤的最大缺点是它作为固体燃料,燃烧反应速率慢,利用率低,且不适用于多数运输业(尤其是汽车)的需求。此外,燃烧煤时还会产生二氧化硫等有害气体,将导致严重的大气污染。解决的办法是对煤实行综合利用。

8.2.1.2　煤炭的综合利用

(1) 煤的焦化

煤炭焦化的目的是分离煤中的挥发性物质和除去杂质得到含碳量高的固体产品。煤炭焦化的方法分为高温和低温干馏两种。高温干馏是把煤粉放在炼焦炉中,在 1 000 ℃以上

隔绝空气加热。低温干馏是把炼焦温度控制在 $500 \sim 600$ ℃。其主要反应为:

$$煤 \longrightarrow 焦炭 + 煤焦油 + 焦炉气$$

高温干馏产生的焦炭强度高,适宜钢铁冶炼工业的使用,低温干馏产生的焦炭易碎。煤焦油是含有多种芳香族化合物的复杂混合物,可以通过分馏的方法使其中的重要成分分离出来。170 ℃以下主要分馏出苯、甲苯、二甲苯和其他苯的同系物。$170 \sim 230$ ℃馏出物主要含酚类和萘。230 ℃以上还可以得到许多复杂的芳香族化合物。煤焦油在分馏后剩下的稠厚的黑色物质是沥青。低温干馏所得煤焦油主要含烷烃、烯烃和环烷烃。

(2) 煤的气化

煤炭直接燃烧的热利用效率通常约为 $15\% \sim 18\%$,通过气化将其转化为可以燃烧的煤气后,热的利用效率可以到达 $55\% \sim 60\%$。具体的方法为:将炽热的焦炭与水反应产生水煤气(其主要组成为 CO、H_2、CO_2),主要反应为:

$$C(g) + H_2O(l) = CO(g) + H_2(g) , \Delta_r H_m^\ominus (298.15 \text{ K}) = -175.3 \text{ kJ} \cdot \text{mol}^{-1}$$

$$C(g) + 2H_2O(l) = CO_2(g) + 2H_2(g) , \Delta_r H_m^\ominus (298.15 \text{ K}) = -178.2 \text{ kJ} \cdot \text{mol}^{-1}$$

$$CO(g) + H_2O(l) = CO_2(g) + H_2(g) , \Delta_r H_m^\ominus (298.15 \text{ K}) = 2.9 \text{ kJ} \cdot \text{mol}^{-1}$$

如果将水煤气在催化剂的作用下转化为 CH_4,可以得到类似于天然气的合成天然气,这种气体的发热量可以大幅度提高。主要反应如下:

$$C(g) + 2H_2(g) = CH_4(g) , \Delta_r H_m^\ominus (298.15 \text{ K}) = -74.9 \text{ kJ} \cdot \text{mol}^{-1}$$

$$2CO(g) + 2H_2(g) = CH_4(g) + CO_2(g) , \Delta_r H_m^\ominus (298.15 \text{ K}) = -247.3 \text{ kJ} \cdot \text{mol}^{-1}$$

$$CO(g) + 3H_2(g) = CH_4(g) + H_2O(l) , \Delta_r H_m^\ominus (298.15 \text{ K}) = -250.2 \text{ kJ} \cdot \text{mol}^{-1}$$

$$CO_2(g) + 4H_2(g) = CH_4(g) + 2H_2O(l) , \Delta_r H_m^\ominus (298.15 \text{ K}) = -253.0 \text{ kJ} \cdot \text{mol}^{-1}$$

将煤与空气和水蒸气反应得到的产物称半煤气,含 H_2 50% 左右。小型化肥厂用半煤气作为合成氨的原料,尾气则用做城市管道或罐装煤气。

$$水蒸气 + 煤 + 空气 \longrightarrow CO + H_2 + N_2$$

$$N_2(g) + 3H_2(g) = 2NH_3(g)$$

$$CO(g) + H_2O(g) = CO_2 + H_2(g)$$

(3) 煤的液化

煤的液化是将煤转化为液体产品。煤的直接液化是在催化剂作用下,在 $450 \sim 480$ ℃、$12 \sim 30$ MPa 时,加氢裂解,使大分子变小,得到多种燃料油如汽油和柴油等。煤的间接液化是先使煤气化成 CO 和 H_2 等气体小分子,然后在一定的温度、压力和催化剂作用下合成烷烃、烯烃、乙醇和乙醛等。由于这种方法是 1926 年德国的费歇尔(F. Fischer)和托罗普歇(H. Tropsch)提出的,所以称费-托反应法,主要反应为:

甲烷化反应:$CO(g) + 3H_2(g) = CH_4(g) + H_2O(l)$

烷烃化反应:$nCO(g) + (2n+1)H_2(g) = C_nH_{2n+2}(g) + nH_2O(g)$

烯烃化反应:$nCO(g) + 2nH_2(g) = C_nH_{2n}(g) + nH_2O(g)$

醇化反应:　$nCO(g) + 2nH_2(g) = C_nH_{2n+1}OH(g) + (n-1)H_2O(g)$

8.2.1.3　洁净煤技术

煤炭在燃烧过程中要放出一氧化碳、二氧化碳、二氧化硫、氮氧化物、烟尘等。这些物质会产生酸雨,形成温室效应。

煤炭给环境造成的危害是当今世界性的严重问题,其结果是使生态环境遭到破坏,人畜生活受到危害。洁净煤技术是旨在减少污染和提高利用效率的煤炭开采、加工转化、燃烧和污染控制新技术的总称。洁净煤技术的开发和推广应用将显著地减少环境污染,提高能源的利用率,保证能源的可靠供应。洁净煤技术主要包括以下几方面:

(1) 煤炭加工技术

① 洗选煤技术

通过煤炭分选可以大大降低煤中灰分和硫分,从源头上减少煤炭燃烧过程中产生的烟尘、颗粒物和 SO_2 等有害物排放,既节约了能源,又改善了环境。

② 煤炭气化

煤炭气化是煤与汽化剂(可以是空气或者氧气与水蒸气)由部分煤燃烧自供热或者由外部供给热量在达到操作温度和压力的条件下,以一定流动方式把煤完全转化成可燃气体,煤炭中的灰分以废渣的形式排出。煤炭气化能显著提高煤炭的利用率,而且可以在使用前将煤气中的气态硫化物和氮化物以及颗粒物较为容易地脱除,克服由于煤的直接燃烧产生的燃烧效率低、燃烧稳定性差及造成的环境污染。

③ 煤炭液化

煤炭的直接液化是把煤炭进行高温热解,使其产生一部分液体燃料,或者在一定压力下使煤炭在溶剂中进行加氢生产液体燃料或者转化成低硫、低灰、强黏结性的固体燃料。煤炭直接液化时,煤经过加氢反应,所有异质原子基本被脱除,也无颗粒物,回收的硫可以变成元素硫,氮经过水处理可以变成氨。煤炭间接液化是将煤炭气化成含有一氧化碳和氢为主的煤气,再将煤气合成液体燃料。煤炭间接液化时,是由气化阶段的气体产物转化而来,催化合成过程中排放物不多,未反应的废气主要是一氧化碳,可以在燃烧器中燃烧,排出的废气中氮氧化合物以及硫都很少,没有颗粒物产生。

④ 型煤技术

民用型煤配以先进的炉具,热效率比烧散煤高一倍,一般可以节煤 20%,减少烟尘和 SO_2 80%,减少 CO_2 80%。工业型煤比燃烧散煤节煤 15% 以上,减少烟尘 50%～60%,减少 SO_2 40%～50%。

⑤ 水煤浆技术

水煤浆是一种煤基液态燃料,它不仅燃烧效率高(96% 以上),而且由于生产水煤浆的原料煤灰分和硫分都比较低,再加上它燃烧时的温度较低,燃烧中产生的 SO_2 和 NO 较少,烟尘含量也下降较多,环保效果十分明显。

(2) 煤炭高效洁净燃烧技术

① 循环流化床燃烧技术是新一代洁净、高效燃烧技术,环境特性较好,与装有烟气净化装置的电站相比, SO_2 和 NO 可减少 50% 以上。

② 燃煤联合循环发电技术使整体气化联合循环发电厂的脱硫率可达 99%,NO 排放量仅为常规电厂的 15%～30%,具有良好的环保作用。

(3) 污染物排放控制与废弃物处理技术

污染物排放控制与废弃物处理技术包括:烟道气净化,粉煤灰综合利用和矿区环境污染治理。

8.2.2 石油

8.2.2.1 石油的主要成分

石油被人们称为"工业的血液",是水中堆积的微生物残骸在高压的作用下形成的一种可燃性黏稠液体。从油田里开采出来的未经加工处理的石油叫原油。石油里的主要元素是碳,占 83%～87%,此外,还含有 11%～14%的氢,以及少量的硫(0.06%～8%)、氮(0.02%～1.7%)、氧(0.08%～1.8%)和微量金属元素(镍、钒、铁、铜)等。石油是烷烃、环烷烃、芳香烃、烯烃,以及少量有机硫化物、有机氧化物、有机氮化物、水分和矿物质的混合物。与煤相比,石油的含氢量较高而含氧量较低。在石油中以直链烃为主,而在煤中以芳香烃为主。

2008 年探明的世界石油剩余可采储量为 1 708 亿吨,其中中东占 60%,欧洲及欧亚地区占 11.3%,北美占 5.6%,中南美洲占 9.8%,非洲占 10.0%,亚太(中国除外)占 2.1%,中国占 1.2%。

8.2.2.2 石油的炼制

由于石油中所含的化合物种类繁多,有的是宝贵的化工原料,所以一般不直接用原油做燃料,而要经过炼制加工处理。原油的炼制过程分为分馏、裂化、催化重整、加氢精制等。

（1）分馏

在分馏前,需要脱除原油中的水、盐和固体杂质。因为原油含有的水分要浪费燃料,所含的盐类会腐蚀设备,石油经预处理后才能送入分馏塔。

烃的沸点随着碳原子数的增加而升高。原油中含有多种烃类,所以要将其中各组分进行分离,可以采用蒸馏的方法。将石油在分馏塔内加热时,低沸点的烃先气化,经过冷凝先分离出来,随温度的升高,沸点较高的烃再气化,经过冷凝也分离出来,借此可以把石油分成不同沸点范围的蒸馏产物,由于原油中沸点相近的组分很多,因此难以实现彻底分离各种单体。通常把一定温度范围的蒸馏产物统称馏分。石油分馏所得馏分及用途见表 8.2。

表 8.2 石油分馏产品及其用途

分馏产品名称	沸点/℃	烃类碳原子数	主要用途
石油气		$C_1 \sim C_4$	化工原料,气体燃料
溶剂油	30～180	$C_5 \sim C_6$	溶剂
汽 油	30～180	$C_6 \sim C_{10}$	汽车、飞机用液体燃料
煤 油	180～280	$C_{10} \sim C_{16}$	液体燃料,溶剂
柴 油	280～350	$C_{17} \sim C_{20}$	重型卡车、拖拉机、轮船用燃料,各种柴油机用燃料
润滑油	350～500		机械润滑油
凡士林	350～500		化妆品,医药业
石 蜡	350～500		蜡烛,肥皂
沥 青	350～500		建筑业,铺路
渣 油	＞500		做电极等

其中在 40～180 ℃沸点范围内收集的是汽油,烃类碳原子数在 $C_6 \sim C_{10}$,以 $C_6 \sim C_{10}$ 成

分为主。辛烷完全燃烧的热化学方程式如下：

$$C_8H_{18}(l) + \frac{25}{2}O_2(g) =\!=\!= 8CO_2(g) + 9H_2O(l) \ , \Delta_r H_m^\ominus(298.15\ \text{K}) = -5\ 440\ \text{kJ} \cdot \text{mol}^{-1}$$

通常用"辛烷值"表示汽油的质量，辛烷值与汽油的抗爆性能有关，数值越高，汽油的质量就越好。

（2）裂化

从原油中直接分馏出的汽油并不多。为了提高汽油的产量，人们期望把重油组分中的长链大分子烃类切断以求得更多的汽油组分。这就是石油的裂化技术，它使石油中含较多碳原子的长链分子发生 C—C 键的断裂，裂解为含碳原子数较少的短链分子。裂化包括热裂化和催化裂化等方法。

热裂化通常在 700～900 ℃的高温下进行，其主要目的是获得化工原料，如乙烯、丙烯、丁烯、丁二烯和少量的甲烷、丙烷等。而催化裂化则是采用催化剂进行裂化，温度控制在 400～500 ℃，除了碳链断裂外，还有异构化、环化、脱氢等反应发生，生成带有支链的烷烃、烯烃和芳香烃等，可以提高汽油的产量和质量。

（3）催化重整

催化重整是使某种馏分的烃类分子在催化剂作用下进行结构的重新调整，转化为带支链的烷烃异构体。这样一方面可以有效地提高汽油的辛烷值，另一方面可以得到芳香烃。催化重整时如果希望提高汽油的辛烷值，一般选择沸程 60～180 ℃的原料；如果希望生产芳香烃，选择沸程 65～145 ℃的原料。

（4）加氢精制

分馏和裂化所得的汽油、煤油、柴油中都混有少量含 N 或含 S 的杂环有机物，在燃烧过程中会生成 NO_x 及 SO_2 等气体污染空气。加氢精制就是在催化剂的作用下，使 H 和这些杂环有机物反应生成 NH_3 或 H_2S 而分离，使油品中只含碳氢化合物，从而提高油品质量。

8.2.3 天然气

8.2.3.1 天然气的化学组成

天然气是指储藏于地层较深部位的可燃性气体，它是一种低分子量的烃类混合物，主要成分是甲烷。此外，根据不同的地质条件，还含有不同数量的乙烷、丙烷、丁烷、戊烷、己烷等低碳烷烃以及二氧化碳、氮气、氢气、硫化物等非烃类物质。有的气田中还含有氦气。截至 2008 年年底，中国天然气探明储量为 2.46 万亿 m^3，占世界天然气总探明储量的 1.3%。

8.2.3.2 天然气的利用

目前天然气的利用有三个方面：民用燃料、化工原料和发电。相对于煤炭和石油，天然气是一种洁净环保的优质能源，天然气燃烧时产生二氧化碳和水。采用天然气作为燃料，可减少煤和石油的用量，因而大大减小环境污染。此外，由于天然气几乎不含硫、粉尘和其他有害物质，能减少二氧化硫和粉尘排放量近 100%，减少氮氧化合物排放量 50%，有助于减少酸雨形成，减缓地球温室效应。天然气也是较为安全的燃气之一，它不含一氧化碳，也比空气轻，一旦泄漏，立即会向上扩散，不易积聚形成爆炸性气体，安全性较高。甲烷完全燃烧的热化学方程式为：

$$CH_4(g) + 2O_2(g) \Longrightarrow CO_2(g) + 2H_2O(l) \ , \Delta_r H_m^{\ominus}(298.15 \ K) = -890 \ kJ \cdot mol^{-1}$$

天然气作为化工原料,现阶段主要用于生产氨、甲醇和乙炔等。全球平均约 75% 的化肥是以天然气做原料生产的。世界上采用天然气作为原料生产甲醇的市场占有率达 80% 以上。

8.3 太阳能

太阳能一般是指太阳光的辐射能量。自地球上出现生物起,主要是以太阳提供的热和光而生存。它是最重要的可再生能源之一,取之不尽、用之不竭,对环境没有任何污染。自古人类就懂得以阳光晒干物品,并作为保存食物的方法,如制盐和晒咸鱼等。由于化石燃料的储量不断减少,同时给环境带来了严重的影响,所以太阳能的利用也越来越多地受到人们的重视。广义上的太阳能是地球上许多能量的来源,如风能、化学能、水的势能等。

8.3.1 太阳能的特点

太阳能是太阳内部或者表面的黑子连续不断的核聚变反应过程产生的能量。它既是一次能源,又是可再生能源。它有以下一些特点:

8.3.1.1 优点

① 普遍:太阳光普照大地,没有地域的限制,无论陆地或海洋,无论高山或岛屿,都处处皆有,可直接开发和利用,且无需开采和运输。

② 无害:开发利用太阳能不会污染环境,它是最清洁能源之一,在环境污染越来越严重的今天,这一点是极其宝贵的。

③ 巨大:地球轨道上的平均太阳辐射强度为 1 369 $W \cdot m^{-2}$。地球赤道的周长为 40 000 km,从而可计算出,地球获得的能量可达 173 000 TW。在海平面上的标准峰值强度为 1 $kW \cdot m^{-2}$,地球表面某一点 24 h 的年平均辐射强度为 0.20 $kW \cdot m^{-2}$,相当于有 102 000 TW 的能量。每年到达地球表面上的太阳辐射能约相当于 130 万亿 t 煤,其总量属现今世界上可以开发的最大能源。

④ 长久:根据目前太阳产生的核能速率估算,氢的贮量足够维持上百亿年,而地球的寿命也约为几十亿年,从这个意义上讲,可以说太阳的能量是用之不竭的。

8.3.1.2 缺点

① 分散性:到达地球表面的太阳辐射的总量尽管很大,但是能流密度很低。平均说来,北回归线附近,夏季在天气较为晴朗的情况下,正午时太阳辐射的辐照度最大,在垂直于太阳光方向 1 m^2 面积上接收到的太阳能平均有 1 000 W 左右;若按全年日夜平均,则只有 200 W 左右。而在冬季大致只有一半,阴天一般只有 1/5 左右,这样的能流密度是很低的。因此,在利用太阳能时,想要得到一定的转换功率,往往需要面积相当大的一套收集和转换设备,造价较高。

② 不稳定性:由于受到昼夜、季节、地理纬度和海拔高度等自然条件的限制以及晴、阴、云、雨等随机因素的影响,所以,到达某一地面的太阳辐照度既是间断的,又是极不稳定的,这给太阳能的大规模应用增加了难度。为了使太阳能成为连续、稳定的能源,从而最终成为能够

与常规能源相竞争的替代能源,就必须很好地解决蓄能问题,即把晴朗白天的太阳辐射能尽量贮存起来,以供夜间或阴雨天使用,但目前蓄能也是太阳能利用中较为薄弱的环节之一。

③ 效率低和成本高:目前太阳能利用的发展水平,有些方面在理论上是可行的,技术上也是成熟的。但有的太阳能利用装置,因为效率偏低,成本较高,总的来说,经济性还不能与常规能源相竞争。

8.3.2　太阳能的利用

据记载,人类利用太阳能已有 3 000 多年的历史。但将太阳能作为一种能源和动力加以利用,只有 300 多年的历史,真正将太阳能作为"近期急需的补充能源"、"未来能源结构的基础",则是近几年的事。就目前来说,人类直接利用太阳能还处于初级阶段,主要有光热转换、光电转换和光化学转化。

8.3.2.1　光热转化

由于太阳能比较分散,必须设法把它集中起来,所以集热器是太阳能装置的关键部分。太阳能集热器在太阳能热系统中,接受太阳辐射并向传热工质传递热量。

8.3.2.2　光电转化

太阳能光伏发电是指利用太阳能电池组件将太阳光能直接转化为电能。太阳能电池是利用晶体管及集成电路中使用的代表性元素硅(Si)的半导体材料,经光照射产生电流的性质实现发电的一种技术。能产生光伏效应的材料有许多种,如:单晶硅、多晶硅、非晶硅、砷化镓、硒、铟、铜等。它们的发电原理基本相同,现以晶体为例描述光发电过程。硅晶体中掺入硼时,因为硼原子周围只有 3 个电子,所以就会产生空穴,这个空穴因为没有电子而变得很不稳定,容易吸收电子而中和,形成 P(positive)型半导体。硅晶体中掺入磷时,因为磷原子有五个电子,所以就会有一个电子变得非常活跃,形成 N(negative)型半导体。N 型半导体中含有较多的空穴,而 P 型半导体中含有较多的电子,这样,当 P 型和 N 型半导体结合在一起时,界面的 P 型一侧带负电,N 型一侧带正电,就会在接触面形成电势差,这就是 PN 结。当晶片受光后,PN 结中,N 型半导体的空穴往 P 型区移动,而 P 型区中的电子往 N 型区移动,从而形成从 N 型区到 P 型区的电流。然后在 PN 结中形成电势差,当外部接通电路时,在该电压的作用下,将会有电流流过外部电路产生一定的输出功率。这个过程的实质是:光子能量转换成电能的过程。目前国际上已经从晶体硅、薄膜太阳能电池开发进入了有机分子电池、生物分子筛选乃至合成生物学与光合作用生物技术开发的生物能源的太阳能技术新领域。

太阳能光伏发电主要用于三个方面:一是为无电场所提供电源;二是太阳能日用电子产品,如各类太阳能充电器、太阳能路灯等;三是并网发电。

8.3.2.3　光化学转化

光化学转化目前主要研究利用太阳能制氢。它主要包括太阳热分解水制氢、太阳能电解水制氢、太阳能光化学分解水制氢、太阳能光电化学分解水制氢等。例如:

1. TiO_2/Pt 光电结合分解水

负极反应:TiO_2(电极)$\xrightarrow{h\nu}$ $(TiO_2)^{-2} + 2(TiO_2)P^+$(空穴)

$$H_2O + 2(TiO_2)P^+（空穴）\xrightarrow{h\nu} 2TiO_2 + 2H^+ + \frac{1}{2}O_2$$

正极反应：$2H^+ + 2e \longrightarrow H_2$

总反应：$H_2O(l) \xrightarrow{h\nu} H_2 + \dfrac{1}{2}O_2$

2. 催化光分解水

负极反应：$2FeSO_4 + I_2 + H_2SO_4 \xrightarrow{h\nu} Fe_2(SO_4)_3 + 2HI$

$$Fe_2(SO_4)_3 + H_2O \xrightarrow{h\nu} 2FeSO_4 + H_2SO_4 + \dfrac{1}{2}O_2$$

正极反应：$2HI \longrightarrow H_2 + I_2$

总反应：$H_2O(l) \xrightarrow{h\nu} H_2 + \dfrac{1}{2}O_2$

德国航天中心采用"Ray WO_x"处理系统可以除去光催化水净化系统很难除去的有机和无机污染物。

太阳能是一种洁净和可持续产生的能源，发展太阳能科技可减少在发电过程中使用矿物燃料，从而减轻空气污染及全球暖化的问题。

8.4 氢能

氢能是一种二次能源。在人类生存的地球上，虽然氢是最丰富的元素，但自然界氢的存在极少。因此必须将含氢物质加工后方能得到氢气。最丰富的含氢物质是水，其次就是各种矿物燃料（煤、石油、天然气）及各种生物质等。

8.4.1 氢的特点

氢位于元素周期表之首，它的原子序数为1，在常温常压下为气态，在超低温高压下又可成为液态。作为能源，氢有以下特点：

① 所有元素中，氢重量最轻。在标准状态下，它的密度为 $0.0899\ g \cdot L^{-1}$；在 $-252.7\ ℃$ 时，可成为液体，若将压力增大到数百个大气压，液氢就可变为固体氢。

② 所有气体中，氢气的导热性最好，比大多数气体的导热系数高出 10 倍，因此在能源工业中氢是极好的传热载体。

③ 氢是自然界存在最普遍的元素，据估计它构成了宇宙质量的 75%，除空气中含有氢气外，它主要以化合物的形态贮存于水中，而水是地球上最丰富的物质。据推算，如把海水中的氢全部提取出来，它所产生的总热量比地球上所有化石燃料放出的热量还大 9 000 倍。

④ 除核燃料外，氢的发热值是所有化石燃料、化工燃料和生物燃料中最高的，为 $142\ 351\ kJ \cdot kg^{-1}$，约为汽油的 3 倍，酒精的 3.9 倍，焦炭的 4.5 倍。

⑤ 氢燃烧性能好，点燃快，与空气混合时有宽广的可燃范围，而且燃点高，燃烧速度快。

⑥ 氢本身无毒，与其他燃料相比氢燃烧时最清洁，除生成水和少量氨气外不会产生诸如一氧化碳、二氧化碳、碳氢化合物、铅化物和粉尘颗粒等对环境有害的污染物质，少量的氨气经过适当处理也不会污染环境，而且燃烧生成的水还可继续制氢，反复循环使用。

⑦ 氢能利用形式多，既可以通过燃烧产生热能，在热力发动机中产生机械功，又可以作为能源材料用于燃料电池，或转换成固态氢用做结构材料。用氢代替煤和石油，不需对现有

的技术装备做重大的改造,将现在的内燃机稍加改装即可使用。

⑧ 氢可以以气态、液态或固态的氢化物出现,能适应贮运及各种应用环境的不同要求。

由以上特点可以看出氢是一种理想的含能体能源。

8.4.2　氢的制备

8.4.2.1　矿物燃料制氢

以煤、石油及天然气为原料制备氢气是当今获取氢气的主要方法。用矿物燃料制氢的方法包括含氢气体的制取、气体中 CO 组分变换反应及氢气提纯等步骤。该方法在我国已具有成熟的工艺,并建有工业生产装置。

以天然气或轻质油为原料制取氢气是在有催化剂存在下与水蒸气反应转化制得氢气,例如天然气的主要成分是甲烷。甲烷与水蒸气反应可以制备氢气:

$$CH_4(g) + H_2O(g) \longrightarrow CO(g) + 3H_2(g) \ , \Delta_r H_m^{\ominus} = 206.1 \ kJ \cdot mol^{-1}$$

这是一个强烈的吸热反应。用该法制得的气体组分中,氢气含量可达 74%(体积)。以这样的方法得到的氢气并不比直接燃烧甲烷更经济。

以煤为原料制取含氢气体的方法主要有两种:一是煤的焦化,二是煤的气化。以焦炭和水蒸气为原料生产氢气——水煤气法,其主要反应为:

$$C(s) + H_2O(g) \longrightarrow CO(g) + H_2(g) \ , \Delta_r H_m^{\ominus} = 131.3 \ kJ \cdot mol^{-1}$$

这个反应也是吸热的。实际生产中将过热水蒸气通过温度高于 1 000 ℃的赤热焦炭,并交替通入空气使焦炭燃烧生成 CO₂ 放出热量,以提供上述反应所需热量,使其能够正常进行。

CO 和 H₂ 的混合气体被称之为水煤气。将水煤气和水蒸气按适当比例通过装填有铁基和钴基催化剂的变换炉,CO 被变成 CO₂,并生成 H₂:

$$CO(g) + H_2O(g) \xrightarrow[\text{催化剂}]{400 \sim 600 \text{℃}} CO_2(g) + H_2(g) \ , \Delta_r H_m^{\ominus} = -41.2 \ kJ \cdot mol^{-1}$$

用上述方法制取氢气时,产生的 CO₂ 量很大,可经 K₂CO₃ 溶液吸收生成 KHCO₃,从而将 CO₂ 除去。

重油与水蒸气及氧气反应亦可制得含氢气体产物,用该法生产氢气,原料费用约占1/3,而重油价格较低,故为人们所重视。

8.4.2.2　电解水制氢

电解水制氢是目前应用较广且相对成熟的方法之一。水为原料的制氢过程是氢与氧燃烧生成水的逆过程,因此只要提供一定形成的能量,则可使水分解。通过电解使水分解制得氢气的效率一般在 75%～85%,其工艺过程简单,无污染,但消耗电量大,因而其应用受到一定的限制。

8.4.2.3　生物质制氢

(1) 生物质汽化制氢

生物质汽化制氢就是将生物质原料如薪柴、锯末、麦秸、稻草等压制成型,在汽化炉(或裂解炉)中进行汽化或裂解反应,制得含氢的燃料气。

(2) 微生物制氢

利用微生物在常温常压下进行酶催化反应可以制得氢气。生物质产氢主要有化能营养微生物产氢和光合微生物产氢两种方式。属于化能营养微生物的是各种发酵类型的一些严格厌氧菌和兼性厌氧菌。发酵微生物制氢的原始基质是各种碳水化合物、蛋白质等,目前已有利用碳水化合物发酵制氢的专利,并利用所产生的氢气作为发电的能源。

光合产氢是指微型藻类和光合作用细菌等光合微生物的产氢过程,这种产氢过程与光合作用相联系。

美国女科学家贝尔彻(A. Belcher)利用太阳光分解水制造促进自身生长所需能源的原理,对一种病毒进行了基因改造,同时将其作为生物支架,将一些纳米组件搭建在一起,最终把水分子分解成了氢原子和氧原子,也就获得了所需的氢燃料。

(3) 甲醇蒸气转化制氢

目前甲醇蒸气转化制氢已成为重要的氢气来源,发生如下反应:

$$CH_3OH(l) \Longrightarrow CO(g) + 2H_2(g), \Delta_r H_m^{\ominus} = -90.8 \text{ kJ} \cdot \text{mol}^{-1}$$

$$CO(s) + H_2O(g) \Longrightarrow CO_2(g) + H_2(g), \Delta_r H_m^{\ominus} = 43.5 \text{ kJ} \cdot \text{mol}^{-1}$$

整个反应过程是吸热的。

此外,还有一些新的制氢方法,如利用太阳能制氢、化工尾气或工程气制氢、光络合催化分解水制氢、半导体光催化分解水制氢、辐射制氢、等离子化学制氢、核能制氢等。当然,这些方法很多还不够成熟,需要进一步改进,以降低制氢的成本。

8.4.3 氢能储存和运输

氢可以以高压气态、液态、金属氢化物、有机氢化物和吸氢材料强化压缩等形式储存。衡量一种氢气储运技术好坏的依据有储氢成本、储氢密度和安全性等几个方面。

8.4.3.1 加压压缩储氢技术

加压压缩储氢是最常见的一种储氢技术,通常采用体积大、质量重的钢瓶作为容器,由于氢密度小,故其储氢效率很低,加压到 15 MPa 时,质量储氢密度≤3%。对于移动用途而言,加大氢压来提高携氢量将有可能导致氢分子从容器壁逸出或产生氢脆现象。为解决上述问题,加压压缩储氢技术近年来的研究进展主要体现在改进容器材料和研究吸氢物质这两个方面。

首先是对容器材料的改进,目标是使容器耐压更高,自身质量更轻,以及减少氢分子透过容器壁,避免产生氢脆现象等。目前容器耐压与质量储氢密度分别可达 70 MPa 和7%～8%。所采用的储氢容器通常以锻压铝合金为内胆,外面包覆浸有树脂的碳纤维。这类容器具有自身质量轻、抗压强度高及不产生氢脆等优点。

另一个方面是在容器中加入某些吸氢物质,大幅度地提高压缩储氢的储氢密度,甚至使其达到"准液化"的程度,当压力降低时,氢可以自动地释放出来。这项技术对于实现大规模、低成本、安全储氢具有重要的意义。

8.4.3.2 液化储氢技术

液化储氢技术是将纯氢冷却到 20 K,使之液化后装入"低温储罐"中储存。为了避免或减少蒸发损失,储罐做成真空绝热的双层壁不锈钢容器,两层壁之间除保持真空外还放置薄铝箔以防止辐射。该技术具有储氢密度高的优点,但是,由于氢的液化十分困难,导致液化成本较高;另外该技术对容器绝热要求高。

8.4.3.3 金属氢化物储氢技术

可逆金属氢化物储氢的最大优势在于高体积储氢密度和高安全性,这是由于氢在金属氢化物中以原子形态储存。但该技术还存在两个突出问题:① 由于金属氢化物自身质量大而导致其质量储氢密度偏低;② 金属氢化物储氢成本偏高。目前使用的储氢合金可分为 4 类:① 稀土镧镍,储氢密度大;② 钛铁合金,储氢量大、价格低,可在常温、常压下释放氢;③ 镁系合金,是吸氢量最大的储氢合金,但吸氢速率慢、放氢温度高;④ 钒、铌、锆等多元素系合金,由稀有金属构成,只适用于某些特殊场合。

8.4.3.4 有机化合物储氢技术

20 世纪 70 年代,有学者提出了利用可循环液体化学氢载体储氢的构想,研究人员开始尝试这种新型储氢技术,其优点是储氢密度高、安全和储运方便;缺点是储氢及释氢均涉及化学反应,需要具备一定条件并消耗一定能量,因此不像压缩储氢技术那样简便易行。

氢在使用和储运中是否安全可靠,是人们普遍关注的安全问题。氢虽然有很好的可运输性,但不论是气态氢还是液态氢,它们在使用过程中都存在着不可忽视的特殊问题。氢的独特物理性质决定了其不同于其他燃料的安全性问题,如更宽广的着火范围、更低的着火点、更容易泄漏、更高的火焰传播速度、更容易爆炸等。这就要求在氢的生产中应采取措施尽量防止和减少静电的积聚,对储氢容器和输氢管道、接头、阀门等都要采取特殊的密封措施,同时对于使用氢气的管道和设备的材质应按具体使用条件慎重进行选择。

8.4.4 氢能的利用

8.4.4.1 在航空领域的应用

20 世纪 50 年代,美国利用液氢作为超音速和亚音速飞机的燃料,使 B57 双引擎轰炸机改装了氢发动机,实现了氢能飞机上天。1957 年前苏联宇航员加加林乘坐人造地球卫星遨游太空和 1963 年美国的宇宙飞船上天,紧接着 1968 年阿波罗号飞船实现了人类首次登上月球的创举。这一切都是氢燃料的功劳。

8.4.4.2 作为汽车燃料应用

氢是一种高效燃料,每千克氢燃烧所产生的能量为 $33.6\ \text{kW} \cdot \text{h}$,以氢气代替汽油作为汽车发动机的燃料,几乎等于汽车燃料的 2.8 倍。氢气燃烧不仅热值高,而且火焰传播速度快,点火能量低(容易点着),所以氢能汽车比汽油汽车总的燃料利用效率可高 20%。当然,氢的燃烧主要生成物是水,只有极少的氮氧化物,绝对没有汽油燃烧时产生的一氧化碳、二氧化碳和二氧化硫等污染环境的有害成分。氢能汽车是最清洁的理想交通工具。使用掺氢 5% 左右的汽车,平均热效率可提高 15%,节约汽油 30% 左右。

8.4.4.3 用于发电

大型电站,无论是水电、火电或核电,都是把发出的电送往电网,由电网输送给用户。但是各种用电户的负荷不同,电网有时是高峰,有时是低谷。为了调节峰荷,电网中常需要启动快和比较灵活的发电站,氢能发电就最适合扮演这个角色。利用氢气和氧气燃烧,组成氢氧发电机组。这种机组是火箭型内燃发动机配以发电机,它不需要复杂的蒸汽锅炉系统,因此结构简单,维修方便,启动迅速,要开即开,欲停即停。在电网低负荷时,还可吸收多余的电来进行电解水,生产氢和氧,以备高峰时发电用。这种调节作用对于电网运行是有利的。另外,氢和氧还可直接改变常规火力发电机组的运行状况,提高电站的发电能力。例如氢氧燃烧组成磁流体发电,利用液氢冷却发电装置,进而提高机组功率等。

更新的氢能发电方式是氢燃料电池。这是利用氢和氧直接经过电化学反应而产生电能的装置。换言之,也是水电解槽产生氢和氧的逆反应。

8.4.4.4　民用

随着制氢技术的发展和化石能源的缺少,氢能利用迟早将进入家庭,首先是发达的大城市,它可以像输送城市煤气一样,通过氢气管道送往千家万户。每个用户则采用金属氢化物贮罐将氢气贮存,然后分别接通厨房灶具、浴室、氢气冰箱、空调机等等,并且在车库内与汽车充氢设备连接。人们的生活靠一条氢能管道,可以代替煤气、暖气甚至电力管线,连汽车的加油站也省掉了。这样清洁方便的氢能系统,将给人们创造舒适的生活环境,减轻许多繁杂事务。

但氢能的大规模的商业应用还有待解决以下关键问题:① 需要廉价的制氢技术:因为氢是一种二次能源,它的制取不但需要消耗大量的能量,而且目前制氢效率很低,因此寻求大规模的廉价的制氢技术是各国科学家共同关心的问题。② 需要安全可靠的贮氢和输氢方法:由于氢易汽化、着火、爆炸,因此如何妥善解决氢能的贮存和运输问题也就成为开发氢能的关键。

8.5　生物质能

生物质能就是太阳能以化学能形式贮存在生物质中的能量形式,即以生物质为载体的能量。它直接或间接地来源于绿色植物的光合作用,可转化为常规的固态、液态和气态燃料,取之不尽、用之不竭,是一种可再生能源,同时也是唯一一种可再生的碳源。生物质能一直是人类赖以生存的重要能源,它是仅次于煤炭、石油和天然气而居于世界能源消费总量第四位的能源,在整个能源系统中占有重要地位。有关专家估计,生物质能极有可能成为未来可持续能源系统的组成部分,到21世纪中叶,采用新技术生产的各种生物质替代燃料将占全球总能耗的40%以上。

8.5.1　生物质能的分类

依据来源的不同,可以将适合于能源利用的生物质分为林业资源、农业资源、生活污水和工业有机废水、城市固体废物和畜禽粪便等五大类。

（1）林业资源

林业生物质资源是指森林生长和林业生产过程提供的生物质能源,包括薪炭林,在森林抚育和间伐作业中的零散木材,残留的树枝、树叶和木屑等;木材采运和加工过程中的枝丫、锯末、木屑、梢头、板皮和截头等;林业副产品的废弃物,如果壳和果核等。

（2）农业资源

农业生物质资源是指农业作物(包括能源作物);农业生产过程中的废弃物,如农作物收获时残留在农田内的农作物秸秆(玉米秸、高粱秸、麦秸、稻草、豆秸和棉秆等);农业加工业的废弃物,如农业生产过程中剩余的稻壳等。能源植物泛指各种用以提供能源的植物,通常包括草本能源作物、油料作物、制取碳氢化合物植物和水生植物等几类。

（3）生活污水和工业有机废水

生活污水主要由城镇居民生活、商业和服务业的各种排水组成,如冷却水、洗浴排水、盥洗排水、洗衣排水、厨房排水、粪便污水等。工业有机废水主要是酒精、酿酒、制糖、食品、制药、造纸及屠宰等行业生产过程中排出的废水等,其中都富含有机物。

（4）城市固体废物

城市固体废物主要是由城镇居民生活垃圾,商业、服务业垃圾和少量建筑业垃圾等固体废物构成。其组成成分比较复杂,受当地居民的平均生活水平、能源消费结构、城镇建设、自然条件、传统习惯以及季节变化等因素影响。目前中国城镇垃圾平均热值在 4.18 MJ·kg^{-1}。

（5）畜禽粪便

畜禽粪便是畜禽排泄物的总称,它是其他形态生物质（主要是粮食、农作物秸秆和牧草等）的转化形式,包括畜禽排出的粪便、尿及其与垫草的混合物。除在牧区有少量的直接燃烧外,畜禽粪便主要是作为沼气的发酵原料,利用厌氧技术处理畜禽粪便具有能源与环境双重意义。

8.5.2　生物质能的特点

（1）可再生性

生物质能属可再生资源,生物质能由于通过植物的光合作用可以再生,与风能、太阳能等同属可再生能源,资源丰富,可保证能源的永续利用。

（2）低污染性

生物质的硫含量、氮含量低,燃烧过程中生成的 SO_x、NO_x 较少。生物质作为燃料时,由于它在生长时需要的二氧化碳相当于它排放的二氧化碳的量,因而对大气的二氧化碳净排放量近似于零,可有效地减轻温室效应。

（3）广泛分布性

缺乏煤炭的地域,可充分利用生物质能。

（4）生物质燃料总量十分丰富

根据生物学家估算,地球陆地每年生产 1 000 亿～1 250 亿 t 生物质;海洋年生产 500 亿 t 生物质。生物质能源的年生产量远远超过全世界总能源需求量,相当于目前世界总能耗的 10 倍。随着农林业的发展,特别是炭森林的推广,生物质资源还将越来越多。

8.5.3　生物质能转化利用技术

生物质能的转化利用途径主要包括物理转化、化学转化、生物转化等,可以转化为二次能源,分别为热能或电力、固体燃料、液体燃料和气体燃料等。

8.5.3.1　生物质物理转化

生物质物理转化主要是指生物质的固化。生物质固化是生物质能利用技术的一个重要方面。生物质固化就是将生物质粉碎至一定的平均粒径,不添加黏结剂,在高压条件下,挤压成一定形状。其黏结力主要是靠挤压过程所产生的热量,使得生物质中木质素产生塑化黏结,成型物再进一步炭化制成木炭。物理转化解决了生物质形状各异、堆积密度小且较松散、运输和储存使用不方便等问题,提高了生物质的使用效率,但固体在运输方面不如气体、液体方便。另外,该技术要真正达到商品化阶段,尚存在机组可靠性较差、生产能力与能耗、原料粒度与水分、包装与设备配套等方面的问题。

8.5.3.2 生物质化学转化

生物质化学转化主要包括下列几个方面:直接燃烧、液化、气化、热解、酯交换等。

(1) 直接燃烧

利用生物质原料生产热能的传统办法是直接燃烧,燃烧过程中产生的能量可被用来产生电能或供热。由于生物质燃料特性与化石燃料不同,从而导致了生物质在燃烧过程中的燃烧机理、反应速率以及燃烧产物的成分与化石燃料相比有较大差别,表现出不同于化石燃料的燃烧特性。主要表现在:

① 含碳量较少,含固定碳少。生物质燃料中含碳量最高的也仅仅 50% 左右,相当于生成年代较少的褐煤的含碳量,特别是固定碳的含量明显比煤炭少,因此生物质燃料不抗烧,热值较低。

② 含氢量稍多,挥发分明显较多。生物质燃料中的碳多数和氢结合成低分子的碳氢化合物,在一定温度下经热解而析出挥发分。

③ 含氧量多。生物质燃料含氧量明显多于煤炭,这使得生物质燃料热值低,但易于引燃,在燃烧时可相对地减少供给空气量。

④ 密度小。生物质燃料的密度明显较煤炭低,质地比较疏松,故生物质燃料易于燃烧和燃尽。

⑤ 含硫量低。生物质燃料含硫量一般少于 0.20%。

(2) 生物质的热解

生物质热解是将生物质转化为更为有用的燃料,是热化学转化方法之一。在热解过程中,生物质经过在无氧条件下加热或在缺氧条件下不完全燃烧后,最终可以转化成高能量密度的气体、液体和固体产物。影响热解反应的主要因素包括化学和物理两大方面。化学因素包括一系列复杂的一次反应和二次化学反应;物理因素主要是反应过程中的传热、传质以及原料的物理性质等。

(3) 生物质的气化

生物质气化是以氧气(空气、富氧或纯氧)、水蒸气或氢气作为汽化剂,在高温下通过热化学反应将生物质的可燃部分转化为可燃气体(主要为一氧化碳、氢气、甲烷以及富氢化合物和混合物,还含有少量的二氧化碳和氮气)。通过气化,原先的固体生物质被转化为更便于使用的气体燃料,可用来供热、加热水蒸气或直接供给燃气机以产生电能,并且能量转换效率比固态生物质的直接燃烧有较大的提高。气化技术是目前生物质能转化利用技术研究的重要方向之一。

生物质气化时,随着温度的不断升高,物料中的大分子吸收了大量的能量,纤维素、半纤维素、木质素发生了一系列并行和连续的化学变化并放出气体。半纤维素热解温度较低,在低于 350 ℃ 的温度区域内就开始大量分解。纤维素主要热分解区域在 250~500 ℃,热解后碳含量较少,热解速度很快。而木质素在较高的温度下才开始热分解。从微观角度可将热解过程分为四个区域:100 ℃ 以下是含水物料中的水分蒸发区,100~350 ℃ 之间主要是半纤维素和纤维素热分解区,350~600 ℃ 之间是纤维素和木质素的热解区,大于 600 ℃ 是剩余木质素的热分解区。

（4）生物质的液化

生物质液化是一个在高温高压条件下进行的生物质热化学转化过程，通过液化可将生物质转化成高热值的液体产物。此过程是将固态的大分子有机聚合物转化为液态的小分子有机物的过程。其过程主要由三个阶段构成：首先是破坏生物质的宏观结构，使其分解为大分子化合物；其次是将大分子链状有机物解聚，使之能被反应介质溶解；最后在高温高压作用下经水解或溶剂解以获得液态小分子有机物。各种生物质由于其化学组成不同，在相同反应条件下的液化程度也不同，但各种生物质液化产物的类别则基本相同，主要为生物质粗油。根据化学加工过程的不同技术路线，液化又可以分为直接液化和间接液化。直接液化通常是把固体生物质在高压和一定温度下与氢气发生加成反应（加氢），与热解相比，直接液化可以生产出物理稳定性和化学稳定性都较好的产品。间接液化是指将生物质气化得到的合成气（氢气和一氧化碳），经催化合成为液体燃料（甲醇或二甲醚等）。

（5）生物柴油

生物柴油是指植物油、动物油、废弃油脂或微生物油脂与甲醇或乙醇等短链醇在催化剂或者在无催化剂超临界甲醇状态下进行酯交换反应，转化而形成的脂肪酸甲酯或乙酯。它是典型的"绿色能源"，具有环保性能好、发动机启动性能好、燃料性能好，原料来源广泛、可再生等特性。大力发展生物柴油对经济可持续发展、推进能源替代、减轻环境压力、控制城市大气污染具有重要的战略意义。

目前化学法制备生物柴油按催化剂的形式，可分为均相催化和非均相催化的方法，按操作方式可分为间歇法和连续法。

均相催化主要是使用液碱（氢氧化钠或氢氧化钾）做催化剂，该法是目前常用的方法，但最大的问题是酸碱催化剂难以回收，对环境造成严重污染。非均相催化是利用固体催化剂进行转酯化制备生物柴油，具有环境友好、催化剂易回收的优点，是绿色的转化过程。

间歇法通常采用搅拌反应釜来制备生物柴油。醇和油脂的比例通常是 6：1，反应釜需要密封或者接有冷凝回流装置，操作温度一般为 60～70 ℃。最常使用的催化剂包括氢氧化钠或氢氧化钾。为了使油相、催化剂和醇相能充分接触，反应起始阶段一般要求加大搅拌强度使三者充分混合，以使反应更快进行。这种方法所需设备投资少，缺点是生产效率低。

酶法制备生物柴油指在脂肪酶的催化下，油脂与低碳醇进行转酯化反应合成长链脂肪酸单酯。酶法制备生物柴油具有反应条件温和，具有广泛的油脂原料适用性，反应过程中无酸/碱等废液排放，生产过程环境友好等优点。

（6）生物制氢技术

生物制氢是生物体在常温常压下，利用生物体特有的酶催化而产生 H_2。生物制氢与生物体的物质和能量代谢密切相关，生物体放氢是其能量代谢过程的副产物之一。也就是说，生物体利用太阳能或分解有机物获得的能量，以相关的酶（如固氮酶和氢酶等）作为催化剂，分解碳氢化合物，释放 H_2。生物制氢耗能小，且可以和有机污染物的分解相结合，虽然目前生物制氢的产量不高，但随着现代生物技术的飞速发展，其产氢能力可以通过遗传改造和过程控制等手段得到提高，特别是生物制氢可以与有机废物的处理过程相结合，达到制氢和环保的双重目的，因而这也将成为未来氢能的主要发展方向。

（7）生物丁醇制备技术

发酵法生产的生物丁醇可作为生物燃料替代汽油等石化能源，其优势体现在生产方式和产品性能两方面。

① 发酵方法上的优势。化工合成法以石油为原料，其投资大、技术设备要求高；而微生物发酵法一般以淀粉质、木质纤维质、纸浆废液、糖蜜和野生植物等为原料，利用丙酮丁醇菌所分泌的酶来分解淀粉成糖类，再经过复杂的生物化学变化，生成丙酮、丁醇和乙醇等产物，其工艺设备与乙醇生产相似，具有原料廉价、来源广泛、设备投资较小的特点。

发酵法生产条件温和，一般是常温操作，不需贵重金属催化剂；选择性好、安全性高、副产品少、易于分离纯化，降低了对有限石油资源的消耗和依赖。

② 生物丁醇的性能优势。丁醇与乙醇相比具有能量含量高优势：每千克丁醇产生热量为 30 659 kJ，每千克乙醇产生热量为 23 412 kJ，每千克汽油所产生的热量为 32 052 kJ。

丁醇的挥发性是乙醇的 1/6 倍，汽油的 1/13.5，其与汽油混合对水的宽容度大，对潮湿和低水蒸气压力有更好的适应能力。

习 题 八

一、判断题（对的在括号内填"√"，错的填"×"）

1. 天然气就是甲烷气。 　　　　　　　　　　　　　　　　　　　　　（　　）

2. 化石能源是一次能源。 　　　　　　　　　　　　　　　　　　　　（　　）

3. 碳和氢是煤、石油的两大组成元素。 　　　　　　　　　　　　　　（　　）

4. 石油是各种烃组成的混合物。 　　　　　　　　　　　　　　　　　（　　）

5. 煤是有机物和无机物组成的混合物。 　　　　　　　　　　　　　　（　　）

6. 氢能是一种一次能源。 　　　　　　　　　　　　　　　　　　　　（　　）

7. 甲烷与水蒸气反应制备氢气是一个吸热反应。 　　　　　　　　　　（　　）

8. 生物质能是以生物质为载体的能量。 　　　　　　　　　　　　　　（　　）

9. 太阳能的利用方式主要是光热转化或光电转化。 　　　　　　　　　（　　）

二、选择题（将正确的答案的标号填入空格内）

1. 下列变化属于化学变化的是哪种？ 　　　　　　　　　　　　　　　（　　）

A. 分离液态空气制氧气　　　　　　　B. 分馏石油制汽油

C. 制糖工业中用活性炭脱色　　　　　D. 将煤炼制成煤气

2. 下列叙述不正确的是哪个？ 　　　　　　　　　　　　　　　　　　（　　）

A. 化石燃料在地球上的蕴藏是有限的

B. 煤和石油燃烧不会造成空气污染

C. 人类必须节约能源，并大力开发新能源

D. 对煤和石油要合理开发，综合利用

3. 下列能源哪种不是一次能源？ 　　　　　　　　　　　　　　　　　（　　）

A. 地热能　　　　B. 潮汐能　　　　C. 可燃冰　　　　D. 柴油

4. 下列燃料中属于可再生能源的是哪种？ 　　　　　　　　　　　　　（　　）

A. 天然气　　　　B. 石油　　　　C. 酒精　　　　D. 煤

5. 煤燃烧生成的下列气体中，能溶于水形成酸雨的是哪种？ 　　　　　（　　）

A. CO_2　　　　B. NO_2　　　　C. SO_2　　　　D. CO

6. 一辆客车夜晚行驶在公路上发现油箱漏油，车厢里充满了汽油的气味，这时应采取的应急措施是下列哪种？ 　　　　　　　　　　　　　　　　　　　　　（　　）

A. 洒水降温并溶解汽油蒸气

B. 开灯查找漏油部位，并及时修理

C. 打开所有的车窗，严禁一切烟火，疏散乘客离开车厢

D. 让车内人员坐好，不要随意走动

7. 厄尔尼诺现象产生的原因之一，是大气中 CO_2 剧增，为减缓此现象，最理想的燃料是哪种？ 　　　　　　　　　　　　　　　　　　　　　　　　　　（　　）

A. 优质煤　　　　B. 天然气　　　　C. 汽油　　　　D. 氢气

8. 下列燃料哪种不是采用煤或石油为原料加工制得的产品？ （　　）

A. 汽油　　　　　　B. 焦炉气　　　　　C. 沼气　　　　　D. 煤油

9. 能减少酸雨产生的有效措施是下列哪种？ （　　）

A. 把工厂烟囱造高　　　　　　　　B. 燃料脱硫

C. 在已酸化的土壤中加石灰　　　　D. 植树造林

三、计算及问答题

1. 近 298.15 K 时在弹式热量计内使 1.000 g 正辛烷（C_8H_{18}, l）完全燃烧，测得此反应热效应为 -47.79 kJ（对于 1.000 g 液体 C_8H_{18} 而言）。试根据此实验值，估算正辛烷（C_8H_{18}, l）完全燃烧的（1）$q_{V,m}$；（2）$\Delta_r H_m^{\ominus}$（298.15 K）。

2. 已知 298.15 K 时，$CaCO_3$、CaO 和 CO_2 的 $\Delta_f H_m^{\ominus}$ 分别为 $-1\ 206.9$ kJ·mol^{-1}、-635.1 kJ·mol^{-1}、-393.5 kJ·mol^{-1}。

（1）试估算煅烧 1 000 kg 石灰石［以纯 $CaCO_3$ 计，$M(CaCO_3)=100.1$ g·mol^{-1}］成为生石灰所需热量？

（2）在理论上要消耗多少燃料煤（以标准煤的热值估算，标准煤的热值为 2.93×10^4 kJ·kg^{-1}）？

3. 试计算煤的主要组分碳、汽油中代表性组分辛烷、天然气中主要组分甲烷以及氢气各自的热值，并进行比较？

4. 请举例说明化学电源按工作性质可分几种？

5. 解释燃料电池的工作原理。燃料电池有何特点？

6. 试述石油分馏的产物及其用途。

7. 什么是太阳能光伏发电？请以晶体为例描述光发电过程。

8. 以煤为原料制取含氢气体的方法主要有几种？氢能的储存形式有几种？

9. 什么是生物质能？生物质能的特点是什么？生物质能的利用技术包括哪些？

四、思考题

1. 为什么可以通过测量电解液的密度来估计铅酸蓄电池的容量？

2. 为什么贮氢合金能够致密地吸收大量的氢？适合做贮氢电极的贮氢材料应具备哪些条件？

3. 为什么石油要经过炼制后才可以使用？石油炼制工业主要包括哪些过程？

4. 太阳能有什么优点和不足？

5. 氢能有何优点？目前大规模应用氢能源存在什么主要问题？

6. 煤炭中通常含有哪些元素？用做燃料时，哪些是有益的？哪些是有害的？为什么？

7. 煤的洁净利用有何意义？试述洁净煤技术及其进展。

8. 试述氢能、生物质能、太阳能等清洁能源的利用状况，及其与可持续发展战略的关系。

9. 在当前能源革命中，你认为应如何借鉴发达国家经验和能源科学最新成就，制定符合国情的中国能源可持续发展对策。

主要参考文献

[1] 陈军,陶占良. 能源化学[M]. 北京:化学工业出版社,2004.

[2] 陈林根. 工程化学基础[M]. 北京:高等教育出版社,2005.

[3] 程永清. 普通化学解题题典[M]. 西安:西北工业大学出版社,2004.

[4] 大连理工大学普通化学教研组. 大学普通化学[M]. 大连:大连理工大学出版社,2007.

[5] 大连理工大学无机化学教研室. 无机化学[M]. 北京:高等教育出版社,2006.

[6] 邓建成. 大学化学基础[M]. 北京:化学工业出版社,2008.

[7] 丁廷桢. 大学化学教程[M]. 北京:高等教育出版社,2004.

[8] 贡长生,张龙. 绿色化学[M]. 武汉:华中科技大学出版社,2008.

[9] 古国榜. 大学化学教程[M]. 北京:化学工业出版社,2004.

[10] 郭永. 普通化学[M]. 南京:南京大学出版社,2002.

[11] 韩选利. 大学化学[M]. 北京:高等教育出版社,2005.

[12] 合肥工业大学工科化学教学组. 大学化学[M]. 合肥:合肥工业大学出版社,2003.

[13] 康立娟. 普通化学[M]. 北京:高等教育出版社,2009.

[14] 李荻. 电化学原理[M]. 北京:北京航空航天大学出版社,2008.

[15] 李纲. 新编普通化学[M]. 郑州:郑州大学出版社,2007.

[16] 李聚源,张耀君. 普通化学简明教程[M]. 北京:化学工业出版社,2005.

[17] 林宗寿. 无机非金属材料工学[M]. 武汉:武汉理工大学出版社,2008.

[18] 刘旦初. 化学与人类[M]. 上海:复旦大学出版社,2000.

[19] 罗志刚. 普通化学[M]. 广州:华南理工大学出版社,2000.

[20] 孟长功. 化学与社会[M]. 大连:大连理工大学出版社,2008.

[21] 曲保中. 新大学化学[M]. 北京:科学出版社,2007.

[22] 邵学俊. 无机化学(上)[M]. 武汉:武汉大学出版社,2002.

[23] 沈文霞. 物理化学核心教程[M]. 北京:科学出版社,2009.

[24] 盛恩宏. 普通化学[M]. 杭州:浙江大学出版社,2006.

[25] 唐小真. 材料化学导论[M]. 北京:高等教育出版社,2005.

[26] 天津大学无机化学教研室. 无机化学[M]. 北京:高等教育出版社,2004.

[27] 同济大学普通化学及无机化学教研室. 普通化学[M]. 北京:高等教育出版社,2004.

[28] 童志平. 工程化学基础[M]. 北京:高等教育出版社,2008.

[29] 王林山,牛盾. 大学化学[M]. 北京:冶金工业出版社,2005.

[30] 王明华. 普通化学解题指南[M]. 北京:高等教育出版社,2003.

［31］王元兰. 无机化学［M］. 北京：化学工业出版社，2009.

［32］夏太国. 普通化学［M］. 哈尔滨：东北大学出版社，2006.

［33］徐崇泉. 工科大学化学［M］. 北京：高等教育出版社，2004.

［34］许并社. 材料科学概论［M］. 北京：北京工业大学出版社，2002.

［35］杨宏秀. 大学化学［M］. 天津：天津大学出版社，2001.

［36］杨兴钰. 材料化学导论［M］. 武汉：湖北科学技术出版社，2003.

［37］尹洪峰. 复合材料［M］. 北京：冶金工业出版社，2010.

［38］曾政权. 大学化学［M］. 重庆：重庆大学出版社，2007.

［39］张荣俊. 普通化学（浙大五版）同步辅导及习题全解［M］. 徐州：中国矿业大学出版社，2008.

［40］张志焜，崔作林. 纳米技术与纳米材料［M］. 北京：国防工业出版社，2000.

［41］章福平. 化学与社会［M］. 南京：南京大学出版社，2006.

［42］浙江大学普通化学教研组. 普通化学［M］. 北京：高等教育出版社，2002.

［43］邹宗柏，乔冠儒. 工程化学导论［M］. 南京：东南大学出版社，2002.

附　录

附录 1　我国法定计量单位

我国法定计量单位主要包括下列单位。

附表 1.1　　　　　　　　　国际单位制(简称 SI)的基本单位

量的名称	单位名称	单位符号
长度	米	m
质量	千克[公斤]	kg
时间	秒	s
电流	安[培]	A
热力学温度	开[尔文]	K
物质的量	摩[尔]	mol
发光强度	坎[德拉]	cd

附表 1.2　　　　　　　　　国际单位制的辅助单位

量的名称	单位名称	单位符号
平面角	弧度	rad
立体角	球面度	sr

附表 1.3　　　　　　国际单位制中具有专门名称的导出单位(摘录)

量的名称	单位名称	单位符号	其他表示方式
频率	赫[兹]	Hz	s^{-1}
力;重力	牛[顿]	N	$kg \cdot m/s^2$
压力;压强;应力	帕[斯卡]	Pa	N/m^2
能量;功;热	焦[耳]	J	$N \cdot m$
功率;辐射通量	瓦[特]	W	J/s
电荷量	库[仑]	C	$A \cdot s$
电位;电压;电动势	伏[特]	V	W/A
电容	法[拉]	F	C/V
电阻	欧[姆]	Ω	V/A
电导	西[门子]	S	A/V
摄氏温度	摄氏度	℃	

附表 1.4   **国家选定的非国际单位制单位(摘录)**

量的名称	单位名称	单位符号	换算关系和说明
时间	分 [小时] 天(日)	min h d	1 min＝60 s 1 h＝60 min＝3 600 s 1 d＝24 h＝86 400 s
平面角	[角]秒 [角]分 度	(″) (′) (°)	$1'' = (\pi/648\ 000)\,\text{rad}$ (π 为圆周率) $1' = 60'' = (\pi/108\ 00)\,\text{rad}$ $1° = 60' = (\pi/180)\,\text{rad}$
质量	吨 原子质量单位	t u	$1\ t = 10^3\ kg$ $1\ u \approx 1.660\ 540\ 2 \times 10^{-27}\ kg$
体积	升	L,(l)	$1\ L = 1\ dm^3 = 10^{-3}\ m^3$
能	电子伏	eV	$1\ eV \approx 1.602\ 177\ 33 \times 10^{-19}\ J$

附表 1.5   **用于构成十进倍数和分数单位的词头**

所表示的因数	词头名称	词头符号
10^{24}	尧[它]	Y
10^{21}	泽[它]	Z
10^{18}	艾[可萨]	E
10^{15}	拍[它]	P
10^{12}	太[拉]	T
10^{9}	吉[咖]	G
10^{6}	兆	M
10^{3}	千	k
10^{2}	百	h
10^{1}	十	da
10^{-1}	分	d
10^{-2}	厘	c
10^{-3}	毫	m
10^{-6}	微	μ
10^{-9}	纳[诺]	n
10^{-12}	皮[可]	p
10^{-15}	飞[母托]	f
10^{-18}	阿[托]	a
10^{-21}	仄[普托]	z
10^{-24}	幺[科托]	y

附录 2　一些基本物理常数

物理量	符号	数值
真空中的速度	c	$2.997\,924\,58\times10^{8}$ m $\cdot$ s^{-1}
元电荷(电子电荷)	e	$1.602\,177\,33\times10^{-19}$ C
质子质量	m_p	$1.672\,623\,1\times10^{-27}$ kg
电子质量	m_e	$9.109\,389\,7\times10^{-31}$ kg
摩尔气体常数	R	$8.314\,510$ J $\cdot$ mol^{-1} $\cdot$ K^{-1}
阿佛加德罗(Avogadro)常数	N_A	$6.022\,136\,7\times10^{23}$ mol^{-1}
里德伯(Rydberg)常量	R_∞	$1.097\,373\,153\,4\times10^{7}$ m^{-1}
普朗克(Planck)常量	h	$6.626\,075\,5\times10^{-34}$ J $\cdot$ s
法拉第(Faraday)常数	F	$9.648\,530\,9\times10^{4}$ C $\cdot$ mol^{-1}
玻耳兹曼(Boltzmann)常数	k	$1.380\,658\times10^{-23}$ J $\cdot$ K^{-1}
电子伏	eV	$1.602\,177\,33\times10^{-19}$ J
原子质量单位	u	$1.660\,540\,2\times10^{-27}$ kg

附录 3　标准热力学函数($p^{\ominus}=100$ kPa, $T=298.15$ K)

物质(状态)	$\Delta_f H_m^{\ominus}/(\text{kJ}\cdot\text{mol}^{-1})$	$\Delta_f G_m^{\ominus}/(\text{kJ}\cdot\text{mol}^{-1})$	$S_m^{\ominus}/(\text{J}\cdot\text{mol}^{-1}\cdot\text{K}^{-1})$
Ag(s)	0	0	42.55
Ag$^+$(aq)	105.579	77.107	72.68
AgBr(s)	-100.37	-96.90	170.1
AgCl(s)	-127.068	-109.789	96.2
AgI(s)	-61.68	-66.19	115.5
Ag$_2$O(s)	-30.05	-11.20	121.3
Ag$_2$CO$_3$(s)	-505.8	-436.8	167.4
Al^{3+}(aq)	-531	-485	-321.7
AlCl$_3$(s)	-704.2	-628.8	110.67
Al$_2$O$_3$(s、α、刚玉)	$-1\,675.7$	$-1\,582.3$	50.92
AlO$_2^-$(aq)	-918.8	-823.0	-21
Ba^{2+}(aq)	-537.64	-560.77	9.6
BaCO$_3$(s)	$-1\,216.3$	$-1\,137.6$	112.1
BaO(s)	-553.5	-525.1	70.42
BaTiO$_3$(s)	$-1\,659.8$	$-1\,572.3$	107.9
Br$_2$(l)	0	0	152.231
Br$_2$(g)	30.907	3.110	245.463
Br$^-$(aq)	-121.55	-103.96	82.4
C(s、石墨)	0	0	5.740
C(s、金刚石)	1.896\,6	2.899\,5	2.377

物质(状态)	$\Delta_f H_m^{\ominus}/(kJ \cdot mol^{-1})$	$\Delta_f G_m^{\ominus}/(kJ \cdot mol^{-1})$	$S_m^{\ominus}/(J \cdot mol^{-1} \cdot K^{-1})$
CCl_4 (l)	−135.44	−65.21	216.40
CO(g)	−110.525	−137.168	197.674
CO_2(g)	−393.509	−394.359	213.74
CO_3^{2-} (aq)	−677.14	−527.81	−56.9
HCO_3^- (aq)	−691.99	−586.77	91.2
Ca(s)	0	0	41.42
Ca^{2+} (aq)	−542.83	−553.58	−53.1
$CaCO_3$(s,方解石)	−1 206.92	−1 128.79	92.9
CaO(s)	−635.09	−604.03	39.75
$Ca(OH)_2$(s)	−986.09	−898.49	83.39
$CaSO_4$(s,不溶解的)	−1 434.11	−1 321.79	106.7
$CaSO_4 \cdot 2H_2O$(s,透石膏)	−2 022.63	−1 797.28	194.1
Cl_2(g)	0	0	223.006
Cl^- (aq)	−167.16	−131.26	56.5
Co(s,α)	0	0	30.04
$CoCl_2$(s)	−312.5	−269.8	109.16
Cr(s)	0	0	23.77
Cr^{3+} (aq)	−1 999.1	—	—
Cr_2O_3(s)	−1 139.7	−1 058.1	81.2
$Cr_2O_7^{2-}$ (aq)	−1 490.3	−1 301.1	261.9
Cu(s)	0	0	33.150
Cu^{2+} (aq)	64.77	65.249	−99.6
$CuCl_2$(s)	−220.1	−175.7	108.07
CuO(s)	−157.3	−129.7	42.63
Cu_2O(s)	−168.6	−146.0	93.14
CuS(s)	−53.1	−53.6	66.5
F_2(g)	0	0	202.78
Fe(s,α)	0	0	27.28
Fe^{2+} (aq)	−89.1	−78.90	−137.7
Fe^{3+} (aq)	−48.5	−4.7	−315.9
$Fe_{0.947}O$(s,方铁矿)	−266.27	−245.12	57.49
FeO(s)	−272.0	—	—
Fe_2O_3(s,赤铁矿)	−824.2	−742.2	87.40
Fe_3O_4(s,磁铁矿)	−1 118.4	−1 015.4	146.4
$Fe(OH)_2$(s)	−569.0	−486.5	88

物质（状态）	$\Delta_f H_m^{\ominus}/(kJ \cdot mol^{-1})$	$\Delta_f G_m^{\ominus}/(kJ \cdot mol^{-1})$	$S_m^{\ominus}/(J \cdot mol^{-1} \cdot K^{-1})$
$Fe(OH)_3(s)$	-823.0	-696.5	106.7
$H_2(g)$	0	0	130.684
$H^+(aq)$	0	0	0
$H_2CO_3(aq)$	-699.65	-623.16	187.4
$HCl(g)$	-92.307	-95.299	186.80
$HF(g)$	-271.1	-273.2	173.79
$HNO_3(l)$	-174.10	-80.79	155.60
$H_2O(g)$	-241.818	-228.572	188.825
$H_2O(l)$	-285.83	-237.129	69.91
$H_2O_2(l)$	-187.78	-120.35	109.6
$H_2O_2(aq)$	-191.17	-134.03	143.9
$H_2S(g)$	-20.63	-33.56	205.79
$HS^-(aq)$	-17.6	12.08	62.8
$S^{2-}(aq)$	33.1	85.8	-14.6
$Hg(g)$	61.317	31.820	174.96
$Hg(l)$	0	0	76.02
$HgO(s, 红)$	-90.83	-58.539	70.29
$I_2(g)$	62.438	19.327	260.65
$I_2(s)$	0	0	116.135
$I^-(aq)$	-55.19	-51.59	111.3
$K(s)$	0	0	64.18
$K^+(aq)$	-252.38	-283.27	102.5
$KCl(s)$	-436.747	-409.14	82.59
$Mg(s)$	0	0	32.68
$Mg^{2+}(aq)$	-466.85	-454.8	-138.1
$MgCl_2(s)$	-641.32	-591.79	89.62
$MgO(s, 粗粒的)$	-601.70	-569.44	26.94
$Mg(OH)_2(s)$	-924.54	-833.51	63.18
$Mn(s, \alpha)$	0	0	32.01
$Mn^{2+}(aq)$	-220.75	-228.1	-73.6
$MnO(s)$	-385.22	-362.90	59.71
$N_2(g)$	0	0	191.50
$NH_3(g)$	-46.11	-16.45	192.45
$NH_3(aq)$	-80.29	-26.50	111.3
$NH_4^+(aq)$	-132.43	-79.31	113.4

物质(状态)	$\Delta_f H_m^{\ominus}/(kJ \cdot mol^{-1})$	$\Delta_f G_m^{\ominus}/(kJ \cdot mol^{-1})$	$S_m^{\ominus}/(J \cdot mol^{-1} \cdot K^{-1})$
$N_2H_4(l)$	50.63	149.34	121.21
$NH_4Cl(s)$	−314.43	−202.87	94.6
$NO(g)$	90.25	86.55	210.761
$NO_2(g)$	33.18	51.31	240.06
$N_2O_4(g)$	9.16	304.29	97.89
$NO_3^-(aq)$	−205.0	−108.74	146.4
$Na(s)$	0	0	51.21
$Na^+(aq)$	−240.12	−261.95	59.0
$NaCl(s)$	−411.15	−384.15	72.13
$Na_2O(s)$	−414.22	−375.47	75.06
$NaOH(s)$	−425.609	−397.526	64.45
$Ni(s)$	0	0	29.87
$NiO(s)$	−239.7	−211.7	37.99
$O_2(g)$	0	0	205.138
$O_3(g)$	142.7	163.2	238.93
$OH^-(aq)$	−299.994	−157.244	−10.75
$P(s,白)$	0	0	41.09
$Pb(s)$	0	0	64.81
$Pb^{2+}(aq)$	−1.7	−24.43	10.5
$PbCl_2(s)$	−359.41	−314.1	136.0
$PbO(s,黄)$	−217.32	−187.89	68.70
$S(s,正交)$	0	0	31.80
$SO_2(g)$	−296.83	−300.19	248.22
$SO_3(g)$	−395.72	−371.06	256.76
$SO_4^{2-}(aq)$	−909.27	−744.53	20.1
$Si(s)$	0	0	18.83
$SiO_2(s,\alpha 石英)$	−910.94	−856.64	41.84
$Sn(s,白)$	0	0	51.55
$SnO_2(s)$	−580.7	−519.7	52.3
$Ti(s)$	0	0	30.63
$TiCl_4(l)$	−804.2	−737.2	252.34
$TiCl_4(g)$	−763.2	−726.7	354.9
$TiN(s)$	−722.2	—	—
$TiO_2(s,金红石)$	−944.7	−889.5	50.33
$Zn(s)$	0	0	41.63

物质(状态)	$\Delta_f H_m^{\ominus}/(kJ \cdot mol^{-1})$	$\Delta_f G_m^{\ominus}/(kJ \cdot mol^{-1})$	$S_m^{\ominus}/(J \cdot mol^{-1} \cdot K^{-1})$
$Zn^{2+}(aq)$	-153.89	-147.06	-112.1
$CH_4(g)$	-74.81	-50.72	186.264
$C_2H_2(g)$	226.73	209.20	200.94
$C_2H_4(g)$	52.26	68.15	219.56
$C_2H_6(g)$	-84.68	-32.82	229.60
$C_6H_6(g)$	82.93	129.66	296.20
$C_6H_6(l)$	48.99	124.35	173.26
$CH_3OH(l)$	-238.66	-166.27	126.8
$C_2H_5OH(l)$	-277.69	-174.78	160.07
$CH_3COOH(l)$	-484.5	-389.9	159.8
$C_6H_5COOH(s)$	-385.05	-245.27	167.57
$C_{12}H_{22}O_{11}(s)$	$-2\ 225.5$	$-1\ 544.6$	360.2

附录 4　一些弱电解质的解离常数($T = 298.15\ K$)

酸	$K_a^{\ominus}$	pK_a
CH_3COOH	1.76×10^{-5}	4.75
C_6H_5OH(苯酚)	1.1×10^{-19}	18.96
H_3AsO_4	$K_{a1}^{\ominus} = 5.7 \times 10^{-3}$; $K_{a2}^{\ominus} = 1.7 \times 10^{-7}$; $K_{a3}^{\ominus} = 2.5 \times 10^{-12}$	$pK_{a1} = 2.24$; $pK_{a2} = 6.77$; $pK_{a3} = 11.60$
H_3BO_3	5.8×10^{-10}	9.24
$H_2C_2O_4$	$K_{a1}^{\ominus} = 5.4 \times 10^{-2}$; $K_{a2}^{\ominus} = 5.4 \times 10^{-5}$;	$pK_{a1} = 1.27$; $pK_{a2} = 4.27$
$HClO$	2.8×10^{-8}	7.55
HCN	4.93×10^{-10}	9.31
$HCOOH$	1.8×10^{-4}	3.74
H_2CO_3	$K_{a1}^{\ominus} = 4.30 \times 10^{-7}$; $K_{a2}^{\ominus} = 5.61 \times 10^{-11}$	$pK_{a1} = 6.37$; $pK_{a2} = 10.25$
HF	6.9×10^{-4}	3.16
HIO_3	0.16	0.80
HNO_2	6.0×10^{-4}	3.22
HNO_3	2.4×10^{-5}	4.62
H_3PO_4	$K_{a1}^{\ominus} = 7.52 \times 10^{-3}$; $K_{a2}^{\ominus} = 6.25 \times 10^{-8}$; $K_{a3}^{\ominus} = 4.5 \times 10^{-13}$	$pK_{a1} = 2.12$; $pK_{a2} = 7.21$; $pK_{a3} = 12.35$
H_2S	$K_{a1}^{\ominus} = 1.3 \times 10^{-7}$; $K_{a2}^{\ominus} = 7.1 \times 10^{-15}$	$pK_{a1} = 6.89$; $pK_{a2} = 14.15$
$HSCN$	0.14	0.85

酸	$K_a^{\ominus}$	pK_a
H_2SO_3	$K_{a1}^{\ominus}=1.7\times10^{-2}$; $K_{a2}^{\ominus}=6.0\times10^{-8}$	$pK_{a1}=1.77$; $pK_{a2}=7.22$
H_2SO_4	$K_{a2}^{\ominus}=1.0\times10^{-2}$	$pK_{a2}=2$
碱	$K_b^{\ominus}$	pK_b
NH_3	1.77×10^{-5}	4.75
N_2H_4（联氨）	9.8×10^{-7}	6.01
NH_2OH	9.1×10^{-9}	8.04

附录 5 一些共轭酸碱的解离常数 ($p^{\ominus}=100\ kPa, T=298.15\ K$)

酸	K_a	碱	K_b
HNO_2	4.6×10^{-4}	NO_2^-	2.2×10^{-11}
HF	3.53×10^{-4}	F^-	2.83×10^{-11}
HAc	1.76×10^{-5}	Ac^-	5.68×10^{-10}
H_2CO_3	4.3×10^{-7}	HCO_3^-	2.3×10^{-8}
H_2S	9.1×10^{-8}	HS^-	1.1×10^{-7}
$H_2PO_4^-$	6.23×10^{-8}	HPO_4^{2-}	1.61×10^{-7}
NH_4^+	5.65×10^{-10}	NH_3	1.77×10^{-5}
HCN	4.93×10^{-10}	CN^-	2.03×10^{-5}
HCO_3^-	5.61×10^{-11}	CO_3^{2-}	1.78×10^{-4}
HS^-	1.1×10^{-12}	S^{2-}	9.1×10^{-3}
HPO_4^{2-}	2.2×10^{-12}	PO_4^{3-}	4.5×10^{-2}

附录 6 一些配离子的稳定常数 K_f 和不稳定常数 K_i

配离子	K_f	K_i	配离子	K_f	K_i
$[AgBr_2]^-$	2.14×10^7	4.67×10^{-8}	$[Cu(SCN)_2]^-$	1.52×10^5	6.58×10^{-6}
$[Ag(CN)_2]^-$	1.26×10^{21}	7.94×10^{-22}	$[Fe(CN)_6]^{3-}$	1×10^{42}	1×10^{-42}
$[AgCl_2]^-$	1.10×10^5	9.09×10^{-6}	$[HgBr_4]^{2-}$	1×10^{21}	1×10^{-21}
$[AgI_2]^-$	5.5×10^{11}	1.82×10^{-12}	$[Hg(CN)_4]^{2-}$	2.51×10^{41}	3.98×10^{-42}
$[Ag(NH_3)_2]^+$	1.12×10^7	8.93×10^{-8}	$[HgCl_4]^{2-}$	1.17×10^{15}	8.55×10^{-16}
$[Ag(S_2O_3)_2]^{3-}$	2.89×10^{13}	3.46×10^{-14}	$[HgI_4]^{2-}$	6.76×10^{29}	1.48×10^{-30}
$[Co(NH_3)_6]^{2+}$	1.29×10^5	7.75×10^{-6}	$[Ni(NH_3)_6]^{2+}$	5.50×10^8	1.82×10^{-9}
$[Cu(CN)_2]^-$	1×10^{24}	1×10^{-24}	$[Ni(en)_3]^{2+}$	2.14×10^{18}	4.67×10^{-19}
$[Cu(NH_3)_2]^+$	7.24×10^{10}	1.38×10^{-11}	$[Zn(CN)_4]^{2-}$	5.0×10^{16}	2.0×10^{-17}
$[Cu(NH_3)_4]^{2+}$	2.09×10^{13}	4.78×10^{-14}	$[Zn(NH_3)_4]^{2+}$	2.87×10^9	3.48×10^{-10}
$[Cu(P_2O_7)_2]^{6-}$	1.0×10^9	1.0×10^{-9}	$[Zn(en)_2]^{2+}$	6.76×10^{10}	1.48×10^{-11}

附录 7　一些物质的溶度积常数 K_{sp}（$T = 298.15\ K$）

化合物	K_{sp}	化合物	K_{sp}
AgAc	1.9×10^{-3}	BiONO$_3$	4.1×10^{-5}
Ag$_3$AsO$_4$	1.0×10^{-22}	CaC$_2$O$_4 \cdot$ H$_2$O	2.3×10^{-9}
AgBr	5.3×10^{-13}	CaCO$_3$	2.9×10^{-9}
Ag$_2$CO$_3$	8.3×10^{-12}	CaCrO$_4$	7.1×10^{-4}
AgCl	1.8×10^{-10}	CaF$_2$	1.5×10^{-10}
Ag$_2$CrO$_4$	1.1×10^{-12}	Ca$_3$(PO$_4$)$_2$（低温）	2.1×10^{-33}
AgCN	5.9×10^{-17}	Ca(OH)$_2$	4.6×10^{-6}
Ag$_2$Cr$_2$O$_7$	2.0×10^{-7}	CaHPO$_4$	1.8×10^{-7}
AgIO$_3$	3.1×10^{-8}	CaSO$_4$	9.1×10^{-6}
Ag$_2$C$_2$O$_4$	5.3×10^{-12}	CaWO$_4$	8.7×10^{-9}
AgI	8.3×10^{-17}	CdCO$_3$	5.27×10^{-12}
Ag$_2$MoO$_4$	2.8×10^{-12}	Cd$_2$[Fe(CN)$_5$]	3.2×10^{-17}
AgNO$_2$	3.0×10^{-5}	CdC$_2$O$_4 \cdot$ 3H$_2$O	9.1×10^{-5}
Ag$_3$PO$_4$	8.7×10^{-17}	Cd(OH)$_2$（沉淀）	5.3×10^{-15}
Ag$_2$SO$_4$	1.2×10^{-5}	Ce(OH)$_3$	1.6×10^{-20}
AgSCN	1.0×10^{-12}	Ce(OH)$_4$	2.0×10^{-28}
AgOH	2.0×10^{-8}	Co(OH)$_2$（陈）	2.3×10^{-16}
Ag$_2$S	2.0×10^{-49}	CoCO$_3$	1.4×10^{-13}
Ag$_2$S$_3$	2.1×10^{-22}	Co$_2$[Fe(CN)$_6$]	1.8×10^{-15}
Al(OH)$_3$（无定形）	1.3×10^{-33}	Co[Hg(SCN)$_4$]	1.5×10^{-6}
AuCl	2.0×10^{-13}	Co$_3$(PO$_4$)$_2$	2.0×10^{-35}
AuCl$_3$	3.2×10^{-25}	Cr(OH)$_3$	6.3×10^{-31}
BaC$_2$O$_4 \cdot$ H$_2$O	2.3×10^{-8}	CuOH	1.0×10^{-14}
BaCO$_3$	2.6×10^{-9}	Cu$_2$S	2.0×10^{-48}
BaF$_2$	1.8×10^{-7}	CuBr	6.9×10^{-9}
Ba(NO$_3$)$_2$	6.1×10^{-4}	CuCl	1.7×10^{-7}
Ba$_3$(PO$_4$)$_2$	3.4×10^{-23}	CuCN	3.5×10^{-20}
BaSO$_4$	1.1×10^{-10}	CuI	1.2×10^{-12}
α-Be(OH)$_2$	6.7×10^{-22}	CuCO$_3$	1.4×10^{-9}
Bi(OH)$_3$	4.0×10^{-31}	Cu(OH)$_2$	2.2×10^{-20}
BiPO$_4$	1.3×10^{-24}	Cu$_2$P$_2$O$_7$	7.6×10^{-16}
Bi$_2$S$_3$	1.0×10^{-87}	CuS	6.0×10^{-36}
BiI$_3$	7.5×10^{-19}	FeCO$_3$	3.1×10^{-11}
BiOBr	6.7×10^{-9}	Fe(OH)$_2$	8.0×10^{-16}
BiOCl	1.6×10^{-8}	Fe(OH)$_3$	4.0×10^{-38}

化合物	K_{sp}	化合物	K_{sp}
FeS	6.0×10^{-18}	$Pb(OH)_2$	1.43×10^{-20}
$FePO_4$	1.3×10^{-22}	PbF_2	2.7×10^{-8}
Hg_2Br_2	5.8×10^{-28}	$PbMnO_4$	1.0×10^{-13}
Hg_2CO_3	8.9×10^{-17}	$Pb_3(PO_4)_2$	8.0×10^{-43}
Hg_2S	1.0×10^{-47}	$PbCrO_4$	2.8×10^{-13}
$Hg_2(OH)_2$	2.0×10^{-24}	PbI_2	8.4×10^{-9}
$Hg(OH)_2$	3.0×10^{-25}	$Pb(N_3)_2$(斜方)	2.0×10^{-9}
$HgCO_3$	3.7×10^{-17}	$PbSO_4$	1.8×10^{-8}
$HgBr_2$	6.3×10^{-20}	$Pb(OH)_2$	1.2×10^{-15}
Hg_2Cl_2	1.4×10^{-18}	$Sn(OH)_2$	5.0×10^{-27}
HgI_2	2.8×10^{-29}	$Sn(OH)_4$	1.0×10^{-56}
HgS(红色)	4.0×10^{-53}	SnS	1.0×10^{-25}
Hg_2CrO_4	2.0×10^{-9}	SnS_2	2.0×10^{-27}
Hg_2I_2	5.3×10^{-29}	$SrCO_3$	5.6×10^{-10}
Hg_2SO_4	7.9×10^{-7}	$SrCrO_4$	2.2×10^{-5}
$K_2[PtCl_6]$	7.5×10^{-6}	$SrSO_4$	3.4×10^{-7}
Li_2CO_3	8.1×10^{-4}	SrF_2	2.4×10^{-9}
LiF	1.8×10^{-3}	$SrC_2O_4 \cdot H_2O$	1.6×10^{-7}
Li_3PO_4	3.2×10^{-9}	$Sr_3(PO_4)_2$	4.1×10^{-28}
$MgCO_3$	6.8×10^{-6}	TlCl	1.9×10^{-4}
MgF_2	7.4×10^{-11}	TlI	5.5×10^{-8}
$Mg(OH)_2$	5.1×10^{-12}	$Tl(OH)_3$	1.5×10^{-44}
$Mg_3(PO_4)_2$	1.0×10^{-24}	$Ti(OH)_3$	1.0×10^{-40}
$MgNH_4PO_4$	2.0×10^{-13}	$TiO(OH)_2$	1.0×10^{-29}
$MnCO_3$	2.2×10^{-11}	$Zn_2[Fe(CN)_6]$	4.1×10^{-16}
MnS(无定形)	2.0×10^{-10}	$ZnCO_3$	1.2×10^{-10}
MnS(晶形)	2.5×10^{-13}	$Zn(OH)_2$	1.2×10^{-17}
$Mn(OH)_2$	1.9×10^{-13}	$Zn_3(PO_4)_2$	9.1×10^{-33}
$Ni_3(PO_4)_2$	5.0×10^{-31}	α-CoS	4.0×10^{-21}
$NiCO_3$	1.4×10^{-7}	α-NiS	3.2×10^{-19}
$Ni(OH)_2$(新)	5.0×10^{-16}	α-ZnS	2.0×10^{-24}
PbS	8.0×10^{-28}	β-CoS	2.0×10^{-25}
$PbCO_3$	1.5×10^{-13}	β-NiS	1.0×10^{-24}
$PbBr_2$	6.6×10^{-6}	β-ZnS	2.0×10^{-22}
$PbCl_2$	1.7×10^{-5}	γ-NiS	2.0×10^{-26}

附录 8　标准电极电势

电对 （氧化态/还原态）	电极反应 （氧化态 $+ne \Longrightarrow$ 还原态）	标准电极电势 $\varphi^\ominus$ /V
Li^+/Li	$Li^+(aq)+e \Longrightarrow Li(s)$	-3.0401
K^+/K	$K^+(aq)+e \Longrightarrow K(s)$	-2.931
Ca^{2+}/Ca	$Ca^{2+}(aq)+2e \Longrightarrow Ca(s)$	-2.868
Na^+/Na	$Na^+(aq)+e \Longrightarrow Na(s)$	-2.71
Mg^{2+}/Mg	$Mg^{2+}(aq)+2e \Longrightarrow Mg(s)$	-2.372
Al^{3+}/Al	$Al^{3+}(aq)+3e \Longrightarrow Al(s)\ (0.1\ mol \cdot dm^{-1}\ NaOH)$	-1.662
Mn^{2+}/Mn	$Mn^{2+}(aq)+2e \Longrightarrow Mn(s)$	-1.185
Zn^{2+}/Zn	$Zn^{2+}(aq)+2e \Longrightarrow Zn(s)$	-0.7618
Fe^{2+}/Fe	$Fe^{2+}(aq)+2e \Longrightarrow Fe(s)$	-0.447
Cd^{2+}/Cd	$Cd^{2+}(aq)+2e \Longrightarrow Cd(s)$	-0.4030
Co^{2+}/Co	$Co^{2+}(aq)+2e \Longrightarrow Co(s)$	-0.28
Ni^{2+}/Ni	$Ni^{2+}(aq)+2e \Longrightarrow Ni(s)$	-0.257
Sn^{2+}/Sn	$Sn^{2+}(aq)+2e \Longrightarrow Sn(s)$	-0.1375
Pb^{2+}/Pb	$Pb^{2+}(aq)+2e \Longrightarrow Pb(s)$	-0.1262
H^+/H_2	$H^+(aq)+e \Longrightarrow \frac{1}{2}H_2(g)$	0
$S_4O_6^{2-}/S_2O_3^{2-}$	$S_4O_6^{2-}(aq)+2e \Longrightarrow 2S_2O_3^{2-}(aq)$	$+0.08$
S/H_2S	$S(s)+2H^+(aq)+2e \Longrightarrow H_2S(aq)$	$+0.142$
Sn^{4+}/Sn^{2+}	$Sn^{4+}(aq)+2e \Longrightarrow Sn^{2+}(aq)$	$+0.151$
SO_4^{2-}/H_2SO_3	$SO_4^{2-}(aq)+4H^+(aq)+2e \Longrightarrow H_2SO_3(aq)+H_2O$	$+0.172$
Hg_2Cl_2/Hg	$Hg_2Cl_2(s)+2e \Longrightarrow 2Hg(l)+2Cl^-(aq)$	$+0.26808$
Cu^{2+}/Cu	$Cu^{2+}(aq)+2e \Longrightarrow Cu(s)$	$+0.3419$
O_2/OH^-	$\frac{1}{2}O_2(g)+H_2O+2e \Longrightarrow 2OH^-(aq)$	$+0.401$
Cu^+/Cu	$Cu^+(aq)+e \Longrightarrow Cu(s)$	$+0.521$
I_2/I^-	$I_2(s)+2e \Longrightarrow 2I^-(aq)$	$+0.5355$
O_2/H_2O_2	$O_2(g)+2H^+(aq)+2e \Longrightarrow H_2O_2(aq)$	$+0.695$
Fe^{3+}/Fe^{2+}	$Fe^{3+}(aq)+e \Longrightarrow Fe^{2+}(aq)$	$+0.771$
Hg_2^{2+}/Hg	$\frac{1}{2}Hg_2^{2+}(aq)+e \Longrightarrow Hg(l)$	$+0.7973$
Ag^+/Ag	$Ag^+(aq)+e \Longrightarrow Ag(s)$	$+0.7990$
Hg^{2+}/Hg	$Hg^{2+}(aq)+2e \Longrightarrow Hg(l)$	$+0.851$
NO_3^-/NO	$NO_3^-(aq)+4H^+(aq)+3e \Longrightarrow NO(g)+2H_2O$	$+0.957$
HNO_2/NO	$HNO_2(aq)+H^+(aq)+e \Longrightarrow NO(g)+H_2O$	$+0.983$
Br_2/Br^-	$Br_2(l)+2e \Longrightarrow 2Br^-(aq)$	$+1.066$
MnO_2/Mn^{2+}	$MnO_2(s)+4H^+(aq)+2e \Longrightarrow Mn^{2+}(aq)+2H_2O$	$+1.224$
O_2/H_2O	$O_2(g)+4H^+(aq)+4e \Longrightarrow 2H_2O$	$+1.229$

电对 (氧化态/还原态)	电极反应 (氧化态 + ne ⇌ 还原态)	标准电极电势 $\varphi^{\ominus}$ /V
Ⅱ $Cr_2O_7^{2-}/Cr^{3+}$	$Cr_2O_7^{2-}$ (aq) + 14H^+(aq) + 6e ⇌ 2Cr^{3+}(aq) + 7H_2O	+1.232
Cl_2/Cl^-	Cl_2(g) + 2e ⇌ 2Cl^-(aq)	+1.358 27
MnO_4^-/Mn^{2+}	MnO_4^-(aq) + 8H^+(aq) + 5e ⇌ Mn^{2+}(aq) + 4H_2O	+1.507
H_2O_2/H_2O	H_2O_2(aq) + 2H^+(aq) + 2e ⇌ 2H_2O	+1.776
$S_2O_8^{2-}/SO_4^{2-}$	$S_2O_8^{2-}$(aq) + 2e ⇌ 2SO_4^{2-}(aq)	+2.010
F_2/F^-	F_2(g) + 2e ⇌ 2F^-(aq)	+2.866

附录 9　元　素　周　期　表

电子层 K L M N O P Q

说明栏：

氧化态（单质的氧化态为0，未列入；常见的为红色）

以 ¹²C=12 为基准的相对原子质量（注·的是半衰期最长同位素的相对原子质量）

价层电子构型

原子序数（红色的为放射性元素，带·的为人造元素）

元素符号
元素名称

示例：
14 Si 硅 3s²3p² 28.0855 (3)

s 区元素　p 区元素　ds 区元素　d 区元素　f 区元素　稀有气体

周期／族	1 IA	2 IIA	3 IIIB	4 IVB	5 VB	6 VIB	7 VIIB	8	9 VIIIB	10	11 IB	12 IIB	13 IIIA	14 IVA	15 VA	16 VIA	17 VIIA	18 VIIIA
1	1 H 氢 1s¹ 1.00794 (7)																	2 He 氦 1s² 4.002602 (2)
2	3 Li 锂 2s¹ 6.941 (2)	4 Be 铍 2s² 9.012182 (3)											5 B 硼 2s²2p¹ 10.811 (7)	6 C 碳 2s²2p² 12.0107 (8)	7 N 氮 2s²2p³ 14.0067 (2)	8 O 氧 2s²2p⁴ 15.9994 (3)	9 F 氟 2s²2p⁵ 18.9984032 (5)	10 Ne 氖 2s²2p⁶ 20.1797 (6)
3	11 Na 钠 3s¹ 22.989770 (2)	12 Mg 镁 3s² 24.3050 (6)											13 Al 铝 3s²3p¹ 26.981538 (2)	14 Si 硅 3s²3p² 28.0855 (3)	15 P 磷 3s²3p³ 30.973761 (2)	16 S 硫 3s²3p⁴ 32.065 (6)	17 Cl 氯 3s²3p⁵ 35.453 (2)	18 Ar 氩 3s²3p⁶ 39.948 (1)
4	19 K 钾 4s¹ 39.0983 (1)	20 Ca 钙 4s² 40.078 (4)	21 Sc 钪 3d¹4s² 44.955910 (8)	22 Ti 钛 3d²4s² 47.867 (1)	23 V 钒 3d³4s² 50.9415 (1)	24 Cr 铬 3d⁵4s¹ 51.9961 (6)	25 Mn 锰 3d⁵4s² 54.938049 (9)	26 Fe 铁 3d⁶4s² 55.845 (2)	27 Co 钴 3d⁷4s² 58.933200 (9)	28 Ni 镍 3d⁸4s² 58.6934 (2)	29 Cu 铜 3d¹⁰4s¹ 63.546 (3)	30 Zn 锌 3d¹⁰4s² 65.409 (4)	31 Ga 镓 4s²4p¹ 69.723 (1)	32 Ge 锗 4s²4p² 72.64 (1)	33 As 砷 4s²4p³ 74.92160 (2)	34 Se 硒 4s²4p⁴ 78.96 (3)	35 Br 溴 4s²4p⁵ 79.904 (1)	36 Kr 氪 4s²4p⁶ 83.798 (2)
5	37 Rb 铷 5s¹ 85.4678 (3)	38 Sr 锶 5s² 87.62 (1)	39 Y 钇 4d¹5s² 88.90585 (2)	40 Zr 锆 4d²5s² 91.224 (2)	41 Nb 铌 4d⁴5s¹ 92.90638 (2)	42 Mo 钼 4d⁵5s¹ 95.94 (2)	43 Tc 锝 4d⁵5s² 97.907·	44 Ru 钌 4d⁷5s¹ 101.07 (2)	45 Rh 铑 4d⁸5s¹ 102.90550 (2)	46 Pd 钯 4d¹⁰ 106.42 (1)	47 Ag 银 4d¹⁰5s¹ 107.8682 (2)	48 Cd 镉 4d¹⁰5s² 112.411 (8)	49 In 铟 5s²5p¹ 114.818 (3)	50 Sn 锡 5s²5p² 118.710 (7)	51 Sb 锑 5s²5p³ 121.760 (1)	52 Te 碲 5s²5p⁴ 127.60 (3)	53 I 碘 5s²5p⁵ 126.90447 (3)	54 Xe 氙 5s²5p⁶ 131.293 (6)
6	55 Cs 铯 6s¹ 132.90545 (2)	56 Ba 钡 6s² 137.327 (7)	57~71 La~Lu 镧系	72 Hf 铪 5d²6s² 178.49 (2)	73 Ta 钽 5d³6s² 180.9479 (1)	74 W 钨 5d⁴6s² 183.84 (1)	75 Re 铼 5d⁵6s² 186.207 (1)	76 Os 锇 5d⁶6s² 190.23 (3)	77 Ir 铱 5d⁷6s² 192.217 (3)	78 Pt 铂 5d⁹6s¹ 195.078 (2)	79 Au 金 5d¹⁰6s¹ 196.96655 (2)	80 Hg 汞 5d¹⁰6s² 200.59 (2)	81 Tl 铊 6s²6p¹ 204.3833 (2)	82 Pb 铅 6s²6p² 207.2 (1)	83 Bi 铋 6s²6p³ 208.98038 (2)	84 Po 钋 6s²6p⁴ 208.98·	85 At 砹 6s²6p⁵ 209.99·	86 Rn 氡 6s²6p⁶ 222.02·
7	87 Fr 钫 7s¹ 223.02·	88 Ra 镭 7s² 226.0·	89~103 Ac~Lr 锕系	104 Rf 𬬻 6d²7s² 261.11·	105 Db 𬭊 6d³7s² 262.11·	106 Sg 𬭳 6d⁴7s² 263.12·	107 Bh 𬭛 6d⁵7s² 264.12·	108 Hs 𬭶 6d⁶7s² 265.13·	109 Mt 鿏 6d⁷7s² 266.13·	110 Ds 𫟼 (269)·	111 Rg 𬬭 (272)·	112 Cn 鿔 (277)·	113 Uut^ (278)·	114 Fl^ (289)·	115 Uup^ (288)·	116 Lv^ (289)·	117 Uus^	118 Uuo^ (294)·

★ 镧系

57 La ★ 镧 5d¹6s² 138.9055 (2)	58 Ce 铈 4f¹5d¹6s² 140.116 (1)	59 Pr 镨 4f³6s² 140.90765 (2)	60 Nd 钕 4f⁴6s² 144.24 (3)	61 Pm 钷 4f⁵6s² 144.91·	62 Sm 钐 4f⁶6s² 150.36 (3)	63 Eu 铕 4f⁷6s² 151.964 (1)	64 Gd 钆 4f⁷5d¹6s² 157.25 (3)	65 Tb 铽 4f⁹6s² 158.92534 (2)	66 Dy 镝 4f¹⁰6s² 162.500 (1)	67 Ho 钬 4f¹¹6s² 164.93032 (2)	68 Er 铒 4f¹²6s² 167.259 (3)	69 Tm 铥 4f¹³6s² 168.93421 (2)	70 Yb 镱 4f¹⁴6s² 173.04 (3)	71 Lu 镥 4f¹⁴5d¹6s² 174.967 (1)

★ 锕系

89 Ac ★ 锕 6d¹7s² 227.03·	90 Th 钍 6d²7s² 232.0381 (1)	91 Pa 镤 5f²6d¹7s² 231.03588 (2)	92 U 铀 5f³6d¹7s² 238.02891 (3)	93 Np 镎 5f⁴6d¹7s² 237.05·	94 Pu 钚 5f⁶7s² 244.06·	95 Am 镅 5f⁷7s² 243.06·	96 Cm 锔 5f⁷6d¹7s² 247.07·	97 Bk 锫 5f⁹7s² 247.07·	98 Cf 锎 5f¹⁰7s² 251.08·	99 Es 锿 5f¹¹7s² 252.08·	100 Fm 镄 5f¹²7s² 257.10·	101 Md 钔 5f¹³7s² 258.10·	102 No 锘 5f¹⁴7s² 259.10·	103 Lr 铹 5f¹⁴6d¹7s² 260.11·